人与自然和谐共生的

社会主义现代化国际大都市
生态环境治理的探索与实践

本书编写组

上海社会科学院出版社
SHANGHAI ACADEMY OF SOCIAL SCIENCES PRESS

编 委 会

编者按

党的十八大以来，以习近平同志为核心的党中央坚持把生态文明建设摆在党和国家工作全局的重要位置，以前所未有的力度抓生态文明建设，我国生态环境保护发生了历史性、转折性、全局性变化，一幅建设美丽中国、实现人与自然和谐共生的历史画卷正在神州大地徐徐展开。

在习近平生态文明思想的指引下，上海始终坚持将新发展理念贯穿于城市总体发展战略，牢牢把握城市发展规律与特点，积极探索“绿水青山就是金山银山”与“人民城市人民建，人民城市为人民”重要理念的融合与实践，将生态环境保护与产业转型发展、人民生活水平提升以及城市生态功能更新紧密结合，初步走出了一条符合超大城市特点和规律、彰显社会主义现代化国际大都市特征的现代环境治理新路径。

值此党的二十大召开之际，在生态环境部的指导下，上海市生态文明建设领导小组办公室牵头，会同有关成员单位、各区及相关管委会等单位，系统总结了近年来上海推进生态文明建设和生态环境保护工作的经验与做法，遴选形成了100个典型案例。

不忘来路，更赴前程。我们将牢记嘱托、砥砺奋进，弘扬伟大建党精神，践行人民城市理念，牢固树立生态优先、绿色低碳发展导向，进一步夯实生态环境作为城市发展的根基，让绿色成为城市最动人的底色、最温暖的亮色，努力开创人民城市生态文明建设的新局面。

目 录

综 述 编

案 例 编

综述编
抓环保
促发展
保安全
惠民生

习近平总书记2007年在上海工作期间明确了“海纳百川、追求卓越、开明睿智、大气谦和”的上海城市精神；2018年在首届中国国际进口博览会开幕式主旨演讲中指出“开放、创新、包容已成为上海最鲜明的品格”；2019年考察上海期间提出了“人民城市人民建，人民城市为人民”的重要理念。习近平总书记对上海城市建设作出的一系列重要指示，明确了上海的城市属性、精神品格、战略定位和发展路径，赋予了上海建设新时代人民城市的新使命，为上海加快建设具有世界影响力的社会主义现代化国际大都市明确了目标、指明了方向。

良好的生态环境是一座城市最公平的公共产品、最普惠的民生福祉。党的十八大以来，以习近平同志为核心的党中央以前所未有的力度抓生态文明建设，全党、全国推动绿色发展的自觉性和主动性显著增强，美丽中国建设迈出重大步伐，我国生态环境保护发生历史性、转折性、全局性变化。上海坚决贯彻落实习近平生态文明思想，将新发展理念始终贯穿于城市总体发展战略，坚定不移走生态优先、绿色发展之路，坚持“抓环保、促发展、保安全、惠民生”工作主线，积极探索“两山”（绿水青山就是金山银山）与“两城”（人民城市人民建，人民城市为人民）重要理论的深度融合与实践。通过持续努力、久久为功，实现了从补短板到提品质、从重点治理到综合整治、从重末端到全过程防控的转变，生态环境质量明显改善，人民群众的满意度、获得感明显增强，形成了一批拥有上海城市特点和城市精神的生态文明建设和生态环境保护的典型案例，初步走出了一条符合超大城市特点和规律、彰显社会主义现代化国际大都市特征的现代环境治理新路径。

一、聚合力，创新生态文明建设推进领导机制

生态文明，制度先行。在上海生态环境保护的历程中，突出制度引领和协同合作是这座超大城市解决不同阶段环境问题的牢固基石。上海在1990年代就明确了以促进和优化城市发展、保障和提升市民感受为核心目标的上海生态环境治理体系。党的十八大以来，更是将生态文明作为全市环保协作机制的核心理念和发展导向，生态环境协作机制不断完善。

（一）将生态环境保护摆在更加突出位置

1. 滚动实施三年行动计划，率先建立跨部门协调推进机制

1990年代，由于基础设施建设和污染治理手段的相对滞后，加之工业布局不合理等历史遗留问题，上海的河道黑臭、大气污染严重现象十分普遍，厂群矛盾日趋突出。为切实改善城市环境，提高人民生活品质，上海市委、市政府站在城市长远发展的战略高度，立足民生关注的突出环境问题，提出建立跨部门协同和多领域协调的环保工作推进机制，滚动实施环保三年行动计划，分阶段解决本市工业化、城市化和现代化进程中的突出环境问题和城市环境管理中的薄弱环节。为强化环保三年行动计划的协调推进和全市环保工作的统筹，2003年5月，上海市政府成立了由时任市长韩正任主任、分管副市长任副主任、各委办局和区县政府为成员单位的环境保护和环境建设协调推进委员会，形成“责任明确、协调一致、有序高效、合力推进”的工作格局，成为地方环境保护领导和管理体制的一个创举。在委员会第一次全体会议上，时任国家环保总局局长解振华高度赞扬了这一机制，认为该机制为全国探索具有中国特色的环境保护和可持续发展道路，以及创新环境保护的体制机制提供了宝贵经验。2020年8月，为适应新发展形势下的生态文明建设新需求，在委员会基础上，市委、市政府设立上海市生态文明建设领导小组，由市委书记李强任组长，进一步加强党对全市生态文明建设和生态环境保护工作的统一领导。

2. 坚持“四个有利于”指导思想和“三重三评”工作原则

从环保三年行动计划机制创建伊始，就明确了“四个有利于”的指导思想，即“有利于城市布局的优化，有利于产业结构的调整，有利于城市管理水平的提高，有利于市民生活质量的改善”。对于工作的原则，明确“三重三评”，将市民作为评价政府工作成功与否的唯一标准，即治理与保护工作重治本、重机制、重实效，环境治理工作的成效则

侧重社会评价、市民评判、数据评定。

依托生态环保协调推进机制和环保三年行动计划工作平台，全市已累计安排重点项目1 665项，全社会资金投入5 240亿元，生态环保投入占GDP的比例连续18年保持在3%左右。全市生态环境保护工作逐步实现了从末端污染治理到推进源头防控、绿色发展，从中心城区为主到城乡一体、区域联动，从还历史欠账到建设生态之城等重大转变，污染防治能力水平得到大幅提升，生态环境基础设施逐渐完善，生态环境质量得到大幅改善，群众的满意度、获得感稳步提升，城市环境安全进一步得到保障。

（二）探索打造生态环境治理上海经验

改革开放40年是上海环境保护不断进步的40年，也是城市环境保护与经济发展不断平衡、相互优化的过程。随着城市经济增长水平与社会结构的演变，上海不同时期环境保护工作也表现出不同的内容和特征。

1. 工业化时代，跟着污染做治理的艰难起步期（1978—1990年）

1979年，上海提出尽快建设成为“我国先进的工业、科学基础和外贸基地”。1986年国务院批复的上海市城市总体规划，明确提出上海是我国最大的港口城市和重要的经济、科技、贸易、金融、信息、文化中心，进一步指明了上海现代化建设的方向。这一时期，上海肩负保障全国经济的艰巨任务，人口数量变化较为平稳，以工业为主导的产业结构也推动着能源结构重化发展，由此带来较多环境污染问题和较大治理压力。工业“三废”排放较大，1980年代，上海企业每天排放的废水量达到386.6万吨，其中仅68.5万吨得到处理，城市水环境污染有加重趋势，如黄浦江在1980年代平均每年出现“黑臭”146.3天，比1970年代增加99.5天。该时期上海环境污染治理总体上表现出由点源治理向区域治理推进、由单项治理向综合治理转型，这奠定了上海现代环保工作的框架。首先，开展大规模的城市废水、废气、废渣单项污染源的点源治理；其次，对造纸、电镀、化工、纺织、皮革等12个重污染行业进行合并、撤点、改造、治理，加强重污染行业的综合利用和技术革新；再次，对和田路、新华路、桃浦地区等环境污染严重地区进行综合治理；最后，上海市各类环境规划计划、法律法规、环境政策制定进入“爆发期”，对污染源普查、环境质量评估、总量控制技术框架以及规划目标指标体系等进行了深入探索和积累。

2. 围绕四个中心，努力还清历史欠账的发奋攻坚期（1991—2012年）

进入1990年代以后，上海的城市发展总体思路发生重大转变。2001年5月，国务院批复同意《上海市城市总体规划（1999—2020年）》，提出要把上海建设成为现代化国际大都市和国际经济、金融、贸易、航运中心，这一战略定位的转变，既为上海拓展了新的发展空间，又对上海面向新世纪的发展提出了更高标准。"四个中心"的城市功能更新定位和世界博览会的举办，使得上海经济社会水平、开放程度迅猛提升。大规模推进城市建设，城市建设从还历史欠账转向建设枢纽功能性设施；大力推进产业结构战略性调整，中心城区实施"退二进三"，经济增长格局从主要依靠第二产业推动转变为第二产业、第三产业共同推动，基本完成了从全国最大的工业中心向多功能经济中心城市的转变。这一阶段，上海国内生产总值增长了近20倍，连续保持了两位数的年均增速。经济快速增长给环境保护带来巨大压力，工业废气排放量增加了224%，废水排放量增加了27%；城市人口数量增加了近一倍，生活源废水排放量增加了234%；生活垃圾产生量增加了147%，这些给城市生态环境承载带来挑战。据此，该阶段上海以污染减排和环保三年行动计划为抓手，以削减污染物排放总量为主要目标，逐步健全城市环境保护框架。2000年起，上海开始实施环保三年行动计划，分阶段解决重点领域、重点区域的环境问题，以点带面，逐步推开。开展以苏州河治理为重点的全市中小河道整治，从烟尘控制为重点转变为能源结构调整、机动车尾气治理等综合防治，从工厂企业的末端治理转变为结合工业布局、结构调整实现全过程控制，从"见缝插绿"逐步过渡到"规划建绿"；同时，以迎上海世博为契机，不断转变经济增长方式和城市发展模式，促进经济、社会、环境的协调发展。经过努力，工业废水排放达标率由1991年的65.3%增加至2010年的98%，工业废水排放量则下降了74%。至2010年年底，上海化学需氧量（COD）和二氧化硫（SO_2）排放总量分别比2005年下降了27.7%和30.2%，超额完成减排目标。

3. 生态文明引领，环境保护促进发展转型的发力期（2013年至今）

进入后世博时代，上海城市经济增速缓中趋稳，服务经济为主的产业结构基本形成，第三产业增加值占全市生产总值的比重超过67%，为解决"存量"环境问题提供了机会。党的十八大以来，上海以习近平生态文明思想为指引，树立绿色低碳发展理念，以改善生态环境质量为核心，以打赢打好污染防治攻坚战为抓手，进一步强化源头防控和全过程监管，以环保倒逼发展模式和生产生活方式绿色转变，按照"接轨国际"和"率先引领"的要求，不断提高环境治理的水平和标准，深化生态文明体制改革，完善环保责任和法制体系，同时更加注重"科学治理"和"创新驱动"，健全市场化治污机制，进一步提升科学治污和精准施策水平，从政府管理为主转向各方主体多元治理，生态环境质量持续稳定向好，公众对生态环境感受度、满意度持续提升。2018年，《上海市城市总体规划（2017—2035年）》正式发布，提出上海要建设成为卓越的全球城市，令人向往的创新之城、人文之城、生态之城。显著改善环境质量、推动生态绿色发展成为上海生态环境保护的重要任务。这一阶段上海环境保护逐渐由污染物减排转向城市环境质量改善和城市生态服务功能的提升。全市空气质量全面改善，细颗粒物（$PM_{2.5}$）提前达到35微克/立方米以下的水平；全市河道全面消除黑臭，基本消除劣V类；城市生态廊道体系基本成形，城市生物多样性水平逐渐恢复。此外，上海进一步加强城市生态空间建设，从大力推进崇明世界级生态岛建设到五大新城绿色低碳发展，从金山综合整治到金山宝山南北转型，生态环境保护成为引领城市绿色发展和布局优化的重要依据。上海积极参与长三角区域生态环境共同保护机制，在建立跨区域共保联治机制和长三角一体化制度创新方面做出引领和表率。

（三）推动城市现代环境治理体系持续完善

40多年来，上海生态环境保护坚持久久为功、注重实效，全社会大环保机制不断完善，环境治理成效持续深化，生态环境质量持续稳定改善，生态环境保护能力和城市生态服务功能显著增强。在习近平生态文明思想的指导下，上海的生态文明建设实践不断丰富，具体呈现出五个方面的转变：

1. 从注重点源污染治理转向区域生态环境综合治理

为应对生态环境问题的系统化、复杂化，上海市主要污染物排放总量控制约束性指标由“十一五”期间的SO_2和COD两项指标，扩展到“十二五”期间的COD、氨氮（NH_3）、SO_2、氮氧化物（NOx）4项，同时还协同控制与上海环境质量密切相关的总磷（TP）、挥发性有机物（VOCs）和$PM_{2.5}$，上海市环境治理正向多污染物协同控制转变。此外，上海在注重单项污染物治理、重点污染行业治理的基础上，2015年启动区域环境综合整治，三轮区域环境综合整治任务取得明显成效，基本消除“五违”问题集中成片区域。

2. 从注重区内污染治理转向跨区域生态环境协同保护

改革开放40年来，上海生态环境保护的内涵不断拓展，不仅加大自身环境治理力度，还积极参与长三角区域联防联控，建立跨省界区域应急处置联动机制。以煤炭总量控制、产业结构调整、移动源强化控制和挥发性有机物深化治理为重点，在区域层面积极参与长三角区域大气和水污染防治协作机制，推动长三角跨区域生态环境协同治理，与兄弟省市携手打造美丽长三角。

3. 从注重政府主导转向全社会共抓生态环境保护

改革开放40年来，上海从1978年的“上海市治理三废领导小组办公室”改名为

“上海市环境保护办公室”，1979年成立“上海市环境保护局”，再到2018年正式更名为“上海市生态环境局”，已形成了市、区、乡镇街道环境保护的三级管理网络。在这一过程中，上海转变一直以来政府主导的单一环境治理模式，逐步建立起“政府主导+多元参与”的环境保护主体结构，加强环境信息公开，推动社区、企事业单位、学校参与环境保护工作。

4. 从注重制度建设转向强调制度实施和法治保障

改革开放40年来，上海环境保护从注重管理组织建设、制度建设转向强调明晰环境立法操作性、强化环保执法严格与严肃性、加强环保整改落实监督。2013年，上海市启动了碳排放交易试点工作，探索建立环境治理领域的市场机制。2014年，上海市发布《关于加快推进本市环境污染第三方治理工作的指导意见》及试点工作方案，提出培育发展环境污染第三方治理市场。为加强环境保护的法治保障，上海建立完善公安与环保部门之间的情况通报、案件移交、协作办案等工作机制，以加大联合查处打击污染环境违法犯罪行为的力度。2018年，上海出台《上海市环境保护督察实施方案（试行）》，建立集中督察和日常监察相结合的环境保护督察制度，确保生态环保工作落到实处。

5. 从注重城市环境治理转向构建高品质城市生态环境和生活环境

上海生态环境保护目标从最初的生态建设、污染治理转向关注人居环境、市民日益增长的生态产品需求，生态环境保护逐渐融入上海“四个中心”和具有全球影响力的科技创新中心、社会主义现代化国际大都市等战略目标，生态环境品质提升不再只是为了满足生态环境质量指标改善需求，而是更加关注生态品质是否有利于提升市民生态福祉，是否有利于满足超大城市人民群众对美好生活的需要，是否有利于增强城市的吸引力、创造力和竞争力。

二、促发展，推进经济社会发展全面绿色转型

碳达峰碳中和是一场广泛而深刻的经济社会系统性变革。促进绿色低碳发展转型是上海环保工作的核心目标和长期推进的重要任务。

（一）低碳发展引领，推动减污降碳协同增效

早在上海世博会筹备之初，主办方就已明确将“低碳世博”作为一项系统工程体现在上海世博会园区选址、场地规划、运营管理到后续利用等全过程，并以此作为城市绿

色低碳转型的重要机遇。2012年，上海被国家发改委列为第二批低碳试点省市，统筹谋划低碳发展相关工作。2018年，上海进一步将绿色低碳目标写入《上海市城市总体规划（2017—2035年）》，明确提出“全市碳排放总量与人均碳排放于2025年之前达到峰值，至2035年，控制碳排放总量较峰值减少5%”。

1. 变资源痛点为科创亮点，促进低碳技术示范推广

基于“低碳世博”的实践经验，加快推动可再生能源技术、分布式能源中心、智能微网、资源回收利用等优势技术示范和推广。截至2020年年底，全市海上风电装机规模达到42万千瓦，较“十三五”末增加4倍，大功率海上风电机组的研制和海上风电场建设处于国内领先位置；太阳能电池部分装备技术和高效电池工艺达到国际先进水平；千米级高温超导电缆、100千瓦级微型燃气轮机等重大成果填补国内空白；全市轨道交通网络运营线路增至831千米，新能源汽车累计推广量近70万辆，居全球城市前列；成功创建全国首批装配式建筑示范城市；临港新片区全力打造国际氢能谷，拟建首座能移动的加氢站。

2. 以技术创新带动模式创新，推进低碳发展试点示范

2011年以来，上海市已完成两批低碳发展实践区和低碳社区创建试点示范工作，从组织申报、中期评审到项目验收，每轮创建期为5年，针对实践区建立了完整的评价考核体系，累计13个低碳发展实践区和20个低碳社区完成创建，全面覆盖本市不同发展阶段、不同发展重点的区域类型，分别从低碳产业、低碳商务、低碳城区、低碳新城等角度探索各具特色的低碳发展路径。基于前期各类试点示范的有益经验，上海市于2014年率先将绿色建筑标准纳入城市新建建筑建设规范，加大装配式建筑推广力度；率先出台天然气驱动的冷热电三联供能源中心建设激励机制，全面提升建筑能效水平；同时陆续出台《上海市可再生能源和新能源发展专项资金扶持办法》《上海市鼓励购买和使用新能源汽车实施办法》《关于支持本市燃料电池汽车产业发展若干政策》《上海市绿色建筑管理办法》《上海市超低能耗建筑项目管理规定（暂行）》等政策文件，全面推动城市绿色低碳发展转型。

3. 融绿色低碳为生活长习，营造全民低碳良好氛围

组织市民低碳行动和节能宣传周等活动，形成了“低碳知多少”“低碳践行家”“低碳惠生活”“低碳大创想”四大活动板块，发布了全国首张以低碳为主题的地图“上海低碳地图”。不断拓宽宣传渠道、开拓合作资源，各宣传平台累计覆盖人数逾千万人，成功营造绿色低碳氛围，引导园区、企业、公众全面践行节能低碳。

（二）优化空间布局，促进土地资源高效利用

“十二五”以来，上海积极调整城市功能布局，推动上海从高度聚集的单中心城市向“多心、多核、组团式”的空间结构布局转化；系统谋划产业用地布局优化工作，在规划设计、政策配套、专项治理等方面持续发力。运用“三线一单”优化工业用地布局，保障生态空间安全底线。全市工业用地规模逐步压减，工业用地结构趋于合理，工业用地效率得到提升。

1. 由点及面，探索工业用地调整和城市功能优化

（1）开展环境综合整治，改善中心城区人居环境。1980年代初期，上海土地开发利用变化总体上是以人民广场为中心、呈单心团块放射状缓慢蔓延，同时在原有行政区划范围内采取“填空补实”和“由内向外”摊大饼式的发展方针。当时成片工业用地集中在苏州河和黄浦江沿岸呈“带状”分布以及闸北区彭浦一带较大区块工业用地。这期间上海开始对中心城区环境污染严重地区开展综合整治，桃浦工业区、和田路、新华路等工业集中点加强“三废”处理处置，建设废水集中处理、集中供热等基础设置，不能就地改造的点源实施搬迁或转型为都市型工业，这是中心城区工业用地退出和转型的最早实践。污染严重工业区的环境综合整治工作一直延续到21世纪初，吴淞工业区、吴泾工业区、南大工业地块等一批重化工业集聚区关闭、搬迁了一批重污染企业。

（2）实施中心城区“退二进三”，提升城市核心功能。1992年12月，上海市第六次党代会确定上海经济结构进行战略性调整，实施中心城区“退二进三”战略，同时加快旧城改造步伐，上海城市格局和土地利用进入重大变化期。中心城区工业外迁，建设中央商务区和中心商业区，加强金融、贸易功能；内环线两侧地区调整改造工业街坊和工业区，部分工厂迁址、合并、停产和关闭，改为发展房地产和其他产业，城市能级得到显著提升。与此同时，上海在近郊建设一批工业园区，接纳从市区迁入的工厂。至20世纪末，内环线内工业街坊调整工作全部完成，1/3生产点搬迁，1/3生产点就地转为“三产”，1/3生产点保留发展食品、服装等都市型工业。此后，在环境综合整治和“退二进三”政策的基础上，中心城区工业区纷纷启动转型发展，产业向科创、数字经济等生产性服务业转型，功能向经济、文化、社会协调的复合性城区转型，加快环境品质提升和公共服务功能完善。目前，位于中心城区和城市副中心的桃浦工业区、吴淞工业区、市北工业区、南大地区等基本完成老工业基地向现代化城区转型任务。

2. 系统谋划，优化城市空间结构和产业用地布局

（1）为生态留白、定城市边界，引导产业空间合理布局。《上海市城市总体规划

（2017—2035年）》明确提出上海生态空间存量优先，需要严控城市开发边界，并将全市3 200平方千米作为生态用地底线资源严格保留，大力推进低效建设用地减量化。为解决工业用地规模过大和产出效率偏低的问题，《上海市先进制造业空间布局专项规划（2019—2035年）》以“严控总量、用好增量、盘活存量、提高质量”为原则，限定工业用地总体规模，提出工业用地分类管控方向。用地规模方面，专项规划总规模为350平方千米，比前一轮规划进一步压减120—160平方千米；用地布局方面，在原有“104区块提升发展、195区域转型调整、198区块减量复垦”的基础上，提出“产业基地转型升级、产业社区产城融合、零星工业用地过渡保留”的产业用地体系，并坚持原198区域按照规划引导开展减量化、生态修复和整理复垦。

（2）部门联合形成政策合力，全面推进低效用地减量。为落实专项规划，土地、产业、环保等部门相继发布或联合发布一系列配套政策文件。2018年，市政府发布《关于本市促进资源高效率配置推动产业高质量发展的若干意见》《关于本市全面促进土地资源高质量利用的若干意见》。对于产业用地布局，按照工业向规划产业区块集中的要求，深化落实“产业基地—产业社区—零星工业用地”三级产业空间布局体系；依据存量工业用地资源利用效率评价结果，推进城市开发边界内存量工业用地“二次开发”，结合产业结构调整、环境综合治理、土地综合整治等工作，推进城市开发边界外低效建设用地减量化工作；对低效产业用地在技术改造、财税、电价、环保、金融服务等方面实施差别化政策。2019年，市经信委、发改委、科委、规划资源局、生态环境局等部门联合发布《规划产业区块外企业“零增地”技术改造正面和负面清单》；市生态环境局发布《关于本市规划产业区块外优质企业改扩建项目环评工作的通知》，明确产业区块外现状优质企业在不影响规划实施的前提下可进行“零增地”改扩建。

（3）推行低效建设用地整治，推进土地资源高效赋能。编制郊野单元规划，统筹农村地区土地利用和空间布局，明确建设用地减量化区域，分阶段逐步推进。实施差别化电价，引导限制类、淘汰类装置及单位能耗超标产品生产企业撤并搬迁。完善考核机制，将区减量化工作考核纳入土地节约集约利用考核评价体系，列入区领导班子和领导干部政绩考核。制定土地增减挂钩政策、市级专项资金补贴制度、产业结构调整支持政策、环保支持政策等配套政策，从建设用地指标、土地收益使用、专项资金补贴和财政支持、年度项目和资金安排、污染物总量指标分配等方面，多措并举支持198区域实施减量化。减量化释放土地资源效益显著，工业用地占建设用地比例由2015年的27.3%下降至2018年的22.1%；全市地均工业总产值从2013年的45.29亿元/平方千米增加到2018年的52.26亿元/平方千米。

3. “三线一单”，规范工业布局、保障生态安全底线

“三线一单”基于生态环境特征将全市空间分成优先保护、重点管控、一般管控三类单元，实行分区管控。优先保护单元实施保护，禁止或严格限制工业项目准入；工业项目进入重点管控单元，强化清洁生产、污染治理和风险防范；一般管控单元仅符合要求的优质项目可实施零征地改扩建。运用“三线一单”对《上海市先进制造业空间布局专项规划（2019—2035年）》进行评估，确保在生态保护红线内、饮用水源地（一级、二级、准保护区）等需要严格保护的优先保护单元内没有规划产业基地和产业社区布局，从源头防止工业污染和环境风险，生态安全底线得到有力保障。

（三）调整产业结构，促进绿色高质量发展

作为全国的经济中心，上海的经济规模始终位于全国各大城市首位，并率先进入经济发展方式转型期。钢铁、石化两大传统高污染、高能耗产业规模得到严格控制，产业升级持续推进；汽车制造、设备制造、电子信息、生物医药等优势产业及战略新兴产业保持增长趋势，工业内部结构逐步优化。经过多年努力，上海产业全面进入绿色高质量发展阶段，产业质量效益及资源环境效率显著提升，“上海制造”品牌有力打响。

1. 生态环保促进结构调整，为高质量发展守好门

上海以顶层设计谋划全局，以配套政策及准入标准为保障，以专项行动、评估等为手段，做好现有高污染、高风险、高能耗存量产业的调整和新增产业的高标准指引，全方位、全过程推进本市产业结构调整和绿色转型升级，实现节能减排，优化产业结构和空间布局，保障生活空间。

（1）编制《产业结构调整规划》，谋划全市产业结构调整工作。协同推进产业能级提升、污染源防治、生态环境综合治理、198区域减量化、“城中村”改造，明确结构调整重点行业、重点区域、重点任务及职责分工、配套标准制定、部门联动等要求，谋划全市产业结构调整工作。

（2）制定最严标准，指导产业结构调整及准入。“十二五”期间，上海率先制定《产业结构调整负面清单》并持续更新。针对落后、过剩产能及高能耗、高污染、高风险、低产值的行业、工艺，制定限制类、淘汰类产业目录，执行严于国家标准的产业结构调整标准，倒逼资源消耗型、环境污染型企业调整转型。负面清单作为产业结构调整工作的重要依据之一，助推了本市产业结构调整工作的进度和力度，促进了重点行业的供给侧结构性改革，使本市产业结构得到进一步优化。

（3）实施重点专项，推进“三高一低”产业退出。以落实污染防治攻坚战、清洁空

气行动计划、长江经济带化工专项整治、建设用地减量化等工作要求，聚焦重点行业、重点区域，以年度工作及重点专项等形式开展产业结构调整。① 重点行业方面，聚焦钢铁、石化、建材、有色金属、轻工、纺织、医药及“四大工艺”（电镀、铸造、锻造、热处理），八大传统高耗能、高排放行业，制订年度结构调整计划。② 重点区域方面，紧扣城市功能布局战略性调整，2000年以来持续推进吴淞、吴泾、桃浦、南大、合庆、碳谷绿湾等重点区域调整。调整后的区域依据规划功能定位进行“退二优二”产业升级、“退二进三”产业转型或复垦等。2010—2020年，全市累计完成1万余项产业结构调整项目。吴淞、吴泾地区环境质量明显改善，宝钢、吴泾地区结构调整加快推进，碳谷绿湾实施产业深度转型，被列为全市唯一的“退二优二”整体转型和工业经济高质量发展的示范园区。桃浦、南大地区走出“退二进三”整体转型发展新道路。

（4）发挥环保源头预防机制，提升产业资源环境效率。“十二五”以来，上海全面推进产业园区规划环评，以“三线一单”及区域环境保护目标为约束，制定入园项目环境准入要求，作为建设项目落地的重要依据。通过宏观、中观、微观三个层级的管控，有效促进产业绿色发展。① 产业转型持续深化，高污染、高能耗、高风险、低产出的传统产业规模逐年缩减。“十小”行业全面取缔，焦炭、铁合金、有色金属冶炼、高能耗高污染再生铅再生铝生产、建材（砖瓦、平板玻璃、建筑陶瓷、岩棉及中大型石材生产加工）、皮革鞣制、涉汞行业（液汞荧光灯、液汞血压计、含汞电池和添汞产品装置）、园区外化学原料药生产等行业整体退出；手工电镀、铸锻件酸洗工艺基本淘汰；园区外“四大工艺”生产点、规模以下钢铁加工、有机溶剂型涂料油墨生产点等行业产量减半。结构调整后的工业用地腾笼换鸟，实现产业绿色转型。② 产业布局日趋合理，位于中心城区的桃浦、南大等老工业区块走上“退二进三”的整体转型道路，吴淞、吴泾地区结构调整成效显著，外环线内危险化学品生产企业完成调整，有力保障了城市的安全运行。③ 节能减排效益不断提升，“十三五”结构调整共计节约能耗139.23万吨标准煤，单位工业增加值能耗累计下降17%，减少COD排放近3.9万吨、SO_2 1.2万吨，减排量相当于15个浦江郊野公园的净化能力，生态环境效益显著。

2. 以高、新、绿色为突破口，不断提升产业能级

近年来上海通过强化高端产业引领，着力发展战略性新兴产业，优化工业内部结构，提升经济总量与效益。同时，大力推进绿色制造体系建设及工业园区循环化改造，推进产业绿色发展。

（1）着力发展战略新兴产业，提升产业能级。深入推进供给侧结构性改革，坚持高端化、智能化、绿色化和服务化，大力发展“四新经济”（新技术、新产业、新业态、新模

式)，加快构建战略性新兴产业引领，先进制造业支撑、生产性服务业协同的工业体系。战略性新兴产业方面，积极培育新一代信息技术、智能制造装备、生物医药与高端医疗器械、新能源与智能网联汽车、航空航天、海洋工程装备、高端能源装备、新材料、节能环保等产业，重点实施集成电路、生物医药、人工智能三个"上海方案"，加快形成产业发展新动能。"十三五"期间，上海战略性新兴产业产值从8 064亿元提高至13 931亿元，占规模以上工业总产值比重从26%提升至40%。

(2) 构建绿色制造体系，推动产业绿色高质量发展。2018年以来，上海市对标国际最高标准、最好水平，以促进全产业链和产品全生命周期绿色发展为目的，以企业为建设主体，以公开透明的第三方评价机制和标准体系为基础，开展以绿色工厂、绿色产品、绿色园区、绿色供应链为主要内容的绿色制造体系建设。目前，全市共计组织实施20项绿色制造重点项目，培育11家绿色制造系统解决方案供应商，完成30项绿色标准制定。评定市级绿色工厂100家、绿色供应链管理企业11家、绿色园区20个、绿色设计产品116个。其中，获得工信部授予的绿色工厂56家、绿色供应链5家、绿色园区3个、绿色设计产品26个、绿色设计示范企业3家。绿色制造产业逐步发展壮大，高效、清洁、低碳、循环的绿色制造体系初步建立。

(3) 实施工业园区循环化改造，提升资源综合利用水平。"十三五"期间，全市所有国家级产业园区和50%以上市级工业园区完成"循环化改造"，积极推动一批国家级循环经济示范项目的提质增效。改造共涉及290个项目，包含产业构链补链、绿色基础设施改造、节能技术改造、可再生能源应用、环境污染治理和公共服务平台建设等领域，投资总额近1 000亿元。项目实施后，综合能耗减少约2万吨标准煤，二氧化碳排放量减少约5万吨，节能降碳成效显著。

3. 孵化节能环保产业，完善绿色低碳市场体系

进入21世纪以来，为服务于上海"四个中心"建设，上海节能环保产业摒弃了单纯从末端治理或源头治理和以环保产品为核心的节能环保产业商业模式，转变成具备全过程管理视角的节能环保服务产业，出现了一批专业、提供整体解决方案的环境第三方治理服务行业，上海节能环保产业实现跨越式发展。上海在推进节能环保产业可持续发展方面注重产品创新、模式创新和制度创新。自试点碳交易市场启动以来，上海碳金融在碳配额交易履约、碳价格发现方面做出了积极努力。同时，通过采用不同商业模式催生出合同能源管理、合同环境服务、能源管家、环境治理超市等第三方治理服务新业态，成为节能环保产业的新生力量，上海节能环保产业走上可持续发展道路。

（四）转变能源结构，实现节能减排双控制

1. 加大清洁能源利用，推动能源结构优化

严格控制煤炭消费总量，禁止新建燃煤设施，全面完成中小燃煤锅炉和集中供热锅炉清洁能源替代，全市煤炭消费总量从2011年的6 100多万吨最高值下降到2020年的不到4 300万吨，煤炭占一次能源消费比重下降至31%左右。稳步扩大天然气利用规模，加快天然气产供销体系建设，推进闵行燃机、国家重燃等重点燃机项目建设，天然气分布式供能加快发展，2020年天然气占一次能源比重超过13%。持续加大西南水电等市外清洁能源的引进消纳力度，2020年本地风电、光伏、生物质发电装机分别达到82万千瓦、137万千瓦和43万千瓦，本地可再生能源装机比重提升至9.8%，全市非化石能源占一次能源比重超过17%。

2. 开展节能技术改造，加快建设绿色制造体系

“十三五”时期，上海市共安排了30个批次节能减排专项资金计划，资金总量超110亿元。推进重点用能企业单位开展“能效领跑者”和“百一行动”（能效水平每年提升1%）工作，截至2020年年底，工业用能总量累计下降356万吨标准煤，单位工业增加值能耗累计下降16.9%。组织实施工业重点用能单位能源审计，推动建立能源管理体系，挖掘节能潜力110万吨标煤。组织实施节能改造项目421项，节能42.3万吨标煤。组织实施产业结构调整项目，减少能源消费近150万吨标准煤。上海市主要工业产品单耗持续下降，电厂发电煤耗、吨钢综合能耗、芯片单耗、乘用车单耗等达到国内领先水平。落实“上海制造”品牌“绿色创先”专项行动，加快推进绿色制造体系建设。

3. 推广绿色建筑，提高建筑能效

累计推广绿色建筑2.89亿平方米，城镇绿色建筑占新建建筑比重达到100%，重点区域绿色两星级及以上标准建筑面积占比达80%以上。在市级层面，上海市不断完善绿色生态城区的相关制度细则，累计创建或储备了绿色生态城区27个；发布《崇明区绿色建筑管理办法》，完善扶持政策，持续开展财政资金扶持建筑节能与绿色建筑示范。在区级层面，各区在贯彻落实市级政策基础上，进一步结合本区实际与需求，制定各具特色的区级政策。积极推进建筑工业化应用，近年来，上海市政府和相关部门陆续出台建筑产业化政策法规10余项；2016年起，上海市符合条件的新建民用、工业建筑全部按照装配式建筑要求实施。截至2019年年底，装配式工业化建筑预制率超过75%。

4. 积极推广新能源汽车，大力倡导绿色出行

积极推进新能源汽车推广应用。2018年，上海市制定了《上海市鼓励购买和使用

新能源汽车实施办法》，为新能源汽车消费给予财政补助，营造智能汽车消费环境。截至2021年年底，上海新能源汽车保有量超过60万辆。积极实施公交优先战略，大力发展轨道交通、慢行交通等，并在商务区、滨水区、历史风貌区等建设若干低碳交通示范区。截至2021年年底，轨道交通总运营里程达831千米，公交专用道达436千米，上海中心城区绿色出行占比达到75%。

三、保安全，持续巩固生态环境保障体系

生态环境安全是城市正常运行与有序发展的基本保障，更是人民健康和平安的重要基础。长期以来，上海将生态环境安全的保障和支持体系作为生态文明建设的首要任务和打造“人民城市”的重要基石，做到让市民“放心、安心”。

（一）让市民喝上放心水，坚持不懈提升水源地安全

上海是我国第一个现代供水的城市——1883年，中国第一座自来水厂杨树浦水厂在黄浦江畔诞生。然而百年来，上海的饮用水水源地受到城市发展和无序排污的影响，经历了“苏州河—黄浦江下游—黄浦江中游—黄浦江上游—黄浦江上游和长江口”的发展历程。1990年代之前，为了保障供水安全，取水口位置不断上移，供水格局多以分散、开放的水厂取水口为主；1990年代之后，上海的水源地更多向集中、封闭、联通转变，尤其是到2016年年底，黄浦江上游金泽水源地建成，上海四大水源地全部实现封闭取水、管网联通，基本建立“两江并举、一网调度”的集中供水格局。水源地安全保障也逐渐从侧重水厂卫生制水向城市水源格局系统保护和水安全保障相结合。

1. 夯实基础，牢固构建法律框架体系

黄浦江上游水源保护工作始于1980年代。为了保护黄浦江上游水源，维护黄浦江上游水质，1985年4月19日，上海市人大第八届常委会通过了上海市第一部地方环境保护法规《上海市黄浦江上游水源保护条例》，对水源保护区的水质目标、保护区范围、环保部门及有关部门的职责、管理方法、总量控制、排污许可证制度、奖罚制度等一系列问题作了明确规定。1987年，上海市政府颁布《上海市黄浦江上游水源保护条例实施细则》，对水源保护区和准水源保护区作了具体界定，明确了各有关部门保护水源的具体职责范围，防止水源污染的具体行为规范以及奖励和行政处罚的规定。1990年9月，上海市人大常委会又进一步对《上海市黄浦江上游水源保护条例》进行修改，对于强化管理体制、目标责任制、取水口的保护、污染治理设施的运

转管理以及将水源保护工作纳入企业升级评级、干部考核内容等都作出了明确的规定。2010年1月发布《上海市饮用水水源保护条例》，将管理的空间范围从原有黄浦江上游扩大到全市四大集中式水源地，并结合上海过去20年在黄浦江上游水源保护工作的经验，将精准定位、围栏建设作为一级区严控手段；将截污控源和淘汰清拆作为二级区强控手段，将产业准入机制和生态补偿作为整体政策辅助，在实现水源地供水格局调整的同时，全面强化环境保护目标，饮用水水源保护的法律框架全面完善。

2. 筑紧围栏，坚决推进保护区清拆整治

从“十二五”至今，上海市相继完成了水源一级保护区与供水无关建设项目的清退，以及水源二级保护区排污口关闭、工业企业清退、浮吊船只清退等一系列措施，大大降低了饮用水水源地的人为环境污染隐患。同时，整治区域主要以还林为主，进一步加大了水源保护区内水土保持和生态保护力度。经过多年努力，自2018年起，上海市饮用水水源水质稳定实现100%达标，相关整治模式和理念得到国家相关部委以及兄弟省市的认可。

3. 伸长触手，努力完善安全保障体系

（1）全面完善水源地监测和预警体系建设。上海在加密饮用水水源地109项全指标监测频次的基础上，积极探索开展包括持久性有机物、激素、抗生素等污染物的检测方法和特征污染物分析研究工作。同时，逐步建立了“流域—水源地—原水系统”的三级监控网络和预警体系，全市四大水源地主要取水口及其上游来水均安装了水质在线监测系统。

（2）建立从“源头”到“龙头”的公众监督体系。上海市严格按照国家要求开展水源地29项常规指标和80项特定指标的水质监测，并自2016年第一季度起，将上海市饮用水水源地水质、供水厂水质以及龙头水水质分别在原市环保局、市水务局以及原市卫计委的门户网站对社会公开，接受社会监督。

（3）积极推进流域水安全协同保护。作为流域最下游，上海的水源地安全保障在加强本地污染防治和环境管控的同时，更需要流域层面的协同保护。2016年年底，在金泽原水工程建成通水的同时，上海市生态环境局积极与江苏、浙江进行深度沟通，协调水利部太湖流域管理局共同建立了上下游水环境风险联动机制，其中，上游江苏吴江地区作为风险管控和预警方，浙江嘉善和上海青浦作为水源地应急响应和管理方，太湖局作为流域机构承担联动协调和水利调度指挥，机制建成后对水源地安全保障发挥了重大作用。2018年以来太浦河水质稳定在II—III类，未发生重大污染事故影响取水口水质的事件，保障三地安全渡过了包括台风“烟花”等在内的自然灾害，确保了太浦河上海金泽和浙江长白荡水源供水安全。

4. 立足生态，积极打造江南水乡样板

污染消除只是开始，如何通过生态修复的措施重现江南水乡风韵，让百姓记得住乡愁，是水源地保护现阶段的重要课题。上海市从“十三五”中期开始，在完成河道截污控源、生态驳岸建设、河底清淤等工程的基础上，着力构建“水下森林净化系统”，辅以水生物基网净化系统、生态沟拦截净化系统等生态工程措施，推进水源地河道生态修复，再塑河道水体生态净化功能。目前，宝山陈行水源地、黄浦江上游（金泽）水源地等区域已初见成效。

（二）彻底解决垃圾围城，构建安全健康的无废城市

作为特大型城市，产业集聚，单位面积固体废物产生强度大。上海坚持以“减量化、资源化、无害化”为核心，建立了具有上海特色的生活垃圾分类工作体系，涉疫医疗废物做到“日产日清”，形成了具有上海特大型城市特点的固体废物治理模式。

1. 筑牢疫情下公共安全保障底线

上海市医疗机构众多、医疗废物产生量大，新冠疫情更是带来高卫生风险涉疫医疗废物、收集面扩大等不利条件。上海聚焦长效机制、能力建设，全面提升医疗废物全流程精细化管理水平。

（1）持续巩固医疗废物联防联控机制。2020年新冠疫情发生后，上海市迅速启动建立多部门联防联控工作机制，动态研判医疗废物管控要求，全面做好定点医院及发热门诊的涉疫医废收运处置。加快构建医疗废物处置设施“一南一北一岛”布局，分别形成南面240吨/天、北面122吨/天、崇明岛30吨/天，共计392吨/天的医疗废物集中焚烧处置能力，同时全市唯一传染病医院建立12吨/天的医疗废物自行焚烧处置能力，总体上可全面满足上海市至2035年医疗废物收运处置需求。

（2）提升医疗废物收集运输精细化水平。以“定人、定车、定时间、定路线”四定原则建立医疗废物分级分类的收运体系，全天候保障上海75家大型医疗机构医废日产日清、610家一级及以上医疗机构医废48小时完成收运、其他小型医疗机构电话预约后48小时内完成收运，并通过“白+黑”收运模式（白天收运常规医废、夜间收运涉疫医废）确保所有涉疫医废的第一时间收运处置。

（3）探索构建平战结合的“1+N+X”医疗废物收运新模式。以车车对接、医疗废物不落地的集中收集转运方式打通小型医疗机构医疗废物收集“最后一公里”，确保小

型医疗机构医疗废物在48小时内安全收运处置，应急处置经验已为全国提供了有力借鉴，并被写入联合国工业发展组织刊物《新冠肺炎疫情期间中国医疗废物管理培训指南》，向世界提供医疗废物处置的“上海经验”。

2022年3月以来，面对复杂严峻的疫情防控形势，全市把守牢涉疫环境安全底线放在首要位置，根据疫情变化形势科学研判涉疫垃圾增长趋势，及时启动并动态调整应急收运处置方案，加强医疗废物收运处置全链条监管，开展黄色医废袋装垃圾整治行动，全力打好疫情防控阻击战。其间，单日收运量最高峰达1 419吨，医疗废物全部得到有效收集转运和处理处置。

2. 系统提升危险废物污染防治水平

上海市创新开展危险废物“点对点”综合利用，积极推进危险废物、医疗废物全过程信息化监管。其中危废转移电子联单、“点对点”综合利用等创新模式已上升为国家制度。“十三五”期间，推进建成了老港医废处置中心、化工区升达焚烧设施等一批高水平的危险废物处置设施。同时，不断创新推进危险废物产业协同利用处置。充分挖掘宝钢股份原有配套危废焚烧炉的处置能力，形成2万吨/年社会化处置能力，填补了北部地区焚烧能力空白。大力推进本市废油漆桶进入宝钢转炉冶炼，已形成3万吨/年综合利用能力，废油漆桶出路难问题得以彻底解决。此外，将综合利用作为重要路径，通过以原料替代、形成最终产品为导向，积极推进集成电路废酸等高品质危险废物的“点对点”综合利用，解决了上海市集成电路等主导产业危险废物的出路问题，同时提升了危险废物综合利用水平。除了政府层面的系统性措施外，上海面向社会也出台了一系列政策。比如，针对汽修行业分布广、危废种类多、数量少等特点，将全市4 000余家汽修企业纳入收集体系，落实铅蓄电池生产企业主体责任，实现废铅蓄电池、废矿物油等主要危废种类统一收运处置。2020年已收集废铅蓄电池2.4万吨，较2019年增长了约1.5倍。同时，利用上海信息建设优势，建设并应用危险废物信息化管理平台，强化交通、生态环境联合监管机制，加强危险废物运输信息的互通联动，实现了从产生到处置、市内与市外、管理与执法、地方到国家的信息贯通，形成系统闭环管理。

3. 创新推动全社会生活垃圾分类

2018年，习近平总书记考察上海时对上海垃圾分类工作提出了“垃圾分类工作就是新时尚。我关注着这件事，希望上海抓实办好”的要求。[①]上海深入学习贯彻习近平总书记考察上海重要讲话精神，率先出台生活垃圾分类地方条例，按照“市级统筹、区

①《当好改革开放的排头兵——习近平上海足迹》，上海人民出版社2022年版。

级组织、街镇落实”的思路，建立健全“两级政府、三级管理、四级落实”的生活垃圾分类责任体系。通过建设分类投放、分类收集、分类运输、分类处置的全程分类体系，杜绝混装、混运、混处，确保分类常态长效。通过推进“定时定点”分类投放制度，避免部分居住区具体实施过程中出现“一刀切”“简单化”等现象。系统整合社区现有的智能监控装置、运输车辆GPS设备、网格化监控等资源，依托各级管理主体，建立市、区、街镇三级生活垃圾分类“五个环节”全程监管体系。同时，不断强化社会宣传，广泛发动群众，市民分类习惯初步养成，垃圾分类逐步成为引领绿色低碳生活方式的新时尚。

2021年上海市生活垃圾产生量为1 194.7万吨，与2020年相比，可回收物回收量增长12.8%，有害垃圾分出量减少13.7%，湿垃圾分出量增长9.03%，干垃圾处置量增长6.15%，生活垃圾分类“三增一减”成效持续提升，基本实现原生生活垃圾“零填埋”。

四、惠民生，久久为功提升市民生态环境获得感

良好生态环境是最公平的公共产品，是最普惠的民生福祉。上海一直将解决市民关注的突出生态环境问题作为工作初心，将提高市民对生态环境的满意度和幸福感作为工作重心，把市民评定作为判断全市生态环境保护工作的主要标准。

（一）碧水：清水为民、还岸于民

由于较早进入工业化大城市发展阶段，上海在1970年代出现苏州河全线、全年黑臭，周边居民苦不堪言，称其为“黑如墨、臭如粪”；黄浦江中下游黑臭期也占到全年的1/3以上。从根本上解决河道污染，还给人民一城清水，成为上海环保工作长期以来的重要任务。上海重点建设与城市发展相匹配的水环境基础设施，不断强化源头污染控制，系统改善城市水网功能体系，经过半个世纪的努力，将清洁的城市水环境还给广大市民，苏州河、黄浦江全程年均水质达到了III类（优良）水平；2021年，全市273个市控水质断面的优良比例达到80.6%。现在的黄浦江、苏州河两岸全线贯通，将优美的公共生态岸线还之于民，为广大市民提供了真正的亲水空间，也成为中外游客来沪必去的网红打卡点。

1. “决心把苏州河治理好”，久久为功打造治水样板

1984年，为了缓解和遏制苏州河、黄浦江污染问题，上海市委、市政府聘请国际团队与本地科研人员共同研究提出了合流一期工程，有效截留苏州河沿岸污染源并减少苏州河对黄浦江的污染。1988年8月，时任上海市委书记的江泽民在合流污水治理一

期工程开工之日题词:“决心把苏州河治理好。”这充分表明了上海市委、市政府治理苏州河污染的决心和意志。1993年工程完工后截留苏州河120万立方米/天的污水,合流一期工程不仅开启了上海水环境治理的新阶段,也为之后苏州河的综合整治打下坚实的基础设施保障基础。1997年,上海市政府又成立苏州河环境综合整治领导小组,市长担任领导小组组长,全面开展苏州河的环境综合整治工作。上海市委、市政府领导强调苏州河整治要“一届接一届,一年连一年”抓下去,不断推进苏州河整治的深入发展。苏州河综合整治前后共四期工程,其中一期工程以干、支流截污为主,建设石洞口污水厂提升末端处理能力;二期工程以基础设施和河岸综合整治为主,重点工程包括黄渡污水厂建设和干流周边码头拆迁整治等,其中将原上海啤酒厂改造成为初期雨水调蓄功能和苏州河治理展示馆的梦清园工程成为二期重要标志;三期工程以中下游底泥疏浚为主,突破了城市河道疏浚的工程难题和水环境内源防控等技术;四期工程仍在实施中,核心是建设苏州河地下深隧,截留污染的同时起到一定的初期雨水调蓄作用。先后四期工程的实施全面恢复了苏州河水质和水生态系统,并且将特大型城市中心城区水环境治理的路径、技术和政策体系进行了系统验证,最终实现了苏州河水清岸绿的同时,带动全市水环境治理工作的推进。

2. 以点带面系统推进,全面建立污水处理体系

在苏州河综合整治工程的带动下,上海系统推进水环境基础设施建设。2002年出台的《上海市污水处理系统专业规划》明确将上海市域范围分为六个污水收集片区,全面覆盖上海所有行政区域,逐步完善处理能力;市区布局为集中处理和分散处理相结合,郊区布局则采用组团分散处理。中心城分散污水处理厂在不影响全市污水处理率情况下,择时予以废除并用于初期雨水治理。1995年以来,上海城镇污水处理能力从49万立方米/天上升到857.25万立方米/天,其中白龙港污水厂处理能力已达到210万立方米/天,是目前亚洲最大的污水处理厂。2021年,城镇污水收集处理率达到97%以上,为城市水环境治理与保护提供了重要的基础设施支撑。此外,上海坚持污水收集管网建设和污泥处置能力同步提升,逐步实现与污水厂建设相匹配。2000年以来污水管网建设总长度超过7 500千米,全面支撑污水全收集体系;全市污泥处理处置体系从1999年单一焚烧为主已经转变为焚烧、高温好氧发酵、厌氧消化、干化、深度脱水等手段相结合的总体处置体系,污水厂污泥无害化处理率已经达到100%。

3. 勇于挑战治水难点,精准治理城市面源污染

上海作为百年以上的老城,污水和排水系统非常复杂,随着城市的发展和人口增加,合流制系统的问题逐渐暴露,大量污水通过管网和泵站滞留,下雨时直接排放河道,

造成黑臭。同时，分流制地区的雨、污管线混接、错接的现象逐渐增加，河道两侧的排水泵站出现晴天排水现象，造成水体污染。上海于2000年分别在苏州河治理一期、二期对周边泵站和管网混接进行重点地区、重点泵站的改造。全市范围在2015年开始了截污纳管攻坚战和城市混接点改造，目前，全市各区上报完成4 274个住宅小区，17 037个市政、企事业单位、沿街商户和其他雨污混接点改造，全面完成改造目标。此外，彻底消除全市200余座市政泵站旱天排放的问题，增加监控措施对中心城区市政泵站的水量水质情况进行跟踪，对重点地区泵站进行改造，逐步消除市政泵站的污染。近年来，上海注重系统推进海绵城市建设，从源头加强对雨水径流控制。2016年，上海市入选第二批全国海绵城市建设试点城市，试点总面积接近200平方千米，在治理城市面源的同时也兼顾了排涝和景观功能，得到广大市民的称赞。

4. 以水为带开放共享，打造“一江一河”世界级滨水区

黄浦江和苏州河是上海特有的城市符号，是上海最具象征意义的地标性区域，在完成水质提升和河道治理的同时，把水岸还给市民是上海治水的另一个重要原则。自2002年以来，上海市政府及相关部门先后组织制定、颁布实施了一系列规划和政策，确立了“转换功能布局、延续城市文脉、实现还江于民”的开发理念。累计完成企业动迁近3 500家，实现了滨江功能由生产型向综合服务型转型的发展目标。滨水区域逐渐回归城市生活，贯通工程涉及60余处企事业单位土地腾让，共腾让土地2 300余亩，建成约1 200公顷绿色生态开放空间，将原碎片化的独立用地打造成极具规模效应的滨水空间。继2017年年底黄浦江核心段45千米岸线基本贯通开放之后，2020年年底，苏州河中心城区42千米岸线也实现基本贯通。贯通工程有力提升了滨水地区的功能转换和公共空间整合提升。“还江于民”让闲人免进的滨水空间，成为老百姓茶余饭后休闲、观光、健身运动的共享开放空间，公共空间已成为一件大的“公共艺术品”。昔日的“工业锈带”变身成为今天的“生活秀带”，成为新时代人民城市建设的重要里程碑。“一江一河”岸线贯通是践行习近平总书记“人民城市”理念迈出的坚实一步，建设更高品质、更加丰富多样的公共空间，把最好的资源留给人民，让人民群众拥有更多的获得感、幸福感、安全感，将是上海长期的、坚定的目标和愿景。

（二）蓝天：让市民畅快呼吸

2013年，我国东部地区多次爆发长时间、大范围、高强度重污染天气。上海于2013年1月和12月先后两次遭遇严重灰霾污染天气，尤其是2013年12月6日，$PM_{2.5}$小时浓度高达602微克/立方米，为历史最高值。为全力应对大气重污染，持续推动空气

质量改善，按照国家“大气十条”要求，上海市启动实施了《上海市清洁空气行动计划（2013—2017年）》，聚焦复合型大气污染治理和$PM_{2.5}$，从能源、产业、交通、建设、农业、社会生活等六大领域污染防治，明确了187项任务措施。2018年7月，上海又启动实施新一轮《上海市清洁空气行动计划（2018—2022年）》。经过8年不懈努力，大气污染防治水平大幅提升，环境空气质量明显改善，人民群众“蓝天幸福感”显著增强。2021年，环境空气6项指标实测浓度连续两年全面达标。空气质量指数（AQI）优良率达91.8%，较2013年上升25.8%。$PM_{2.5}$年均浓度达到27微克/立方米，为有监测记录以来的最低值。臭氧浓度上升的趋势也得到初步遏制。

1. 科学支撑，谋而启动，系统形成决策支持体系

自2000年以来建立了环境空气、污染排放以及气象、气候等多领域耦合的决策研究体系，通过长期跟踪上海乃至周边地区的大气环境问题，在科学分析大气污染关键问题、剖析污染成因的基础上研究空气质量改善路径，制定分阶段改善目标，聚焦重点行业领域和关键环节，部署开展重点工程。“十二五”期间，治理重点逐渐从传统煤烟污染和酸雨控制转向以$PM_{2.5}$为主的VOCs和NOx污染控制。“十三五”期间，构建形成系统性的大气治理决策体系，并科学制定了《上海市清洁空气行动计划（2013—2017年）》《上海市清洁空气行动（2018—2022年）》。通过“行动计划”的评估和环境质量的跟踪，形成“研究—规划—实施—评估—模拟—研究”的工作闭环，推进大气污染治理工作的科学决策体系不断完善。同时，通过研究，针对专项领域提出重点工程，在《上海市打好污染防治攻坚11个专项行动实施方案》中，大力推进“优‘化’”“减煤”“减硝”“治柴”“绿通”“消重”等7个专项行动。分别对各专项领域的重点工程措施和减排路径进行了模拟和验证，并分析了长三角乃至更大范围内污染转移和本地贡献之间的关系，从而保证了上海环境空气质量的持续稳定改善，也成为上海科学治污、精准治污的重要样板。

2. 多措并举，务实推进，强化$PM_{2.5}$和臭氧（O_3）协同控制

在$PM_{2.5}$逐步得到控制的同时，跟踪大气污染特征和来源的动态变化，在“十三五”期间将$PM_{2.5}$和O_3的协同控制作为全市大气污染防治的重点方向。围绕$PM_{2.5}$和O_3协同控制目标，经过详细的污染源解析和不同方案数值模拟计算，提出了强化多污染物协同减排的路径。重点包括着力强化电厂、锅炉、重点企业、工业VOCs及移动源污染防控，大幅提升治理水平。全面实现燃煤电厂超低排放改造任务，全面完成中小燃煤锅炉、工业炉窑清洁能源替代和提标改造，基本实现无分散燃煤。重点行业实施国家大气污染物特别排放限值，深入推进钢铁行业超低排放改造，全力聚焦重点行业VOCs综合

整治。全面打响柴油货车污染防治攻坚战，大力淘汰黄标车等高污染车辆；实现车用柴油、普通柴油、部分船舶用油“三油并轨”。提前实施新车国六标准。上海港率先实施船舶低排放控制措施，积极推进绿色智能港口建设。

3. 聚焦难点，持续深入，铸就城市精细治理样板

对于VOCs管控存在的难点问题，上海通过创新模式、完善法规标准、强化资金保障、开展精准帮扶、加强监测监管等措施，逐步走出一条具有上海特色的VOCs精细化治理之路。自2007年起开始摸底工作，2014年，启动第一轮VOCs治理，在全国率先推出“一厂一方案”，重点突出末端治理；2020年，启动第二轮治理，建立了源头减量、过程控制、末端治理、特别限值等全流程精细化管控措施。同时开展了低VOCs替代示范，积极探索VOCs协议减排和减量置换试点制度，构建分级管理的创新减排模式。对于城市面源污染控制，按照习近平总书记“城市管理应该像绣花一样精细”的要求，把精细化理念贯穿到城市大气治理的全过程和各方面，深入推进扬尘管控、餐饮油烟、汽修污染等监管，提升精细化治理水平。

4. 科技护航，智慧监管，切实提升精准治污能力

2015年，上海首发四张“空气地图”。$PM_{2.5}$、PM_{10}（直径小于10微米的可吸入颗粒物）、SO_2、NO_2 4种主要大气污染物浓度在全市的空间分布一目了然。同时，上海首张$PM_{2.5}$“基因谱”出炉。通过这份基因谱，全市$PM_{2.5}$的来源与构成终于得以一览究竟。这主要得益于环境监测能力建设。目前，上海已建成50余个环境空气监测站、70余个工业园区空气特征污染监测站、3个大气超级站、9个交通站，以及130辆移动监测车辆等监测网络，实现了实时三维监控。开发超大城市移动源智慧监管技术及平台，集成全市近20万台重型柴油车实时定位信息和10万余台重型柴油车NOx排放远程在线监控信息，实现不同车型、排放标准车辆实时运行及排放情况动态捕捉和高排放车辆识别与原因诊断，为提升上海市移动源精细化、智慧化监管提供技术支撑。建成区域空气质量预测预报中心和城市大气复合污染成因与防治重点实验室。进博会期间，科技助力为污染源“点穴式”管控提供精准方向。

（三）净土：确保市民吃得放心、住得安心

上海作为人口高度密集的超大城市，工业发展历史悠久、土地开发强度大，城市土壤污染呈现出典型的高浓度、异质性和累积性特征。快速城市化过程中的土地更新与再利用速率快、频次高，工业用地再开发为住宅等敏感用地的安全利用风险较大，建设用地土壤污染风险管控和修复与土地开发进度之间的矛盾突出。城市土壤污染已成为

威胁农产品安全和人居环境健康的突出环境问题，土壤环境管理面临新挑战。上海土壤污染防治工作随着大型土壤治理修复项目的开展而不断深入，从最初转性再开发场地土壤污染治理到全生命周期动态流转环节土壤环境管理，再到土壤风险管控和修复，管理体系不断优化和完善。目前，全市土壤环境质量总体保持稳定，土壤污染防治体系基本建成，土壤环境风险得到基本管控，受污染耕地安全利用率和污染地块安全利用率均达到100%。

1. 加强重点行业污染源头管控，管控企业污染风险

以“12+3”行业为重点，有序开展潜在污染场地排查和重点行业企业用地调查，为企业用地风险管控奠定基础。逐年公布本市土壤污染重点监管企业名单，与重点监管企业签订土壤污染防治目标责任书，督促企业落实有毒有害排放报告、土壤污染隐患排查、自行监测、拆除活动报备等各项土壤污染防治措施，从源头防控土壤污染。

2. 保障转性建设用地安全利用，推进城市更新升级

以土地流转环节作为重要切入点，实施基于全生命周期的土壤污染风险管理，建立生态环境、规划资源、经信等多部门联动、水土一体化的土地利用动态监管机制，推进落实本市建设用地土地储备、出让、转让、收回、续期、划拨等动态流转环节土壤污染防治工作要求，进一步规范本市建设用地土壤污染调查评估、风险管控和修复等活动，基本形成本市建设用地土壤污染防治管理制度体系，以及以国家标准规范为准则、地方特色为补充的技术标准规范体系，有效保障人居环境安全。

3. 强化重点区域污染土壤治理，助力创新转型发展

聚焦老工业区域再开发过程土壤及地下水污染突出环境问题，结合上海世博会场地修复，制定我国首部适用于建设用地土壤环境的质量评价标准，引领全国土壤环境管理工作走向规范化、标准化。在宝山南大重点区域创新探索“修复工厂”模式，全过程服务于区域整体开发，实现内部统筹消纳、土壤去向可寻、二次污染可控。在普陀桃浦地区研究提出了通过精准识别和科学评估地块污染风险，支撑“风险管控、分类施策”的治理修复的策略方案，开创了结合污染分布与程度，对区域规划用地功能及其控制性详细规划进行优化调整的工作思路。

（四）绿城：为市民提供优质生态空间

上海生态空间建设理念逐步从改善城市环境向维护生物多样性转变，从以人为本到更强调人与自然和谐相处的生态理念。经过数10年的发展建设，上海的生态空间得到极大提升。人均绿地面积从曾经的“一双鞋”“一张报纸”慢慢扩大到“一张床”，如

今已经发展成了“一间房”，达到8.7平方米。全市实现森林覆盖率19.4%，建成区绿化覆盖率40%，湿地保有量46.46万公顷，湿地保有率50%。生态环境建设和保护协同推进，“环、楔、廊、园、林”生态格局基本形成。新一轮上海生态空间建设中，城区更加体现生态城市的品质和形象，突出宜居与休闲，郊区更加体现生态资源的增量和水平，突出野趣与乡愁。

1. 加强全域生态要素统筹

生态空间建设中强调在全域要素统筹基础上对全市水系、耕地、林地、绿地、湿地以及其他各类要素的总量分配，合理确定生态要素的比例关系。加强内陆、滨江沿海岸线和滩涂资源利用与保护的统一，在海陆统筹的基础上，确定岸线、湿地及各类生态要素的保护和合理布局。打破城镇空间与乡村空间、建设用地与非建设用地的传统界限，从自然与人的需求角度出发，综合分析水、田、林等生态要素的占比，统筹布局要素空间，并在此基础上确定市域的生态空间总量。

2. 注重主体生态功能布局引导

为解决生态空间结构失衡以及生态要素零散布局的问题，上海以生物多样性维护和生态效益提升为核心理念，在规划中形成生态走廊、主城区生态空间、生态保育区等主体生态功能区划，加强主体生态功能引导、结构型生态空间修复，促进各类生态要素的布局优化。突出“生态修复”的理念，尤其加强对主城区结构型生态空间的预控与修复，并制定一系列规划土地引导政策，推进低效、高污染建设用地的转型，为各类生态用地腾出空间。通过生态走廊、生态保育区的功能区划定，建立生态要素优化布局框架。在政策上，确定生态走廊的森林覆盖率、建设用地占比等指标，引导林地和水系向生态走廊布局、耕地向生态保育区布局，鼓励林水结合以及森林集中布局，提升生态服务价值，形成良好的生态效益。

3. 实行刚柔并济的保护措施

在国家层面对生态保护红线、城市开发边界、永久基本农田管控的要求下，明确生态空间分类管控的总体框架，区分禁止建设区以及限制建设区，保留一定的弹性，以确保生态空间要素的有机整合。刚性管控核心价值在于保护体现独特生态价值的生态空间。上海确定了东滩、九段沙等生态空间核心保护区域，并以此为基础，进一步区分了项目准入要求以及行为准入要求，划分了一类、二类生态空间的管理，以应对未来的精细化管理要求。弹性应对的核心价值在于为生态要素布局的优化以及生态效益的提升提供可能。上海生态空间规划中提出将三类、四类生态空间作为限制建设区，在预留一定弹性的同时，基于上海开发边界内外的管理体系进行进一步划分。

4. 突出多元复合的生态体系

在城乡公园体系、森林体系、生态廊道体系以及绿道体系的规划与建设过程中，上海重点关注由于城乡管理差异造成的城乡体系不衔接的问题。生态空间的连接度成为体系布局中的关键指标，而水系则承担了重要的串联作用，成为构筑生态走廊、生态间隔带以及主城区生态空间的核心要素。功能复合也是生态体系建设的关键策略。一是体系间的复合，在各体系中，森林体系以及生态廊道体系关注生态本底，城乡公园体系以及绿道体系关注活动需求，四者应在空间上具有很强的融合性；二是各体系自身的复合要求，如城乡公园体系强调公园与体育、文化、生态、生产功能相结合等。

（五）兴农：打造大都市农业农村新风貌

1. 优结构，擦亮绿色种植底色

为减少化肥农药过度施用对环境的负面作用，上海从2003年起组织推进化肥农药减量工作。在确保主要农产品有效供给的前提下，进一步调整优化茬口布局，2018年以来市域范围内绿肥深耕面积年达到100万亩以上，到2019年市郊基本退出麦子种植，并积极推进从“卖稻谷”向“卖大米”转变，调优水稻种植结构，扩大早中熟品种种植，2020年以来，本市水稻早中熟种植面积保持在60万亩以上。2020年全市化肥（折纯）、农药使用量较2015年下降了36.5%和44.9%。此外，针对农业生产前端经济效益不高、面源污染持续发生的实际情况，青浦、崇明等区结合自身产业优势，研发并推广了“稻—蛙”“稻—虾—蟹”等立体种养模式，通过有机、绿色种植减少化肥和化学农药的使用，从源头上最大限度地降低排放负荷的同时，农产品也取得了多项有机绿色认证，形成了多个本地知名品牌。

2. 增效益，推进生态种养循环

出于粮食保障等需求，上海郊区也有大量的畜禽养殖存在，养殖业繁荣的背后是周边河道水环境的污染日趋严重。2014年，上海全市的畜禽养殖总量达到380万头标准猪，在各区县黑臭河道调查中也发现80%以上的黑臭水体周边都存在畜禽养殖设施。上海提出以种养结合为基本的畜禽养殖总量控制措施，即一头标准猪配一亩耕地进行计算，确定上海畜禽养殖总量，并建立准确的种养结合对口连接，明确上海畜禽养殖上限为180万—200万头标准猪。上海市政府坚持分类管控、分类施策的原则，2020年实现全市畜禽养殖总量控制在180万头标准猪以下。自2017年起，上海畜禽粪污综合利用率提前达到了95%的目标，规模化养殖场粪污处理设施装备配套率达到100%，远高于全国到2020年实现75%以上的利用率要求和95%的配套率要求，并涌现出松江“家庭农场”模式等一批全国优秀案例，彻底解决了“河道黑臭”“蚊蝇滋生”扰民问题，田野乡村的居住环境焕然一新。

3. 调布局，探索水产高效养殖

长期以来，水产养殖采取高密度、高投入、高风险池塘养殖方式，渔用药物使用量大、饲料投入多、养殖水体污染严重，造成养殖水产品品质不高、养殖尾水对水环境的污染风险。2018年以来，本市在水产养殖优化空间布局、治理养殖污染、推进健康养殖、保护产地环境、提升生态服务功能等方面深化渔业供给侧结构性改革，着力补短板、破瓶颈、强弱项，制定水产养殖尾水排放操作规程，加快了水产养殖业绿色大发展。针对池塘水产养殖尾水排放“低浓度、大水量”特点以及短期对区域水环境造成的巨大压力，上海在标准化水产养殖场基础上构建了精养池塘、生态养殖、循环流水养殖等多种生态高效养殖模式，2019—2021年水产养殖场尾水治理设施建设和改造面积达9万亩，重点改造水质净化过滤设施的装备配备、养殖尾水排放设施建设等；松江、崇明等区更是探索出了多种尾水净化循环利用创新模式，基本实现污染“零排放”，取得了产品增值和环境增效的双重目的。

4. 强科技，实现高值开发利用

从生于土到归于土，长期以来秸秆的最终“归属”一直是各地必须突破的瓶颈。上海经过10多年的探索和实践，已初步构建起秸秆综合利用的政策制度体系，形成了以秸秆还田利用和肥料化、饲料化、基料化、原料化、燃料化等离田利用方式并举的利用格局，当前农作物秸秆综合利用率位居全国前列。在秸秆还田领域，基本形成机械深翻埋茬，二次粉碎还田和犁旋复式还田等多种技术路线，提高了还田质量，促进了土壤改良。但针对秸秆长期连续还田对下茬作物生产及环境影响造成的潜在风险问题，崇明、青浦、金山等区和相关市属企业积极引导秸秆离田高值利用，建立起完善的秸秆收集储运网络，依托上海高校和研究机构技术优势，攻克了秸秆基食用菌种植、青贮饲料加工、生物质燃料制作、“气—肥”联产等关键技术，试点区域取得了良好的社会和经济效益，目前上海秸秆离田途径逐步拓展，利用比例已提升至20%左右，远高于全国平均水平。

5. 美乡村，呵护人居家园环境

推进乡村振兴、发展绿色农业、整治人居环境，这一切的出发点和落脚点都是为了人民。上海长期重视农村人居环境整治工作，在全面落实国家重点任务的基础上，增加了农村水环境整治、“四好农村路”建设、乡村绿化造林、乡村风貌保护和健全村民自治机制等5项重点任务，近3年来对全市1 577个行政村人居环境进行全覆盖、全要素整治，乡村地区环境干净整洁，村容村貌、基本公共服务等显著改善，农民群众满意度达到98%。在2019年农业农村部组织开展的全国农村人居环境整治监测中，上海位居第二。崇明区、青浦区分别被评为2018年度、2019年度农村人居环境整治成效明显的激励县；崇明区和奉贤区被评为2019年全国村庄清洁行动先进县；浦东新区、青浦区被评为2020年全国农村生活污水治理示范县；宝山区成功创建2020年度国家级农村生活垃圾分类和资源化利用示范区。

五、优治理，不断提高城市管理精细化现代化水平

习近平总书记在浦东开发开放30周年庆祝大会上提出："要提高城市治理水平，推动治理手段、治理模式、治理理念创新，加快建设智慧城市，率先构建经济治理、社会治理、城市治理统筹推进和有机衔接的政治体系。"①2021年6月，中共上海市第十一届委员会第十一次全体会议审议通过《中共上海市委关于厚植城市精神彰显城市品格全面提升上海城市软实力的意见》，提出"要着力构建现代治理体系，展现城市软实力的善治效能"。近年来，上海坚持把持续改善生态环境作为推动高质量发展、创造高品质生活、实现高效能治理的重要内容，同时，在治理手段上从以行政手段为主转向综合运用经济、法律、技术和行政等多种手段综合推进，在治理主体上逐步向以党的集中统一领导为统领，以强化政府主导作用为关键，以深化企业主体作用为根本，以更好动员社会组织和公众共同参与为支撑不断迈进，政府治理和企业自治、社会调节良性互动的全社会大环保格局初步形成。

（一）深化改革创新，提升政府生态环境监管服务效能

1. 优化营商环境，不断放大环评制度改革促进经济增长的优势效应

2019年，在生态环境部授权支持下，上海启动了以"分类管理、源头减量、优化简化、强化监管、优化服务"为核心的"1+8+5"环评改革试点工作。经过两年多的探索和实践，全市各级生态环境部门的审批和监管效率显著提高，企业群众办事满意率不断提升，环评审批"慢、难、繁"问题大幅缓解。

（1）厘清环评审批"抓"和"放"的界限。制定《上海市建设项目环境影响评价重

① 《习近平：在浦东开发开放30周年庆祝大会上的讲话》，http://www.xinhuanet.com/politicsleaders/2020-11/12/c-1126732554.htm。

点行业名录(2021年版)》,重点聚焦高污染、高排放和高风险的6个重点行业、21种特殊工艺和规模、纳入“两高”范围以及位于生态保护红线范围内的建设项目。通过目录制管理方式,对列入重点行业名录的项目严把环境准入关,对未列入重点行业名录的项目,根据项目对环境的影响程度,分类实施环评改革举措,在环评形式、审批流程上予以优化和简化。

(2)把环评审批权留在属地“父母官”手里。制定《上海市生态环境局审批环境影响评价文件的建设项目目录(2021年版)》,优化调整既有的市区环评分级审批名录。集中下放浦东新区范围内的环评审批权限,下放部分污染治理工艺成熟、环境影响可控建设项目的审批权限。调整后,全市99%以上的项目将由属地生态环境部门审批,便于企业群众办事。

(3)立足企业群众视角为环评报批“减负”。制定《〈建设项目环境影响评价分类管理名录〉上海市实施细化规定(2021年版)》,对23个行业46个项目类别中的部分项目实施环评豁免,对3个行业4个项目类别中的部分项目实施环评降等。制定《上海市建设项目环境影响评价文件行政审批告知承诺办法》,明确对特定区域和特定行业的项目,推行环评行政审批告知承诺管理。环评审批时限由20个工作日减少至1个工作日,实现即来即办。

(4)公参从入户调查“难”到网络公开“易”转变。制定《上海市环境影响评价公众参与办法》,在依法保障公众的知情权和参与权的同时,合理优化公众参与频次及方式,使环评文件编制时间显著缩短,环评公参效率大幅提高,环评信息主动公开率有保障。

(5)用好规划环评与项目环评联动。制定《加强规划环境影响评价与建设项目环境影响评价联动的实施意见》。在联动区域范围内,简化豁免一批建设项目环评程序,形成一套可检查、可考核的规划环评与项目环评联动认定技术规程。

(6)监管要“接得住”,审批才能“放得下”。制定《上海市建设项目环境保护事中事后监督管理办法》,按照分级、分类原则强化事中事后监管。在监管力量上,扩展至市、区、街镇三级监管,街镇以属地网格化管理为主,配合区级生态环境部门开展现场检查,把建设项目的事中事后监管纳入固定污染源“一证监管”,夯实属地监管职责。

(7)以信用管理为抓手,营造良性市场秩序。制定《关于加强建设项目环境影响报告书(表)编制工作监督管理的若干规定》。创新性地提出“守信承诺书”管理模式,严抓环评文件编制质量关,对环评文件编制人员实施信用评分,并定期通报失信人员情况。按照“谁审批、谁监管”原则开展环评文件质量核查工作,提升政府监管效能。突出建设单位主体责任，促进择优选择编制单位；发挥环评行业协会自律作用。

（8）用好“改革试验田”，打造制度创新新高地。在上海自贸区临港新片区探索创新和系统集成一批生态环境管理制度，把环评审批、排污许可证核发等67项生态环境管理事项“一揽子”交由上海自贸区临港新片区管委会集中行使，约60%的项目免于办理环评手续，80%以上的项目实施环评告知承诺管理。试点实施环评审批和排污许可“两证合一”，积极探索实施小额污染物排放总量简化管理。

2. 强监管重引导，切实提高生态环境监管执法水平

为深化生态环境保护综合行政执法改革，科学统筹有限的执法资源，上海市生态环境执法系统遵循“抓环保、促发展、保安全、惠民生”主基调，坚持引导企业自觉守法与加强监管执法并重，通过严格执法责任、创新执法方式、完善执法机制、规范执法行为等，推动生态环境执法更加精准、高效和规范。

（1）强化分类分级监管。建立常态化监督执法正面清单管理制度，出台《上海市生态环境监督执法正面清单管理办法》，优先将治污水平高、环境管理规范的企业纳入正面清单，对正面清单内企业，开展以非现场执法为主的执法监管，对污染重、风险高、守法意识弱的企业加大执法力度。徐汇区在建筑工地、餐饮单位等试点“环信码”执法新模式，对于绿码企业以服务支持为主，做到无事不扰；对于黄码企业精准指导，有序推进日常监管；对于红码企业严格监管，确保区域环境安全。

（2）实施包容审慎监管。出台《生态环境轻微违法违规行为免罚清单》，对5个领域11项轻微违法行为作出免罚规定，截至2021年11月，免罚案件数297件，免罚金额1 232.5万元。为平衡监管与服务的关系，金山区探索形成了“一查、二劝、三改、四罚、五公开”的“五步工作法”，将单向的“命令控制型”执法变为涵盖融合指导、协助、合规咨询、风险排查等内容的监管服务，推动“铁腕治污”与“柔性执法”刚柔并济。

（3）创新执法手段。利用卫星遥感、大数据分析、走航车监测、无人机侦测、远程视频监控、在线监测等非现场执法手段，以及第三方专业技术机构开展执法辅助，助力违法行为调查取证，实现对环境违法犯罪行为的精准打击。探索应用新技术、新手段建立监测执法联动机制，以重大活动保障工作为契机，对石化、化工、造船等产业园区或其他工业集聚区域建立VOCs走航监测执法联动机制。

（4）推进执法信息化建设。构建市区一体、流程规范、联动高效和管理智能的移动执法系统，实现了全市范围内环境执法业务和管理的全覆盖与各项执法任务的闭环管理。通过对执法数据的梳理，实现与生态环境部移动执法平台、国家“互联网+监管”平台、排污许可证证后监管系统的数据对接，有力提升执法的大数据应用程度。

（5）强化跨部门、全区域协调联动。生态环境执法机构与水务、市场监管等部门建立生态环境问题线索通报反馈和信息共享机制，与交通委开展联合执法落实中央环保督察发现问题的督促整改，组织与市场监管部门开展针对第三方检测机构的联合执法检查。为提高全市环境执法能力、统一执法手势，全市组织开展跨区域交叉执法专项行动，覆盖一类水污染物、含挥发性有机物废气、固体废物等重点领域，统筹调用行政区域内执法力量，持续提高执法效能。

3. 推进数字化转型，打造智慧化生态环境治理模式

2020年11月，上海成立城市数字化转型工作领导小组，全力打造科学化、精细化、智慧化的超大城市“数治”新范式。2021年3月，市生态环境局成立网络安全和信息化（城市数字化转型）工作领导小组，统筹推进城市生态环境数字化转型和信息化建设。

（1）深化生态环境“一网通办”建设。已完成16项行政事项、25项公共服务和13项其他事项全程网上办理。通过告知承诺、数据共享验核、行政协助等手段推进“两个免予提交”（对本市政府部门核发的材料原则上一律免于提交，能够提供电子证照的原则上一律免于提交实体证照），持续推进电子签章和电子证照应用，提升全程网办比例。开展生态环境事项“快办”和“好办”服务事项改造，不断提升服务能力。

（2）不断拓展“一网统管”应用场景。不断提升对水、空气、土壤、噪声和辐射等城市生态环境数据和污染源、重点产业园区的生态环境状况的精准把控能力，开展固定污染源数据梳理，形成固定污染源的基础信息库，并与市城运中心、市大数据中心实时共享，为各区生态环境“一网统管”赋能。以全过程协同治理为目标，在实战中不断完善生态环境管理、空气质量保障和环境应急管理应用场景建设，拓展土壤污染防治等应用场景，探索扬尘管理、危险废物管理等全过程监管，将危废管理、地表水在线监测等生态环境指标纳入城市运行生命体征系统。

（3）全面提升精细化管理水平。为建立健全生态环境监管联动机制和网格化管理体系，各区、街镇积极探索，强化部门协同和条块联动。纵向上不断促进市、区、街、居四级信息网络互联互通，横向上以提升网格治理效能为目标，将生态环境领域监测、监管、监察数据纳入市城运中心，将环境管理相关事项纳入基层网格单元管理，有效衔接生态环境、公安、城管、市场监督等各类行政执法力量，通过智慧化、数字化工作模式，提升问题发现的效能，加强环境污染隐患前端排查治理以及环境污染纠纷调解。

4. 锻造“顶梁柱”，构建环境监测服务体系

（1）以监测先行为导向，完善生态环境监测预警体系。建成涵盖常规网、交通网、

工业区网、扬尘网、源解析网、光化学网、超级站网的空气质量预警监测体系，组建了以273个手工监测断面、200多个水质自动监测站为基础的地表水预警监测网络，建成覆盖多要素的崇明世界级生态岛生态环境监测评估预警体系。实现声环境功能区自动监测的全覆盖。在国内最早启动扬尘在线监测工作，联网在用设备已达5 000余套。强化移动源和油气监测监管，在全国率先开展了船舶大气污染物排放研究。

（2）以监测灵敏为目标，提升预警监测和快速响应能力。在国内率先开展空气质量实时发布和日报预报，具备为上海市及长三角未来提供空气质量7天滚动预报、10—15天趋势预报的能力。在国内最早开展重点产业园区空气特征污染物全过程监控，现已建成由60余个空气特征污染自动站构成的产业园区监测预警网络。持续提升实验室和应急监测能力，实现常用环境质量标准和污染物排放标准的监测能力全覆盖，持续完善突发污染事件现场快速定性半定量检测和实验室准确定量分析能力。

（3）以监测准确为底线，确保监测数据真准全。在国内环境监测系统最早上线使用实验室信息管理系统（LIMS），并延伸至部分现场监测项目，实现了监测全过程信息化质量控制，鼓励社会化服务机构建设符合要求的LIMS。在国内率先以地方法规形式规定了对环境监测社会化服务机构开展备案管理，应用监管系统开展信用评价试点、与市场监管部门联合检查等多种手段，构建“全链条”监管体系，提升监测数据公信力。

（4）强化监测数据执法应用，支撑生态环境管理。上海市于2013年发布实施《上海市污染源自动监控设施运行监管和自动监测数据执法应用的规定》并于2019年进行修订，开展污染源自动监控数据执法应用。2017年发布实施《上海市扬尘在线监测数据执法应用规定（试行）》，将扬尘在线监测数据作为超标处罚的直接证据。利用全市已安装联网的1 800余套污染源自动监测设备和5 000余套扬尘在线监测设施，已立案查处超标排放案件256件，实施行政处罚96件，罚款数额共计353.5万元。

（5）依托“陆海空”监测体系，保障重大活动环境。充分运用“天地海空”一体化监测体系，实现大气污染来源与成因的快速诊断和精细化监控。开展跨区域空气质量联合预测预报，实时开展污染源减排及空气质量响应的综合分析，密切追踪潜在污染气团演变轨迹，并锁定沿途空气质量“冒泡”城市，为重大活动空气质量监测预报提供保障。

（二）加大政策供给，提高企业绿色发展能力和水平

1. 牢守环保底线，推动落实企业主体责任

（1）加强地方立法，构建生态环境保护地方法规体系。注重用法治的力量推动生

态文明建设，坚持立、改、废并举，建立了以《上海市环境保护条例》为统领，重点领域全覆盖的生态环境保护法制体系。目前，形成了以《上海市环境保护条例》《上海市大气污染防治条例》《上海市饮用水水源保护条例》3部地方法规，《上海市实施〈中华人民共和国环境影响评价法〉办法》《上海市扬尘污染防治管理办法》《上海市饮食服务业环境污染防治管理办法》《上海市社会生活噪声污染防治办法》等9部规章为主的地方法律规范体系。

（2）加快标准建设步伐，不断完善地方标准体系。目前，上海市已组织制定、修订和发布生态环境领域22项强制性标准、10项推荐性标准和2项特别排放通告，涉及挥发性有机物控制、燃煤控制、恶臭管控等方面，在污染物减排、清洁能源替代、缓解污染扰民等方面发挥了重要作用。同时，积极推进长三角标准一体化建设，进一步统一区域环境准入门槛。

2. 创新政策手段，不断激发市场主体活力

（1）以“四个论英雄”为导向，提升实体经济能级和竞争力。为推进“四个论英雄”落实落地，上海市出台了以《关于促进资源高效率配置推动产业高质量发展的若干意见》《关于本市全面推进土地资源高质量利用的若干意见》等为核心的政策文件，提出要构建资源利用效率评价制度，以用地、用能、劳动效率、科技创新、污染排放等为核心，明确“高产田”和“低产田”的分类标准，进而在产业准入、技术改造、电价、环保等方面实施差别化配置机制，不断提高单位土地、能耗、环境消耗等的经济产出。

（2）积极探索碳交易制度，提升国际碳金融枢纽功能。上海是全国首批碳排放权交易试点省市，目前，已纳入约300家企业和约400家投资机构，完善的管理制度和技术规范，为碳市场交易平稳有序运行提供了保障，成为全国唯一连续8年实现企业履约清缴率100%的试点地区。2017年年底，全国碳排放交易体系正式启动，全国碳交易系统平台落地上海，并于2021年7月正式启动上线交易。上海积极打造碳金融特色、形成多层次碳市场，推出基于碳配额及CCER产品的借碳、回购、质押、信托等碳市场服务业务。上海碳配额远期产品（SHEAF），是全国首个中央对手清算的碳远期产品，也是目前全国唯一的标准化碳金融衍生品。同时，以全国碳交易市场为基础，推进碳配额回购、碳信托集合计划和碳基金、标准化碳质押业务、全国碳配额指数等碳金融创新，推出碳掉期、碳远期等衍生品交易，应对气候变化专题“债券通”绿色金融债券、“碳中和”绿色债券、“碳中和”专题“债券通”等多只“首单”产品成功落地上海。

（3）努力完善绿色金融体系，为生态之城打造金融基础。2021年，上海发布《加快打造国际绿色金融枢纽服务碳达峰碳中和目标的实施意见》。绿色信贷融资方面，推

进能效融资创新、清洁能源融资创新、排放权融资创新，构建“绿色金融+”服务体系。绿色债券和绿色基金方面，截至2021年11月，上海辖区内累计绿色债券余额为11 079.4亿元，“国家级基金”助力上海绿色基金发展，仅在2020年评价周期内，上海绿色基金新增10只，位列全国第三。提升绿色金融风险监管防范能力，明确提出“推动建立金融市场环境、社会、治理（ESG）信息披露机制”。在绿色债券的发行中，上海注重加强对企业绿色债券的管理并监督募集资金流向符合绿色标准。增强绿色金融区域辐射能力，2021年4月，上海环境能源交易所牵头完成长三角地区首笔碳配额质押融资。推出探索长三角区域内共同投保绿色保险的“区内通赔模式”，积极推动长三角数据平台一体化及相关指数评价标准。

（4）系统探索，建立规范化绿色供应链。2011年，上海成为全国率先开展绿色供应链落地试点之一，先后推动汽车制造、连锁超市、家居建材、化工、医药、资源再生等典型行业的龙头企业开展绿色供应链试点，呈现出外资企业率先引领、国有企业和民营企业积极跟进的良好局面。发挥政府引导作用，打造绿色联动生态圈，通过实施“100+企业绿色链动项目计划”“绿享计划”“绿色衣链项目”，各行业多点开花、以点带面，推动绿色供应链发展逐步成为社会各方共识。在此基础上，积极统筹推进绿色供应链、环保领跑者、绿色金融等现代环境治理新模式，设立奉贤区东方美谷、工业综合开发区、杭州湾园区等集成示范园区，开展绿色供应链试点示范。集聚中外高端智慧，服务链条建设新模式，持续加强与上海市外商投资协会、美国环保协会等合作，积极引进国际最新的绿色供应链理念和实践，推动企业开展绿色供应链试点实践项目。加强科研力量投入，助力供应链现代环境治理，上海在点上试点和面上推广的基础上，每年稳定投入科研力量，开展绿色供应链相关技术标准和管理规范的研究，依托绿色供应链案例评选活动，建立了绿色供应链案例库，积累了百余个国内外绿色供应链优秀案例，覆盖10多个行业类别。

（5）鼓励生态环境治理模式创新，不断提升专业治理能力。上海通过强化制度建设和鼓励实践探索相结合，积极推动“环保管家”模式的应用和推广，以“环保管家”带动第三方环保服务升级。根据2020年印发的《关于组织开展第三方环保服务试点示范工作的通知》，在全市开展两批第三方环保服务试点示范工作，提炼第三方环保服务应用于基层环境治理的优秀模式和政策。为进一步提升第三方环保服务相关制度的精准性和针对性，在大型化工园区、综合工业园区、街镇、企业等各个层面开展实践，探索多元化的第三方环保服务模式。同时，持续推进生态环境导向的开发（EOD）模式试点和综合治理托管服务模式试点，鼓励各区深化第三方环境治理模式创新，推动浦东新区、临港新片区等区域率先形成可复制可推广的制度政策成果。

3. 强化服务保障，构建亲清政商关系

（1）畅通企业服务渠道，做好生态环境事务的“店小二”。上线“上海市企事业单位环保服务平台”，为企业提供免费专业化咨询服务，提升环境治理水平。平台推出的“e小二”服务专员，运用人工智能技术，结合后台庞大的环境咨询专家团队，解决企业环保难题。同时提供环保第三方服务企业信息查询、绿色金融项目对接和企业环保业务在线培训等模块。此外，平台可以为排污单位、建设项目单位提供履行环境信息公开职责的服务支持系统，为企业建立环保档案。

（2）规范环境治理市场秩序，保障企业合法权益。出台全国首部第三方环保服务领域的地方标准《第三方环保服务规范》，为第三方环保服务市场的健康有序发展提供技术支撑。同时，依托“智慧环保”信息化平台，对第三方环保服务单位进行跟踪监管，实现全过程留痕，借助环保产业协会及专家的支持，对第三方环保服务的绩效进行考核评估，实现对第三方环保服务供应商的动态管理，提升第三方环保服务质量。在环境监测领域，依托《上海市生态环境监测社会化服务机构管理办法》以及上海市环境监测社会化服务机构信用评价指标体系，加大对违法违规、弄虚作假违法机构的惩治力度，着力培育一批技术能力强、服务水平高、规模效益好、社会信用高的社会服务机构，推动和促进生态环境监测社会化服务市场健康、良性、有序发展。

（三）坚持以人为本，构建多元参与协同共治新格局

1. 鼓励多方参与，打造各具特色的多元共治模式

（1）广泛动员，丰富环境治理参与主体。根据《关于进一步加快构建现代环境治理体系的通知》要求，为充分调动全社会共同参与现代环境治理体系的积极性，在全市范围内组织园区、企业、街镇、社区（村居）、楼宇等不同对象，围绕制度创新、模式创建、平台搭建和政策创新等开展各具特色的试点示范行动，充分挖掘和调动不同类型社会主体的智慧和力量，各尽所能、各展所长，建设人人有责、人人尽责、人人享有的社会治理共同体。

（2）多维联动，推进绿色共同体建设。上海在推动形成政府、企业与社会的良性互动关系方面积极探索实践。以闵行区为例，搭建了包含区生态环境局、属地政府、园区和企业、公众的“四位一体”互动平台，共守环保法律法规、共商环保管理重点、共治环境污染问题、共享绿色发展成果。在多个园区建立环保部门、属地政府、园区、企业共同参与的“1+2+N”绿色共建联盟，推行“绿色议事日”制度，增进相互交流协商，实现生

态环保共商共治共享。

（3）精细管理，提升基层治理成效。街道和社区是服务和联系群众的“最后一公里”，也是人人都能有序参与治理的重要桥梁。不少城镇社区通过社规民约、“居委—业委—物业联动”等方式应对广场舞噪声、装修噪声等问题，部分郊区乡村通过广泛发动、共治共享的方式开展村容整治、水岸保护等工作。如普陀区南梅园社区在2013年探索形成了分龄自治的居民区管理方式。闵行区新虹街道依托网格党建平台议事机制，发挥“1+4+N”网格队伍力量，将商务楼宇物业、区域单位、党员志愿者纳入网格，强化全社会监督。崇明区竖新镇仙桥村村民委员会积极探索实践村域河道村民自治、村规民约、村民理事会等基层协商共治的不同模式。

2. 拓渠道建机制，增强公众监督实效和水平

（1）畅通民意表达渠道，及时回应群众诉求。坚持问政于民、问计于民、问需于民，通过“生态环境金点子”“优化环境影响评价工作”“我为生态环境保护献一计”等活动推进生态环境人民建议征集工作，推动建议征集工作走进基层和一线，在黄浦、金山等区建立了13个“生态环境人民建议征集点”，“家门口”建议征集新风尚逐步形成。以“生态环境局长接热线”活动为契机，扎实开展“我为群众办实事”实践活动。修订出台《上海市环境违法行为举报奖励办法》，拓宽举报投诉途径，扩大举报奖励范围，提高举报奖励标准，鼓励和引导公众参与监督环境违法行为。

（2）创新环境信访机制，强化信访法治化建设。建立了环境信访首接首办责任制、信访稳定例会协调机制、第三方参与信访处理机制等不同模式，有效增加了公众参与城市环境治理渠道的有效性和精准性。开展依法分类处理信访诉求机制研究，评估并持续优化分类处理工作，滚动更新“上海市生态环境领域依法分类处理信访诉求清单”，规范信访办理全过程各方面，提高信访工作质量，初次信访重复率低于1%，努力让群众“最多访一次”，不断提升信访工作实效。

（3）依托人民调解机制，化解环境纠纷。闵行、宝山、虹口、崇明等区在推进环境领域人民调解方面开展了积极探索。以闵行为例，依托区人民调解中心成立环境污染纠纷调解部，对“达标扰民”、法律边界模糊等不适用传统行政处罚的环境领域矛盾纠纷进行调解处理，取得了良好成效。

3. 激发社会活力，积极发挥社会团体作用

（1）加大对环保社会组织的引导、支持和培育力度。近年来上海已涌现出上百家草根环保社会组织，开展环境教育、垃圾分类、推广菜篮子、山林和海滩垃圾捡拾等各类环保公益活动，社会影响和效益不断扩大。上海市环境保护宣传教育中心面向环保社

会组织开展小额资助项目，支持引导环保社会组织参与青少年环境教育、环保设施对公众开放、长江大保护、生物多样性保护等宣传教育活动。宝山、闵行、徐汇等区积极采购环保社会组织服务，组织宣传教育活动等。

（2）发挥志愿服务团队力量，引领现代公民的生态环保意识。2015年，上海青年环保志愿者联盟正式组建，号召都市青年携起手来，关注和参与身边的环保公益。2020年，上海市青少年生态文明志愿服务总队正式揭牌，致力于生态文明宣传、践行绿色生活理念、助力美丽上海建设的青少年志愿团队，让青少年在志愿服务活动中实现自身发展。此外，各领域、各层面环保志愿者自发成立了一些志愿服务团队，如市外商协会协调建立在沪外资企业环保志愿者联盟，不少社区成立了家庭主妇、退休人士、业余环保爱好者等组成的各类环保志愿团队。

六、共携手，推动长三角区域生态环境联保共治

长三角合作起源于地缘因素下的民间交流，发展于地区互动的经济合作，成熟于更高质量一体化发展的国家战略，其中，出于共同保护、共同发展的理念，区域生态环境保护协作逐渐成为长三角一体化发展的突出亮点。相互毗邻的沪苏浙皖三省一市，水脉相连、人文相通，生态环境问题更是休戚相关。在区域一体化发展合作的大框架下，共同开展生态环境领域的全方位协作，不断做好区域联防联控，夯实绿色发展基础，共建绿色美丽长三角，有着积极的现实意义和示范效应。

（一）夯实完善区域生态环境治理体制

2013年和2017年，按照中央决策部署，先后成立长三角区域大气和水污染防治协作小组，逐步形成国家指导、地方担责、区域协作、部省协同，以协作分工为基础协同治理的工作机制，以车船流动源协同治理、区域空气质量预测预报和应急联动等共同关注的问题为重点，推进了一批联防联控重点措施，开创了区域污染联防共治新局面。2021年，为做好新形势下的生态环境协作工作，报经国务院领导同意，将原大气、水协作小组调整成立长三角区域生态环境保护协作小组，增加公安部等4个部委，持续强化跨领域、跨部门、跨省界共保联治，共同建设绿色美丽长三角，着力打造美丽中国建设的先行示范区。

1. 围绕共同关注的问题，搭建生态环保合作机制

早在2008年，长三角区域合作机制成立之时，环保就是主要专题之一，三省一市共

同推进大气联防联控、流域水污染综合治理、跨界污染应急处置、区域危废环境管理等重点合作。2009年4月，两省（浙江、江苏）一市的生态环境保护协作正式启动，并于上海市召开长三角区域环境保护合作第一次联席会议。上海、浙江、江苏分别牵头开展加强区域大气污染控制、健全区域环境监管联动机制以及创新区域环境经济政策3项工作。在环境保护部和科技部的支持下，上海联合江苏、浙江，借鉴北京奥运环境质量保障工作经验，共同编制了《2010年上海世博会长三角区域环境空气质量保障联防联控措施》，积极探索区域大气污染联防联控工作机制，成功保障了2010年上海世博会的空气质量。随着安徽于2009年正式加入长三角合作机制，环保方面的合作也得以相应开展。在前期合作的框架下，为进一步加强跨界环境应急联动，2010年9月，浙、皖两省签订"浙皖跨界联动方案"，随后，三省一市共同签订《跨界联动协议》，并于2013年5月进一步签订了《跨界环境污染事件应急联动工作方案》，该方案成为处置长三角区域跨界环境污染纠纷和应急联动的重要成果。与此同时，区域环保协作机制进一步加强，2012年5月，"长三角地区环保合作联席会议"在浙江省龙泉市召开，通过《2012年长三角大气污染联防联控合作框架协议》，提出在长三角重点控制区域率先启动$PM_{2.5}$监测和数据发布。

2. 积极响应国家要求，深化联保共治系统体系

2013年以来，国家《大气污染防治行动计划》和《水污染防治行动计划》分别出台，明确要求在京津冀、长三角、珠三角建立区域大气和水污染防治协作机制，加强污染联防联控。2014年1月，长三角区域大气污染防治协作机制在上海正式成立，并召开第一次工作会议。会议确定了"协商统筹、责任共担、信息共享、联防联控"的工作原则，建立了"会议协商、分工协作、共享联动、科技协作、跟踪评估"5个工作机制。2014年9月，区域大气污染防治协作小组办公室印发了三省一市联合制定的《长三角区域空气重污染应急联动工作方案》，努力建立健全长三角区域空气重污染预警和应急的联动机制。2016年4月，长三角区域率先设立船舶排放控制区。2016年12月，长三角区域大气污染防治协作小组第四次工作会议暨长三角区域水污染防治协作小组第一次工作会议在杭州召开，标志着在长三角区域大气污染协作的基础上，又进一步延伸至水污染防治协作。

3. 把握国家战略契机，全面打造全方位协作机制

2018年11月，习近平总书记在上海提出将长三角一体化发展上升为国家战略。2019年4月，长三角区域大气污染防治协作小组办公室第九次会议在上海市召开。会议明确，要坚决贯彻落实习近平总书记在首届进博会开幕式上把长江三角洲区域一体

化发展上升为国家战略以及2019年全国“两会”期间的重要讲话精神，全面对标国际一流，积极探索以生态优先绿色发展为导向的高质量发展新路，加大生态系统保护力度，强化生态环境联防联控，打好污染防治攻坚战，推动区域生态环境协作机制再上新台阶，共建绿色美丽长三角。

2019年11月，《长三角生态绿色一体化发展示范区总体方案》正式公布，明确把“生态+”“+生态”作为一体化示范区的重要建设目标，把保护和修复生态环境摆在优先位置，坚持绿色发展、集约节约发展，加快探索生态友好型高质量发展新模式，为长三角践行“绿水青山就是金山银山”理念探索路径和提供示范。由此，区域生态环境协同保护进入新阶段。

2021年，建立长三角全方位生态环境保护协作新机制，报经国务院领导同意，将原大气、水协作小组调整成立长三角区域生态环境保护协作小组，进一步发挥协作小组与合作办两个平台优势，将生态环境保护与一体化发展充分衔接、融合推进。

（二）积极推进区域生态环境联保共治

2018年以来，三省一市以更高质量一体化发展为要求，以打好污染防治攻坚战为核心，聚焦重点问题和机制瓶颈，持续开展区域联防联控。

1. 关注重点领域，全面打好区域污染防治攻坚战

（1）在大气方面，同步提前实施轻型车“国六”排放标准、换用“国六”汽柴油，全面落实“三油并轨”。落实船舶进入排放控制区水域全面实施换烧低硫油措施。印发实施区域专项方案，强化柴油货车和港口货运污染治理，长三角沿海主要港口的煤炭集港已全部改由铁路或水路运输。全面落实长三角船舶排放控制区第二阶段控制措施。（2）在水方面，印发《长三角地区关于推进长江经济带船舶和港口污染突出问题整治工作方案》，加强船舶和港口污染联防联治联控。联合签署合作协议，加强跨省突发水污染事件联防联控，加强上下游水环境协同治理。（3）在固废方面，联合制定区域共建现代化固体废物环境治理体系合作协议，启动建立区域固废危废利用处置“白名单”机制。

2. 着重制度创新，持续创新强化区域协作基础

（1）落实政策保障，联合编制《长三角生态环境标准一体化建设规划》。大气超级站、设备泄漏检测等长三角区域统一标准正式印发，在国内首次打通区域地方标准发布的路径。联合开展区域水源地和大气执法互督互学。签署备忘录并发布相关规范性文件，实施区域环保信用联合奖惩合作，实现区域生态环境违法处罚裁量基准基本统一。

（2）推进环境联动监测和信息共享，依托长三角空气质量预测预报中心，实现区域地级城市空气质量数据、重点污染源在线数据等共享，提供区域空气质量预报服务。（3）提升联合科研能力，建成城市大气复合污染成因与防治重点实验室。组建长三角区域生态环境协作专家委员会。完成生态环境联合研究中心建设。以长三角$PM_{2.5}$和臭氧协同防控、一体化示范区水污染联防联控为重点开展联合研究。

3. 聚焦一体化示范区，打造环保制度试验田

共同编制形成生态环境专项规划、重点跨界水体联保专项方案。推进生态环境标准、监测、执法“三统一”制度创新，用一套标准规范生态环境保护、“一张网”统一生态环境科学监测和评估、“一把尺”实施生态环境有效监管；联合批准发布挥发性有机物走航监测、固定源废气监测、空气质量预报等3项一体化示范区标准；完善大气、水、生态等环境质量和污染源的监测监控预警体系，启动示范区空气质量预报；率先推行统一的裁量基准，并成立统一执法队伍开展联合执法。

七、向未来，加快建设人与自然和谐共生的美丽家园

“十四五”时期，我国生态文明建设进入了以降碳为重点战略方向、推动减污降碳协同增效、促进经济社会发展全面绿色转型、实现生态环境质量改善由量变到质变的关键时期。

站在新的历史起点上，开启全面建设社会主义现代化国家新征程，身负“开路先锋、示范引领、突破攻坚”重任的上海，以及加快打造具有世界影响力的社会主义现代化国际大都市和建设成为卓越的全球城市的发展定位，都对上海城市生态环境保护提出了更高要求。

与此同时，对照中央要求、上海自身发展需求和广大市民期待期盼，上海生态环境质量与城市目标定位相比还有较大差距，结构性污染矛盾依然较为突出，环境基础设施建管能力和水平仍是主要短板，环境治理机制手段亟须创新突破，需要更加努力探索协同推进高质量发展和高水平保护的新路径、新举措。

上海将继续高举习近平生态文明思想这面旗帜，把“绿水青山就是金山银山”“人民城市人民建，人民城市为人民”重要理念贯彻落实到生态环境保护全过程和各领域，保持方向不变、力度不减。紧紧围绕“抓环保、促发展、保安全、惠民生”工作主线，以高水平保护推动高质量发展、创造高品质生活、实现高效能治理，着力做好环境容量的“加法”、污染排放的“减法”、绿色发展的“乘法”以及突出问题和风险隐患的“除法”。

牢牢把握“稳中求进”工作总基调，深入打好污染防治攻坚战，突出科学治污、精准治污、依法治污，加大改革创新力度，在创新中改善生态环境。把减污降碳协同增效作为推动源头治理、促进绿色转型的总抓手，积极践行绿色生产生活方式，在高质量发展中推进经济社会发展全面绿色转型。

上海将始终把保护城市生态环境摆在更加突出的位置，认真抓好生态文明建设重大任务的推进落实，加快构建绿色低碳循环发展的经济体系，努力把生态绿色打造成为上海城市软实力的重要标识，全力建设好人与自然和谐共生的美丽家园！

案例编

上海作为改革开放的排头兵、创新发展的先行者，多年来，在习近平生态文明思想的指引下，始终将人民群众对良好生态环境的追求放在首位，积极探索上海城市生态环境治理实践，取得了较为显著的成果。为进一步梳理总结分享上海经验和上海模式，助力美丽中国建设，在生态环境部的指导下，上海市生态文明建设领导小组办公室牵头，会同有关成员单位、各区及相关管委会等单位，系统总结了近年来上海推进生态文明建设和生态环境保护工作的经验与做法，遴选出100篇案例，形成了《人与自然和谐共生的美丽上海——社会主义现代化国际大都市生态环境治理的探索与实践》案例篇。案例聚焦工作机制创新、城市布局优化、产业结构调整、生态环境治理水平提升以及人居环境改善等方面，突出在习近平生态文明思想的引领下，上海积极践行“绿水青山就是金山银山”“人民城市人民建，人民城市为人民”重要理念，举全市之力推进“人民城市”生态环境保护和建设工作。

第一篇

创新协作机制

案例1

滚动实施环保三年行动计划,举全市之力建设人与自然和谐共生的美丽上海

一、工作背景

1990年代,上海作为一个人口密度大、产业高度集中的特大城市,历史遗留下来的问题较多,河道污染严重、工厂燃煤和机动车尾气污染大、生活垃圾无害化处置率低、绿化覆盖率低、部分工业区污染矛盾大等都是当时较为突出的问题,环境保护和建设面临着巨大的压力,环境污染治理的任务十分艰巨。上海市委、市政府站在长远发展的战略高度启动实施了环保三年行动计划,力争通过若干个三年行动计划的实施,来分阶段解决工业化、城市化和现代化进程中的突出环境问题和城市环境管理中的薄弱环节,把上海建设成为一个"天更蓝、地更绿、水更清、居更佳"的宜居城市。从2000年起,上海市每三年一轮滚动实施环保三年行动计划,同时,建立了环境保护和环境建设综合协调推进机制,举全市之力推进环境保护和环境建设工作。

二、工作举措

(一)建立健全综合协调机制,形成整体合力

为强化环保三年行动计划的协调推进和全市环保工作的统筹,2003年5月,上海市政府成立了由时任市长韩正任主任、分管副市长任副主任、各委办局和区县政府为成员单位的环境保护和环境建设协调推进委员会,建立了目标责任、多层次协调、考核评估等工作机制,形成"责任明确、协调一致、有序高效、合力推进"的工作格局,成为地方环境保护领导和管理体制的一个创举,也成为多部门协同推动环保工作的重要基础。2019年,在原委员会机制基础上,成立市生态环境保护和建设工作领导小组,由市委副书记、市长任组长,分管副市长任副组长,并新增市委组织部等多家成员单位。2020年8月,市委、市政府设立上海市生态文明建设领导小组,市委书记李强任组长,市委副书记、市长龚正任常务副组长,常务副市长陈寅、副市长汤志平任副组长,全面加强全市生态文明建设和生态环境保护工作的统一领导。领导小组办公室设在市生态环境局,以

生态环境保护规划和环保三年行动计划为重要载体，负责全市生态文明建设和生态环境保护综合性工作的统筹协调和实施推进；领导小组办公室下设若干专项工作组，包括政策法规、水环境保护、大气环境保护、土壤（地下水）环境保护、固体废物污染防治、工业绿色发展和污染防治、农业农村环境保护、生态建设和保护、循环经济、生态环境损害赔偿、生态文明宣传等领域，相关委办局任专项工作组组长单位，负责组织协调全市生态文明建设和生态环境保护专项领域工作实施推进。

（二）坚持问题导向，与时俱进滚动推进

在综合协调推进机制下，上海按照“四个有利于”（有利于城市功能的提升、有利于产业结构的调整、有利于生态环境的优化、有利于市民生活质量的改善）和“三重三评”（重治本、重机制、重实效，社会评价、市民评判、数据评定）的指导原则，已持续滚动实施了8轮环保三年行动计划，工作领域和任务逐步深化拓展，从第一轮（1999—2002年）的水环境治理、大气环境治理、固体废物处置、绿化建设、重点工业区环境整治等5个领域110个重点项目，拓展到第八轮（2021—2023年）的水、大气、土壤、固废、工业、农业农村、生态、气候变化、海洋、循环经济与绿色生活、制度政策等11个领域212个重点项目。环保投资大幅增加，从第一轮的340亿元增加到第七轮的1 100亿元。具体发展历程体现为5个方面的逐步转变。

1. 指导思想上，从“标本兼治”、末端污染治理为主逐步向“治本为先”、更加注重结构布局优化调整等源头防控转变

更加注重将环境保护融入社会经济发展全局，从经济发展、能源消耗、产业布局结构、生产生活方式等源头着手控制污染，坚持“在发展中保护，在保护中发展”，工作重点逐步向源头预防、全过程监管和积极推进减污降碳、绿色发展转变。

2. 工作目标上，从“还污染历史欠账”逐步向建设“卓越的全球城市”“天蓝地绿水清的生态之城”转变

随着传统污染基本得到控制，环境保护工作逐步向更高的目标前进，围绕建设“五个中心”和社会主义现代化国际大都市的总体目标，以“卓越的全球城市，令人向往的创新之城、生态之城”为目标愿景，上海正在积极探索一条符合特大型城市特点的绿色发展道路。

3. 任务重点上，从改善面上、表观上的环境面貌，大力推进基础设施建设逐步向保障群众健康和环境安全，注重管建并举、长效管理转变

前期主要关注河道黑臭、锅炉冒黑烟、工地扬尘等面上的、感观上的环境污染问题，

后期则更加关注与群众健康、环境安全密切相关的饮用水安全、$PM_{2.5}$污染、土壤污染等问题，并更加注重提高环保措施的生态效益。同时，随着城市环境基础设施的基本完善，工作重心从“以建为主”逐步转向“建管并重、以管为主”，通过政策引导、强化监管和财政奖励等多种手段，充分发挥已建成设施的最大环境效益。

4. 区域重点上，从以中心城区为主逐步向城乡一体、区域联动转变

随着“中心城区与郊区并举，把郊区放在更加突出的位置”的提出，上海在前期以中心城区为主的工作基础上，大力推进郊区污染治理和农村生态环境保护，努力推进城乡一体化。同时，更加注重区域污染联防联控，以$PM_{2.5}$污染控制为契机，积极推进长三角区域的环保合作。

5. 推进手段上，从以行政手段为主逐步向综合运用经济、法律、技术和必要的行政手段转变

近年来，上海环境保护坚持机制创新、制度创新和政策创新，逐步形成了“以法律法规为保障、以标准规范为工具、以政策激励为引导、以技术保障为基础、以执法监管为手段”的多手段、全方位的环境管理体系。

三、实施成效

通过8轮环保三年行动计划的滚动推进实施，收获如下成效：

（一）上海污染防治能力水平得到大幅提升，环境基础设施建设逐步赶上城市化步伐

2021年污水处理能力达到857.25万立方米/日，较1999年增加767万立方米/日；污水收集管网已覆盖全市各城镇，全市城镇污水处理率达到97%以上，污水厂污泥100%实现无害化处理。燃煤电厂实现全面超低排放。“一主多点”的生活垃圾无害化处置体系基本形成，电子废物收集、交投、处置利用网络系统初步建立，危险废物、医疗废物基本得到安全处置。

（二）环境综合整治取得明显成效，涉及民生的环境问题和局部区域环境矛盾得到有效缓解

“两江并举、集中取水、水库供水、一网调度”的原水供应格局基本形成，公共供水水质得到进一步有效保障。相继完成“中心城区河道整治”“郊区黑臭河道整治”“郊

区万河整治行动”“郊区骨干河道整治”等“四大战役”，全市3 158条/段河道全面消除黑臭，4.73万个河湖基本消除劣V类水体，城乡中小河道水环境再现新貌。全面完成中小燃气（油）锅炉提标改造；完成工业VOCs治理约3 400家；提前实施了国六机动车排放标准，高污染车辆限行和淘汰有力有序推进并得到社会较好反响。2021年，主要大气污染因子全面达标，$PM_{2.5}$较2020年下降12.9%。重点区域转型和环境综合整治取得明显成效，完成全市16个重点区域专项整治，全面完成“五违四必”重点区域整治，金山地区完成两轮三年整治。农业和农村环境保护得到大力推进，依托美丽乡村建设，开展村庄改造，受益农户达76万户；基本完成规划不保留畜禽养殖场退养；绿色生态循环农业得到有力发展。

（三）生态建设和自然保护得到持续推进，城市人居环境得到明显改善

结合城市布局调整和基础设施建设，全力推进城市绿化建设。从“见缝插绿”转变为“规划建绿”，“环、楔、廊、园、林”全面推进，中心城内环线内基本实现出门500米有一块3 000平方米以上的公共绿地，黄浦江滨江绿道45千米核心段贯通，外环生态专项工程全面建成，7个郊野公园先后建成开放。全市森林覆盖率从1999年的2.98%上升到2021年的19.4%，人均公园绿地面积从3.62平方米/人提高到8.7平方米/人，公园数从122座增长到438座。加强自然生态系统保护，全市约13万公顷重要湿地保护区域和野生动物重要栖息地纳入生态红线保护范围，约占红线内总面积的73%，湿地保有量维持在46.46万公顷以上。持续推进崇明世界级生态岛建设。

（四）环境保护优化发展作用逐步显现，产业结构布局调整和生态化改造稳步推进

全市能源结构不断改善，煤炭占一次能源比重从2000年的65.5%降至31%左右，天然气比重提高到12.8%。坚决淘汰落后产能，完成了约1.2万个污染企业或生产线关停调整，全面取缔“十小”行业，完成了涉铅企业整体淘汰，实现焦炭（除宝钢自用）、铁合金、平板玻璃、皮革鞣制全行业退出，关停了除宝钢以外的所有焦化炉、钢铁冶炼。推进绿色产业园区、绿色示范工厂、绿色产品、绿色供应链等一批绿色制造先进典型。“低碳世博”示范带动效应明显，工业、农业、社区等低碳、循环经济、清洁和可再生能源得到较大幅度发展。新能源车、绿色建筑、装配式建筑推广落实均处于全国领先水平。

（五）综合运用法律、行政、经济、技术、市场、公众宣传等手段，环境治理体系和治理能力得到进一步提升

完善生态文明建设责任体系，实施党政同责、一岗双责。形成较为全面系统的环境法规体系，修订了《上海市环境保护条例》，制定出台了42项地方性法规、30余项地方环境标准和规范。加快环保管理制度改革，全市生态文明建设从定责到考责再到问责的制度体系基本形成。创新环境经济政策，落实一系列补贴政策。完善环境治理市场机制，推动环境治理向"谁污染、谁付费、第三方治理"的市场化机制转变，探索金融、信贷、保险等政策工具的调控、刺激和引导作用。完善污染源监管体系，大力推进以排污许可证制度为核心的固定源环境管理机制，基本实现固定污染源排污许可证全覆盖。强化信息公开和公众参与监督。

（供稿：上海市生态环境局）

案例2

由“联”到“融”，夯实完善全方位区域生态环境保护协作机制

一、工作背景

长三角合作起源于地缘因素下的民间交流，发展于地区互动的经济合作，成熟于更高质量一体化发展的国家战略，其中，出于共同保护、共同发展的理念，区域生态环境保护协作逐渐成为长三角一体化发展的突出亮点。相互毗邻的三省一市（沪、苏、浙、皖），水脉相连、人文相通，生态环境问题更是休戚相关。在区域一体化发展合作的大框架下，共同开展生态环境领域的全方位协作、不断做好区域联防联控、夯实绿色发展基础、共建绿色美丽长三角，有着积极的现实意义和示范效应。作为地区发展龙头的上海勇挑重担，携手兄弟省市，共同搭建生态环境合作平台，围绕协同、统一、合作、共赢的理念，不断深化生态环境保护制度创新，共同努力改善区域环境质量，加快推动社会经济与生态环境的协调发展。

二、工作举措

（一）夯实完善区域生态环境治理体制

长三角区域环保合作起步较早，2008年长三角区域合作机制成立以来，环保合作就是主要专题之一。2013年年底，按照中央决策部署，先后成立长三角区域大气和水污染防治协作小组，以车船流动源协同治理、区域空气质量预测预报和应急联动等共同关注的问题为重点推进了一批联防联控重点措施。2018年，长三角区域一体化发展上升为国家战略，三省一市以更高质量一体化发展为要求，成立了长三角区域合作办公室，修订了会议协商、滚动推进、分工负责、共享联动、科技协作和协调督促等工作机制，加强与长三角一体化合作平台的联动对接。2021年，经国务院领导批示同意，原区域大气、水污染协作小组调整为长三角区域生态环境保护协作小组，负责协调推进区域大气、水、海洋、土壤、固废等重点领域跨领域、跨部门、跨省界联防联控和生态共保。

图1–1 长三角区域生态环境保护协作小组第一次会议在江苏无锡召开

资料来源：上海市生态环境局。

（二）加强区域顶层设计，坚持规划引领

全面落实《长江三角洲区域一体化发展规划纲要》，出台上海实施方案，推动长三角打造和谐共生绿色发展样板。印发《长江三角洲地区生态环境共同保护规划》，聚焦经济高质量发展和环境高水平保护，持续强化跨领域、跨部门、跨省界的联防联控。完成一体化示范区生态环境专项规划编制，重点推进协调共生的生态体系、绿色创新的发展体系、统筹完善的生态文明制度体系、集成一体的生态环境管理体系等“四个体系”建设。

（三）落实重大协作行动，拓宽协作领域

出台并持续推进到2020年的区域大气、水协作实施方案和近期重点工作清单。滚动推进区域秋冬季大气污染综合治理攻坚行动，启动区域夏季臭氧（O_3）污染综合治理攻坚行动。全面落实区域“三油并轨”，实施船舶进入长三角排放控制区水域换烧低硫油措施，联动落实岸电措施。依托区域机动车环保信息共享平台，强化高污染车辆的联防联治。加强跨界河流联合治理，开展太湖蓝藻水华和沪苏浙省界地区水葫芦联合防控，印发实施《太浦河水资源保护省际协作机制——水质预警联动方案》。探索推动区域环境保护标准、监测、执法统一，实现长三角区域生态环境行政处罚裁量基准一体化，聚焦区域水源地和大气执法，持续开展互督互学行动，推动实施区域环境标准的联合立

项。推动在一体化示范区先行先试，沪、苏、浙协作基本完成标准、监测、执法“三统一”方案和重点跨界水体联保专项方案的编制，成立联合执法队伍。

（四）完善区域协同措施，夯实发展基础

一是落实政策保障。编制长三角生态环境标准一体化建设规划。大气超级站、设备泄漏检测等2项长三角区域统一标准正式印发，在国内首次打通区域地方标准发布的路径。开展区域水源地和大气执法互督互学。签署《长三角区域环境保护标准协调统一工作备忘录》《长三角地区环境保护领域实施信用联合奖惩合作备忘录》《加强长三角临界地区省级以下生态环境协作机制建设工作备忘录》，推动青浦—吴江—嘉善等临界地区深化协作。

二是推进环境联动监测和信息共享。依托长三角空气质量预测预报中心，实现区域地级城市空气质量数据、重点污染源在线数据等共享，提供区域空气质量预报服务。

三是提升联合科研能力。建成城市大气复合污染成因与防治重点实验室。组建长三角区域生态环境协作专家委员会。建成长三角区域生态环境联合研究中心，以长三

图1-2　2020年安徽和浙江在新安江联合采样监测

资料来源：上海市生态环境局。

角$PM_{2.5}$和臭氧协同防控、一体化示范区水污染联防联控为重点开展联合研究。

在国家相关部委支持指导下，三省一市各级生态环境和相关部门紧扣“一体化”和“高质量”两个关键词，努力在生态保护和建设上带好头、走在前，区域生态环境质量持续改善。2021年，长三角地区41个城市平均优良天数比例为86.7%，同比上升1.6个百分点，$PM_{2.5}$浓度为31微克/立方米，同比下降11.4%；594个地表水国考断面水质优良（I—III类）水体比例达89.1%，无劣V类断面。

三、经验总结

（一）深化共同体意识，构建绿色一体化

在推进长三角一体化和生态环境协同保护背景下，沪、苏、浙、皖树立“一体化”意识和“一盘棋”思想，积极培养区域认同感和归属感，强化整合长三角生态环境资源，统筹山水林田湖草生态系统治理。以协同优化生产、生活、生态空间结构为手段，不断增强城市群生态环境价值、降低环境灾害风险、提升长三角整体绿色竞争力。同时，明确长三角整体生态环境保护目标体系，逐步推动区域规划标准一体化、污染治理一体化、常态监管一体化和风险防控一体化。

（二）协调区域环境利益，抓部署建机制

长三角区域在区域大气污染联防联控、水污染综合防治、跨界污染应急处置、区域危废环境管理等方面做了大量积极探索，建立了一套良好的生态环境保护协商机制，为区域环境共治共建共享打下了坚实基础。特别是2018年长三角一体化发展上升为国家战略后，构建了更加紧密的生态环境保护命运共同体、利益共同体和责任共同体，努力将长三角生态环境保护协作机制往深里做、向实里落，做好“联”字文章，完善会议协商、联合执法、协调督促等机制，逐步形成国家指导、地方担责、区域协作、部省协同的工作机制，协力建设绿色美丽长三角，为长三角高质量一体化发展提供优良的生态环境支撑与保障。

（三）依托一体化示范区，强化制度创新

依托协作机制、加强制度创新，在一体化示范区集成落地、先行先试。两省一市（沪苏浙）积极参与一体化示范区总体方案编制，将生态优先、绿色发展融入一体化示范区规划、建设全过程。共同编制形成生态环境专项规划、重点跨界水体联保专项方案。推

图1-3　绿色长三角上海分会场

资料来源：上海市生态环境局。

进生态环境标准、监测、执法“三统一”制度创新，用一套标准规范生态环境保护、“一张网”统一生态环境科学监测和评估、“一把尺”实施生态环境有效监管；联合发布挥发性有机物走航监测、固定源废气监测、空气质量预报等3项一体化示范区标准；完善大气、水、生态等环境质量和污染源的监测监控预警体系，启动示范区空气质量预报；率先推行统一裁量基准，成立统一执法队伍，开展联合执法。此外，三地发展改革委等部门牵头开展多元化生态补偿机制研究，生态环境、水利水务和司法部门联合开展示范区饮用水水源保护协同立法前期研究。

生态环境保护的根本目的在于满足人民群众对于美好生活的向往，提升人民群众生态环境福祉。完善长三角生态环境共保联治机制，有利于夯实长三角地区绿色发展基础，促进区域经济社会高质量一体化发展，为长三角一体化战略的顺利实施提供有效制度示范和创新引领。同时，打破行政壁垒，在全国创下先例的“一把尺”标准，让长三角一体化在生态环境领域率先突破，也为国家贡献了区域一体化建设和治理的样本及经验。

（供稿：上海市生态环境局）

第二篇

绿色低碳发展

案例3

用市场之手助推碳达峰、碳中和
——上海碳排放权交易试点实践

一、工作背景

碳市场是利用市场机制控制和减少温室气体排放、推进绿色低碳发展的一项重大制度创新，也是推动实现碳达峰目标与碳中和愿景的重要政策工具。2011年11月，国家发展改革委下发《关于开展碳排放权交易试点工作的通知》，提出由北京、天津、上海、重庆、湖北、广东和深圳等7省市开展碳排放权交易试点工作。上海积极落实国家要求，2011年率先启动试点交易体系建设，全面推进制度体系、管理体系与平台建设，2013年11月正式启动交易市场运行，探索形成碳市场建设的"上海方案"。经过多年实践，上海逐步建立了"制度明晰、市场规范、管理有序、减排有效"的碳排放交易体系，为全国碳市场建设积累了丰富的地方试点经验。

二、工作举措

（一）制度先行，筑牢自上而下"三个层级"管理根基

通过市政府制定出台的《上海市碳排放管理试行办法》（沪府10号令），明确建立总量与配额分配制度、企业监测报告与第三方核查制度、碳排放配额交易制度、履约管理制度等碳排放交易市场的核心管理制度和相应的法律责任。通过市级碳交易主管部门制定出台《配额分配方案》《企业碳排放核算方法》《核查工作规则》等，明确碳交易市场中配额分配、碳排放核算、第三方核查等制度的具体技术方法和执行规则。通过交易所制定发布《上海环境能源交易所碳排放交易规则》和会员管理、风险防范、信息发布等配套细则，明确了交易开展的具体规则和要求。

（二）权责明晰，打造分工有序、运转协调的监管体系

成立市碳排放交易试点工作领导小组，负责试点工作的总体指导和协调，由分管市领导任组长，市碳交易主管部门及相关委办部门负责人为成员。领导小组下设办公室，

具体负责试点工作推进落实，依托相关专业机构负责试点日常工作，包括碳排放配额登记注册系统及配额履约清缴管理、碳排放交易系统及交易市场管理等，并专门建成“三大平台”——上海市碳排放报送直报系统、上海碳排放配额登记注册系统以及上海市碳排放交易系统。监管保障上，建立了由政府部门、交易所、执法机构等为主体的多层次监管构架，在采取金融产品形式或交易方式时，实行与金融监管部门协调监管，平衡碳市场发展和金融风险防范。此外，向社会公开招投标遴选第三方核查机构，并对第三方核查机构及其碳排放核查工作进行全程监督管理。

（三）应纳尽纳，形成“多行业＋规模化＋特色化”的碳排放交易企业覆盖范围

上海市碳交易纳管行业和企业范围不断扩大，由第一阶段（2013—2015年）钢铁、石化、宾馆酒店、航空等16个行业190余家企业，扩大到第二阶段（2016年至今）汽车电子、水运等27个行业300余家企业。考虑到航空业的国际属性，上海市是全国第一个将航空业纳入交易主体范围的试点。同时结合上海国际航运中心的定位，试点第二阶段纳入了水运行业，出台了全国首个水运行业温室气体排放核算与报告方法。同时在配额分配方法和方式上，以碳排放强度为主，采用历史强度法、基准线法和历史排放法开展分配，并创新性地结合高碳能源使用提出免费发放比例，体现区域能源结构调整导向。

（四）稳步推进，持续开展规范化、多元化的碳金融创新

在保障上海碳市场平稳有序发展的基础上，上海市依托国际金融中心优势，稳步探索和发展碳金融。先后推出了借碳、碳质押、卖出回购等碳市场服务业务，服务实体经济低碳化转型。同时，从合规性和市场需求出发，与中国人民银行下属的上海清算所合作推出上海碳配额远期产品（SHEAF），这是全国首个中央对手清算的碳远期产品，也是目前全国唯一的标准化碳金融衍生品。

三、实施成效

（一）碳交易二级市场总成交量居全国前列

上海碳市场主要交易产品为上海碳排放配额（SHEA）、国家核证自愿减排量（CCER）及上海碳配额远期产品。上海市坚持市场化运作方式，获得市场参与者的普遍认可和高度评价。目前已纳入钢铁、电力、化工、航空、水运、建筑等行业约300家企业和约400家投资机构，是全国唯一连续8年实现企业履约清缴率100%的试点地区。

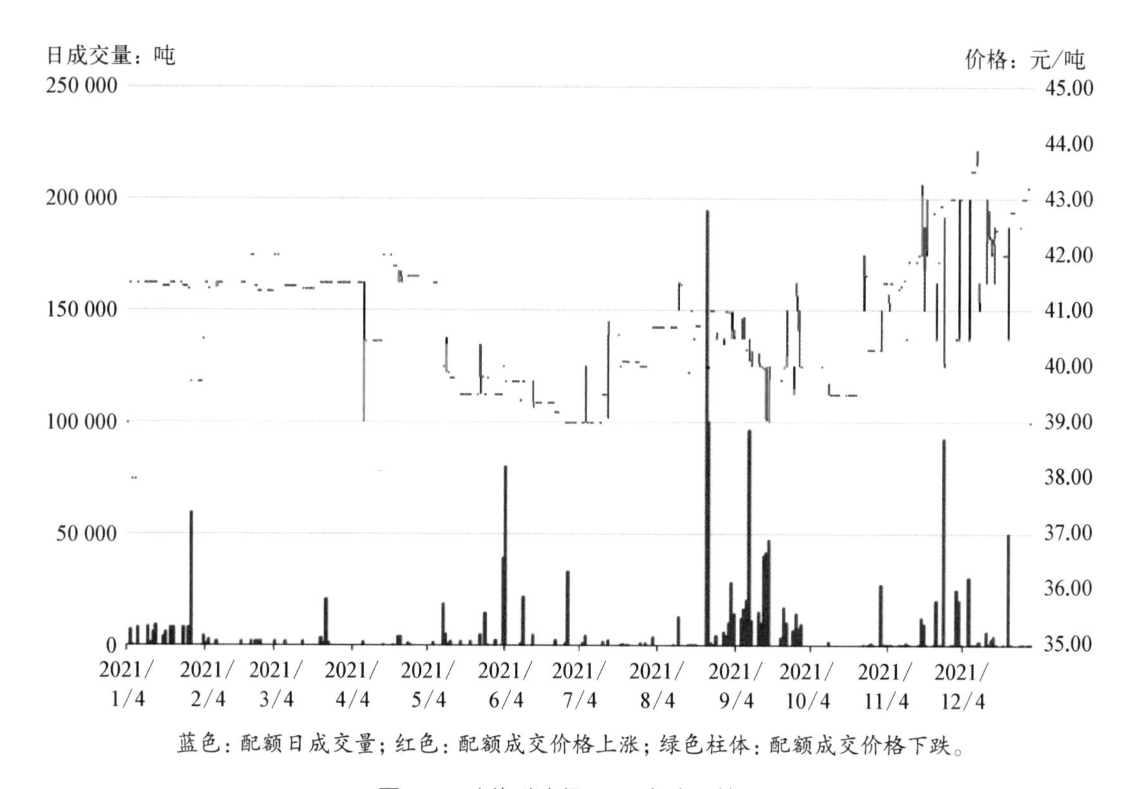

图2-1 上海碳市场2021年交易情况

资料来源：上海环境能源交易所。

截至2021年12月底，上海碳市场配额累计交易量4 481.34万吨，交易金额10.37亿元；CCER累计交易量17 041.19万吨，交易金额21.05亿元，上海碳配额远期产品累计成交数量437.08万吨，CCER成交量稳居全国第一。

（二）成功争取全国碳交易系统平台落地上海

2017年年底全国碳排放交易体系正式启动，凭借上海碳市场扎实的试点经验、丰富的市场交易组织管理和风险控制能力，成功争取全国碳交易系统平台落地上海。2021年7月，全国碳市场正式启动上线交易。全国碳市场能力建设（上海）中心自正式挂牌以来，已在全国20多个省市开展逾万人次能力建设培训，针对碳排放交易管理部门、纳管企业、行业机构等主体开展培训交流，协助各地区加快碳交易工作推进，取得了良好的反响。

（三）碳交易工作充分激发企业降碳内生动力

上海市纳管企业逐步建立健全了能源计量及监测体系，成立了专门部门或机构负责碳排放等相关领域的管理工作。企业通过理顺现有计量监测体系，采取更积极主动的能源精细化管理策略，及时发现能耗异常、挖掘节能空间，推动企业实现节能减排，确保了数据质量，更好地支撑碳交易各项工作开展。上海高耗能工业行业碳排放降幅明显，能源结构持续优化，试点企业排放总量得到有效控制。2019年，纳管企业实际碳排放量较启动时减少约7%，其中电力、石化和钢铁行业分别下降8.7%、12.6%和14%，减排幅度高于全市整体水平。

（四）碳资产管理有力带动节能低碳领域产业发展

随着上海市碳交易试点的有序推进，大多数纳管企业已将碳配额作为关系企业经营和发展的一项重要资产，明确专门部门和人员负责碳排放管理和交易工作，并且积极参与碳金融创新，将沉睡的资产变成收益，不断增强自身碳资产管理和运作能力。同时，涌现出一批核查、节能低碳咨询服务机构，催生了碳资产管理、碳金融等新业务，碳市场建设带动了上海市绿色低碳领域相关产业的快速发展。

四、未来展望

在新形势下，上海将紧紧围绕碳达峰、碳中和的总体目标，持续深化上海试点碳市场建设，充分发挥试验田的作用，为全国碳市场提供借鉴，同时全力以赴、扎实稳妥地把全国碳市场建设好、运行好，奋力打造具有国际影响力的碳交易中心、碳定价中心、碳金融中心。

（供稿：上海市生态环境局）

案例4

生态立岛,“盐碱滩涂”变“零碳绿洲”
——崇明率先创建碳中和示范区的典型经验

一、工作背景

作为中国第三大岛,崇明在以绿色可持续发展为主要时代特征的21世纪面临着空前的发展机会。2001年,国务院批准《上海市城市总体规划(1999—2020年)》,明确把崇明岛建设为生态岛。2005年10月出台的《崇明三岛总体规划》提出建设“现代化生态岛区”,2010年1月发布的《崇明生态岛建设纲要(2010—2020年)》,系统提出崇明生态岛建设总体战略,2016年12月,上海市人民政府印发《崇明世界级生态岛发展“十三五”

图2-2　世界级生态岛

资料来源:上海市崇明区生态环境局。

规划》，正式提出建设“世界级生态岛”发展目标。20年来，崇明坚持走低碳发展道路，推进低碳建设和生态环境保护，开展低碳农业、低碳居住示范建设，倡导低碳生活理念，全面探索经济、社会、环境的融合可持续发展。2011年，崇明被列入上海第一批低碳发展实践区试点。站上新起点，迈向新征程，《上海市崇明区国民经济和社会发展第十四个五年规划和二〇三五年远景目标纲要》《崇明世界级生态岛发展规划纲要（2021—2035年）》进一步擘画蓝图，未来崇明将深入实施“+生态”“生态+”发展战略，坚持生态立岛不动摇，坚持生态优先、绿色发展，积极打造人与自然和谐共生的“中国样板”。

二、工作措施

基于区域经济发展资源及能源“输入—转化—输出”过程机理，崇明创新性地提出了“需求管理为先、过程控制为重、源头与末端管理并举”的低碳发展指导思想。围绕“控制碳需求、提高碳效率、降低碳依赖、增加碳中和”这一主线，系统推进区域低碳发展。

（一）控制碳需求

启动了广泛而深入的崇明生态岛建设指标体系研究，形成了一套特定的崇明生态岛发展指标。2010年1月，上海市正式向公众发布《崇明生态岛建设纲要（2010—2020年）》（简称《纲要》），提出要坚持“系统性的协调观、低碳型的发展观、全方位的合作观”。为此，崇明全面优化宏观调控和资源配置，加强土地用途管制，抑制过量需求，实现土地资源可持续集约利用；加强自然湿地、林地、绿地的保护与利用；大力发展循环经济和废弃物综合利用；严把准入门槛，发展生态型产业，构筑现代服务业体系……切实践行了在保护中发展，在发展中保护。《纲要》发布的同时，建立了生态岛建设的跟踪评估机制，推进“一年一小评，三年一大评”的工作，主动接受各方面的监督，通过部市合作、市区联动、政企协作、全民参与，生态岛建设深入人心。通过规划引领、动态反馈、滚动推进，生态岛建设机制持续优化。这一系列顶层设计从源头有效管控了碳需求，奠定了崇明生态引领、绿色发展、节约集约的主基调。新一轮《崇明世界级生态岛发展规划纲要（2021—2035年）》进一步提出先行探索“碳中和”路径，实现发展方式绿色变革，构建人与自然生命共同体，成为中国递向世界的一张靓丽生态名片。

（二）提高碳效率

上海市委、市政府加大对崇明科技支撑力度，围绕自然生态、人居生态、产业生态，以科技支撑提升资源能源利用效率，推进可持续发展。2005年3月，《崇明生态岛建设科技支撑实施方案》正式推出，成立了“崇明生态岛建设科技咨询专家委员会”。2005年12月，“崇明生态岛科技促进中心”成立。2006年3月，《上海中长期科技发展规划纲要（2006—2020年）》颁布。2010年3月，科技部批准崇明为国家可持续发展实验区。在科技引领示范的强力支撑下，崇明在节能降耗工作上取得了显著成效。以工业节能为重点，以低碳建筑和交通节能为特色，在严控增量的同时，逐步削减存量，提高企业环保低碳准入门槛。重点打造低碳农业、低碳旅游业等具有崇明特色的产业体系，全面推进岛内及全区经济增长方式优化和产业结构升级。以陈家镇国际低碳社区建设为依托，探索建立符合崇明地理及自然条件，充分利用崇明环境及资源综合优势的建筑节能技术体系；通过打造并推广崇明本岛零碳排放公交体系、低碳建筑技术集成体系、以秸秆及畜禽粪便高效利用为代表的资源循环利用体系等，全方位提升岛内及全区的能源利用效率及碳效率。“双碳”战略引领下，绿色低碳科技创新再掀热潮，“上海碳中和技术创新联盟”“上海长兴碳中和创新产业园”“同济大学碳中和学院”纷纷落户崇明，有望为崇明碳中和示范区建设提供更加强有力的技术支撑。

（三）降低碳依赖

自2012年以来，逐步关闭燃煤发电机组，岛内能源结构得到持续优化，推进崇明申能燃气电厂的建设，积极推进清洁能源替代；依托国家绿色能源示范县创建，大力推进岛内及全区的可再生能源利用，特别是加强建筑一体化太阳能等可再生能源的高效利用和全面推广；同时，通过农业废弃物综合利用，将可再生能源利用与生态农业发展相结合，探索形成了“猪粪污—沼—肥”的闭路生态平衡系统，创建了“四位一体”农村能源生态新模式。目前，崇明基本形成风能、太阳能、生物质能多种可再生能源互补结合的绿色能源供应体系，可再生能源发电量占全区全社会用电量比例达30%，积极探索加强了符合上海实际且兼具成本效益的低碳能源基底保障。

（四）增加碳中和

充分突出崇明生态岛特色，在积极控制岛内温室气体排放的同时，以东滩高碳汇自然生态系统示范区建设为抓手，大力提升岛内森林、湿地等生态系统的碳汇能力；依托陈家镇、城桥镇、长兴镇等地区大型公共绿地和公园，青草沙水库生态涵养林以及东滩高碳汇自然生态系统示范区建设等为抓手，大力提升岛内及全区森林、湿地等生态系统的碳汇能力。为全市提供了约30%的森林资源，自然湿地保有量达到24.8万公顷，森林碳汇量可抵消全区温室气体排放总量的比例达到15%，滨海盐沼湿地也具有一定的碳汇功能。

三、实施成效

至2020年，崇明已初步构建世界级生态岛建设框架，打造出了一座环境优美、经济发达、文化繁荣、保障健全、城乡融合的海上花岛。自2005年以来，全区GDP总量翻了两番，“十三五”期间，区级地方一般公共预算收入更实现了5年翻番，农村居民人均可支配收入年均增长率超过9%。崇明以上海近1/5的陆域面积，承载着全市约1/4的森林、1/3的基本农田、两大核心水源地，占全球种群数量1%以上的水鸟物种数达到14种；生活垃圾分类处置、农林废弃物资源化利用、新能源公交车实现全覆盖。生态产业蓬勃发展，打响崇明大米、清水蟹等农产品区域公共品牌；积极建设国家海洋经济发展示范区，成功创建全国文明城区、全国双拥模范城、全国卫生城区、国家全域旅游示范区。在社会经济健康稳定发展的同时，经初步摸排，崇明区能源活动碳排放量和全口径温室气体排放量均在“十一五”期间呈现出达到阶段性峰值后稳步下降的良好态势，经

图2-3　2021年3月18日，上海市生态环境局与崇明区人民政府签署协议
资料来源：上海市崇明区生态环境局。

济增长基本实现了与能源消费和碳排放的脱钩，绿色低碳发展转型取得显著成效，被评为上海市首批低碳发展实践区。2021年，全区27个考核断面水质达标率为100%，环境空气质量优良率达92.8%。

四、未来展望

2021年3月，上海市生态环境局与崇明区人民政府签署《共建世界级生态岛碳中和示范区合作框架协议》。未来向碳中和目标迈进，需要重点攻克区域可再生能源发展空间有限、碳中和关键技术储备和成熟度相对不足，以及管理机制和公众意识仍有欠缺等难题，需要以降碳为重点战略方向，切实推动经济社会发展全面绿色转型，力争早日建成符合世界级生态岛定位的碳中和示范区，探索走出一条兼顾社会经济快速发展和温室气体有效控制的高质量发展之路，为上海、长三角、长江流域乃至全国，提供碳中和崇明案例。

（供稿：上海市崇明区生态环境局）

案例5

从“措施补贴”到“效果奖励”
——长宁区既有公共建筑节能管理机制创新

一、工作背景

长宁区是上海发展较为成熟的中心城区，经过多轮产业结构调整，区内节能降碳主体已转变为以建筑为主，大型公共建筑面积占比60%左右，但能耗占比却高达90%。因此，降低大型公共建筑能耗碳排放是长宁区推进双碳战略工作的重难点。

近年来，随着建筑节能管理的路径从“措施控制”向“效果导向”转变，倒逼既有公共建筑节能措施从“一次性改造”向“高能效运营”转变，面临的主要矛盾是现行的政府管理机制中既有公共建筑节能的责任不能传导到用能主体，楼宇节能的社会责任未能落实。长宁区经调研发现，具体问题体现在两个方面：一是建筑减碳尚无强制性法规，政府相关职能部门缺乏有效工作抓手；二是现行政策以推动节能综合改造为主，缺乏建筑节能运行管理的措施。

二、工作举措

“十一五”期间，长宁区成功申报世界银行上海建筑节能和低碳城市示范项目，并被列入上海市首批8个低碳发展实践区，以此为契机，完善管理顶层设计、优化项目推进模式、创新政策体系，建立了一套以能效对标排名公示制度为核心的既有公共建筑节能降碳管理体制机制，以实际结果为导向，及时作出政策响应，鼓励市场化的创新实践，注重激发市场力量，有效推进了综合节能改造、绿建能效提升、超低能耗改造和暖通高效机房等具体措施落地，实现既有公共建筑能效提升。

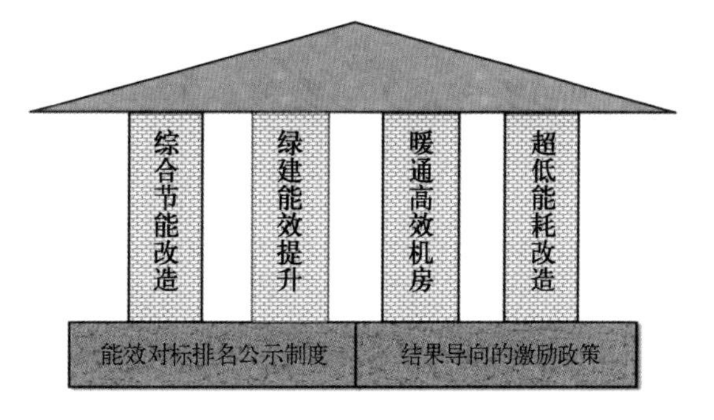

图2-4　长宁区既有公共建筑管理机制图

资料来源：上海市长宁区虹桥、中山公园地区功能拓展办公室。

（一）公示排名，激发业主自我改造意愿

自2018年开始，长宁区连续4年实施“既有公共建筑能效对标排名公示”（简称“能效对标”）。通过对建筑用能水平进行对标、排名与公示，将建筑运行中能源消耗水平与同类型建筑进行比较或排名，并将比较结果对外发布，提高了业主、物业、用户、节能咨询公司以及金融机构等各相关方对建筑用能状况的认识，大大激发了业主自主改造的意愿。通过对标数据梳理发现，以44栋可比建筑为例，建筑能耗逐年降低，2020年相比2018年降低了6.7%的建筑总能耗，累计减少4 000多万吨标准煤。

（二）结果导向，有效形成“胡萝卜+大棒”效应

首先，激励政策与实际运行能效水平挂钩。对于绿色建筑、超低能耗改造的补贴，将实际运行能效和补贴发放挂钩，即绿色建筑、超低能耗建筑的补贴除要符合技术标准外，实际运行水平须达到上海市合理用能指南的先进值，明确注重实际结果的政策引导信号。2022年开始将配套能效对标奖励政策，有效形成“胡萝卜+大棒”效应，明确建筑业主节能降碳的主体责任，激发业主节能降碳的主动意愿和行动。

其次，能够实事求是及时调整优化激励政策。对于既有公共建筑改造，新增以调适和智能运维为主的综合节能率为10%的综合节能改造项目补贴。以兆丰世贸改造项目为例：2014年实施的第一轮节能改造主要内容是围护结构、冷热源改造、水泵改造，节能率24.2%，获评2014—2016上海市既有公共建筑节能改造示范项目，获得40元/平方米的补贴；第二轮改造主要内容是机电系统优化调适、智能运维，节能率10.5%，预计获得10元/平方米的补贴。通过政策优化，激励楼宇持续做好节能，与2013年基准比，兆丰项目综合节能率达34.7%。

（三）多方“会诊”，积极探索有益管理模式

为了让项目管理更科学、规范，让有限的政府资金用在“刀刃”上，在区节能低碳办牵头下，长宁区完善了公共建筑节能综合改造联席会议评审制度，包括引入第三方建立专家库对项目进行评审，联席会议成员单位对项目进行联合审核，一个项目能不能通过，不仅要接受上海市能效中心等专家库的专家评审，还须在由区公共建筑节能综合改造联席会议第一召集人分管副区长召集的联席会议上接受由区发改委、建交委、财政局、绿化市容局、生态环境局、规划资源局、房管局等联席会议成员单位的多方“会诊”，从而保证项目在技术上科学合理，在程序上公开、公平、公正。

三、经验总结

截至2021年年底，长宁区既有建筑规模化节能改造取得显著成绩，累计完成改造楼宇45幢，建筑面积约287万平方米，节能量31 233吨标煤。"十三五"期间完成既有公共建筑节能综合改造面积占上海市改造面积的16%，实施了两个商业化运作的既有公共建筑超低能耗改造项目，建筑能效水平保持全市前列。

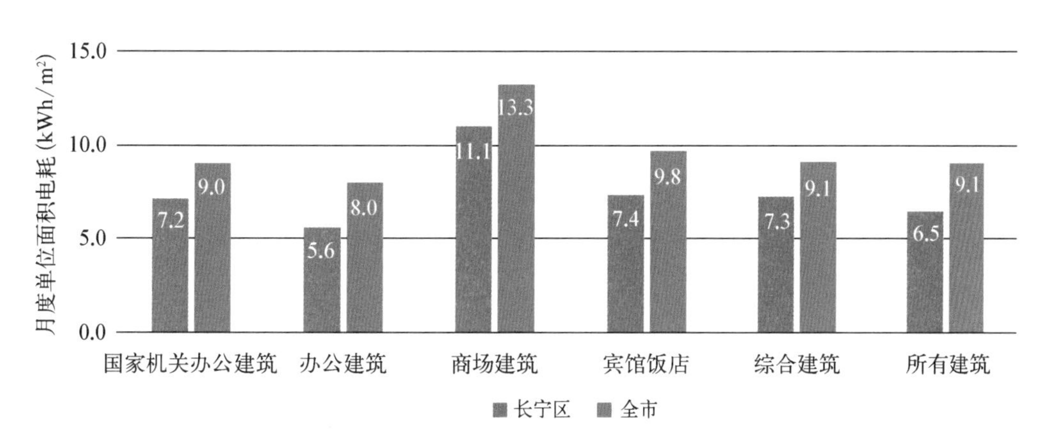

图2-5　2021年9月上海市国家机关办公建筑能耗监测情况

资料来源：上海市长宁区虹桥、中山公园地区功能拓展办公室。

（一）攻克"难"点，激发市场力量

一是在政策设计时，注重激发市场力量。对标公示的实质是将政府、行业协会、业主（或物业服务企业）、公众、节能服务公司等联系在一起，将原来只有政府和业主（或物业服务企业）之间封闭流动的能耗信息导入社会中，引入社会舆论监督和发挥市场机制的力量。二是在项目示范时，注重符合市场理念。400米林带项目创新采用了能效性能保障合同模式来保障实际运行能效，项目的成功实施也证明了新建建筑能效提升的市场机制的有效性。

（二）找准"痛"点，做好闭环服务

在推进建筑节能改造和补贴管理时，实施了针对性的解决措施，打通既有公共建筑节能改造实施时的堵点、痛点，有力推动建筑实施节能改造：一是为有改造意向的建筑业主提供能源审计，能源审计不仅挖掘节能潜力，还计算改造项目投资回报期等经济指标，提高建筑业主决策的效率。二是在补贴管理时，采用前身备案制，将管理要求放在"台面"上，砍掉管理者的自由裁量权，提高了补贴的确定性，从而提高改造项目实施成功率。

（三）打造“亮”点，形成引领示范

长宁区虹桥宾馆9号楼是上海首个近零碳排放改造建筑、上海建筑节能和低碳城区建设示范项目，曾获评国家发改委“中国双十佳”、G20国际“双十佳”建筑领域最佳节能实践、上海市既有建筑绿色更新改造铂金奖、清华大学“节能全过程管理优秀实践案例”。安肯公园最初是一个工业厂房，改造后的建筑虽然不豪华，但质量高，日租金达到6.5元/平方米，单位GDP能耗远低于周边同类厂房改造办公项目，荣获“上海市既有建筑第一次绿色改造银奖”……类似项目如雨后春笋一一涌现，共同成就了长宁区既有建筑改造的亮点和特色。

（供稿：上海市长宁区虹桥、中山公园地区功能拓展办公室）

案例6

从工厂泵房到水质监测站，工业遗存焕发低碳新生机
——杨浦滨江泵站改造

杨浦滨江有着“中国近代工业文明长廊”的美誉，留下的历史工业建筑历经岁月，沉淀着杨浦区曾经作为工业基地的辉煌篇章，也记录着上海的历史。如今，封闭的“工业锈带”转变为开放共享的“生活秀带”，不仅使这些工业遗迹得以保留，更是通过他们演绎出新的时代故事。

黄浦江杨浦大桥水质自动站位于杨浦滨江景观岸线，地处内涵丰富的工业遗产建筑群中。在确保水站功能的基础上，更是着力提升建设品质，贯彻绿色低碳发展理念，为杨浦滨江公共空间再添新彩。

一、深挖工业遗产价值，让老工业遗产焕发“第二春”

在杨浦大桥水质自动监测站选址初期，就充分考虑到滨江丰富的工业遗存资源，以及滨江整体以工业历史记忆与新发展理念、新生活方式融合的基调，将原上海电站辅机厂污水泵房作为水站建设地点。上海电站辅机厂是中国最大的电站辅机专业制造厂，其前身为创建于1921年的慎昌洋行杨树浦路2200号工厂，在2017年完成搬迁后，其厂房被用作公共空间开发还江于民，打造成滨江党群服务站等一系列公共设施。此次水站建设，就是在原电站辅机厂污水泵房的基础上，保留了其主体结构，外立面改造利用对传统砖肌理的演绎，变化出如同水波纹的灵动效果，实现从污水设施到水环境监测设施的转变，以水生态保护理念串联起老工业的前世今生。

二、秉承绿色低碳理念，打造节能“零碳”示范

杨浦大桥水质自动监测站位于杨浦滨江南段低碳发展实践区核心区域，其作为环境保护基础设施更是以“零碳”为示范，向公众宣传绿色低碳的理念。建筑整体采用热力学节能方式，通过屋面开窗与地下空间引入自然光线，加上地下空间良好的隔热性能，降低空调能耗，打造被动式节能建筑。站房整体运行及水质监测设施的运行则依靠

由光伏发电子系统、锂电池储能、氢能发电子系统组成的一套新能源微网发电系统，设施负载优先由光伏发电供能，光伏发电多余能量储存在锂电储能单元，供无光发电时段设施负载的用能。氢能作为系统后备能源，市电作为整套系统的能源保底，以备紧急时使用。微网控制系统通过数据采集及能量控制调度，协调实现功率波动抑制、削峰填谷、并离网切换、分级负荷控制、电池管理维护及系统安全警报等功能。通过测算，其负载年度消耗常规能源的指标，通过非化石新能源发电的减排指标能够完全抵消，即可达成零碳目标。

三、拓展“亲民”体验，推动环保公众参与

杨浦滨江的发展始终坚持以“人民城市人民建，人民城市为人民”为核心思想，杨浦大桥水质监测自动站更是计划打造成集环境监测、科普展示、公众体验为一体的“可看、可学、可试”的水质监测站。可看——打造局部透明空间，在外围即可直观看到整个水质自动监测过程及数据；可学——定期循环播放相关的科普多媒体，利用地下展厅空间布局，展示自来水生产工艺流程和基本原理，向公众普及节水知识、宣传节水理念；可试——建设一套直饮水系统，通过抽取净化黄浦江水，从而达到饮用水标准，让上海市民再次品尝到黄浦江水的滋味。杨浦大桥水质自动监测站力争成为有特色的环保设施向公众开放的示范点，使人们对生态环境保护工作产生直观、深刻的感受，更是要激发公众参与环境治理的积极性和主动性，凝聚广泛的社会力量，共建美丽生态家园。

（供稿：上海市杨浦区生态环境局）

案例7

闵行开发区：创建零碳示范园区，
率先驶入“绿色低碳”新赛道

一、工作背景

工业园区作为国民经济发展的重要载体与助推器，加快构建绿色低碳发展体系，是实现碳达峰、碳中和目标的重要主体。上海闵行经济技术开发区（简称“闵行开发区”），是1986年8月经国务院批准设立的首批14个国家级经济技术开发区之一。30多年来，闵行开发区经历了从“企业单个落地”到“腾笼换鸟——优质企业集群集聚”再到“吸引亚太、全球总部和研发中心”的创业、发展历程，目前已形成以先进装备制造产业为主导、以医药医疗和新材料产业为支撑的三大主导产业。

为积极响应国家双碳战略，进一步将闵行开发区打造成为产业园区低碳发展的领头羊和示范区，闵行开发区于2021年年初率先将“创建零碳示范园区”提上日程。

二、工作举措

（一）锚定立园之本，打造“零碳”基底

闵行开发区秉持城市更新理念，立足“先进制造业”，利用“腾笼换鸟”的方式进行土地、厂房二次开发，淘汰落后产能，实现“土地零增量”集约式发展。通过补地价、厂房回购等多种方式整合储备土地和载体优质资源，为新一轮转型升级提供广阔空间。2015年年底，园区完成了清洁能源替代工作，原煤、水煤浆等能源形式全部被天然气等能源替代，目前，园区能源消耗以电力为主，天然气、热力等能源为辅，太阳能等可再生能源利用比例进一步加大。2017年，闵行开发区与上海电力股份公司签署《综合智慧能源战略合作框架协议》，双方合作开发分布式光伏等综合智慧能源项目，共建环保、绿色、低碳的生态之园。首个合作项目ABB闵行园区屋顶3.1兆瓦分布式光伏项目于2017年年底成功并网。截至目前，该项目已累计发电超过1 000万度。2019年起，闵行开发区ABB企业集群进一步通过绿色电力交易获得了国际可再生能源证书，用于抵消非光伏绿电产生的二氧化碳排放，实现企业用电100%为绿色用电。

图2-6　上海闵行经济技术开发区鸟瞰图

资料来源：上海市闵行经济技术开发区。

（二）充分发挥“优等生”效应，形成低碳氛围

据统计，在闵行开发区，全球500强的投资项目占园区企业总数的40%，园区集聚了7家世界级外资研发中心和19家外资企业亚太技术创新中心。西门子、ABB等企业努力创建零碳示范工厂；博朗正大力推进绿色包装项目，计划于2030年前实现包装材料100%可循环；作为强生集团与施耐德电气的一项全球性战略合作，强生闵行园区目前正在推进能效审计评估，挖掘节能减排潜力；三菱电梯将构建“双碳”数字化体系，实现碳排放的检测、评估、反馈可视化；还有将沼气“变废为宝”的不凡帝范梅勒糖果，等等。2013年，园区发布《上海闵行经济技术开发区企业环境责任示范典型汇编》，后于2018年推出第二版，内容从绿色生态设计引领低碳制造、绿色供应链管理辐射环境责任、污染减排营造绿色园区、资源集约利用推动高效生产、水资源循环利用创建节水型园区、清洁生产打造绿色企业、企业社会责任巡礼、优质企业群环境管理等板块，从源头设计、企业管理、项目实施、污染减排、企业责任等全过程，系统推介了优秀案例，为其他企业实施节能减碳提供借鉴。为推进“零碳园区”建设，闵行开发区推出了《上海闵行经济技术开发区“零碳园区”案例汇编》，共收集录用了45家企业约98个项目，从设

计、智能管理、节能降碳工程、新能源、碳核算、碳金融、碳达峰碳中和规划，再到碳文化，案例内容包罗万象。

（三）首创“绿色共建联盟”，推进环保共商共治共享

2018年4月，上海市首个绿色共同体——闵行开发区绿色共建联盟成立，联盟由闵行区生态环境局（1），闵行开发区和江川路街道（2），以及开发区内企业共同发起成立（X），是上海市首创的环保共治新模式。自成立以来，积极发挥“1+2+X”平台作用，开展多项培训、交流及环保公益活动，优化营商环境，促进70余家成员企业自觉履行环保主体责任，推进环保共商共治共享。联盟依托“政府为引领、开发区搭平台、企业为主体”的机制，线上线下全方位服务。2021年绿色共建联盟项目清单共有项目163个，涉及宣传教育、污染物减排、节能降耗、清洁生产、标准体系建设、环境风险防控、社会责任、公益活动、绿色产品设计、绿色供应链共10个方面。截至2021年年底，联盟共完成584个项目，园区内的强生、亨斯迈、圣戈班、ABB等企业集群和三菱电梯、不凡帝、米其林、艾仕得、博朗等核心企业积极开展共建项目，多次被评为绿色共建联盟“绿色之星企业”和“绿色引领企业”。其中，还有不少企业中的“佼佼者”脱颖而出，收获“重

图2-7 ABB高压电机光伏发电现场实景图

资料来源：上海市闵行经济技术开发区。

磅级”肯定：三菱电梯、西门子开关获评国家级“绿色工厂”，米其林荣获上海市第一批“金牌能效‘领跑者’”和四星级“绿色工厂”称号，圣戈班研发中心二期项目荣获绿色建筑LEED认证。

三、实施成效

作为纯制造型园区，近年来，闵行开发区主要经济指标持续、稳定增长，同时实现能源消耗稳步下降，生态环境持续优化，真正走出了一条经济发展与节能降碳协同推进的高质量发展之路。2021年，闵行开发区工业经受住疫情的考验，工业总产值创历史新高，达到631.97亿元，同比增长7.54%，超过开发区所在地闵行区全区工业总产值的1/6。同时，园区碳排放总量、能源消耗总量、规模以上工业企业产值能耗总体呈下降趋势，分别较2009年下降45.7%、29.9%和62.0%。闵行开发区产值能耗远优于上海市平均水平，仅为上海市规模以上工业企业产值能耗的1/5。

闵行开发区早在2014年正式获批国家生态工业示范园，并在2018年度复查评估中获评“优秀”；2020年，获评“上海品牌示范园区”和上海市四星级绿色园区，并被市政府确定为首批特色产业园区。在2021年上海市开发区综合评价中，闵行经济技术开发区再度入围前10强，在68家5平方千米及以下小型园区中位居榜首。

四、未来展望

乘风破浪潮头立，扬帆起航正当时。“十四五”期间，闵行开发区将围绕上海南部科创中心核心区建设，坚守闵行开发区先进制造业发展高地，同时积极吸引跨国地区总部、研发中心等生产性服务业、战略新兴产业项目入驻，向集研发、设计、制造、营运、培训等生产服务业融合一体化的创新园区、科技园区转型，从而进一步提升园区经济密度，提高园区创新策源能力，有力推动园区高质量发展，努力形成可复制、可推广的技术路径和创新模式，为美丽中国打造一道亮丽的绿色风景线。

（供稿：上海市闵行经济技术开发区）

案例8

黄浦区虚拟电厂：由“数字”到“数治”，积极推进区域商业建筑减排降碳新模式

一、工作背景

2021年3月，习近平总书记主持召开中央财经委员会第九次会议，明确“深化电力体制改革，构建以新能源为主体的新型电力系统”。作为国际知名的特大型城市的中心城区，黄浦区拥有国内最密集的商业建筑群，拥有国内最大的城市电网，对照以新能源为主体的新型电力系统构建目标，城市能源消费主体商业建筑的综合调节能力有待提升，可再生能源的消纳能力有待加强，绿色低碳的科学用电方式有待普及。为此，黄浦区积极推进虚拟电厂试点示范，探索区域减排降碳新模式，做好“数治”文章，逐步走出了一条由“数字”到“数治”的创新之路，区域商业建筑规模化减排降碳成效显著。

二、工作举措

（一）以互联网为“厂房”、以数据为“燃料”，一年“发电”数十万度

黄浦区在建筑能源管理上，自2012年开始启动建筑分项计量系统建设，2014年启动全国首个需求响应试点，2016年启动全国首个商业建筑虚拟电厂创新，2019年虚拟电厂开展电力市场交易试点，2021年开展国家电网电力调度生产大区安全接入试点。黄浦建筑能耗绿色低碳管理之路逐步经历了从建立数据监测网的基础设施，定位用户互联网能源互联网应用构建，拓展创新负荷调控网的过程。逐步完成了从单纯电量管理到融合实时电力的管理，从单向的指标下达到双向互动用户服务，从行政管理到帮助用户能力建设的演变，从能源数字监测到能源数治管理的演变。目前入驻黄浦区虚拟电厂的商业建筑达到130幢，其中办公建筑68幢、宾馆酒店30幢、商场10幢、综合体22幢，覆盖黄浦区重点用能商业建筑面积约627万平方米，并拓展2个居民社区，3个电动车充电平台多元化响应资源；按虚拟发电机资源模型注册了550个可调资源，315种组合策略，4种发电模式；总计实现约60兆瓦商业建筑需求响应资源开发，具备10%区域峰值柔性负荷调度能力。

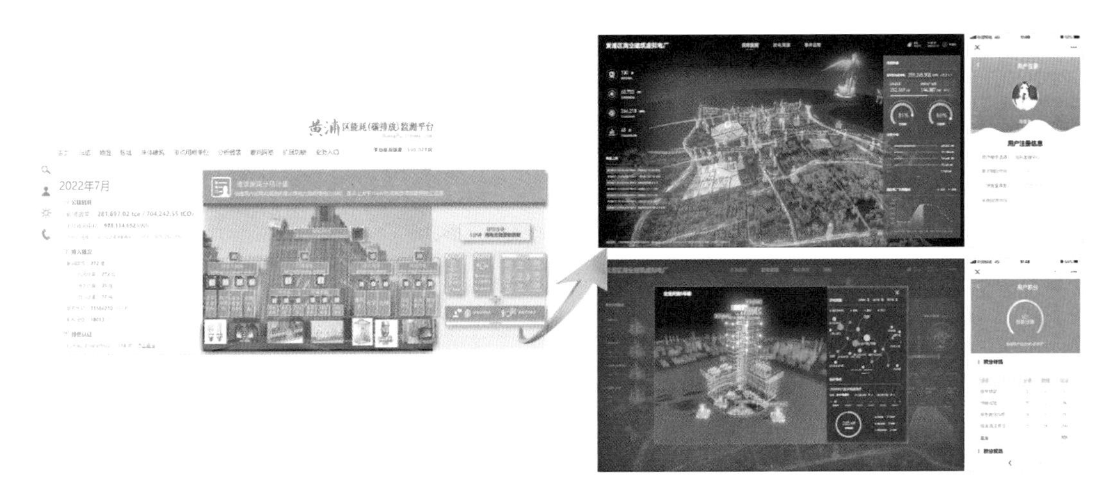

图2-8　黄浦区能耗（碳排放）监测平台

资料来源：上海市黄浦区发展和改革委员会。

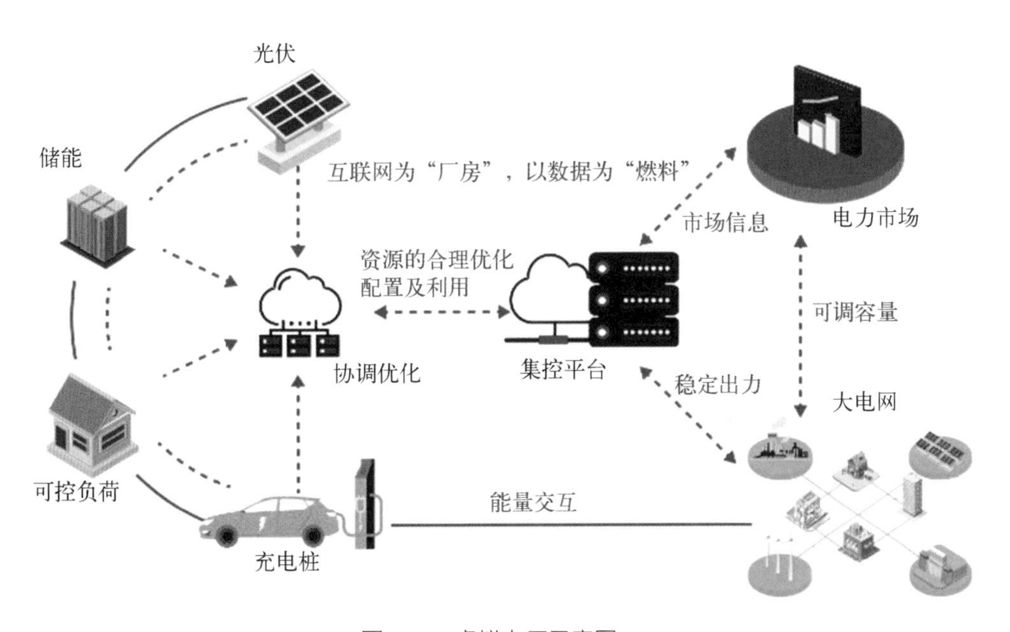

图2-9　虚拟电厂示意图

注：商业建筑虚拟电厂的实质是作为一个用电消费控制能力的特殊虚拟公共设施，依托“物联网通”+“互联网聚合”，通过规模化的对用户行为精细化调节，实现柔性的负荷控制。通过“化整为零”，将能耗指标分解为每小时精细管理；通过“化零为整”，将各楼宇碎片化的节能行为聚合成“发电”资源，虚拟平衡发电，实现系统性节能，是一种先进的区域性能源集中管理模式。

（二）强化有序推进，夯实创新基础，虚拟电厂交易已“上线”

黄浦区商业建筑虚拟电厂一期建成投运后，积极探索虚拟电厂市场化运营模式，尝试性地对用户侧电力负荷在电力现货市场中的交易机制和模式探索，考虑技术可能性、

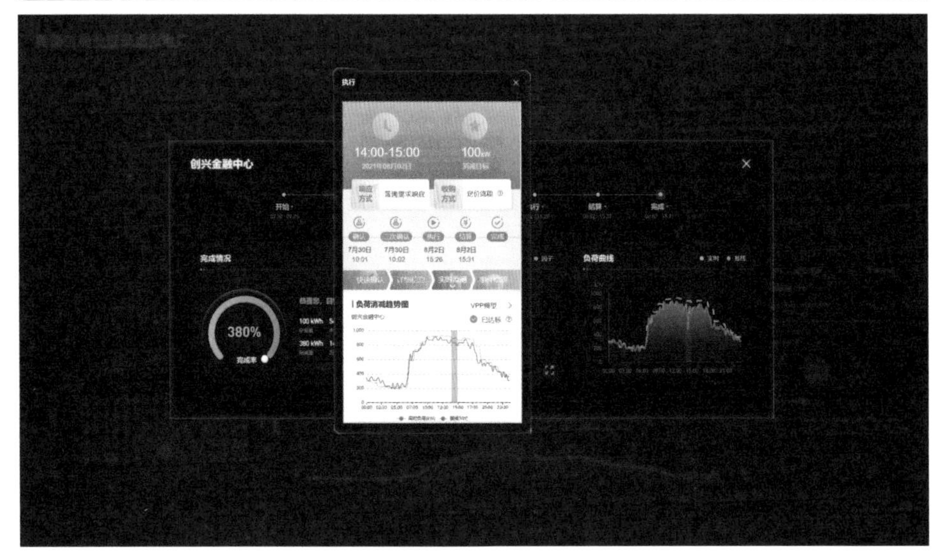

图2-10　虚拟电厂交易平台

资料来源：上海市黄浦区发展和改革委员会。

市场可行性和用户期望值，兼顾公益性和市场性，设计了符合上海本地特色的虚拟电厂的交易框架方案，以黄浦区商业建筑虚拟电厂示范为应用验证对象，2019年12月作为商业建筑虚拟发电资源参与上海电力交易中心首次虚拟电厂交易试点，2020年开始作为上海电力交易中心虚拟电厂交易的重要资源，注册市场资源27.4兆瓦，累计参与市场化交易10次，虚拟发电量近20万千瓦时。

（三）改进项目机制，加强科技协作，电力智能“管家”出实效

聚焦项目执行纠偏，建立开放式项目联合科研机制，与国家电网建立项目联动合作试点机制，在国内完成首次国家电网调度安全接入虚拟电厂试点、首次虚拟电厂电力市场交易试点、虚拟电厂（负荷聚合商）运行管理模式试点，同步参与国家电网各类科研项目，深化项目技术理论体系。聚焦项目规模化普及，在常规项目监理机制上拓展第三方项目服务质量监理、项目执行数据认定、专项项目沙龙等机制开展全过程标准化管理。

经过为期3年的建设，示范项目已经按设计方案实现约60兆瓦商业建筑需求响应资源开发，其中20%的商业建筑具备分钟级自动需求响应能力，接入2个居民社区，3个电动车充电平台多元化响应资源。完成商业建筑虚拟电厂生产与运营调度应用开发与上线运行。完成“黄浦区商业建筑虚拟电厂规范化建设方法研究”“黄浦区电力需求响应参与电力市场交易研究项目”课题研究，并列为联合国开发计划署/全球环境基金——中国公共建筑能效提升智能用电类市场机制类项目，将进一步开展深化提升。完成黄浦区节能减排资金政策修订，持续落实示范项目市场化试点资金，2019年，已开展建筑内部响应竞价，同时在上海电力交易市场开始交易试点；2021年，实现国家电网电力调度生产大区安全接入。示范项目整体资源作为上海电力需求响应日常调度常规资源，累计调度近1 700幢次，柔性负荷调度能力超过10%。

三、经验总结

（一）“小步快走”，深化共建意识，侧重项目长效

项目执行过程注重绿色低碳意识宣贯，引导主动参与，注重帮助楼宇精细化管理能力自我进化，结合政府在楼宇节能减排以及日常管理服务业务，以政府推动、企业推进、市场主导、行业促进和社会参与多角度结合，不断地重复提升楼宇认知、加强楼宇认同、提高楼宇电力消费精细化管理水平。项目推进过程中坚持小规模试再大规模做，先定

标准再做实施。通过积极楼宇先参与，带动规模楼宇共同参与；部分楼宇先实现技术改造，再甄选高效技术进行推广；通过先总结设计楼宇响应标准化操作手册，再进行百幢建筑一楼一册宣贯实施；先完成虚拟电厂标准化模型、市场机制等前置标准化研究工作，再进行平台建设、政策配套修订、项目实操。

（二）做好“店小二”，搭建朋友圈，创新政府服务方式

黄浦区在商业建筑节能降碳管理模式上做了大量探索，摸索建立了一套良好的“店小二”式服务方法，提升企业满意度和获得感，赢得了群众和企业的好口碑。特别是以第三方监理项目服务，切实摸清企业自身和项目推进的痛点、堵点和难点，遇到问题不回避、不敷衍，按照企业要求，尽心尽力为企业提供优质服务。建立常态化专项项目沙龙并以企业和市场主体的“店小二”定位，更有效地打通政策落地“最后一公里”。构建“亲清”型政商关系，搭建新时代朋友圈。

（三）“乘势而为”，依托重大体制改革，推动共建共享

依托国家电力体制重大改革，在电力市场化方面先行先试。黄浦区紧密跟踪上海电力体制改革进程，将区域能源消费绿色发展融入重大体制改革规划、建设过程，积极参与上海电力体制改革试点示范，让市场改革有企业用户，企业用户有收益预期。借力跨领域、跨部门、跨界的协同协作，促进政策协同互补，项目协同共建，成效协同共享。

四、未来展望

探索“数治化”商业建筑减排降碳新模式，有助于优化电力供给侧的投资，提高现有资产的效率，是电力领域供给侧改革的有效实践；有助于削减电网高峰负荷及峰谷差，确保电力运行安全，减少有序用电和高峰拉闸限电对经济的影响；有助于促进消纳可再生能源，推广储能与电动汽车相关应用，减少排放，改善空气质量。后续，黄浦区将进一步扩大“虚拟电厂”用户参与规模，实现区域商业建筑全覆盖，加快资源开发，深化资源智能化、自动化、规模化、多元化，推进市场化进程，持续运营这个以大数据支撑、互联网赋能的绿色低碳“虚拟电厂”，让每一千瓦时电能用得更精细，发挥更大作用、创造更大价值，从而成为上海践行绿色发展理念的独特案例，释放全国性引领示范效应。

（供稿：上海市黄浦区发展和改革委员会）

案例9

“螺蛳壳里做道场”，低碳理念处处显
——普陀区南梅园低碳示范社区创建取得成效

南梅园社区位于普陀区曹杨新村街道，由梅岭园、梅花园、常高公寓3个自然小区组成，占地面积61 580平方米，绿化面积19 096平方米，社区内住房多为1980年代老公房，混杂部分1990年代商品房。该社区有着较深厚的低碳环保工作渊源，其中的梅岭园小区为首批“上海市文明小区”，也是全市第一个实施居民小区垃圾分类收集再生处理的小区。2015年，南梅园社区获批创建市级低碳社区试点，用“低碳”绣花针穿好社区治理各条线，交出了一份优异的答卷：创新提出“分龄低碳”管理模式，引入外脑摸清社区“碳排放账”，沪上首个居民区屋顶分布式光伏发电系统并网发电……2017年跻身为上海市首批4个低碳示范社区之一。

一、党建引领出新招，分龄自治显成效

除每年结合“三八妇女节”“六一儿童节”“六五环境日”“全国低碳日”“节能宣传周”等节日开展主题活动外，南梅园社区对居民按年龄进行分层服务宣传。针对老年人开展与低碳生活有关的知识、技能学习活动，让他们在参与活动之余还能应用于生活，如制作环保酵素、种植阳台蔬果、自制香囊酸梅汤等教学活动，通过这类可持续活动的开展，提高他们的生活品质。针对青年人开设社区QQ、微信群等交流平台，用来了解社区动态，学习环保小技能、低碳生活小常识、阳台蔬果种植技巧等，对社区低碳建设管理建言献策，使低碳理念融入他们的学习工作和生活。针对小朋友组织周末和假期低碳亲子活动。3年创建周期内的实践表明，通过区分不同年龄段人群特点开展的多样化活动，有效促进了创建全知晓、低碳全覆盖。

二、水电账单比一比，排放账本算清楚

开展社区低碳家庭评比活动。以数据计量为基础，通过家庭节水节电器具的数量，每月用电、用水、用气量，每家空调数量、汽车加油量等数据的收集、评比标准的比对，评

选出社区内的低碳家庭，以此鼓励社区居民从自我做起，将低碳理念融入生活。

积极引入第三方机构参与，从开展低碳活动、营造低碳氛围，到推进低碳项目、改善居住环境，贯穿整个创建工作。例如，“绿梧桐公益组织”，有着多年从事绿色环保活动策划的经验，其根据社区实际开出了深受欢迎的课程清单，吸引居民积极参与活动，有力促进了居民低碳理念和低碳生活习惯的形成；“中国质量认证中心上海分中心”，有着专业的碳排放核算背景，其对社区2015年的碳排放数据进行了一次全面深入的摸底，对社区温室气体排放进行量化，同时将该数据作为后期监控社区碳排放情况的依据，使节能降碳不再停留于理念宣传，而是用直观的数据呈现，为形成本社区特色的低碳长效管理机制提供了基础的量化依据。

三、多方协调推光伏，减污降碳又惠民

2016年7月18日，沪上首个居民区屋顶分布式光伏发电系统——常高公寓屋顶分布式光伏发电项目建设完成并顺利并网发电，开创了本市住宅小区公共区域实现光伏发电自用的先河。该项目通过在常高公寓小区的配电站、垃圾箱房以及高层住宅楼顶安装光伏发电设备（总装机容量49千瓦），截至2021年7月底，实现5年累计发电量190 242度，产生的电力均用于满足小区泵房及电梯等公共用电需求。

筹建该项目的想法孕育于南梅园居民区创建上海市低碳社区的过程中，作为全市首例在住宅小区内推行的公用光伏项目，项目推进过程碰到了不少阻力，比如由于主体资格认定而产生的并网电表所有权及项目补贴资金掌控权的归属问题等。最终在多方协调下，项目得以顺利完成并取得了较好的成效，目前已实现“自发自用，余电上网”的目标，并减少了二氧化碳和污染物排放，切实达到了惠民与绿色低碳的和谐统一。普陀区在推进北梅园、桂杨园社区实施电梯加装工程中，明确要求复制推广南梅园低碳示范社区建设经验，加装太阳能发电用于内部照明或电梯专用。

图2-11　常高公寓屋顶分布式光伏发电项目

资料来源：上海市普陀区曹杨新村街道办事处。

四、基层治理融低碳，社区改造人人享

积极开展节能设施改造。一是全面实施照明灯具节能改造。南梅园社区于2015年完成3个自然小区内全部公用照明灯的LED改造，不仅改善了社区公共区域的照明条件、降低了物业维修成本和社区能耗，更发挥了积极的示范效应，带动居民对家用灯具进行节能替换。二是开展高层住宅电梯节能改造。常高公寓小区完成了对两幢高层住宅电梯的节能改造，通过加装电能回馈装置、加强运行管理等方法降低电梯能耗。三是加强非机动车相关设施配置。3个自然小区都设置了锂电池助动车停车充电处，并在小区外规范共享单车集中停放点，鼓励居民减少使用私家车，降低能耗和尾气排放。

大力推进社区环境提升改造。通过绿道建设、公共绿地建设和街心花园改造等，形成绿意盎然的人居环境，提升社区内的碳汇水平。例如梅花园小区外新开辟了一条林荫小道，与毗邻小区的曹杨环浜相连，形成“水、绿、居”呼应交融的社区环境；常高公寓小区内新修建了一条绿道并更新了阶梯绿化，使居民有了健身、休闲的场所，增加了小区绿化覆盖率。

五、人员经费不能少，机制保障是基石

设立专职管理机构。成立低碳社区创建小组，创建小组由所属街道办事处主任担任组长，分管主任担任副组长，其他相关科办负责人为组员，区级相关职能部门积极配合。同时在南梅园设立专职机构，统筹协调和管理低碳社区创建工作。明确创建小组各成员的职责分工，加强各成员间的协同，充分调动各成员的主观能动性。构建街道、各部门及居民区多层次低碳创建工作领导体系，形成促进低碳发展的合力，确保创建工作有序深入开展。

落实专项工作经费。由创建社区所属的街道在财政预算中专门落实低碳创建工作经费，区节能减排办公室给予街道节能减排工作经费和节能改造项目资金扶持，用于支持南梅园低碳社区创建。2016年修订发布的《普陀区节能减排专项资金管理办法（2016年修订）》（普发改委〔2016〕16号），特别明确对低碳社区创建项目给予支持，以此确保社区低碳建设的顺利推进。

（供稿：上海市普陀区生态环境局、上海市普陀区曹杨新村街道办事处）

案例10

品味低碳生活，畅享生态凉城
——虹口区凉城新村街道低碳社区建设

一、工作背景

凉城新村街道位于虹口区西北部，南至广中路，北临走马塘，东至水电路，西临俞泾浦，面积3.24平方千米。凉城新村街道一直以来是上海社区建设及城市管理领域的先进单位，多次获得上海市及国家级荣誉称号，市容环境满意度测评一直以来位于全市前列。近年来凉城新村街道以建设“乐龄、清新、礼乐、平安、和谐”社区为目标，以低碳社区建设作为重要抓手，不断提升社区居民的幸福感、获得感。在这里，绣花针的精神落实在每一处“小而美”的低碳改造过程中，“一平米”微型花园在公共绿化带里开辟、雨水收集箱用来给扔完湿垃圾的居民洗手、小区绿化修剪下来的树枝制作木质摆件、废旧塑料用来制作草坪凳子……低碳氛围浓烈，居民参与广泛。2017年，凉城新村街道被评为上海市第一批低碳示范社区。

二、工作举措

（一）因地制宜，打造低碳科普基地

拓展宣传形式，制作《低碳生活指南》、低碳知识小折扇分发给社区居民，普及节能减排知识。先后举行低碳嘉年华、低碳闹元宵等活动，展示低碳产品，推广低碳理念，广泛开展低碳文化教育。以广灵二路居委低碳小屋、复旦居委低碳生态科普园地为依托，建设开放式低碳科普场所，其中广灵二路居委突出光伏发电、酵素制作等活动，复旦居委低碳生态科普园地将低碳与生态科普相结合，突出雨水综合利用、水生态保护特色。充分利用区域内教育资源，与教育小区相联合，让低碳创建走进学校，先后组织辖区内凉城三小、复兴实验中学等学校师生参与到水生态知识普及活动中。

（二）变废为宝，个个都是低碳小达人

每到逢年过节总会产生很多包装废弃物，基于此，街道办事处在每年春节期间举

图2-12 居民展示利用废旧物品自制的灯笼

资料来源：上海市虹口区凉城新村街道办事处。

行低碳闹元宵活动，鼓励居民开展各类手工制作活动，并将各自作品在社区进行展览展示，并评选社区低碳达人。依托社区低碳志愿者开展各类低碳小制作，开展废弃瓦楞纸、利乐包再利用活动，利用收集的废旧衣物开展再编织活动制作各类精美挂件餐垫等，利用废旧塑料制作草坪凳子，利用小区绿化修剪下来的树枝制作木质摆件等，各类低碳制作活动受到了居民群众极大的欢迎。

（三）以人为本，细节之处落实低碳理念

为避免弄脏双手，很多居民不愿将湿垃圾从袋子里倒出来，经过调研后，垃圾厢房边放置了普通水桶和带水龙头的水桶，但也有不卫生或要频繁加水的情况。于是，结合美丽家园建设，在锦苑、凉五、复旦等小区垃圾分类间上增加低碳且便民的雨水收集箱。雨水收集箱采用重力流的雨水收集方式，经过雨水斗、雨落管、雨水管，通过收集箱的净化处理之后，从洗手台上的水龙头流出，用来给居民倾倒湿垃圾之后洗手所用。水箱容积为1立方米，可存储1 000升的雨水，水龙头采用按压出水，一次出水量300毫升，满箱收集的雨水量可供洗手3 000多次。有了这一神器，倒垃圾时即使弄脏双手也不用担心了，而且安装雨水回收装置的费用也不高，且没有后续水费开支。

图2-13 同步垃圾分类投放时间定量出水装置

资料来源：上海市虹口区凉城新村街道办事处。

（四）党建联合，推进低碳成果共建共享

在湿垃圾分类的基础上，开展环保酵素及酵素衍生品制作，先后举行讲座20余场，累计参加人数近千人，利用环保酵素制作手工肥皂的活动受到了居民群众的极大欢迎；在社区改造项目中，选择有条件的居委会开展一平米菜园建设活动，将活动与社区自治有效衔接，带动社区居民广泛参与到社区低碳建设和公共管理中；早在《上海市生活垃圾管理条例》正式实施之前，便积极推动厨余垃圾回收再利用，在广灵二、锦苑等居民区的公共绿化带里开拓出“一平米”微型花园，鼓励居民自觉将厨余垃圾分拣出来，利用微生物降解技术变为肥料，化作栽种花木的沃土。

图2-14 雨水收集再利用装置

资料来源：上海市虹口区凉城新村街道办事处。

在此基础上，进一步将低碳创建与区域化党建和网格化管理相结合，依托党建网络将酵素制作、节能减排宣传等活动拓展到辖区商务楼宇和企业中，并积极鼓励商务楼宇运营方在680园区地下停车库、联大商务楼等办公楼宇建设新能源车公共充电桩，划分新能源车专用停车位，鼓励园区经营方开展合同能源管理，降低综合能耗。

（五）精耕细作，基层治理有新招

低碳社区创建之初，街道办事处成立工作领导小组，由街道办事处主任任组长，抽调一名副处级领导任专职副组长，将街道办事处多个相关科室负责人作为小组成员，并设立创建工作领导小组办公室，形成各司其职、统一协调的工作格局。创建过程中，街道办事处采取先试点、再推广的建设方案，先在基础条件较好的试点居委会深耕细作，在取得一定成熟低碳项目经验的基础上，再将可复制、易推广的低碳项目在居委会全面推广，并在创建年度将低碳工作作为居委会年终考评的重要参考。为确保低碳工作有效推进，街道办事处每年安排低碳建设专项资金，用于低碳项目开展、宣传和设施维护，同时，间接投入用于小区垃圾分类设施、绿化环境改造以及街面景点提升等，夯实低碳社区基础设施。

三、实施效益

（一）环保意识不断加强，低碳生活深入人心

凉城街道是上海市首批低碳示范社区，自2014年开展低碳社区建设以来，一直将绿色低碳发展理念同促进居民自治相结合，通过丰富多样的低碳节能活动和自发创新项目，使更多的社区居民参与到低碳社区建设中来，将绿色发展理念、垃圾源头减量付诸生活实践。每年对社区优秀低碳志愿者家庭进行一次评选表彰，进一步增强居民对社区工作的认同感和归属感，让品味凉城建设继续深入，让低碳节能精神在居民间口口相传，让绿色发展的理念在人群中延续接力。

（二）基础设施建设持续推进，人居生活质量不断攀升

废弃木料、雨水收集再利用，是近年低碳社区建设中的重要内容，通过不断尝试更多废旧物品再利用的低碳活动，增加社区微景观的数量并赋予人文内涵，促进小区整体环境提升。同时，发挥志愿者骨干率先垂范的力量，为社区志愿者们提供互动交流的平台，共同提升号召社区居民们积极响应“低碳生活”模式，共同保护小区环境、爱护生活的家园。

（供稿：上海市虹口区凉城新村街道办事处、上海市虹口区生态环境局）

第三篇

优化产业布局

案例11

践行"人民城市"理念，推动低效建设用地整治

一、工作背景

上海作为超大型城市，为破解资源环境紧约束局面，积极探索用地旺盛需求与土地供给有限之间矛盾突出的解决之道，2013年，市委、市政府明确了"总量锁定、增量递减、存量优化、流量增效、质量提高"的土地利用基本策略。2014年，上海在全国率先实施规划建设用地规模负增长，大力推进规划城镇集中建设区外低效建设用地减量化。这一政策在推动上海市用地结构优化调整、乡村产业升级、农民集中居住、生态环境改善等方面取得了显著的成效，为生态文明建设、乡村振兴和高质量发展提供了强有力的支持。

二、工作举措

（一）以郊野单元村庄规划引领郊野地区发展

《上海市城市总体规划（2017—2035年）》要求，通过编制郊野单元村庄规划，落实规划空间引导和实施政策保障，统筹农村地区土地利用和空间布局，明确低效建设用地减量化区域，重点落实集中建设区外低效建设用地减量化任务。在郊野单元村庄规划基本框架内，向上承接落实国土空间总体规划任务要求，向下关注集体经济组织和农民收入长效增长需求，以集建区外现状低效建设用地减量化为前提，指导集建区外土地综合整治和各类项目建设，促进集建区内外土地节约集约利用、郊野地区生态环境改善和农业规模经营水平提高。此外，郊野单元村庄规划有效整合规划、土地、建设、农业、产业、基础设施建设等各相关专业规划，注重整体政策设计，为郊野地区高质量发展奠定基础。

（二）以低效建设用地整治推动耕地保护

上海补充耕地来源主要靠滩涂围垦和土地整理，其中全市陆域土地资源几乎已被全部利用，农用地整理和滩涂资源潜力全市占比较低，耕地后备资源匮乏。为破解上海市补充耕地后备资源逐步枯竭、耕地保护压力的难题，积极实施集中建设区外现状低效

闲置工业用地为重点的“减量化”，对不符合国土空间规划要求，而且社会经济或者环境效益较差的建设用地，通过拆除复垦等土地整治工作，恢复农用地生产能力或发挥生态用地功能，对适宜耕种的地块形成新增耕地，一定程度上缓解耕地保护压力。

（三）以经济转型倒逼土地资源高质量利用

推动产业结构调整升级。从提高土地资源配置效率和使用效益出发，通过土地整治，对现状低效建设用地实施减量化复垦，实现了低端产业（加工业、化工业、养殖业以及堆场等“三高一低”产业）的淘汰，同时因地制宜地发展具有市场竞争力的农业优势产业，“腾笼换鸟”为新兴产业、高新技术产业提供发展空间。撬动各路资金，拉动区域投资。一方面投入土地整治资金，并以建设用地的增减挂钩为抓手撬动土地出让收益、指标费等；另一方面还带动农业、水务、交通等部门投入，并就地消化劳动力、拉动消费、增加税收。

（四）以生态文明统筹乡村绿色发展

积极践行生态文明理念，统筹推动乡村绿色转型发展。通过重点对生态廊道范围和土地整备引导区内各类低效建设用地实施生态化整治、清退拆除，从源头上减少了污染排放。对减量后的土地进行地貌重塑、土壤改良、植被重建等，宜林则林、宜耕则耕，根据规划和土壤检测情况，形成林地或耕地，确保土壤安全利用，发挥减量后土地的生态功能。同时，因地制宜开展土壤修复、生境重建等工作，改善郊野地区生态环境。

（五）不断完善政策措施

1. 建设用地增减挂钩政策

坚持规划区外低效建设用地减少（拆旧地块）与集中建设区内建设用地增加（建新地块）相挂钩的做法，通过建新拆旧和土地整治，促进耕地保护和节约集约用地，推动农业现代化和城乡统筹发展。新增建设用地在办理农用地转用审批时，主要使用低效集中建设区外建设用地减量化形成的用地指标。区政府把建新地块有偿供地所得收益，按照反哺农村、反哺农业的要求，优先用于支持低效建设用地减量化区域的土地整治、农村发展、镇村基础设施和公共设施建设。

2. 市级专项资金补贴政策

减量化工作开展以来，市财政根据“198”（注：集建区外现状低效工业用地）减量化面积对相关区财政给予资金补贴支持。由所在区统筹专项用于“198”区域减量化复垦项目，并适时提高补贴标准。区政府在实施“198”区域及其周边建设用地减量化工作中，加大区级财政支持力度，并做好镇村居民和工业企业的搬迁补偿工作，规范项目支出管理。

3. 产业结构调整支持政策

针对郊野单元村庄规划明确列入减量范围的工业用地，在产业结构调整年度项目计划和支持资金安排上，优先予以支持。支持和引导实施减量化的集体经济组织，利用获得的减量化补偿资金，通过购置物业、引进产业等方式，建立长效增收机制。

4. 生态环境保护支持政策

结合环境执法和排污权转移等政策，促进污染减排和减量化工作的双重增效。已列入《规划工业区块外重点工业企业支持目录》的企业实施技术改造，确需新增主要污染物排放的，其新增的主要污染物总量指标应通过该区规划产业区块外的工业用地减量化和结构调整平衡，并实行“增量倍减”。集中建设区外低效建设工业用地实施减量的，可额外获得等量的主要污染物总量配套指标，用于规划产业区块内建设项目新增量的指标平衡。

5. 强化管理和保障机制

（1）市规划资源局会同市经信委、市生态环境局、市农业农村委等部门协调统筹推进。涉农区区政府（含临港管委会）成立减量化工作协调机制。（2）各区强化和创新大联动社会管理模式，加大对“198”区域的综合执法和业态管理，对违反工商、税务、环保、劳动用工等法律法规要求的企业加大打击力度。提高高耗低效企业用地成本，引导企业撤并搬迁。（3）完善考核机制，将区减量化工作考核纳入土地节约集约利用考核评价体系。

三、实施成效

目前在全市涉农区，减量化已形成共识并取得显著成效，通过建立新增建设与减量化相挂钩的机制，实现了土地利用方式由“以增量为主”向“以存量为主”的根本性转变，有效助推了“五违四必”区域环境综合治理、产业结构调整等工作，对改善本市郊区生产、生活、生态环境发挥了重要作用。

“十三五”期间，上海市年均新增建设用地总量中，用地指标基本是来源于低效建设用地减量化。在保持用地供应总量、保障发展建设需求的前提下，通过实施减量化，有效控制了建设用地过快增长，缓解了用地指标不足的问题，守住了建设用地规模底线。同时，将低效闲置用地减量，按照"宜农则农，宜林则林"原则，实施安全合理利用，进一步优化各类用地结构和布局，在保障经济社会发展用地需求的同时，释放更多城乡建设空间。城乡发展需要通过实施减量方可获得指标和空间，土地必须集约节约利用的理念已经深入人心。

通过推进减量化，使得规划开发边界内建设用地的"增"与开发边界外的"减"形成联动，"减"了低效现状用地，"增"了高效发展空间。同时，"减"了污染排放，"增"了环境改善；"减"了安全隐患，"增"了和谐稳定；"减"了低质资产，"增"了优质资产，良好的工作格局已在上海形成。

图3-1　浦东地块拆除前、中、后

资料来源：上海市规划和自然资源局。

（供稿：上海市规划和自然资源局）

案例12

大刀阔斧治“五违”，细针密缕补短板

——以上海“五违四必”生态环境综合治理为例

一、工作背景

党的十八大以来，上海深入贯彻习近平生态文明思想，把推动形成绿色生产方式和生活方式摆在突出位置，在这场关乎人民福祉的绿色进程中，勇当排头兵、敢为先行者，为使环境污染问题得到有效控制，生态环境明显改善，上海市决定以区域生态环境综合治理为突破口，开展“五违四必”专项行动，不断提升城市精细化治理水平。

所谓“五违四必”，是指对违法用地、违法建筑、违法经营、违法排污、违法居住等“五违”现象，按照安全隐患必须消除、违法建筑必须拆除、脏乱现象必须整治、违法经营必须取缔的“四必”要求，强力推进区域生态环境综合整治。

二、实施过程

2015年6月，上海市人民政府审议通过了《关于进一步加强本市部分区域生态环境综合治理工作的实施意见》，成为加强上海区域生态环境综合治理的操作性方案。随后，时任上海市委书记韩正在2015年9月全市第一次补短板现场会议上，首次提出了“五违四必”生态环境综合治理的要求。至此，一场在上海全市范围内全面推进的旨在改善区域生态环境、实现城市精细化治理的行动拉开了序幕。2018年，中共上海市委办公厅、上海市人民政府办公厅通过了《关于开展无违建居村（街镇）创建工作的实施意见》，进一步保持对违法建筑的治理力度，致力于形成常态长效机制，提升治理精细化水平。

为保证该项工作的顺利开展，上海市成立了由分管副市长任组长的上海市违法建筑治理协调推进领导小组，随后各区也相应成立领导小组，并向街镇拓展延伸，形成自上而下的组织领导体系。同时，还由市住建委与市发改委、市国资委、市经信委、上海警备区、上海铁路局等相关单位和部门分别建立了关于市级支持政策的会商研究机制、对市属国企的联合督办机制、关于在沪央企的信息通报机制、军地协调平台、涉铁协调平

台等统筹协调机制，还与市高级法院、市法制办等建立了涉法涉诉沟通机制，与公用事业单位建立了关于停水、停电、停气的衔接机制，与江苏省和浙江省的住建厅建立了跨省飞地的执法合作机制。领导小组的成立以及不同层面、不同内容的统筹协商机制的建立，为“五违四必”工作的开展奠定了坚实的组织与机制基础。

三、实施成效

连续三轮的“五违四必”生态环境综合治理和无违建先进居村（街镇）创建工作，仅50处市级重点整治地块就拆违约2 300万平方米，全市共拆除违法建筑约2.25亿平方米。在拆违整治工作开展的同时，同步展开重点地块的河道水环境治理，以及整治地块后续的生态修复和规划优化工作。随着该项工作的不断深入，整治地块以及周边地区的安全形势大有好转、安全事故明显减少，生态环境改善明显。在整治工作取得良好效果的基础上，上海市政府通过完善管理标准、强调规划引领、健全源头治理、强化责任追究等方式巩固治理成果。

四、经验总结

上海市以“五违四必”生态环境综合治理和无违建先进居村（街镇）创建为突破口，通过城市“双修”，即加强城市生态修复、城市功能修补，通过动迁安置、城中村改造、住宅小区综合治理、城市基础设施配套建设等功能性、基础性项目，有力推动了城市的有机更新，腾出了城市再发展的空间，并通过规划引领，稳妥推进整治地块的二次开发和生态修复。通过塑造城市特色、打造亮点工程，实现“还绿于民”“还河于民”，真正提升了群众的获得感、幸福感。同时，充分发挥社会基层治理、网格化平台等“眼和手”的作用，形成一套完善的“发现—处置—协调—解决”的长效机制，解决违建反复的问题，弥补了制约上海城市治理水平进一步提高的突出短板，为上海城市治理现代化探索了一条具有时代特点和上海特色的城市精细化治理新路。

（一）基于顶层设计的精细化权责配置

顶层设计先行，组织机制保障完善，权责配置精细化是“五违四必”工作顺利开展的先决条件。在听取市民呼声、实地暗访、前期深入调研的基础上，上海市人民政府审议通过了《关于进一步加强本市部分区域生态环境综合治理工作的实施意见》和《关于开展无违建居村(街镇)创建工作的实施意见》,成为指导该项工作的纲领性文件。在建立完整的组织领导体系、落实精细化的内部协调分工基础上,还建立了领导督导、一体化的信息传达、定期例会制度等一系列有效的工作机制,形成了自上而下的压力传导、目标管理、政策决策与执行的有机结合以及激励与问责双重保障的督办责任制,通过“市、区、街镇一竿子到底”的全市动员,使战略决策能够得到有效执行。

(二)基于综合治理的精细化资源统筹

“五违”问题中形成了复杂的利益链关系,需要精细化统筹各方资源发挥资源集聚和整体合力。在机制上,上海市人民政府及其部门分别与上海警备区、上海铁路局、江苏省和浙江省住建厅等建立了相应的协调合作机制,保证所有拆违地块都能够顺利纳入综合治理的范畴并进入相应的处置程序。在治理手段上,综合运用法律法规、政策资源,相关部门间建立市级支持政策的会商研究机制等手段,为整治工作提供足够的、有针对性的政策工具包。在治理内容上,“五违四必”与低效建设用地减量化、水环境治理、城中村改造、人口调控等工作有机结合、同时开展,并通过滚动实施、压茬推进、边干边总结的方式带动上述问题的综合解决。

(三)基于点面结合的精细化行动策略

“五违”整治工作对于上海来说是一项全新的任务。试点的过程不仅是新政策逐渐具体化、细致化、成熟化的过程,而且是新政策不断吸取经验并“纠错”的过程。在第一轮市级重点地块先行先试的基础上,时隔3个月之后,通过各区申报,比对网格化管理中的问题多发点、社会综合治理管控点等城市治理相关数据,确定了第二批17个市级重点地块。2016年1月,上海市正式要求各区、街道以市级重点地块为标杆,选定区、街道的重点地块,全面铺开“五违”整治工作。随后,上海市住建委又通过对铁路、高架、大型市场周边等重点地域的地毯式排查,确定了新一轮的“五违”问题集中区域。在区级街镇申报的基础上,通过主动排查确定新的整治地块,推动整治工作走向深入。这种行动策略的精细化为整治工作的开展提供了有力支撑。

(四)基于治理重心下移的精细化执行过程

在“五违”整治工作和无违建创建过程中,上海基本以街镇的综合执法力量为主体,这主要得益于上海一直以来将城市治理“重心下移”作为城市基层综合执法体制改革的基本导向。通过管理资源和执法力量向基层聚焦、倾斜,不断加强基层的治理能力。在“五违”整治工作中，基层政府在面对不同的拆违任务时，能够有充足的、综合性的执法手段，能够有针对性地精准施策，执行过程的精细化有效地保证了各级政府的各项政策能够得到最有力的执行。

（五）基于共识营造的精细化社会支持

“五违四必”生态环境综合治理是应人民群众的呼声而起的，其最根本目的是满足民众对于美好生活的向往。在“五违”整治过程中，上海各方给予该项工作高度的认同和支持，民众真切感受到了与其息息相关的生活环境的极大改善。新闻宣传部门也积极宣传典型案例、感人事迹，为整治工作营造了良好的社会舆论氛围，得到了广大人民群众的积极支持。同时，在拆违过程中，采用法律手段以及信用注记、限制交易等管理手段的综合运用，保障拆违整治工作得以顺利推行。

五、典型案例——浦东合庆镇，打响上海环境综合整治第一枪

浦东新区合庆镇工业用地属于“198”区域，镇内存在金属加工、机械制造、包装印刷、塑料加工、纺织服装、皮革加工等传统行业，绝大部分企业为高能耗、高污染、低效益的乡镇企业，其中90%企业属于《上海产业结构调整负面清单》中限制类淘汰类企业。镇域内乡镇企业布局散乱无序、违章建筑多、河流黑臭、异味扬尘明显、绿化等生态空间稀少、环境脏乱差，群众期盼改善环境的愿望十分强烈。2015年9月15日，上海市委、市政府在浦东新区合庆镇勤奋村召开现场会，全面部署环境综合整治工作，打响了全市环境综合整治第一枪。

（一）全镇动员、全民参与，荣辱与共、奋力攻坚

在市、区政府的坚强领导下，坚决贯彻落实市委整治“五违四必”指示精神和区委“四不”要求，以解决群众反映强烈的问题为导向，以排除万难的决心和舍我其谁的气势，全镇上下“5+2”“白加黑”地推进整治工作，先后召开以整治为主题的各类会议200余次，全体党员干部敢立军令状、敢签承诺书、敢于挑重担，始终奋战在整治工作第一线。

（二）拆违章、整违建，补短板、促转型

面对农民户拆违这个最难啃的“硬骨头”，镇党委按照“首批八个必拆”的要求，作

出了“先干部后群众”的党员干部及财政供养人员带头拆违的决定，镇村党员干部和各类代表及其家庭带头拆除758个点位3.7万平方米，艰难撕开整治违法建筑的口子，并由此带动全镇7 000多户村居民自觉拆除违建30多万平方米。面对产业结构调整、建设用地减量这一牵扯多方利益、影响镇村收入和村民就业的治理难题，镇村企充分统一认识，坚决服从大局，基本完成G1503以东落后企业的关停并转，为还原土地生态创造了条件，为城市转型发展提供了宝贵空间。

（三）村民自治，长效管理

为有效控制环境整治的行政成本和法律风险，减少矛盾冲突，合庆还充分运用“1+1+X”村民自治工作法这一土生土长的合庆优势，发挥村民主导和村级组织的主体作用，最大限度地把行政行为转变为村民的自治行为，把村民的自治行为转变为个人的自觉行动，确保了整治工作总体依法依规、平稳、可控、有序。巩固环境综合整治成果，让合庆环境综合整治攻坚战成了一条破解诸多环境难题、全面改善区域生态环境的攻坚之路，一条考验基层政府智慧与能力、树立综合整治样板的探索之路，一条提升群众满意度和获得感、全面建设美好家园的希望之路。

（四）拆除违建，区域环境明显改善

自2015年以来累计拆除无证违法建筑近600万平方米，腾出土地4 700多亩。垃圾填埋厂、污水处理厂等大型市政设施排污状况得到有效管控，1.6万多头畜禽完成退养；218条段中小河道得到集中整治，疏浚土方100多万立方米；新增绿化面积1 400余亩，区域环境有了明显变化，臭味、扬尘明显减少，水环境显著提升，群众生活环境有了明显改善。2018年，合庆镇整装再发，成功创建全市第一批无违建先进镇。

（五）规划引领，打造“三宜两智”美丽新合庆

打赢整治攻坚战只是合庆之路的起点，规划建设美丽新合庆，让广大群众有真正的满意度和获得感，这才是合庆之路的新使命。作为浦东新区加快城乡发展一体化的试点镇，合庆将全力打造以生态休闲功能为主导的“宜居型滨海特色镇”。如今，浦东第一家郊野公园已经落户合庆，成为浦东新区推进生态环境建设的区域核心。未来，一个区域产业全面升级、生态环境彻底改善、社会事业统筹发展、公共服务便利发达、农民收入和生活水平明显提升的新合庆终将化茧成蝶。

图3-2　整治前黑臭的水闸港

资料来源：上海市浦东新区合庆镇政府。

图3-3　整治后今非昔比

资料来源：上海市浦东新区合庆镇政府。

（供稿：上海市住房和城乡建设管理委员会）

案例13

坚持创新理念，桃浦智创城精心建设转型示范区和科创示范区

一、工作背景

桃浦智创城位于上海市中心城区西北部普陀区桃浦镇，由原桃浦工业区（核心区）及其东侧区域（拓展区）组成，面积约7.9平方千米。桃浦工业区建于1950年代，原为以化工、医药、化纤为主的工业基地，曾是全市十大重污染地区之一。经过长达10年艰苦卓绝的环境综合整治，1997年，桃浦工业区重污染地区成功“摘帽”。随后，桃浦工业区经历了3次转型，从污染工业区到都市型工业区，再到生产性服务功能区，直至产城合一、三生融合的综合性城区——桃浦智创城。

2012年，上海市委、市政府提出，按照黄浦江两岸开发标准和现代化国际大都市中心城区的一流标准来规划建设桃浦智创城，实现桃浦地区脱胎换骨的转变。从那时起，桃浦智创城精心谋划、积极统筹、高效推进，区域开发成效显著，智慧城区有序建设，科创功能加快布局，生态环境大幅优化，全力打造“上海中心城区转型升级示范区、上海科技创新中心重要承载区”的典范。

二、工作举措

（一）市区联动形成高效推进机制

上海市委、市政府高度重视桃浦转型发展，市区联动形成高效推进体制机制，确保桃浦智创城开发建设跑出“加速度”。桃浦的转型发展列入市委、市政府年度重点工作，并不定期召开专题会议予以推进。普陀区委、区政府把桃浦转型发展作为全区发展的重中之重，与市级部门携手一道全力推进桃浦脱胎换骨转型。与临港集团开展深化合作的同时，成立了区企合作领导小组，协调推进土地收储、开发建设等工作，为桃浦转型发展提供有力保障。

（二）高标准编制控详规划

转型目标和要求明确后，桃浦智创城精心打磨编制规划。从2012年起，按照“产城

深度融合、低碳绿色生态、城市设计人性化”城市发展理念和“小尺度、高密度、人性化、高贴线率”城市规划设计要求，2016年制定了新一轮《上海市普陀区桃浦科技智慧城（W06-1401单元）控制性详细规划修编》，同时完成各专项规划编制。高标准的规划为实现桃浦“脱胎换骨”转型奠定了扎实基础。

在明确空间布局和土地利用的同时，桃浦智创城与区商务委共同研究形成《桃浦智创城产业及商业发展研究报告》，明确互联网为基础的智能科技和以服务长三角为重点的总部经济的产业发展方向，科技创新的产业定位基本清晰，努力打造“智能科技、智造研发、生命健康”三大产业集群。

（三）创新性实施生态修复

出于历史原因，桃浦智创城土壤和地下水存在一定程度的污染，核心区污染土壤和地下水工可修复方量分别为122.8万立方米和52.65万立方米，是上海首个，也是目前最大的区域性棕地治理项目。

桃浦智创城充分发挥创新精神，在国内首次运用“风险管控”概念，在桃浦中央绿地项目设置水平向及竖向阻隔通道，将污染土原地阻隔或作为山体中层覆土，上覆种植土，降低污染物对人体健康不利影响，同时显著降低修复成本。截至目前，桃浦中央绿地项目已有条件消化污染土17万立方米，节省修复资金超1亿元。此外，探索设置污染土集中处置中心，固定场所集中修复污染土，既避免修复场地和大型修复设备重复拆建修复费用，又消除不同修复场地产生的二次污染，同时避免污染土壤外运成本，经修复后原位回填或直接作为桃浦中央绿地下层覆土使用。目前已实现约40万立方米污染土的修复和资源化利用。

（四）前瞻性建设基础设施

桃浦智创城十分重视基础设施和生态环境建设，用完善的基础设施和优美的生态环境更好吸引优质项目和高端人才。规划建设4个天然气分布式能源站，实现区域内能源清洁高效利用。规划8 730米综合管廊并构成管网，显著提升城市安全运行和土地集约利用水平。桃清路等多条道路全面建成通车，路网通行能力大幅改善，区域内外沟通更加顺畅。

（五）智慧化管理转型园区

桃浦智创城以“泛在化、融合化、智敏化”为特征，“智慧应用、数据共享、融合创新”

为亮点，打造上海智慧城市和新型无线城市建设的示范区。构建了“4+X”总体框架，突出一个网（物联网）、一朵云（数据中心和云计算平台）的特色；联合临港集团、腾讯微瓴打造产城综合体智慧园区平台；结合桃浦科创服务中心落实智慧楼宇实施方案；结合综合管廊、中央绿地等重点项目子系统建设，信息基础设施正在同步建设，运营管理中心加快推进。

（六）全方位建设绿色城区

对标国家和上海绿色生态城区示范标准，编制《桃浦智创城绿色生态规划》《桃浦智创城绿色生态指标体系》等文件，推进以下重点生态建设项目。一是高标准绿色建筑建设。桃浦智创城新建民用建筑全部执行绿色建筑二星级及以上标准，其中二星级建筑面积约占绿色建筑面积的82.01%，三星级建筑面积约占绿色建筑面积的17.99%。二是立体绿化建设。区域公共建筑和公益性公共建（构）筑物全面推行立体绿化，核心区办公和商业规划成花园办公和花园商业，创造良好的工作环境。三是舒适休闲空间建设。依托水系公园规划地傍水3千米休闲道。四是海绵城市建设。重点打造“一区、一带、一路、一池、一河、一廊”六大海绵城市建设工程，打造水清、岸绿、鱼游、景美的绿色生态新城。

三、实施成效

（一）转型升级环境效益提升

一是污染物排放大幅减少。仅“十三五”期间，桃浦地区化学需氧量减排32.86吨，氨氮减排1.70吨，氮氧化物减排87吨。二是生态修复基本完成。截至目前已实际修复土壤130万立方米，超额完成工可土壤修复方量；已实际完成地下水修复44万立方米，约占工可地下水修复方量83.6%。三是环境质量显著改善。2021年桃浦地区AQI优良率为88.5%，较2016年改善8.1%；$PM_{2.5}$、PM_{10}分别为30、45微克/立方米，较2016年改善了31.8%、25.0%。桃浦智创城核心区域两条区管河道李家浜和凌家浜，2021年水质由2016年的劣V类分别改善至IV类和V类。

（二）建成生态城区成效显著

桃浦中央绿地面积约100公顷，建成后将成为中心城区最大的公共绿地。目前北三块生态景观区已全面建成并开放，桃林、溪水、小山构成一幅开放式“山水画卷”；南

图3-4　桃浦智创城转型前、后

资料来源：上海桃浦智创城开发建设有限公司。

二块休闲活动区计划2022年年底对外试开放。桃浦智创城成为上海首个同时获得上海市三星级绿色生态城区试点和国家三星级绿色生态城区规划设计标识的城区。2021年桃浦智创城核心区4.2平方千米范围内已有1.66平方千米达到海绵城市建设要求。

智创TOP产城综合体项目获得世界级建筑大奖MIPIM Awards亚太区“最佳即将建成”大奖、美国LEED金级预认证、上海市既有建筑绿色更新改造铂金奖等国内外知名建筑奖项，推行应用的智慧楼宇系统“临港桃浦园区AI-PARK平台”实现了智能建筑领域的多项第一，先后入选市服务业发展引导资金项目和国家住建部科技示范项目。

（三）科创中心承载区效应显现

科创是桃浦智创城的一个核心定位。国家战略项目中（上海）创新园2018年年底落户桃浦智创城，是推动上海加快科创中心建设的具体行动。以打造一条完整的具有“寻—研—匹—转—孵—投—产”能力的中以技术转移生态链、实现“联合创新研发+双向技术转移+创业企业孵化”为目标，制定了创新园建设的总体思路和基本原则，努力打造成国际创新合作示范区。

经过近10年的持续奋斗，桃浦智创城已完成转型升级的前半程，正在按照新规划全面推进，生态城区和科创示范区雏形已经显现，中心城区老工业基地转型升级的示范区效应凸显，将辐射带动其他区域的转型发展。

（供稿：上海市普陀区生态环境局、上海桃浦智创城开发建设有限公司）

案例14

静安市北高新园区：智慧转型、微碳零排，“以小见大”城市工业基地的升级焕新

静安区市北高新技术服务业园区，地处静安中环与南北高架交界处，其前身为成立于1992年8月的原闸北区走马塘工业小区。

经过从“上海制造业企业的重要集聚区”到“总部经济聚合的现代服务业园区”的转变后，如何立足更高站位、更好服务区域经济发展大局？市北高新园区立足于静安区承接上海全球科创中心、国际数字之都建设的核心功能区这一定位，充分利用上海中心城区为数不多、可成片开发国家级高新技术园区的地理位置优势，学习新加坡裕廊工业园区先进发展理念，围绕二三产业融合发展的趋势，率先在全市提出发展“2.5产业”（生产性服务业），实现从“总部经济聚合的现代服务业园区”到“产业内涵不断升级的‘云园区’”的再次华丽转身，如今已成为全市以数智经济为特色的高新技术产业园区，成功实现了产业转型、功能转型、生态转型的全方位蜕变，将“智慧转型、微碳零排”的核心理念贯彻始终，不断彰显作为国家生态工业示范园区的实践贡献和时代价值。

一、“黑烟囱”变“数智云”，以产业转型践行可持续发展

工业制造企业不断外迁，高能级总部、高科技数智企业接踵而来，“黑烟囱”变成“数智云”，从传统“工业园区”迈向高端引领的“数智生态产业园区”，产业内核的更新迭代是园区得以脱胎换骨的核心逻辑。作为全市唯一的云计算产业基地、大数据产业基地以及全市首批超高清视频产业示范基地，园区正着手打造以“云数智链”为核心的数智产业创新集群，480多家数智企业云集汇聚，研发应用场景涉及金融、教育、医疗、交通、旅游、文化等10余个重要领域。

随着产业转型的外溢效应日趋显著，园区在全市产业领域的战略价值与日俱增，先后被纳入《上海市城市总体规划（2017—2035年）》《上海市产业地图》以及全市“3+5+X”重点区域。2021年，又先后收获全市首批在线经济特色产业园、民营企业总部集聚区以及数字化转型示范区等极具含金量的荣誉资质，推动“市北大数据”的显示度、集中度、贡献度进一步释放。

当前，随着国家"双碳"战略的逐步铺开，园区数据智能产业迎来了绿色低碳转型升级的重要契机。凭借以云计算、大数据、区块链为代表的新一代信息技术的赋能优势，围绕智慧能源、智慧交通、新能源汽车、可信碳交易、绿色计算、智能楼宇等领域，园区已集聚起一批"精兵良将"整装待发。卡斯柯、上实龙创、秦森园林、晶澳太阳能、小鹏汽车……这批在各自行业领域内具有代表性的先行者，将助力园区进一步推动区域经济协同并进，深度践行可持续发展的价值理念。

图3-5　静安区市北高新园区—上海市大数据产业基地

资料来源：上海市市北高新技术服务业园区管理委员会办公室。

二、"三生"融一园，功能聚合提炼发展含金量

多年来，园区紧扣静安"一轴三带"发展战略和"全球服务商计划"，对标上海"四大功能"和"五型经济"发展要求，自身产业结构脉络和集聚内涵发生重大变化的同时，单一功能的产业园区向"生产、生态、生活"功能聚合转化，园区未来发展的含金量值得期待。

在2018年，园区提出了"打造中国大数据产业之都、建设中国创新型产业社区"

的战略目标，并希望通过重塑区域品质、完善服务配套、强化周边联动，进而打造一座7×24小时全天候混合功能的科创新城。围绕“生产、生态、生活”的有机融合，原先的工业老厂房纷纷关停并转，取而代之的是统筹规划、成片开发的高端写字楼群、星级酒店、网红商业、国际学校。在此基础上，园区还积极响应“产城融合、职住平衡”的建设理念，在全市率先建设租赁住房，“十四五”期间将陆续推出5 000套房源，以此吸引优质人才落户园区。

三、“碳索”加“数智”，生态转型成园区发展“新内核”

作为上海传统老工业区转型以及国家生态工业示范园区的典型标杆，围绕“双碳”国家战略实施要点，推动生态系统、绿色发展的标准化体系构建，园区正着手从生态环境、节能减排、精细管理、低碳实践等角度出发，以数字化技术手段为重要抓手，围绕“成为数字化产业社区运营服务商”的目标定位，加快打造园区生态转型发展的“新内核”。

（一）生态环境构建方面

围绕巩固国家生态工业示范园区复评成果，园区将继续推进构建“生态绿地、慢行步道、景观绿化”三层级生态体系。其中包括：推动塞尚湾生态公园（楔形绿地）等大体量、大纵深生态绿地项目建设，推进走马塘沿岸景观改造、环园区绿色健康步道、科创社区数脊云廊等慢行体系建设，保持延续中扬湖河满分三星级河道治理成果等重点任务。根据园区“十四五”规划，在5年内将新增景观人工湖1处以及绿化体量共计15万平方米。

（二）节能减排应用方面

一是全面执行高标准的建筑节能要求。通过对新建建筑大规模运用地源热泵、水循环、抗菌涂料、装配式部件以及楼宇能源分项计量系统等低碳技术，达到全面节能降耗的良好效果；同时对2010年前既有建筑开展大范围节能诊断，最终取得平均能耗降低15%的可喜成果。二是广泛引入高规格的建筑认证标准。位于园区西部片区的“数据港大厦”通过了美国LEED-CS预认证；聚能湾创新大厦、市北·壹中心、上海区块链生态谷等载体项目均获得国家绿色建筑二星、三星认证；园区东部的静安国际科创社区新建载体项目则严格按照WELL健康建筑标准进行方案设计并加以实施。三是积

图3-6 静安区市北高新园区—上海区块链生态谷

资料来源：上海市市北高新技术服务业园区管理委员会办公室。

极探索海绵社区综合解决方案，规划采用河道水作为景观用水和绿地浇灌用水，深入探究“屋顶绿化、雨水花园、空中花园”等雨水蓄存基础设施建设，通过构建水生态底层系统，大幅增强园区“水弹性”。

（三）园区精细管理方面

遵循“开放式园区、封闭式管理”理念，依托自身平台优势、资源优势、功能优势，园区以“物联网+混合云+BIM+GIS+大数据”为抓手，探索设立市北高新智慧园区综合管理平台，进而实现了“数据可视化、技术高端化、管理科学化”的系统智慧转型。平台通过持续升级换代，目前已开发了包括车流、人流动态监控、智能安防监控、楼宇特种设备监控、强弱电设备管控、应急响应系统、河道水质监测、空气质量监测、工地扬尘监测、垃圾分类、雨污管网监测等数十项功能模块。在“十四五”期间，园区将同外部行业龙头携手，对现有平台体系架构进行再次升级调整，进一步提升底层感知网络的感知能级和传输速率，横向拓宽数据集交络通道，增加全息通信、AR展览、智能机器人等人机交互应用场景，形成全市园区数字化转型的示范样板。

（四）深化低碳实践方面

园区先后组织开展了一系列绿色公益活动。例如，依托“办公云”和“健康云”建设，在全园区范围推广无纸化办公，减少办公废物产生；定期开展“绿色星期五”公益环保活动，面向全园区白领普及绿色知识；依托金桥再生资源平台，设立园区电子废弃物集中交投点，引进物联网智能回收箱，开展闲置品回收利用活动；通过举办办公废物“绿箱行动”等创意活动，提高公众的环保意识。此外还积极宣传和实行垃圾分类，实现生活垃圾减量化、资源化、无害化目标。

以小见大，奠定品质标杆；由点及面，实现升级焕新。作为上海城市工业基地转型变革的一个缩影，园区走出了一条以变应变、守正创新的发展之路。面向“十四五”的崭新阶段，步入而立的市北高新园区将继续以引领者、先行者的奋斗姿态，把“可持续、高质量、标准化”的绿色发展理念贯彻到底。

（供稿：上海市市北高新技术服务园区管理委员会办公室、上海市静安区生态环境局）

第四篇

调整产业结构

案例15

绿色生态新示范,产城融合新典范
——临港奉贤园区绿变记

一、工作背景

上海临港奉贤园区是中国(上海)自由贸易区临港新片区发展高端制造业的重要基地,规划面积17平方千米。园区于2008年启动开发建设,开园之初,园区以物流行业为主,2016年转型为产城融合示范园区,2017—2018年逐步形成生物医药特色集群,2020年园区生命蓝湾(生命科技产业园)纳入上海市重点打造的26个特色产业园区和5个授牌的生物医药产业特色园区。

上海临港奉贤园区坚持对标国际,科学规划,前瞻布局,从招商到基础建设、日常监管等全面贯彻绿色生态理念,走出了一条绿色生态、产城融合的新发展道路。园区于2021年成功创建生态工业示范园。

二、工作举措

(一)强化源头"双控",发展保护并重

1. 坚持绿色招商,发展保护并重

园区始终秉持发展与保护并重的理念,制定了严格的绿色招商制度。(1)在项目引进环节,通过产业类型甄别、项目质量把控及资源环境评估,提高项目准入门槛。(2)在产业类型甄选方面,经市场需求调研、开发经验总结、产业政策梳理以及罗兰贝格等专业咨询机构的研判,确保入园项目符合园区主导产业定位。(3)在环境评估方面,开展入园项目的环保征询和评价,组织专家进行可行性论证。(4)在项目质量把控方面,选择创新能力强、生产工艺先进、附加值高的高端高质高效企业。

2. 建立双控制度,污染排放可控

园区在招商阶段及企业管理阶段均严格执行污染物排放总量与强度的"双控"制度,确保园区企业污染物稳定达标排放以及合法合规生产。园区单位工业总产值废水、单位工业总产值固废等指标大幅下降。

3. 建设环境云平台，实现智慧监测

园区大力推进智慧信息技术与环境管理深度融合，建设智慧环境云平台，开启环境管理新模式。通过企业环保三同时、环境要素管理、清洁生产、环境风险等工作的信息化、集成化、可视化管理，实现全过程全生命周期环保管理。此外，园区于2019年建成2个环境空气质量微站，安装水质在线监测系统，并接入园区智慧环境云平台，实现对园区水质和空气质量的24小时实时监控，为园区环境保驾护航。

(二) 推广绿色能源，践行低碳理念

1. 发展光伏发电，推广绿色能源

园区以低碳发展为导向，积极推进绿色能源工程，在"临港智造园"标准厂房屋顶建设全市首个最大的全额上网分布式光伏电站。累计完成7.5兆瓦光伏发电并网工程，每年节约电量约1 100万千瓦时，碳减排约2 840吨，环保效益显著。此外，园区与国网上海电力公司深度合作，构建绿色用能园区，通过对清洁能源（天然气）、绿色能源（太阳能）的综合有效利用，解决电力、绿色交通等能源需求，将临港智造园十期建设成可持续、可复制、用户可参与互动的综合能源绿色示范园区。

图4-1 临港奉贤园区厂房光伏发电项目实景图

资料来源：上海临港新片区管理委员会。

2. 建设低碳交通网络，倡导绿色出行

园区购入6辆新能源汽车，在临港奉贤中心和临港智造园安装新能源汽车充电桩，鼓励园区职工出行使用新能源公务车。在园区内投放500辆共享单车，引进“临港1路”“636路”“飞路快巴”定制巴士等公共交通，推行绿色低碳出行。

3. 推广绿色建筑认证，打造靓丽名片

临港蓝湾首期住宅诚园一期B0601单元已获得二星级绿色建筑设计标识证书，B0401单元、B0501单元、蓝湾天地2万平方米酒店竣工后将申请二星级绿色建筑设计标识证书。

（三）建设海绵城市，推行低碳出行

1. 中央公园先行，建设海绵城市样板

中央园区按照海绵城市理念，设计透水砖、生态草沟、雨水浇灌系统，绿化面积1.15万平方米，绿化率达75%，有效缓解城市绿地不足，提高雨水综合利用率。通过铺设透水砖，打造水自然渗透过滤的人造景观；通过建设生态草沟，促进雨水的储存、渗透和净化，集中后水源经过充分的过滤和沉淀，用于浇灌系统喷洒绿地。

图4-2 临港奉贤园区中央公园透水砖及生态草沟实景

资料来源：上海临港新片区管理委员会。

2. 节水项目引领，节水成效显著

园区持续关注水资源利用效率，鼓励企业积极采用中水回用、水梯级循环利用等措施促进水资源节约及生产用水零排放，园区新鲜水耗强度持续下降，工业用水重复利用率持续上升。

三、实施成效

（一）成就最动人的绿色环境

2021年，园区河道水质普遍达到Ⅰ—Ⅲ类水质标准，空气质量达到二类标准，AQI优良天数高达300天以上；土壤环境各项指标均达标，园区绿化率达30%以上。园区持续改善的绿色环境，成为临港奉贤最动人的底色。

（二）打造最温暖的产城融合

园区坚持“双轮驱动、产城融合”的发展理念，推进“以临港蓝湾社区为核心，以产城融合为特色，以临港奉贤智能新镇为品牌”的高品质、国际化产业社区的建设，提升园区的服务能级，形成了生命蓝湾、临港智造园与临港蓝湾国际社区对应的生产、生活、生态“三生融合”。临港蓝湾社区已经建成上海外国语大学临港外国语学校、国际足球青训基地、蓝湾天地、社区服务中心、绿城诚园住宅、酒店商业等综合配套设施，为园区产业人才提供属地化的综合配套服务，成为集“智能制造、智慧社区、低碳生态、宜业宜居”特征为一体的产城融合示范区。

四、经验总结

（一）完善组织与资金保障，持续推进建设工作

一是建立高效的管理运作机制。园区组建“上海临港产业区奉贤分区创建上海市生态工业园区领导小组”，统筹推进园区绿色生态建设工作。二是加大企业帮扶力度。帮助企业对口申请环保资金补贴，如上海市节能减排专项资金、清洁生产审核补贴资金、可再生能源和新能源发展专项资金、上海市（临港）产业转型升级发展专项资金、临港产业发展基金等，加大对企业重点技术改造和节能减排的扶持力度，鼓励企业向绿色、环保方向发展。三是设立生态工业园区建设专项资金，支持企业开展绿色设计、环境友好产品开发、节能减排、环境管理体系优化等工作。

（二）强化环境管理机制，保障园区环境安全

鼓励企业实施ISO14001环境管理体系，推进企业清洁生产全覆盖，开展企业能源审计和碳排放核查，提高节能减排水平，推动温室气体减排，建立园区和重点企业环境污染风险评估与应急机制，保障园区环境安全。

（三）构建大融合联动机制，强化企业社会参与

推进园区与周边区域协调发展，加强与金桥、张江等重点地区经验交流，借鉴、吸取先进经验，构建具有临港奉贤两区特色、符合区域实情、顺应发展实际、融入区域发展全局的“大融合”联动机制。

五、结语

上海临港奉贤园区通过“绿色生态”建设，成就了临港最动人的绿色环境，展现最和谐的绿色生产，彰显最温暖的绿色生活；通过“临港蓝湾”品牌建设，走出了一条“以产建城、以城兴业、产城融合”的发展之路，形成了“上班是同事，下班是邻居”的和谐画面，颠覆了以往“产业与居住分离”的理念，成功打造了“会呼吸、懂生活、能思考、有活力、可生长”的温暖小镇，为其他园区绿色生态、产城融合建设起到了示范效应。

（供稿：上海临港新片区管理委员会）

案例16

抓环保、促转型，碳谷绿湾探索“退二优二”新路子

一、工作背景

碳谷绿湾成立于2002年，位于上海市南部金山区，紧邻上海石化，规划面积8.58平方千米。园区依托上海石化产业优势，积极发展石化下游产业链，吸引了花王、巴斯夫、三井化学等一批知名化工企业，集聚基础化学品、涂料、塑料、医药等行业，落户企业最多达140多家，逐步发展成为独具特色的精细化工园区，为金山区经济作出了巨大贡献。然而，在资源环境约束趋紧的背景下，园区面临着高能耗、高污染、资源环境压力大的困境。为此，碳谷绿湾抓住“南北转型”高质量发展的重要战略机遇期，加快产业转型升级步伐，在积极落实环境综合整治的基础上，深度推进产业转型，实现“减”与“增”的大反转、“破”与“立”的大转身，努力打造全市工业园区“二转二”整体转型和工业经济高质量发展的示范园区。

图4-3　碳谷绿湾区实景

资料来源：上海碳谷绿湾产业发展有限公司。

二、工作举措

（一）全面落实环境综合整治

自2015年以来，为提升园区环境治理水平、改善区域环境质量，碳谷绿湾持续开展两轮环境综合整治行动。整治期间，园区连续几年“闭门谢客”，停止审批所有新项目，全力开展环境综合整治。具体举措包括产业结构调整、企业环保深化治理、项目升级改造、基础设施建设完善、环保能力建设提升等多方面。

产业结构调整方面，聚焦“三高一低”存量产业，累计关停企业76家（截至2021年年底），涉及化工、电镀、建材、危险化学品储运等行业；企业环保深化治理方面，完成140余个环保治理项目，治理内容包括废气处理设施升级、无组织排放治理；项目升级改造方面，部分企业积极开展工艺升级改造；基础设施建设方面，实施园区污水厂提标改造、危废集中处理设施改造、集中供热设施清洁能源替代、防护林建设、河道整治等；能力建设方面，完善园区大气特征污染物自动监测、重点废气及废水排放源在线监测、溯源监测、重点企业厂界VOCs在线监测、提升园区环境管理平台等。

（二）深入推进调整转型

两轮综合整治成果为园区深度转型、培育新动能打下坚实基础。2018年，上海市政府常务会议通过“碳谷绿湾深度调整转型发展方案”，提出碳谷绿湾要深入贯彻新发展理念，严格落实“四个论英雄”要求，按照最高标准、最严要求、最好水平，加快推进产业深度调整、整体转型，打造全市工业园区“二转二”整体转型和工业经济高质量发展的示范园区。

在市相关部门的支持下，金山区按照市政府常务会议的要求，全力推动整个园区的产业大转型，重新启动园区的开发建设，探索“在发展中改善环境质量”。具体举措包括产业结构调整、安全环保治理、基础设施建设、“二次开发”4个方面、177项任务。“二次开发”方面，聚焦“3+1”（新材料、节能环保、生物医药和生产性服务业），以碳纤维等新材料产业为高端引领，打造“碳谷绿湾”，推动园区化工产业向下游走、向精细化走、向高附加值走。

三、实施成效

（一）环境质量显著改善

节能减排方面，2015—2021年，碳谷绿湾的万元产值能耗从0.167吨标煤/万元下降至0.088吨标煤/万元，7年内降幅达到47%；COD削减5%，NH_3-N削减10%，VOCs削减30%，NOx削减20%。重点企业废气监督监测达标率稳步提升，2020年达到100%。2019年园区获评国家级绿色园区。环境质量方面，2015—2021年，园区VOCs浓度下降33%，市考断面（黄姑塘—卫八路桥）水质达到Ⅳ类，环境信访量减少了2/3以上。

（二）产业焕发新气象

随着碳谷绿湾生态环境的提升、基础设施的配套齐全、园区管理及服务水平的提升，园区竞争力明显增强，迎来新的发展契机。聚焦节能环保为引领的“3+1”产业定位，2019年园区引进签约项目14个，上海碳纤维复合材料创新研究院、美国庄臣公司、上药集团等一批符合园区新定位的产业研发项目纷至沓来，现有优质企业，如花王、三井、巴斯夫等纷纷启动扩能。2021年，园区实现产值328.21亿元，同比增长26.8%；实现税收35.81亿元，同比增长4%；亩均产值550万元/亩，在金山区名列前茅。

图4-4 碳谷绿湾奠基仪式

资料来源：上海碳谷绿湾产业发展有限公司。

（供稿：上海碳谷绿湾产业发展有限公司）

案例17

分步试点、绿色发展，推进吴淞老工业区涅槃重生

一、工作背景

吴淞工业区作为宝山区发展最早的老产业基地，历史上曾为上海和国家重工业发展作出巨大贡献，但也产生严重的环境污染和生态失衡问题。2000年起，经过8年大规模集中环境整治以及后续多年深化整治，摘除传统重污染钢铁、化工工业区的帽子，进入转型发展期。《上海市城市总体规划（2017—2035年）》明确将吴淞工业区定位为市级城市副中心，目前正在加快建设吴淞创新城，努力打造科创驱动、产业升级、功能复合、环境融合的全国老工业基地转型发展和城市更新示范区。

二、工作举措

（一）壮士断腕，加强结构调整力度

面对吴淞工业区污染，宝山先后关停宝钢不锈钢、宝钢特种钢、宝钢钢管厂、中远化工、上海硫酸厂等重污染企业，大幅削减污染排放总量。在此基础上，全区深入开展吴淞工业区综合整治三年行动计划，按照“摸清底数，目标推进；条块结合，以块为主；政策叠加，综合施策；上下合力，联勤联动”的原则，围绕目标任务项目化推进，围绕重点地块联勤联动，围绕任务地块全程督查，围绕整治区域拆守并举，共整治任务地块48个，拆除违法建筑42.8万平方米，整治违法排污企业153家，消除安全隐患566处，区域内重点“五违”问题和环境极度脏乱差现象得到消除。结合中央环保督查指出问题，宝山区举一反三、以案示警，对吴淞工业区内“厂中厂”进行了再摸底、再检查、再整治，截至2020年年底，共整治违法排污企业119家，取缔违法经营户141家，消除安全隐患407处。

（二）规划引领，坚持绿色发展理念

新的吴淞创新城规划紧扣绿色发展理念，突出科技、商务、文化等多元创新要素融合，将着力打造为产城融合、功能复合、中心聚合、空间围合、机制竞合的开放式、多功

图4-5　吴淞创新城原上钢五厂华丽变身现代服务业载体

资料来源：上海市宝山区生态环境局。

能、生态化、智慧型创新城区，成为全国老工业基地转型发展和城市更新的示范区、国家创新创意创业功能的集聚区、国际城市文化旅游功能的拓展区。规划以建设生态环境友好、绿色低碳环保的科创新城为目标，重视营造绿色、安全、健康的城市环境，以保护生态基底作为城市发展的底线，使吴淞创新城的建设融入自然，突出城市滨水景观风貌，发挥地区生态魅力，实现城市发展与自然生态环境和谐共融。

（三）分步建设，探索转型发展路径

面对吴淞工业区这块“大衣料子”，宝山并没有大刀阔斧搞建设，而是仅出让了两个一平方千米土地，在探索中不断前进；同时，努力将南大转型的土壤修复试点复制到吴淞工业区，确保开发建设过程中生态环境安全可控。在此基础上，逐步推进蕴藻浜沿岸空间开放，加快结构调整力度，优化生态空间建设，做到还绿于民、还河于民、还岸于民。

三、经验总结

上海吴淞工业区同全国很多老工业区有着非常相似的发展背景和经历。多年的环境整治和转型发展极大改善了吴淞地区的环境面貌，提升了环境质量和居住品质，实现了吴淞工业区从传统重污染化工工业区向宜居地区的转变。吴淞工业区的环境治理模式为国内其他老工业区的区域转型和融入地方经济发展提供了范例，成为工业区转型发展的标杆。

（一）政府主导下的环境综合治理

吴淞工业区的环境综合整治是在政府主导下开展的，以政策形式下发了《上海市吴淞工业区环境综合整治实施计划纲要》《上海市吴淞工业区环境综合整治规划》《上海市吴淞工业区环境综合整治配套政策实施意见》3个指导性文件，整治工作由上海市级直接领导。对企业，直接锁定以宝钢和华谊集团为代表的大型企业，对该类企业采取集中污染治理，并以政府政策、财政支持以及企业自筹资金相结合的模式，实现重污染企业的关停并转。为保障工业区环境整治工作的顺利推进，政府采取了关停补贴、基础设施支持、帮助下岗人员安置等帮扶措施，并投入大量资金。

（二）环境管理由末端治理逐步转向改善环境质量

吴淞工业区最初10年通过末端治理（包括部分技术与管理减排）实现巨大的改善效益，但也慢慢出现了天花板效应。由于人口不断向城市集中、产业不断向城市集聚，相应的人流、物流、能流、信息流等更加频繁，环境污染问题发生的概率逐渐增大。2008年后，工业区将环境治理纳入区域经济社会发展的重要一环进行考虑，关注区域内居民的日常生活与企业生产经营、环境保护之间的协调发展，重点聚焦在改善区域环境基础设施，开展雨污分流改造，修缮道路降低扬尘，建设绿化改善区域整体自然环境面貌。吴淞工业区的环境治理已经不仅仅局限于污染物的控制，更多放在改善区域生态环境质量和居民生活环境，引导企业进行结构调整和提升效率、加大技术革新上来。

（三）将工业区环境治理纳入区域整体发展建设

吴淞工业区立足“体现城市活力、凸显功能张力、展现城区魅力、引领转型效应”的基点，通过多样化产业和城市要素资源的集聚和功能整合，同步推进环境提升和设施优化，加速完善具有国际水准的现代化城区空间形态和配套服务，不断提高区域经济的总体规模、发展水平和运行质量，着力实现经济形态由厂区向城区转变，功能形态由单一功能向复合功能转变，产业形态由制造业向服务经济转变，空间形态由混杂分隔向产城融合转变4个重大转变，逐步建成功能复合化、产业高端化、环境生态化、城区品牌化的新型城区，使其成为上海产业价值集聚新符号、引领城市转型发展新典范、美丽上海创新实践新载体、上海文化娱乐休闲新地标，并在全国及上海老工业基地创新转型探索当中率先发挥带动和示范作用。

（四）着眼未来的污染预防规划控制策略

伴随着上海及宝山产业结构调整的需要，以及适应新产业革命、产业融合发展的新趋势，转型后的吴淞工业区将围绕宝山及上海城市和人口的需求，依托宝山原有制造基础以及宝山新一轮城市建设的机遇，挖潜和培育具有产业协同效应，涵盖高端研发、轻型制造、文化创意、休闲娱乐等领域的多样化创新产业体系，弥补现有宝山地区高端生产性服务业和城市生活性服务业的不足，优化宝山地区的总体产业生态体系。

新一轮转型发展已蓄势待发，吴淞工业区将努力打造成人与自然和谐、布局合理、配套齐全、洁净舒适、交通便捷的城市新空间和现代生活区。

图4-6 吴淞创新城特钢首发区规划示意图

资料来源：上海市宝山区生态环境局。

（供稿：上海市宝山区生态环境局）

案例18

存量调整选“优”、增量发展择“优”、行业监管塑“优”，上海化工产业走向绿色发展

一、工作背景

化工产业与经济高质量发展、人民高品质生活密切相关，在上海产业经济体系中占有重要地位。2007年以来，上海以重塑化工产业绿色发展为工作主线，不断通过结构调整和减量增质，奠定了石油和化工产业相对集聚集中的稳定基础，基本形成了以上海化学工业区及上海石化地区为龙头，集中大型化工生产装置；其他专业化工园区发展环境污染和安全风险相对较小的下游化工新材料、精细化工后加工及相关配套产业的格局。2018年，上海启动《上海市优“化”行动实施方案（2018—2020年）》，采取多项举措，全力推进上海化工行业结构调整、布局优化、转型升级。

二、工作举措

坚持绿色发展、分类施策、总量控制、能级提升四大原则，实施优“化”行动。着力在“优”上下功夫，通过“专业化工基地提升、合规园区内化工行业空间布局优化、规划保留工业区外化工企业调整关停”的实施路径，推动存量调整选“优”，增量发展择“优”，行业监管塑“优”。

（一）存量调整选“优”，淘汰落后产能

存量结构调整是淘汰劣势企业、遴选优质企业的过程，也是不断腾出宝贵的要素空间、集聚优势企业、促进化工产业转型升级的过程，需要分类施策，持续推动，久久为功。

1. 推动优质化工企业搬迁入园

按照上海化工发展实际，指导规划保留工业区（非专业化工园区）编制完成园区内化工企业调整提升方案。对规划保留工业区外化工企业，组织辖区在科学评估现有企业环保、安全等生产条件的基础上，根据风险可控原则，分步分类推动具备条件的优质化工企业进一步向规划保留工业区集中。

2. 加快淘汰化工行业落后和低效产能

编制优“化”调整任务清单，利用环保、质量、安全、能耗、技术等综合标准，依法依规推动化工落后产能退出。并推进“园区外零散化工企业”及“园区内低效化工企业”优先调整关停。启动浦东、松江、奉贤、青浦等8个区化工企业搬迁、关停和改造提升。

3. 加大危险化学品生产企业调整力度

巩固前期城镇人口密集区危险化学品生产企业搬迁改造成果，对不符合入园要求，且安全和环境风险突出的工业区外危化品生产企业，实施整体或危化生产线关停调整。

4. 突出重点地区和重点企业调整

在保障上下游产业供应的前提下，推动现状化工板块整体调整转型。吴泾化工基地、高桥化工基地调整化工板块。碳谷绿湾、星火工业区启动深度调整、整体转型，推动产业轻质化、高端化、绿色化发展。上海石化基地加大落后装置改造升级，并加强环保、安全管理。

（二）增量发展择“优”，严把新建项目准入关

从源头上把控化工项目入门关，在不断压减存量的同时，做好增量的准入引导，突出“上海制造”战略导向，以亩产论英雄、以效益论英雄、以能效论英雄、以环境论英雄，促进化工产业转型升级，不断塑造上海化工品牌竞争新优势。

1. 严格政策导向和规划引领

综合生态环境、应急管理、规划资源等最新要求，发布《上海市产业结构调整指导目录　限制和淘汰类（2020年版）》，将石化化工限制类条目扩充至16条，淘汰类条目扩充至25条，并新增“重金属替代”和“有机污染物替代”两大“限制类”类目，引导企业从生产源头削减或避免污染物产生，充分发挥对行业规划和产业政策的引导作用。

2. 优化空间布局

持续加强化工园区空间布局约束要求。上海化工区、上海石化周边区域严格执行“1公里限制带、2公里控制带、3公里防范带”的规划布局控制要求，碳谷绿湾执行500米防护带和“高敏感区、中敏感区、低敏感区”的分类布局要求，维护区域环境安全。严格控制新建化工项目布局，原则上新建化工项目都要符合最高标准、最严要求、最好水平才可进入专业化工园区。

3. 推动产业集群发展，补链聚合

把握本市绿色化工集群（上海化工区）纳入国家首批先进制造业集群培育试点的机遇，以培育世界级绿色化工产业集群为目标，在化工产业重点承载区实施先进制造业集群培育行动，着力推动园区成网、产业成链，带动化工产业链相关园区协同发展，吸引集聚创新资源，提高产业创新服务水平。

（三）行业监管塑“优”，营造绿色发展环境

通过科学有效监管，依法依规汰“劣”塑“优”，营造法制、规范、绿色发展环境，实现上海化工产业和城市的融合共生。

1. 做好常态化安全管理

从规划、政策标准等方面加强石化化工行业的安全生产管理。结合《产业结构调整指导目录》开展自查，通过重点企业签订不涉及落后生产工艺、装备、产品承诺书等方式，巩固上海淘汰落后产能和化工行业优化工作成果，防范风险隐患。

2. 监控搬改关等重要过程

落实《关于加强企事业单位拆除活动土壤污染防治工作的通知》等文件要求，强化化工企业搬迁改造过程的安全环保管理。督促土壤污染重点监管单位工作方案向辖区备案，指导各区政府对辖区内搬迁改造企业进行验收，确保腾退土地符合规划用地土壤环境质量标准。

3. 严格治理违法违规行为

加大对化工企业环保、安全、质量、消防、卫生、工商、土地等违法行为的处罚力度，对无证无照的非法化工企业依法取缔，对不符合环保、安全、卫生等相关法规和标准要求的化工企业依法责令停产或限期整改，严厉打击化工企业违法行为，做好行刑衔接。

4. 大力推行清洁生产

编制化工行业清洁生产全覆盖方案，推动重点化工园区清洁化和循环化改造。

三、实施成效

（一）产业结构优化

本轮行动累计完成100家化工企业搬迁、关停，20家企业改造提升，推动化工落后产能调整淘汰，集中区域整治取得实效。碳谷绿湾已编制深度调整转型方案，产业向轻

质化、高端化、绿色化发展。

（二）节能减排显效

通过淘汰高能耗高污染落后产能、推动现有企业的改造升级，实现节能减排。以碳谷绿湾为例，2015—2021年，园区万元产值能耗从0.167吨标煤/万元下降至0.088吨标煤/万元；挥发性有机物排放量削减约30%，氮氧化物排放量削减20%。此外，2018—2021年，推进135家企业开展清洁生产审核工作。上海湾区高新技术产业开发区、碳谷绿湾、星火开发区3个重点园区规上企业基本完成清洁生产全覆盖，上海化工区等重点园区完成国家级绿色示范园区创建。

（三）空间布局优化

通过实施规划保留工业区外化工企业及危化品生产企业的关停调整，主城区内吴泾、高桥化工基地化工生产装置的关停调整，引导新建化工项目向专业化工园区集中等举措，优化全市化工产业空间布局，有力保障了城市的安全运行。

图4-7 上海化工区环保安全检查

资料来源：上海化学工业区管理委员会。

图4-8　上海绿色化工集群——上海化工区实景

资料来源：上海化学工业区管理委员会。

（供稿：上海化学工业区管理委员会）

第五篇 节能减污双控

案例19

量质并举，全面推动上海绿色建筑高质量发展

一、工作背景

全球变暖趋势让世界各国面临气候变化挑战。面对资源、能源短缺、劳动力稀缺等约束性现状，转变城市发展模式，推动绿色发展是上海城市发展的必然选择。上海市作为我国绿色建筑发展起源地，2004年，建成了全国第一幢绿色示范建筑——上海生态办公示范楼，获得了全国第一个绿色建筑三星设计和运行标识项目，从此开启了上海市绿色建筑发展新时代。为贯彻绿色发展理念，落实“双碳”目标任务，近年来，上海市坚持对标国际最高标准、最好水平，不断提升绿色低碳建筑品质和能级，取得显著的发展成效。

二、工作举措

（一）坚持以法治思维推动建筑绿色发展

编制发布《上海市绿色建筑管理办法》，拓展绿色建筑外延，围绕绿色节能、装配式建筑、全装修住宅、绿色建材等行业转型升级重点内容的管理，形成全生命期、全监管过程、全产业链三个“全覆盖”，并结合绿色住宅使用者监督机制、建筑健康性能提升等要求，提出绿色建筑信息公示、室内环境污染控制等制度措施，将绿色建筑管理纳入法治化轨道。

（二）坚持政府监管守住底线

2014年开始，上海明确所有新建建筑全面执行绿色建筑标准，并将相关要求纳入建设管理流程，在土地供应、设计审查等阶段对绿色建筑要求进行严格把关，绿色建筑规模和质量得到大幅提升。近两年，上海陆续发布《上海市绿色建筑创建行动实施方案》《上海市绿色建筑“十四五”规划》，进一步提升强化绿色建筑发展要求，在民用建筑全面执行绿色建筑标准的基础上，要求新建国家机关办公建筑、大型公共建筑以及其他由政府投资且单体面积5 000平方米以上的公共建筑按照绿色建筑二星级及以上标

准建设，并将相关要求纳入对16个区、5个管委会的建筑绿色发展考核范畴，通过市、区两级联动，提升管理单位对绿色建筑创建行动的认识，确保将绿色建筑创建工作落实到位。

（三）坚持科技创新和标准支撑

依托众多科研主体，围绕绿色建筑管理及后评估、超低能耗建筑、室内空气质量提升、绿色施工等研发方向，开展了多项科技攻关项目，研发和推广绿色建筑新技术、新产品。"十三五"期间上海累计获得全国绿色建筑创新奖19项，在2020年全国绿色创新示范项目中，上海市获奖项目约占1/6。同时，全面构建绿色建筑相关标准体系，覆盖了设计、审图、施工、验收、评价等各阶段。

（四）坚持试点示范引领绿色运行

上海市十分重视绿色建筑的落地性和质量提升工作，近年来陆续颁布相关政策，通过财政扶持手段，引导绿色建筑项目申报运行标识等相关工作。新修订的《上海市建筑节能和绿色建筑示范项目专项扶持办法》继续将获得二星级或三星级绿色建筑运行标识的民用建筑列为支持对象，其中二星级项目每平方米补贴50元，三星级项目每平方米补贴100元，并鼓励各区配套相应比例的区级补贴资金。为提升物业人员运行水平，针对上海市物业人员开展绿色建筑运行维护管理能力系列培训，覆盖上海市16个区。

（五）坚持区域联动推动绿色生态城区建设

为统筹建筑、交通、生态环境、资源能源等方面的集约发展优势，上海市积极推动绿色建筑由单体向区域化转变，希望从单体到区域、从微观到宏观，全面提升区域绿色生态宜居性能。先后发布《关于推进本市绿色生态城区建设的指导意见》《绿色生态城区评价标准》等政策文件和技术标准，明确上海绿色生态城区的发展目标、基本要求、实施方法、技术指标等内容。截至目前，上海市已成功创建18个绿色生态城区，总用地规模约48.8平方千米。结合崇明区世界级生态岛的定位，出台了《崇明世界级生态岛绿色生态城区规划建设导则》，进一步提升了崇明区绿色建筑要求，相关要求已纳入单元控规。同时，还将城市更新区域也纳入绿色生态城区的创建范畴，目前，上海市徐汇区、杨浦区、静安区、虹口区、黄浦区都在开展更新城区的绿色生态城区创建，以期探索出一条既有城区的绿色更新之路。

三、实施成效

截至2021年年底，上海绿色建筑规模达到2.89亿平方米，新建民用建筑中绿色建筑占比达到100%；其中，获得绿色建筑评价标识项目总数达到1 225项，建筑面积合计已达1亿平方米，二星级以上占比超过80%。

（一）全球最高的绿色建筑——上海中心大厦

项目建筑高度632米，总建筑面积57.786 4万平方米，2020年获得绿色建筑三星级运行标识，是全球最高的绿色建筑。项目秉承打造涵盖设计、施工、运营全过程的超高层可持续发展绿色垂直城市理念，采用了室外风环境影响控制、室内光污染控制、幕墙节能、多能源复合、雨中水回用、结构优化、自然采光强化、绿色施工全过程管控、基于BIM云平台运管等创新技术体系。项目运行过程中，室内环境达标率100%，年雨水可回用25.6万立方米，可循环利用材料18.1%。

图5-1　上海中心大厦

资料来源：上海市住房和城乡建设管理委员会。

(二)全国最大体量绿色建筑——中国博览会会展综合体项目(北块)

项目总建筑面积为141万平方米,是国内首家大型会展类三星级绿色建筑运行标识项目,也是国内最大体量的三星级绿色建筑。项目采用超大体量会展综合体设计解决超大人流交通组织难题;分布式三联供提供“清洁能源”、预应力和复合地基技术保障“特种装备”等国际大展落户上海,实现“室内室外”LED照明全覆盖;400多部电梯打造“超级电容”和节能电梯示范区;垃圾密闭收集和装配式搭建的保障场馆干净健康、绿色施工、数字智慧场馆等创新技术,为“绿色生态、安全健康、数字智慧”场馆建设和运营提供了保障。

图5-2 中国博览会会展综合体(国家会展中心)

资料来源:上海市住房和城乡建设管理委员会。

(三)上海市首个三星级绿色运行标识住宅项目——三湘海尚福邸

项目位于上海市浦东新区张江镇,总建筑面积60 238平方米。项目采用被动节能、主动增能、健康智能设施,打造森林情景的景观体系;采用高性能围护结构和太阳能热水系统,综合节能率达到75.2%;采用户式空调净化新风系统,为室内营造清新、健康的空气环境,完成了关键技术的应用到全面品质的提升,是上海市首个获得三星级绿色建筑运行标识的住宅项目。

图5-3 三湘海尚福邸

资料来源：上海市住房和城乡建设管理委员会。

图5-4 上海自贸区临港新片区PDC1-0401单元H01-01地块项目

资料来源：上海市住房和城乡建设管理委员会。

（四）全国最大的超低能耗公建项目——上海自贸区临港新片区PDC1-0401单元H01-01地块项目

项目位于上海自贸区临港新片区国际创新协同区规划用地西北角，总建筑面积22.4万平方米，其中五星级酒店和公寓式酒店部分为超低能耗建筑，建筑面积为97 264.89平方米。项目一次性能源消耗量降低幅度达到50%，是上海市首个、全国最大的超低能耗公建项目。在北侧会展的金属屋面和南侧酒店裙房的采光中庭屋顶上采用太阳能光伏，光伏面积约1.4万平方米，光伏发电量约1 332.46兆瓦时/年。起伏的光伏屋面，与建筑浑然一体，期许“展未来之翼，聚科技之光”美好愿景。

（五）全国首个三星级绿色生态城区——虹桥国际中央商务区核心区

虹桥国际中央商务区规划用地面积151.4平方千米，其中核心区面积约为3.7平方千米，是目前商务区绿色生态低碳发展实践的重要载体。2018年，虹桥商务区（2021年8月更名为虹桥国际中央商务区）核心区荣获国内首个绿色生态城区三星级实施运管标识项目。虹桥国际中央商务区秉承“最低碳、特智慧、大交通、优贸易、全配套、崇人文”的发展理念，在绿色建筑、立体交通、屋顶绿化、区域集中供能、智慧虹桥等方面创新突破，形成绿色示范。据统计，2021年度虹桥1、2、3号能源站共节省碳排放量约12 183吨标准煤，减排约32 294吨CO_2，能源综合利用效率达80%以上。绿色运行标识建筑面积达到298.76万平方米，其中三星级面积占比达到82.5%。商务区内大型公共建筑单位面积碳排放量比上海市同类建筑平均值低20%左右。

图5-5　虹桥国际中央商务区能源站

资料来源：上海市住房和城乡建设管理委员会。

（供稿：上海市住房和城乡建设管理委员会）

案例20

规划引领、政策扶持、创新驱动，多措并举加速新能源汽车推广

一、工作背景

近年来，发展新能源汽车逐渐成为全球共识，上海作为国内新能源汽车最早实现规模化推广的城市之一，大力提倡新能源汽车的推广应用，加强政策支持力度，取得明显成效。截至2021年3月，上海已出台包括规划方案、财政补贴、基础设施、燃料电池、促消费等多方面政策，形成了良好的政策支持体系。

二、工作举措

上海以规划引领产业发展，多措并举鼓励新能源汽车技术研发、市场消费、基础设施建设，充分利用大数据平台等先进技术实现高效监管。在一系列创新型举措的作用下，上海形成了市场驱动、私人消费为主的可持续发展模式。

（一）明确纯电动发展战略，推动产业高质量发展

上海紧跟国家新能源汽车发展战略，及时制定产业发展规划，发布了一系列新能源汽车鼓励政策，充分体现了政策的前瞻性与战略作用。其中，《上海市鼓励购买和使用新能源汽车实施办法》明确，自2023年1月1日起对插电式混动汽车不再发放免费专用牌照，坚定了大力发展纯电动汽车的主基调；《上海市加快新能源汽车产业发展实施计划（2021—2025年）》明确，“到2025年，本地新能源汽车年产量超过120万辆；新能源汽车产值突破3 500亿元，占全市汽车制造业产值35%以上”，确定了“十四五”新能源汽车产业发展总体目标；《上海市燃料电池汽车产业创新发展实施计划》提出到2023年，加氢站建成运行超过30座，产出规模约1 000亿元，推广燃料电池汽车接近1万辆的目标。下一步，上海还将发布加氢站专项规划、燃料电池汽车示范应用专项资金管理办法等一揽子鼓励政策。

图5-6 2021年12月10日，上海市政府发布《上海市鼓励购买和使用新能源汽车实施办法》

资料来源：上海市政府网站（www.shanghai.gov.cn）。

（二）营造开放包容的政策环境，全方位支持新能源汽车产业

上海对新能源汽车技术坚持包容开放态度，对新能源汽车形成多技术路线协同发展的局面起到了积极的促进作用。上海对纯电动汽车、插电式混合动力汽车给予免费专用牌照、高额补贴等较大支持力度，出台《上海市燃料电池汽车产业创新发展实施计划》，充分体现了上海市对新技术、新产业的包容与支持。

2019年，上海发布《上海市人民政府关于本市进一步促进外商投资的若干意见》，鼓励和支持外商投资新一代信息技术、智能制造装备、新能源与智能网联汽车等战略性新兴产业，鼓励外商投资企业实施产业转型升级和技术改造。加快引进国内外先进技术，吸引全球优质企业总部落户。

（三）利用大数据技术实现智能高效监管

上海积极探索在汽车行业监管中应用大数据技术，在多方面政策上明确了对车辆、动力电池、充电设施等数据监管的要求，并建立了上海市新能源汽车公共数据采集与监测研究中心。

通过对新能源汽车、动力电池、充电桩和加氢站等方面的数据采集与监控，能够实现车辆安全监控、交通智能管理、动力电池全生命周期追溯等功能，实现监管的智能化

和高效性。为保障接入数据质量，上海对充电站点与充电设施运营企业等设置了考核标准，并与补贴挂钩，有效保证了数据质量。随着汽车电动化、智能化、网联化融合发展与新技术的加速应用，大数据监管将成为保障产业发展和车辆安全的必要监管手段，也为智慧城市的建设奠定坚实的基础。

（四）结合地方实际落实新能源汽车促消费举措

为缓解疫情对汽车市场带来的冲击，上海积极出台促进汽车消费有关政策，对新能源汽车购置、充电环节发放补贴，并对车辆上牌给予便利，直接助力2020年上海新能源汽车销量逆势增长90%以上。

2020年4月，上海市发改委等6部门出台《关于促进本市汽车消费若干措施》，提出增加非营业性客车额度、发放老旧车辆报废置换补贴、加快公共领域新能源汽车置换力度、落实新能源汽车"不限行、不限购"等优惠措施。2020年5月发布《消费者购买新能源汽车充电补助实施细则》，提出对购买新能源汽车的消费者可发放5 000元的充电补贴。

上海新能源汽车专用牌照制度，需满足落实一处符合要求的自用或专用充电设施，而2020年新冠疫情的出现为专用牌照制度的落实带来诸多不便。为保障消费者购买新能源汽车后顺利申领专用牌照额度，上海市经信委、发改委发布《关于做好防疫期间新能源汽车产品信息确认凭证发放管理工作的通知》，对已通过新能源汽车购车资格审核、受疫情影响无法及时完成充电设施建设的用户，采用充电设施"容缺后补"方式审核发放有效凭证，允许消费者在疫情结束后60天内完成充电设施建设。该政策结合上海的实际情况，充分考虑了新冠疫情影响下专用牌照制度实施过程中面临的问题，有效避免了因疫情导致消费者无法申领专用牌照额度的情况，有效提振市场信心、加快市场消费的复苏。

三、实施成效

（一）新能源汽车市场规模不断扩大

上海新能源汽车发展规划、促消费、充电基础设施等多项政策，有效推动了当地新能源汽车市场的发展。截至2021年年底，上海新能源汽车累计推广量约67.7万辆，居全国第一。新冠疫情发生以来，上海出台了一揽子促消费政策，推动新能源汽车消费再创新高。2021年，上海推广新能源汽车25.4万辆，同比增长110%。

（二）免费牌照助力私人领域市场持续提升

根据2021年2月发布的《上海市鼓励购买和使用新能源汽车实施办法》，消费者购买非营业新能源汽车，且个人名下没有使用专用牌照额度注册登记的新能源汽车，免费发放专用牌照额度。对比上海车牌8万—9万元的平均价格，新能源汽车免费牌照、不限行等支持政策，使得积极性得到提高，极大地推动私人领域新能源汽车市场的提升。截至2021年年底，上海私人领域新能源汽车保有量超过30万辆，约占新能源汽车总量的70%左右。

（三）充电基础设施建设处于全国领先地位

创新举措，有力推动了充电基础设施建设。比如对充电站点和充电设施运营企业进行考核，依据考核结果发放奖补资金；将消费者购买使用新能源汽车与充电基础设施建设要求相关联，消费者购买插电式混合动力（含增程式）汽车，需在本市落实一处符合智能化技术要求和安全标准的充电设施，并由汽车厂商承担为消费者落实充电设施的义务。截至2021年年底，上海累计建成充电桩超过50万根，车桩比达到1.36∶1，处于国内领先水平。

（供稿：上海市经济和信息化委员会）

案例21

建管并重，持续推进充电设施建设，破解电动汽车充电困局

一、工作背景

电动汽车充（换）电设施是推广新能源汽车的重要支撑。随着新能源汽车制造水平提升，叠加新能源车额度赠送和外省市号牌限行政策效应，上海新能源汽车发展势头迅猛，充电需求也随之迅速增加。

为此，上海电力积极响应在市、区两级政府公共服务机构安装集团客户专用充电桩的同时，积极开展居民小区充电设施配套改造。遍布上海的充电桩也为有意购买新能源汽车的车主解决了最重要的难题。

二、工作举措

（一）推进充电桩实事项目建设，确保完成任务

《2021年上海市为民办实事项目》（沪委办〔2021〕1号）明确3项充电桩建设任务：一是新增1万个公共（含专用）充电桩；二是新建15个出租车充电示范站；三是新建10个共享充电示范小区。截至2021年10月底，全市实现新增公共（含专用）充电桩1.91万个，新建成出租车示范站22个。所有示范站都要求配建餐饮、热水、厕所等生活配套设施。推出经营性充电桩平台“联联充电PRO”，实现一网查询、一网支付，目前上线站点714个、直流快充枪10 190个，快充桩使用率达到15.56%。

（二）完善长效机制，强化充电设施建设和管理要求

针对舆情反映的公共桩问题以及僵尸桩、违规占位等现象，2021年3月12日，上海市交通委会同8个部门联合印发《关于进一步加强本市公共和专用充电设施建设运营管理的实施意见》，进一步明确了小区、公共停车场库的充电桩配建要求，提出了专用充电车位设置要求，将充电桩和专用充电车位的管理纳入对经营方的质量信誉考核范围，督促做好充电桩建设和管理工作，加强对僵尸桩的整改，努力提高充电便捷性和满

图5-7　新能源出租车充电站

资料来源：上海市交通委员会。

意度，促进行业健康、稳定、有序发展。在此基础上，2021年8月，交通委印发《关于规范停车场（库）充电设施设置的通知》，强化僵尸桩治理要求，按总功率折算替代现有的按充电桩数量为主的验收方式，一个快充桩可以抵约9个慢充桩，鼓励直流快充桩建设。

（三）结合车辆发展，制定“十四五”充换电设施总体规划

为引导上海充（换）电行业良性、有序、健康发展，市交通委会同市发展改革委、市经信委、市住建委、市规划资源局等部门编制形成《上海市充（换）电设施“十四五”发展规划（征求意见稿）》。该规划将对上海市换电设施布局进行统筹考虑，主要围绕换电出租车和换电重卡的发展趋势，结合公共充电场站、车企4S店布局换电设施，支持换电型新纯电动车在特定领域的使用推广。

三、实施成效及经验

（一）充电服务覆盖率显著提升，充电设施结构持续优化

截至2021年年底，上海累计建成充电设施超过50万个，其中公共和专用充电设施13万个；建成换电站68座；推进以充电为主要服务功能的专业化、经营性充电场站建设，2020、2021年共推进30个出租车充电示范站建设。新能源车辆与充电设施比例从2015年的2.7∶1提高至1.3∶1。全市公共充电设施充电量持续跳跃式增长，2018年达2亿度、2019年达4.02亿度、2020年达6.06亿度、2021年达9.54亿度。

（二）平台功能持续完善，充电体验逐渐提高

2016年年底，上海充换电公共数据采集与监测市级平台正式上线运营，实现了对全市专用、公共充电设施的基础信息采集、信息查询、用户搜索、定位导航、实时监测等功能。截至2021年年底，平台累计接入充电设施13万余个。2019年继续在原基础上开发Pro版本，整合全市经营性快充资源，重点为新能源出租车等运营车辆提供充电服务。截至2021年年底，Pro平台已上线站点约800个、直流快充枪1.2万个，快充桩使用率达到18.8%，比2020年增长了一倍。

（三）加强行业自律，充电费用稳中有降

2016年成立“上海电动汽车充电设施企业联盟”，目前联盟成员单位约30家，涵盖

了充电设施研发、生产、建设、运营等多个领域，在全市充电设施市场占据重要地位。通过联盟组建与运营，加强行业自律，统一建设与运营服务标准，强化信息互联互通，推动商业模式创新，做好服务兜底，有效促进了上海充电行业的健康、有序发展。目前，上海市公共、专用网点平均充电价格稳定在1.2—1.3元/千瓦时，其中服务费为0.3—0.4元/千瓦时。在星级站点、差异化奖励、行业自律等因素驱动下，充电运营企业服务质量明显改善。部分站点能够提供车位管控、专人值守、充电免费停车等配套服务，用户充电体验提升效果明显，电动汽车行驶里程焦虑有所缓解。

（供稿：上海市交通委员会）

案例22

七年打磨，环环相扣！铸造“地沟油”处理利用全链条

上海每天要产生约100吨餐厨废弃油脂，这些人们口中的“地沟油”去哪儿了？自2018年起，中石化上海石油公司的“B5生物柴油调和设施项目”正式启用，目前，每天最多可向上海市场供应经由“地沟油”处置后调和而成的B5生物柴油约1 600吨。截至2020年年底，调制成的B5生物柴油在全市约300座加油站和公交内部加油站，供社会车辆和公交车辆使用。由此实现全市餐厨废弃油脂的应收尽收、应用尽用。

随着一辆辆满载的油罐车从B5生物柴油调和基地驶出，上海以地沟油为原料的生物柴油供应能力从此大幅提升，那么它的市场销路如何呢？根据记者回访，每天约有1/3的柴油车驾驶员会选择生物柴油，不少都是“回头客”！不仅心系环保的人士会主

图5-8　B5生物柴油专用运输车辆从基地驶出

资料来源：上海市食品安全工作联合会。

动选择加注，这种油品价格还比普通柴油每升便宜3毛钱。

但也有一些司机会担心，这种油品性能和普通油是否会不同？记者采访到的司机们都很负责任地竖着大拇指说："不存在的！开起来感觉踩的油门比较轻松一点，像冬天黑烟多，现在基本上也没有。"其实早在7年前，上海在生物柴油应用研究方面就有了初步成果。但当时地沟油收运市场乱象重重，地沟油会不会转了一圈，又回到人们的餐桌上？这些问题，眼下都有了明确且令人放心的答案。7年时间，上海"地沟油"处置这根环环相扣的闭合链条是如何铸就的？

一、源头关

7年前，上海地沟油的收运体制，一个广受质疑的做法是收取餐厨垃圾处置费，按规定，一桶垃圾要向餐饮企业收取60元，而不法商贩偷偷来收地沟油，则是给钱的。一进一出，餐饮企业作为源头，自然"跑冒滴漏"。2011年8月，上海广播连续播出相关报道，上海也查获了地沟油加工窝点，引起监管部门高度重视。当年10月，市政府常务会议通过"史上最严"的"23条"，严管地沟油，向着构建"收、运、处、调、用"的全程闭环管理迈出坚实一步。首先是管住作为源头的餐饮企业，市食药监局把安装油水分离器作为开设饭店的准入门槛。如今，在徐家汇路上的一家火锅店，值班经理陈小芝带记者走进后厨，不锈钢的油水分离器里，装着的正是每天收集的餐厨废弃油脂。她说，所有油脂都是被"上锁"的，只有专门的收运车和人来了才能打开。当初开饭店的时候，这个就是必须装置的，两三天就会有人来收，主要还是为了杜绝地沟油。

二、收运关

2011年，在市人大的推动下，餐厨垃圾处置费被取消，建立起由政府买单处置餐厨垃圾的运行机制，并逐步规范收运队伍。在长宁区龙之梦购物中心的地下车库，记者看到身着蓝色工作服的收运工人打开隔油池，将初步分离的含水餐厨废油装上了专用收运车。负责这一片区专项收运的上海环洁油脂厂总经理宋安龙说，20多年前他也曾走街串巷收油，见证了整个行业的变迁。"原来那个时候回收，骑个自行车，挂两个桶，想卖给谁就卖给谁，他具体干什么我不管的，有那种暴利，而现在，这种情况不可能发生了。"

尤其这几年，收运的每个细节愈发严格和规范。比如，为了减少拖桶装运，收运车专门降低了车身高度，确保可以直接开进地下车库，停在隔油池边；车上不仅配了GPS定位装置，收了多少地沟油也全程计量监控。宋安龙说，感觉每时每刻都有眼睛在盯着，钻空子的心思压根不会有："到哪一家，收多少老油，食药监的网站上看得出。车开到什么地方，停到什么位置，停了多少时间，我们GPS跟废管处也都进行连接的。回去以后，厂里装了八九个监控，出去一滴油废管处都能看得见。"

三、处置关

地沟油在中器环保科技有限公司转化为生物柴油的原液，最开始市场上"没人用过"也"没人敢用"。2013年，监管部门组成的调研组敲开同济大学汽车学院的大门。参与技术研发的楼狄明教授回忆，当时人们担心的问题是生物柴油长期使用会不会损害发动机。关键时刻，公交系统站了出来，104辆公交车大胆尝鲜。后来又加入32辆环卫车，为生物柴油的优化和推广积累了"实打实"的使用数据。

四、市场关

原料供给畅通了，技术难关破解了，这些依然还不够！经济账如果算不下来，生物柴油的推广仍旧难以持续。

为了提高终端销售环节对车主的吸引力，生物柴油相比普通0号柴油每升有0.3元的优惠。即便国际油价出现大幅下行，生物柴油价格倒挂，根据《上海市支持餐厨废弃油脂制生物柴油推广应用管理办法》，从收运到处置环节，也都有应急托底补贴机制进行保障。当0号柴油的批发价低于6 000元/吨的时候，启动应急托底保障补贴机制，由市级资金应急补贴低于6 000元/吨的部分给予处置企业，同时传导至源头收运端的企业，进料价不允许低于3 600元。这样一来可以避免收购价过低而使收运企业亏损经营。

严密的全程监管，高昂的违法成本加上旱涝保收的托底补贴机制，让全市地沟油的收运、处置企业定下心来，做好自己的事。7年时间不算短，但对于破解"地沟油"处置和监管这一难题来说，从管住源头的餐饮企业，到地沟油的收运、处置，再到生物柴油的示范应用及市场推广，这道闭合链条中每一个环节都做到严丝合缝，向市民做出的回答才有底气，可信赖！

上海的地沟油去哪儿了？我们等来了明确且令人放心的答案！细看这道链条：人防、物防、技防紧密结合，既充分体现市场规律，也针对价格异常波动提前“打好补丁”。从中我们看到的是破釜沉舟的决心、久久为功的恒心，还有绣花一般的卓越匠心！

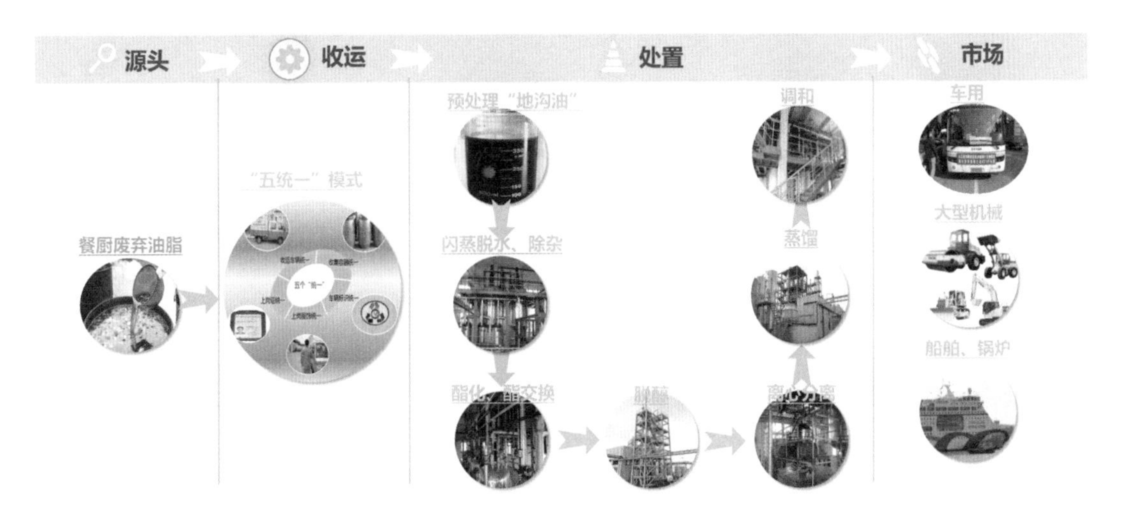

图5-9 餐厨废弃油脂“收、运、处、用”一体化闭环模式

资料来源：上海市食品安全工作联合会。

（供稿：上海市环境科学研究院，改编自《话匣子》）

第六篇

优化生态空间

案例23

构筑环城生态绿带，世代造福上海人民

一、工作背景

20世纪八九十年代，上海经济快速发展，城市化进程随之加剧。为抑制整个城市无序扩张，同时加快当时较为薄弱的生态环境基础建设，1993年6月，时任上海市市长的黄菊在市规划工作会议上提出，要抓紧在外环线外侧规划建设一条宽度至少500米，环绕整个上海市区的大型绿化带（即“环城绿带”），从根本上改善上海生态环境。1994年上海市委、市政府组织社会大讨论《迈向21世纪的上海——1996—2010年上海经济、社会发展战略研究》，《21世纪上海环城绿带建设研究》作为其中重要的专题报告，明确了环城绿带是在更大的空间范围、更长的时间跨度、更高的发展起点上规划上海生态环境的大思路，是在宏观层面上协调人口、经济、社会、环境可持续发展的重大举措，是造福于世世代代上海人民的生态工程。

二、工作举措

（一）顶层谋划，引领系统推进

环城绿带自1994年2月开始规划、1995年12月正式启动建设，先后经历了《上海市环城绿化系统规划》（1994年）、《上海城市环城绿带规划》（1994年）、《城市外环线绿带实施性规划》（1999年）、《生态专项建设工程规划》（2006年）4次规划。确立了环城绿带总长98千米、总面积62.08平方千米、涉及浦东、闵行、嘉定、宝山、徐汇、长宁和普陀7个区的一级控制区（绿线）规划，通过“城市绿线”划定了工程实施范围，明确了“因地制宜，内外结合，能宽则宽，综合规划”的实施原则，逐步细化绿带用地分类及相关控制性指标，与时俱进调整环城绿带规划功能，从顶层谋划的高度为环城绿带系统推进提供引领。

（二）高位推动，形成工作合力

为统筹推进环城绿带建设，上海市政府建立外环线建设领导小组，下设外环线道

图6-1　浦东碧云楔形绿地

资料来源：上海浦东开发（集团）有限公司。

路建设指挥部、外环线环城绿带建设指挥部，实行市政府分管领导、市级部门和各区主要领导负责制，形成领导牵头、责任到人、无缝衔接责任体系。成立专职机构，即上海市环城绿带建设处，专门负责上海市环城绿带相关建设事宜，做好规划总体控制以及各委办、区之间的衔接和协调。同时，建立部门协同、专题会议、督办考核、市政府专报等工作机制，加大组织推进力度，深化完善群众参与机制，为环城绿带顺利推进提供多方位组织保障。

（三）灵活施策，确保建设成效

为满足不同阶段社会经济发展需要，环城绿带先后经历了100米林带工程、400米绿带一期工程、生态专项建设工程3项工程，同时根据建设实际情况，适时调整相关政策和实施路径，确保环城绿带建设成效。1995—2002年，根据“严格控制规划林带用地，先易后难，逐步到位”的原则，由政府投资，统一征地建设完成了100米林带工程9.26平方千米。2002—2003年，为配合上海创建国家园林城市，采用“政府引导、市场化运作、全社会参与”的新机制，通过实施企业“租地备苗”政策，吸引社会各界参与400米绿带一期工程建设15.76平方千米。2006—2017年，参照市重大项目推进方式，由市政府和各区政府签订建设目标责任书，各区责任部门实施建设，采用“市补一块、区贴一块、捆绑开发、征地不改性”的政策，推进生态专项工程建设12.85平方千米。

（四）问计于民，贴合百姓需求

作为重大民生和生态工程，环城绿带的设计和建设具有相当的专业性和复杂性，但最重要的是要围绕着百姓的实际需求做文章。在所有环城绿带功能提升项目前期，都花大量时间对公园周边的居民进行调研、走访，怎么设计、建设，主要听老百姓的，以百姓诉求为基准打通断点、堵点。在市政府网站发布环城生态公园带建设市民金点子征集活动，进行环城公园带建设市民需求调查，包括市民希望公园融合骑行、滑板、骑马、野外露营、水上运动等体育功能；公园里开展文化艺术课、露天音乐会、啤酒美食节等主题活动等。最终希望环城绿带在功能上能满足为市民提供信息咨询、休闲游憩、康体活动、商品租售、医疗救助、安全保卫、管理维护等多样化服务。

（五）建管并举，增进效益发挥

建后养管是影响环城绿带效益发挥的关键环节。2002年，上海市人民政府发布《上海市环城绿带管理办法》，为环城绿带规划、建设、养护及相关管理工作提供制度保障。随后，环城绿带建管部门陆续出台《环城绿带养护管理标准》《上海市环城绿带养护管理考核办法》，为推进环城绿带管理工作标准化、规范化提供依据。环城绿带面积大、范围广，智能化、信息化管理是大势所趋。2004年起通过试点研究，逐步在环城绿带全线建设“1环3心53点”环城绿带智能防火监控体系，并从2009年起陆续开展一系列水、大气、土壤、病虫害等生态系统综合观测，为增进环城绿带效益发挥提供数据支撑和决策支持。

三、实施成效

（一）长藤结瓜，筑牢环城绿色基底

栉风沐雨20余年，环城绿带累计建绿40.38平方千米，占中心城公园绿地面积18%，宛若一条翡翠项链环抱上海，使上海中心城真正成环成绿，在提升城市人均绿地面积、助力国家园林城市创建、改善城市生态环境与形象风貌塑造等方面发挥着重要作

图6-2　普陀桃浦楔形绿地

资料来源：上海市普陀区生态环境局。

用。环城绿带整体形态呈“长藤结瓜、以藤为主”——“藤”即以100米林带和400米绿带为主体的生态防护绿地；“瓜”则是沿线在用地条件较好的地方适当放宽，可供市民休闲游览的大型生态休憩绿地。在建设推进过程中，各区也结合自身特色，打造了“生态浦东，魅力南汇”“动感创新，风采闵行”“友好花园，清新嘉定”“郊游野趣，园境宝山”“运动保健，时尚徐汇”“绚烂园林，景观长宁”“社区服务，人文普陀”等各具魅力的城市名片，营造百花齐放、异彩纷呈的生动局面。

（二）生态优先，综合效益显著提高

环城绿带先后经历了4次规划和3项工程建设，其功能定位也从建设初期“限制城市蔓延性盲目扩张，改善城市自然生态环境，提高城市抵御自然、人为灾害能力”逐步转变为“以生态为核心，与自然水系、湿地、田园风光等共同构成具有生态防护、景观观赏、休闲健身、文化娱乐、公共服务、防灾避难等多功能的城市公共绿地”，在生态效益、

经济效益、社会效益等方面发挥显著价值。环城绿带生态系统服务价值评估表明，环城绿带具有调节温湿度、净化大气环境、涵养水源、固碳释氧、森林游憩、生物多样性保护、固持土壤等多种生态服务功能。同时，为城市市政民生发展和战略储备预留了重要的承载空间，对周边土地价值的拉动效应显著。据测算，环城绿带创造的生态、社会、经济效益有望达到每年8.99亿元。

（三）功能提升，服务市民休闲游憩

通过推进“春景秋色”改造工程、实施绿化“四化”、建设外环绿道等举措，环城绿带植物景观更加丰富，环境品质得到显著提升，同时设置驿站、体育、公厕等公园配套服务设施，在绿地内植入多功能的慢行和骑行步道，形成“公园+”布局。目前，环城绿带已建范围内纳入上海城市公园名录的公园共有14处，总规划面积约6.374 3平方千米，占环城绿带已实施区域的16.83%。据统计，环城绿带内公园年游客量达800万人以上，为上海市民提供了日常运动休闲、文化娱乐、亲近自然的游憩场所，带来了良好的社会服务效益。

图6–3　闵行体育公园

资料来源：上海市闵行区绿化园林管理所。

四、未来展望

为更好落实“人民城市”重要理念，加快建设“公园城市”，“十四五”期间，上海将着力打造环城生态公园带宜居宜业宜游大生态圈。环城绿带也将实现从“环绕中心城的绿化带”到“环穿主城区的公园带”的功能跃升：在现有14座公园的基础上，新增36座公园；推动外环绿道建成100千米以上并实现全线贯通；新增绿道驿站30—40个；实施绿化“四化”500公顷以上。届时，98千米环城绿带上平均2千米一处公园，3千米一座驿站，将打造成为景观优美、多彩可及、功能齐全、开放共享的生态空间，真正成为广大市民乐游乐享的生态地标，创造更普惠的生态福祉，不断满足人民群众对美好生活的向往。

（供稿：上海市绿化和市容管理局）

案例24

擦亮生态底色，崇明全力打造长江经济带首个绿色发展示范区

盛世中华花儿开　百花争艳吐芳华
长城内外　大江南北美如画
盛世中华花儿开　百花争艳吐芳华
复兴之路　华夏大地放光华
那是娇艳的花　那是追梦的花
鲜花盛开的中国
……

崇明岛畔，江海交汇。伴随着会歌《花开中国梦》大气磅礴的旋律，这座绿色的生态之岛仿佛披上了五彩斑斓的礼服，以东道主之姿拉开了第10届中国花卉博览会的序幕。坚持生态立岛，是崇明最为珍贵、不可替代、面向未来的生态战略空间，是上海重要的生态屏障和21世纪实现更高水平、更高质量绿色发展的重要示范基地。多年来，崇明区紧扣生态文明建设脉搏，滚动实施4轮崇明生态岛建设三年行动计划，累计安排255个项目、总投资约960亿元，涉及空间管控、生态治理、基础设施、生态产业、社会民生、协同发展6个领域。通过20年坚持生态立岛不动摇，一茬接着一茬干，在生态优先、绿色发展之路上奋力探索实践，崇明的生态环境质量全面提升，生态产业发展全面提速，生态优势进一步厚植，通过大力推进"+生态""生态+"战略，生态立岛已融入崇明经济社会发展的全过程。崇明现已有4个绿色发展案例被列入《长江经济带绿色发展试点示范实施情况评估报告》，向长江经济带沿线11省市推广。

一、坚持生态立岛，打造国际化大都市新高地

2001年，上海提出崇明生态岛的建设理念，2010年专门形成《崇明生态岛建设纲要（2010—2020年）》，2015年《崇明世界级生态岛发展"十三五"规划》发布，上海决定举

全市之力支持崇明建设“世界级生态岛”。2018年5月，上海市政府批复《崇明区总体规划暨土地利用总体规划（2017—2035年）》按照“生态立岛”理念，强化生态底线管控，严格把控人口导入标准、土地开发强度等。2018年12月23日，国家长江办印发《关于支持上海崇明开展长江经济带绿色发展示范的意见》（简称《意见》），崇明成为长江经济带首个开展绿色发展示范的地区。崇明深入贯彻落实习近平总书记提出的长江经济带建设“共抓大保护、不搞大开发”精神，按照《意见》要求，始终把生态环境修复摆在压倒性位置，积极探索人与自然和谐共生的新路径。2019年，《上海崇明开展长江经济带绿色发展示范实施方案》提出实施8个大类110项具体工作，以项目化方式推进绿色发展示范。通过不断加大市对区生态补偿和转移支付力度、实行大部分项目按90%比例扶持的差别化项目资金扶持政策、构建“1+X”的法治保障体系等，逐步完善保障生态岛建设的制度体系，为生态岛建设保驾护航。

“三管控一留白”

一是重点分析生态承载力，科学预判常住人口规模。严格控制常住人口增长，规划至2035年，常住人口控制在70万人以内。从以往的追求规划人口数量增量转为更加关注人口结构和人口空间布局的优化，区域发展更加注重吸引国内外高层次人才。二是转变建设用地布局思路，实现开发边界“负增长”。由原有“大集中、大分散”转变为“相对有效集中、全域布局”，优化调整开发边界，将城市开发边界由157平方千米瘦身至133平方千米，减少15%；开发边界内可新增建设用地的空间同步由53平方千米压缩至35平方千米，减少34%；将释放出来的规划空间留给有风景的乡村地区，助力乡村振兴战略的实施。三是挖掘存量用地潜力，推动低效产业用地减量化。贯彻落实“五量调控”，积极引导低效建设用地减量。有序推进郊野地区利用效率低下、利用方式粗放的建设用地逐步减量退出，重点推进“三高两区”及零散农村宅基地的腾退；着重开展生态间隔带与生态廊道、基本农田集中区内工矿企业清退，有序整治高能耗、高污染、高风险和低效益的工业用地。四是强化弹性适应机制，预留战略留白空间。规划开发边界战略留白，将现状低效利用待转型的成片工业区以及规划交通区位条件将发生重大改善地区的区域划为战略留白区。严格管控战略留白空间，限制建设活动，对确实符合生态岛发展目标的优质项目准入，须开展相关的优质项目认定工作。

二、保持战略定力，全面夯实生态环境质量

以水为核心，全面推进水土林气滩品质提升，通过推进削减化肥农药使用量、农业种养殖尾水等面源污染治理，力争实现出水断面不劣于进水断面。加强生物多样性保护，通过暂停风电项目、推进陈家镇规划瘦身等，实现“鸟进人退”。多领域实施严控制度，严格把控常住人口总量、土地开发强度、产业准入门槛、建筑密度，建立空间留白机制，按照“中国元素、江南韵味、海岛特色”要求强化风貌管控。多领域实现绿色生产生活方式全覆盖，实现生活垃圾分类减量、农林废弃物处理全覆盖，实现新能源公交车和出租车全覆盖、新建民用建筑绿色建筑设计标准全覆盖。目前，崇明森林覆盖率达30.55%，地表水环境功能区达标率达100%，AQI优良率达92.8%，占全球种群数量1%以上的水鸟物种数达14种，骨干河道水质为Ⅲ类水域的比例达96.2%，持续推进生活垃圾分类处置，城镇污水处理率和农村生活污水处理率分别达96.6%和100%，绿色交通出行比重达81%，绿色食品认证率达92.2%，生态保护与经济增长互促共进。

图6-4　梦幻东平森林公园

资料来源：上海市崇明区发展和改革委员会。

滩涂整治与修复

一是拆除违法建筑及硬化场地。根据“绿盾2017”国家级自然保护区监督检查专项行动要求，依法拆除崇明东滩鸟类保护区范围违法建设的码头、仓库、堆场等人工设施，硬化地表恢复为滩涂、原有地貌和植被，共平整地面约2.5万平方米。二是实施栖息地生境自然修复。根据湿地依赖性鸟类栖息地生境需求，对保滩顺坝内侧开展栖息地生境修复工程，以最低人为干扰为原则，通过适当降低地面高程引潮上滩，来开展地形塑造，为恢复湿地生物多样性提供良好的生境条件。三是恢复生态场地和本土植被。通过人工辅助种植草本植物，恢复鸟类栖息地植被分布。据统计，崇明已完成芦苇种植面积约1.252万平方米，籽播结缕草种植面积约8 820平方米。

三、构筑“绿水青山”，打造崇明“金山银山”发展新模式

大力发展生态经济，依托崇明良好的生态环境，顺应运动休闲、生态旅游、健康养生发展需求，全力打造“农旅、花旅、文旅、康旅、体旅”等构成的“多旅”融合产业。通过开发推出生态农业、旅游度假、休闲养生、健康养老等新产品，丰富崇明生态产品和生态服务功能，实现每年数以百万计的市民到崇明观光休闲、学习交流。通过盘活利用农村闲置建设用地、闲置农房等“沉睡资源”，推进农业休闲体验园建设，提高资源利用效率。通过盘活产业园区低效工业用地，积极培育引进符合生态岛发展要求的产业集群，统筹优化区域重点产业发展布局，实现同类产业集聚发展。

正面清单和负面清单

为深入推进产业结构调整，推进产业智能、绿色升级，崇明制定了《崇明区重点产业发展正面清单》和《崇明区产业准入负面清单》。一是完善正、负面清单管理制度。鼓励、支持列入正面清单的生态产业加快发展；逐步关停、淘汰并禁止负面清单项目准入；对负面清单以外且不列入正面清单的产业项目区别不同

情况实行承诺准入和告知性备案。对清单实行动态管理制度，每年适时进行调整和补充。二是建立健全与正、负面清单相适应的配套制度。制定支持本区九大类生态产业协调发展的配套政策和扶持办法，加强信用体系建设，确保信用良好、对环境友好的企业落户；做好相关法律法规及专项工作的衔接，处理好正、负面清单与权力清单、责任清单的关系。三是建立投资项目落地联合监管机制。对引入的生态产业项目进行全流程的监管，第一时间发现问题，第一时间落实整改，从严追究企业违反承诺和相关监管部门失职的行为。建立健全多元主体参与的现代化市场监管体系。推动行业协会、中介机构等社会组织发展，媒体、群众在监管中发挥作用，确保正、负面清单执行到位。四是加大崇明绿色品牌宣传力度。充分抓住2021年举办花博会机遇，加强崇明绿色品牌的宣传。将崇明致力于打造“长三角的中央公园”口号叫响，将崇明建设世界级生态岛的绿色品牌擦亮，将崇明实施正、负面清单所凸显的生态效应和经济效应传播。

大力发展创新经济，以智慧岛产业园区、海洋产业园区等为重点，积极顺应新经济、新服务、新消费、新生态发展趋势，布局新业态、壮大新消费，挖掘生态经济发展潜力。积极抢抓“数字机遇”，聚焦生鲜电商零售、“无接触”配送等重点发展领域，加快布局在线经济，做大创新经济规模。大力发展海洋经济，服务海洋强国战略，加快绿色转型发展，主动拥抱新智造、充分激发新动能，全力打造千亿级海洋装备产业集群。

四、聚焦一体化，促进生态治理和生态协同发展

根据长三角区域一体化发展要求，推动生态保护与发展无边角、无边界。加强区域协同治理，积极构建沪苏共建共享机制。主动加强与江苏的沟通对接，协调推进启隆、海永两镇空间管控问题。通过与南通签署《全面战略合作框架协议》，严格执行《东平—海永—启隆跨行政区城镇圈协同规划》和建设导则，推动规划协同、一网通办、设施互联、生态共治，实现长江口生态保护战略协同。深化与国际高校科研院所的合作交流，不断为生态岛建设引智聚产。开展“区区联动、品牌合作”，依托张江集团、临港集团，在崇明设立分园，进一步带动崇明园区转型升级。

随着上海地铁崇明线、沪渝蓉高铁启动建设，崇明的发展驶入生态优先、绿色发展的快车道。发挥花博会后续效应，持续厚植生态优势，加快创新发展步伐，将经济社会发展和保护环境协调起来，崇明区迈上奋进新时代、高质量建设世界级生态岛的新征程。

图6-5　花博会主场馆——世纪馆

资料来源：上海市崇明区发展和改革委员会。

（供稿：上海市崇明区发展和改革委员会）

案例25

上善之城最江南　绿色发展谱新篇
——上海市青浦区创建国家生态文明建设示范区

一、工作背景

青浦东联大虹桥、西接江浙两省，是上海对内对外开放的枢纽门户，历史文化悠久，生态禀赋优异，江南基因优秀。水面率高达18.55%，上海21个天然湖泊都汇集于此，全域处处可见“百河绕村镇，千桥卧碧波”的美景。2007年，时任上海市委书记习近平来青浦区调研时强调：“要以对人民群众、对子孙后代高度负责的精神，把环境保护和生态治理放在各项工作的重要位置，下大力气解决一些突出问题，切实做到经济持续增长、污染持续下降、环境持续改善，努力形成人与自然和谐相处的人居环境。”青浦区在创建国家生态文明建设示范区过程中，依托江南水乡底蕴，谱写了绿色发展新篇章。

二、工作举措

（一）提高站位、积极作为，构筑精细高效的生态制度

一是以极大的定力持续实施生态驱动战略。先后制定印发《上海市青浦区国家生态文明建设示范区规划》《上海市青浦区国家生态文明建设示范区创建工作方案》，紧紧围绕生态制度、生态安全、生态空间、生态经济、生态生活、生态文化等六大体系全力突破，取得成效。二是以强烈的担当压实齐抓共管责任。主动将生态文明建设和环境保护纳入党政领导班子综合考核评价指标体系，增强各级、各部门落实生态文明建设和环境保护工作要求的积极性和自觉性。三是以创新的机制落实生态工作最新要求。全面深化“河长制”“湖长制”，完善重点区域生态环境综合治理和中小河道整治常态长效机制。四是以最严的要求推进生态环保督察整改落地见效。落实两轮中央生态环保督察的整改任务，做好整改方案，狠抓整改工作措施落实。五是以高度的共识凝聚社会参与合力。积极倡导全民环保，以高度的共识凝聚全社会参与青浦国家生态文明建设示范区的合力，构建生态文明建设人人参与、生态文明成果人人共享的生动局面。

图6-6　青浦环城水系公园水城门

资料来源：上海市青浦区生态环境局。

（二）齐抓共管、攻坚克难，维护绿水青山的生态安全

一是围绕“水清”计划，全力打好水污染防治攻坚战。饮用水水源安全得到保障，河道整治成效显著，污水处理能力稳步提升，全面推进农村生活污水治理项目。二是围绕“天蓝”计划，全力打好大气污染防治保卫战。严格控制能源消费总量，有效推进工业源挥发性有机物持续减排，全面深化扬尘污染防治，大力开展流动源污染治理，有序推进社会生活源整治。三是围绕“土净”计划，全力打好土壤污染防治防御战。进一步加强农田土壤污染防治，推进优先保护类耕地集中区域的土壤环境保护、轻中度污染耕地安全利用和重度污染耕地风险管控。四是围绕“零危”目标，防范化解生态环境重大风险。全面落实中央、市环保督察及各类环保专项审计、督查反馈问题整改，建立区环保督察制度。

（三）完善规划、严守红线，打造优化集约的生态空间

一是完善空间规划体系。立足全域规划，编制发布《上海市青浦区总体规划暨土地利用总体规划（2017—2035年）》（简称《青浦2035总规》），落实长江三角洲区域一体化发展国家战略，促进城乡发展一体化。二是严守生态保护红线。以生态环境承载

力为基础，划定生态空间，坚守生态红线，保障生态安全格局，合理确定城镇建设规模。三是优化生态空间布局。积极推动“青东联动、青中融合、青西协同”的城市发展布局，城市生态空间体系框架基本形成。

（四）产业转型、创新引领，发展绿色优质的生态经济

一是转结构，加快推动产业转型。坚持推进供给侧结构性改革，充分打开对内、对外服务两个扇面，培育出会展商贸、北斗导航、快递总部、民用航空、跨境电商等一批产业平台。二是明方向，创新引领经济腾飞。始终坚持把发展创新经济、绿色经济作为主攻方向，率先提出了“把生态优势转化为发展优势、把生态环境转化为宜居环境”的总体思路。三是找特色，培育错位发展优势。着力打造开放枢纽、创新枢纽、交通枢纽、物流枢纽、贸易枢纽、金融枢纽、信息枢纽、文化枢纽八大枢纽功能，围绕青东、青中、青西不同特点，各有侧重地塑造板块功能，推动镇域经济走向区域经济，形成错位发展优势。

图6-7 国家会展中心

资料来源：上海市青浦区生态环境局。

（五）绿色宜居、人水和谐，绘就美丽幸福的生态生活

一是积极打造现代化新城。坚持建管并重，将精致建设的理念贯穿于城市发展始终，全力提升城市环境、提高城市品质。二是深入推进乡村振兴。成立乡村振兴战略工

作领导小组，加强统筹推进，不断提升农业发展水平，形成的一大批乡村振兴示范村和美丽乡村绘就了江南水乡新画卷。三是稳步开展“三大整治”。整合执法资源，落实销项管理，着力解决生态环境突出问题。深入推进区镇两级公共安全综合整治，明确任务清单，逐一推动落实。四是大力倡导绿色生活方式。推广绿色出行，推行绿色建筑、大力实施政府绿色采购；以淀山湖为核心，打造富有江南水乡特色的世界级湖区旅游目的地、建设长三角高品质全域性的美好生活示范区。

（六）深挖特色、丰富载体，培育独具风韵的生态文化

一是强化生态环保教育。加强生态文明建设和环境保护宣传教育新闻报道，积极做好普法宣传教育，结合节日开展主题宣传，普及生态和环境保护知识。二是挖掘生态文化底蕴。打造水乡特色文化名片，以“江南文化”和“古文化”为依托，大力发展商业、会展、工业、乡村、康体、教育等新型文旅产业业态。三是培育生态文化载体。创编以宣传生态文明建设和理念为主题的演出节目，以多彩形式在社会各界开展生态文明意识教育。

三、实施成效

在创建国家生态文明建设示范区工作推动下，思全局、谋发展，坚持创新引领，绘就江南水乡美好生态画卷：

（一）“高屋建瓴”，拓宽生态制度新视野

坚持系统治理，创新生态环境监管机制；坚持协同管控，发挥长三角一体化生态保护示范作用；坚持挂图作战，狠抓生态重点任务落实；坚持部门联动，协调推进生态环保工作。

（二）“绿色赋能”，筑起生态安全新屏障

生态环境“颜值”越来越高。2020年，青浦区地表水、空气环境质量持续改善；生物多样性“品类”越来越多；生态风险“防御墙”越筑越牢。

（三）“多规合一”，描绘生态空间新蓝图

发挥规划引领作用，“一城两翼、一带三核”空间布局进一步深化，《青浦2035总规》

与长三角一体化发展战略的规划衔接有序推进；依托丰富的生态自然资源和人文景观资源，打造世界著名湖区和生态价值高地；优化城市绿地系统整体布局，绿地林地建设稳步推进。

（四）“筑巢引凤”，发动生态经济新引擎

放大“进博”效应，高水平对外开放得到全面提升；聚焦战略定位，高质量示范建设得到全面推进；对标世界一流，高品质营商环境得到全面优化。

（五）“宜居乐业”，把握生态生活新坐标

着力打造“引领示范区、辐射长三角”的优质公共服务品牌，围绕“学有优教”“病有良医”和“老有颐养”，引进、布局、打造了一批优质的教育医疗和养老服务品牌；实现了城市管理由被动向主动、由粗放向精细、由模糊向清晰的转变，更促成了部门协作、高效运转、齐抓共管、全民参与的城市管理新格局。

（六）“文化铸魂”，锚定生态文化新方向

生态文明理念牢固树立。全区上下形成了“生态兴则文明兴”的共识，以高度的自觉深入践行习近平生态文明思想；水文化旅游不断繁荣，生态文化意识深入人心。

四、未来展望

青浦区将继续以习近平生态文明思想为引领，践行“绿水青山就是金山银山”的发展理念，切实推进生态环境治理体系和治理能力建设现代化，以更高标准更严要求，协同推动经济高质量发展和生态环境高水平保护，形成可复制、可推广的创建经验，树立长三角乃至全国地区生态绿色发展的城市标杆。

（一）以更高站位引领、强化生态制度

以高度的自觉积极践行“两山”理论，不断将生态优势转化为发展优势。不断改革创新，推动制度变革。进一步加强生态环境现代化治理体系探索实践，用创新意识和创新手段推动生态环境保护治理体系和治理能力现代化、加强生态环境治理能力建设，逐步建立健全环境治理的各项体系。统筹建立一体化管控制度体系，统一优化环境管理政策体系。

（二）以更大决心巩固、守护生态安全

继续加强水环境保护，切实保障水源水质安全，强化面源污染防控，实施河湖综合治理和生态清洁小流域建设。继续加强大气环境治理，推进VOCs排放企业深度治理，提升扬尘污染治理水平。继续加强土壤环境保护和固废处置，持续实施农用地土壤分类管理；建立完善固废资源化利用体系，全力开展“无废城市”建设。

（三）以更稳定力谋划、布局生态空间

把以淀山湖、元荡为主体的世界湖区和水源涵养区构成的生态绿心打造成为生态敏感性最高、生态本底最优质的区域，建设城乡一体化的生态空间网络布局。建立重要湿地清单和湿地分类分级保护制度，提升湿地复合生态效益。

（四）以更优结构驱动、发展生态经济

建立绿色产业架构。持续全面优化产业布局，打造区域特色经济，围绕“创新实力、生态价值、服务功能”三个导向，打造彰显区域特色、具有国际竞争力的现代产业体系。引导企业节能改造，实施能源总量控制，推广新模式、新技术，落实节能降耗专项扶持政。推进生态农业示范基地建设，全面优化种养结构与布局，形成基于不同农业条件下的种养布局策略。

（五）以更美措施更新、建设生态生活

建立人居环境整治长效管护机制，全面推进城市和农村一体化养护保洁范围，切实提升各地区环境卫生管理水平，积极有序推进美丽乡村建设，加大绿化环境建设，优化公共服务布局。坚持规划引领，强化示范引领，对标一流，高标准制定建设方案，开展重点区域村庄设计，提升江南水乡乡村风貌。

（六）以更浓特色浇灌、培育生态文化

继续发挥先进文化在生态文明建设中的引领作用。大力培育群众文化活动，让人民群众积极投入“弘扬生态文明、共建绿色青浦”的各项活动中来。继续打响青浦生态文化品牌，深入发掘其中文化内涵要素，拓宽生态文化品牌外延，探索“江南水乡古镇”与“时尚都市文化”融合发展模式。

（供稿：上海市青浦区生态环境局）

案例26

以生态建设和特色产业促乡村振兴，打造青西郊野公园城市“绿肺”

一、工作背景

青西郊野公园位于上海与江苏、浙江交界的淀山湖地区，在上海市青浦区金泽镇和朱家角镇境内，规划总面积约21.85平方千米。该地区聚集着上海市21个自然湖泊，是上海重要的水源保护地和生态保护区，郊野公园内物种资源丰富，“湖、滩、荡、岛”纵横交错，是上海市唯一以湿地为特色的郊野公园，其水生生物物种多样，堪称上海天然的本土水生物种基因库。公园近期建设开放区4.65平方千米，以湿地、生态、自然、休憩为主题，其中60多亩的水上森林上海独有，被誉为池杉奇观。园内还保留着具有江南水乡格调的村庄——莲湖村，2019年莲湖村被列为首批市级乡村振兴示范村。

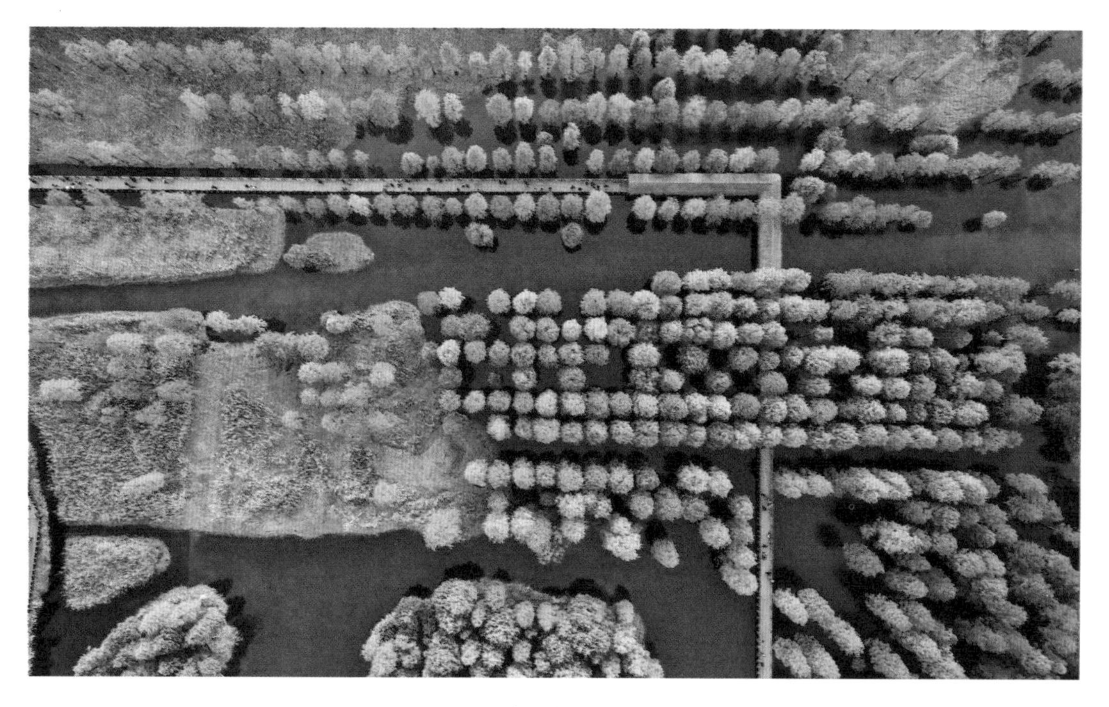

图6-8　青西郊野公园俯瞰

资料来源：上海市青浦区生态环境局。

二、工作举措

（一）全面贯彻生态优先理念

项目突出生态优先、系统修复理念，按照“尊重自然、保护优先、科学修复、适度开发、合理利用”的具体原则，坚持全域、全要素统筹，规划明确功能分区，以保持现有河湖水系、农田林网、自然村落等肌理为特色，突出水、林、田为主的保护修复，结合地区空间人文特色塑造，打造以生态保育、湿地科普、农业生产、体验休闲为主要功能的远郊湿地型郊野公园。

（二）实施各类生态保护修复工程

在落实规划功能分区要求的基础上，项目主要采取湿地保护与自然恢复、用地结构布局调整、农田生态系统整治、河道综合整治、科普休闲人文空间塑造等措施，恢复区域生态系统稳定性，提升区域整体生态品质。

（三）湿地保护与自然恢复

以大莲湖水森林为核心，通过规划限制游览和建设活动，减少人为干扰，促进退化湿地生态系统自然恢复。同时，在湖边适当种植蜜源植物、鸟嗜植物群落，在水体沿岸种植沉水植物，形成由森林植被、灌丛湿地、挺水植被和沉水植被构成的植物群落结构，为鸟类和昆虫、蛙类等创造适宜生境，提升区域生物多样性和湿地生态系统稳定性。

（四）用地结构布局调整

对项目规划范围内的低效建设用地实施减量复垦，淘汰低效高能耗高污染企业，推动农民集中居住，减少区域环境污染的同时，优化建设用地布局、提高用地效率。减量后的土地主要用于补充耕地和增植林地，同步实现农业用地结构调整，从而推动区域整体用地布局结构调优。

（五）农田生态系统整治

对630亩现状田块进行整治，通过促进农田集中连片和农田林网、生态沟渠、小型人工湿地等配套建设，打造田地与水网、林网相结合的江南水乡农田肌理，配合减少化肥农药使用，推广有机肥、绿肥种植等措施，改善农业面源污染，提升农田生态系统服务功能。

（六）河道综合整治

对项目区内现有的北横港、莲湖湾、大莲湖岸3处骨干河道以及多条镇村河道，在最大限度保留现状基础上，实施河道清淤和生态型护岸、护坡、防护林建设，共疏浚河道约15.9千米，水系网络结构完整性和连通性提升。

（七）科普教育、休闲游憩等人文空间塑造

以大莲湖及湖周边河湾、岛屿为基底，适当置入湿地科普、观赏、生态体验等功能，凸显生态保育理念；以生态片林、涵养林等为重点，打造森林观光、森林疗养、水上探险、森林果树采摘等功能，凸显鲜氧体验特质；提升现有保留村落景观风貌，以水系联系农业生产，引入农业观光、农耕体验等功能，传承水乡农耕文化。

三、实施成效

（一）用地结构布局优化

青西郊野公园把农业建设和农村发展同保护耕地与保护环境密切结合起来，开展建设用地和农用地综合整治，保障土地资源可持续利用，保障农业和农村可持续发展，实现了土地利用的转型。通过低效建设用地拆除复垦以及坑塘水面、养殖水面等整治，在彻底清除污染源、缓解面源污染的同时，新增林地约0.8公顷，新增耕地约99.2公顷，区域用地结构不断优化。

（二）区域生态绿核功能凸显

通过山水林田湖草的系统修复和综合治理，锚固了以水、林、田为基底的绿色生态空间，新增水域面积约19.8公顷，湿地、农田生态系统结构不断改善，水系连通性增强，生物多样性得到维护，区域整体生态环境和生态功能显著提升，也为市民提供了自然、野趣的休闲游憩空间，2020年国庆小长假期间入园游客超4.5万人次，创下开园以来的新高峰。

（三）生态优势实现转化

区域生态优势逐步转化为发展优势，华为移动终端研发中心落户，成为推动区域跨越式发展的重要引擎，一条以高端研发、生态旅游、现代农业为基础的绿色发展路径逐步形成。

图6-9　青西郊野公园水上森林

资料来源：上海市青浦区生态环境局。

四、经验总结

一是建设过程中高度重视郊野单元村庄规划引领作用，坚持水、林、田、湖、草、村、厂全域全要素统筹，设计理念坚持节约优先、保护优先、自然恢复为主的方针，以保持现有河湖水系、农田林网、自然村落等江南水乡肌理为特色，规划将其打造为以生态保育、湿地科普、农业生产、体验休闲为主要功能的远郊湿地型郊野公园。

二是具体实施中以问题和目标为导向，坚持生态优先、系统修复，针对区内湿地萎缩、水体连通性差、农业面源污染严重、用地布局散乱等突出问题，统筹开展湿地保护与自然恢复、河道综合整治、农田生态系统整治、用地结构布局调整、科普休闲人文空间塑造等工程。

三是通过各类工程实施，锚固以水、林、田为基底的绿色生态空间，区域用地结构不断优化，郊野公园生态绿核功能凸显，园内优美的生态环境还吸引了华为移动终端研发中心落户，实现了区域生态优势到发展优势的转变。

（供稿：上海市青浦区生态环境局）

案例27

从“边角料”到“忘忧角”
多元共治打造人与自然和谐的生境花园
——长宁区生境花园建设实践

一、工作背景

城市越来越大、建筑越来越密集,“千城一面”的现代城市中,自然却离我们越来越远,城市中的人类愈显孤独。然而,城市不应仅属于人类居民,也同时属于其他鲜活的小生命。尊重自然,回归自然,拉近城市居民与自然的距离,增进城市居民对城市生物多样性及其生态服务价值的认知就显得尤为重要。城市生境花园项目于2017年启动,作为大自然保护协会上海保护项目城市生物多样性保护和恢复实践行动,致力于打造多功能的社区花园和绿色空间。长宁区通过生境花园示范项目,结合城市微更新和社区改造,探索将自然融入生活、打造多功能的绿色空间,满足居民对亲近自然的渴望,对社区生态品质的追求,拉近人与人之间的联系,让居民乐享绿色空间所带来的生态福利,提升居民的幸福感和自豪感,取得了显著成效。

二、工作举措

(一)精心改造城市死角,推进乐活栖居微更新

在逼仄有限的空间里,满足多样化需求,因地制宜实施更新改造,是生境花园面临的难题。城区多为典型的老式公房小区,可供利用的空间往往是犄角旮旯的边角地,而且多数曾由违章建筑占据,有的还被用作临时停车场和垃圾堆放区,拆违后的空间地方面积小、设计难、采购难,令生境花园建设者发愁。社区邀请专业团队共同参与,兼顾居民的亲近体验和景观感受,对生境、体验和休憩进行了空间层次划分。在花园内的居民活动区内,设有廊架、长椅和活动平台,充分满足居民们歇脚和活动的需求。安装种植箱,大家一起种植应季的果蔬香草,利用有机垃圾堆肥的肥料养护土壤,鼓励周边的居民享受“家门口的生态花园”,在花园里放松身心。经过精心设计改造,居民们一度敬而远之的废弃死角,变成令人流连忘返的花园,也成了推进现代城区诗意栖居的典范。

（二）基于自然解决方案，营造本土生物栖息地

在生境花园的生物栖息地营造方面，建设者们下足了功夫。通过设计建设小型池塘，满足昆虫和不同小动物们对水源的需要；墙边大小不一的昆虫箱、角落里的枯枝落叶堆让昆虫们可以安心地安家；地上的一些石块是预留给蝴蝶们晒太阳的好场所；四季开花的果蔬是传粉昆虫们的最爱，蜜源植物在传粉昆虫的眼中堪比豪华大餐，而一些特定种类的传粉昆虫也需要合适的寄主植物才能繁育后代；种植火棘、枸骨等挂果时间长，又受到鸟儿喜爱的食源植物，让鸟儿们在食源匮乏的冬季也能填饱肚子。结合周边水系、外环绿带等生态廊道，补充结构丰富的本土植物群落，减少农药化肥的使用，为多种野生动物提供食物、水源或庇护所，通过生境花园重新连接人与自然的关系。

（三）多方资源共同参与，探索精细化自治模式

城市生境花园的建设与维护是一项长期的任务，后期的维护和保护是花园的居民游憩、生物多样性保育等服务功能长期发挥作用的关键。生境花园项目从设计开始强调社区居民全程自治参与，其建设过程也是共建共治的生动实践。项目坚持践行“全过程民主”理念，邀请社区居民从设计阶段就参与到花园建设过程中，听取收集不同年龄段、不同身份居民的真知灼见。社区居民不仅是生境花园的见证者和使用者，更是维护者，生境花园的日常维护和管理，由第三方机构和社区居民共同参与，结合《居民公约》等方式，居民的主人翁意识持续增强，公共精神、自治能力持续提升。多方合作探索社区自治、人文与公共艺术融入、志愿者培养等与社区生态空间打造、美好家园建设相结合的新途径和合作模式，共同努力将生境花园打造成为生态品质提升的体验地、人与自然的连接地、社区居民与朋友交流的分享地。在保护城市生物多样性的同时，提升了老百姓的幸福感、获得感和满足感。

三、实施成效

长宁区近年来持续开展老旧居民社区的更新改造，打造城市生物多样性保护与城市更新有机结合的城市生境花园，实现“绿色碳汇、生多保护、雨水蓄积、健康疗愈、自然教育”多重复合功能。目前，全区建成生境花园总面积约3 559平方米，为城市野生动物提供食物水源的庇护所达40多处，新增灌木及花卉400种，为居民修建休憩空间及设施88处。利用城市空间“边角料”建设起来的生境花园，已变成小动物们来回迁徙

图6-10 长宁乐颐生境花园

资料来源：上海市长宁区生态环境局。

图6-11 长宁虹旭生境花园

资料来源：上海市长宁区生态环境局。

的珍贵“生态跳板”。

绿八社区乐颐生境花园在联合国《生物多样性公约》第15次缔约方大会(COP15)上,成功入选联合国“生物多样性100+全球典型案例”。虹旭生境花园作为上海市长宁区“土地节约集约利用成效好、闲置土地少”的优秀案例之一,受到国务院的通报表扬。“老旧小区荒废角落改造生境花园”被评选为2021年上海生态环境十大“金点子”之一。

每一种生物都有着自己的秘密,每一个花园都藏着四季的欢喜。通过生境花园示范实践,希望未来能逐步促成城市生境花园网络的形成,打通城市野生动物栖息地的关键节点和廊道,提升和丰富城市生物多样性,同时提高居民接近高质量绿色空间的通达性,满足居民对亲近自然的渴望,让周边的居民乐享绿色空间所带来的生态福利,助力上海实现生态之城愿景。

(供稿:上海市长宁区发展和改革委员会、上海市长宁区生态环境局、上海市长宁区虹桥、中山公园地区功能拓展办公室)

案例28

“多层成网，功能复合”打造浦东城市绿道建设“新典范”

一、工作背景

围绕公园城市的建设要求，浦东新区生态环境局深入践行“人民城市人民建、人民城市为人民”重要理念，以大力推进绿道建设为抓手，以有效串联各类绿色空间为载体，结合城市建设有机更新和迭代升级，不断提升生态系统服务能级，更好融合生产、生活、生态协调发展，切实推动高质量发展和高品质生活齐头并进，市民对城市绿色开放空间的满意度显著提升，幸福感和获得感明显增强。

二、工作举措

（一）把人民群众的感受度和满意度放在首位

坚持以人民群众的根本利益作为工作的出发点和落脚点，坚持“定位需求点，开门办实事”的工作作风，浦东新区生态环境局对街镇、村居、企事业单位、居民代表等各方面人群开展问询、座谈、问卷调查等各类形式的调研活动，聚焦城市生态建设中的痛点、堵点、难点和热点问题，广泛听取社会各界对于绿道建设的意见和建议，做到问需于民、问计于民、问效于民。从而准确把握绿化建设从可视到可达、从景观到服务、从单体到系统的时代转变和发展趋势，把开放、融合、共享、服务等功能作为绿道建设的核心要素。

（二）以规划布局的全局性和战略性作为引领

对标浦东新区社会主义现代化建设引领区的国家定位，对标国际最高标准和最好水平，坚持规划先行，顶层设计，结合市委、市政府建设公园城市的总体要求和市、区相关规划，浦东新区生态环境局启动编制了《浦东新区绿道专项规划》，明确了市、区和社区的三级绿道布局框架，明确了绿道建设的整体布局、技术规范和推进计划，进一步完善“多层次、成网络、功能复合”的绿道体系，即分别依托绕城森林、生态廊道、骨干河

图6-12　东岸滨江绿道

资料来源：上海东岸投资（集团）有限公司。

道、主要道路等公共空间，围绕缤纷社区、美丽街区、乡村振兴示范区、15分钟生活服务圈等“三区一圈”，用绿道串联起公园、绿地、街心花园等各类生态空间，承载交通、休憩、文旅、运动等各类服务功能，“点点成线、点线结合、线线成网”，全力打造有温度、有显示度、有感受度的绿道系统。

（三）将项目推进的系统化和制度化落到实处

坚持共建共享，社会参与，广泛发动社会各界和市民群众参与绿道规划、设计、建设和管理全过程。浦东新区生态环境局牵头发改、财政、规资、建交、水务、街镇等有关部门按职责共同推进绿道建设。

一是结合新建绿地，突出系统推进和整体设计，大力推进森兰楔形绿地、碧云楔形绿地、锦绣文化公园等绿道建设；突出野趣，以公益林建设为载体，大力推进大治河生态廊道、北蔡高标准公益林、合庆郊野公园等林地内绿道建设，体现田园森林之美，营造人与自然和谐共生的生态环境。

二是结合绿地改造，以“环城公园带”建设为重点，全力推进环城绿带绿道建设，充分利用原有的养护便道实施改建，通过架桥及利用周边道路进行贯通；以张江公益林抚育、川沙乡村公园建设等改造项目为契机建设林地内绿道，大力推进公益林的打开、共享和融合，提升林地的社会效益。

三是结合“三区一圈”，引导街镇推进社区绿道建设，拓展“毛细”绿道建设途径，打造有温度、有显示度、有感受度的家门口“毛细”绿道，逐步与骨干绿道连成网、连成片。社区绿道建设更加注重休闲与出行功能的复合，更加注重百姓感受，更加注重环境和谐，深得老百姓喜爱。

四是结合河道水系，突出林水结合和蓝绿共生，充分利用防汛通道，推进张家浜、三八河等滨水绿道建设，结合陆家嘴“水环”和三林“水环”贯通，推进“双水环”绿道建设，做到布局交融、资源整合、相互渗透、功能叠加。

五是结合市政慢行步道，植入绿道元素，实现慢行步道和绿道的“两道融合”。

（四）用绿道建设的高颜值和多功能提升品质

坚持高起点建设、高品质设计、高水平管理、高标准运行，全力打造生态自然永续、文化融合创新、市民欢聚共享的绿道体系。

一是体现功能复合。在充分发挥绿道生态功能的基础上，大力推进“公园+”和“+公园”的全面融合，深入挖掘各类资源特色，配套相应设施，实现绿道综合效益最大化。

例如，东岸滨江承载了绿道的文化、体育、健身、旅游以及服务配套等综合功能，沿线还有三林滨江、前滩公园、后滩公园、老白渡滨江绿地等多处网红打卡点。

二是确保连续畅通。绿道最主要的功能之一是要串联公园绿地、口袋公园、景观节点、林地等各类点状生态空间，推进全面开放和有效融合。针对绿道建设中的断点和堵点（如外环林带的绿道建设梳理出70多个物理断点），积极协调，主动作为，因地制宜，分类施策，采取下穿、上交、平交、退界、共享等多种措施，确保全区绿道体系畅通互联，连片成网，形成最大的规模效益。

三是打造浦东特色。突出驿站功能，东岸滨江共设置了22处风格统一的“望江驿”，间隔约1千米，并通过积极运营不断进行功能拓展，成为“全媒体文化会客厅”；突出“四化”要求，因地制宜塑造主题鲜明、形式多样的绿道，形成一批以玉兰、蔷薇、紫薇等主题植物为特色的绿道，带给市民春景秋色的季相变化和五彩斑斓的自然风景，提升绿道的综合景观品质。

三、经验总结

（一）规划先行，开展顶层设计

为更好地做好规划引领，系统性谋划，浦东新区生态环境局全面落实《上海绿道专项规划》与《上海市绿道建设导则（试行）》，并编制《浦东慢行休闲（绿道）系统的布局规划》。特别是2021年，浦东新区生态环境局根据发展新形势、新要求，编制了《浦东新区绿道专项规划》，进一步明确了绿道建设的整体布局、技术规范、推进计划等，充分利用环城生态公园带、金色中环、水环、道路改扩建等重大项目建设及美丽街区、缤纷社区建设，谋划绿道布局，逐步使绿道成环成片成网，为提升老百姓感受度和幸福感提供支撑与保障。

（二）部门协作，建立工作机制

部门协作，建立工作机制，在浦东新区社会主义现代化建设引领区先行先试。绿道建设涉及多部门，浦东新区生态环境局在跨部门合作等方面做了大量积极探索，与各有关部门按职责共同推进新区绿道建设，建立健全工作协同机制，明确职责分工，细化落实目标、任务、节点、资金，全面推进绿道建设。

（三）设立专项，加强资金保障

一方面，浦东新区生态环境局根据市绿化和市容管理局、市发展和改革委员会《关于印发〈上海市绿道建设项目管理办法〉（试行）的通知》（沪绿容〔2018〕79号）的文件精神，积极争取市级财政绿道专项资金补贴；另一方面，为确保绿道建设顺利推进，浦东新区财政局积极支持，将绿道建设经费列入财政预算安排，对环城绿带等重点绿道项目加大专项资金安排，有序推进。

（供稿：上海市浦东新区生态环境局）

案例29

下好治林“五步棋”，让“出门见绿”成为青浦市民生活标配

一、工作背景

近年来，随着青浦生态建设的持续推进，政府投资建设的公益林、生态廊道形成了较大规模的林业资源，其生态价值逐步显现，但林业建设以生态效益为主，还没有形成直接的经济产出，造成管理成本持续提高、土地使用矛盾突出、生态效益转化经济效益难度大等难题。如何利用好这些绿色资源，服务于乡村振兴发展，是当前必须认真谋划的一项重要任务。

二、工作举措

（一）因地制宜，寻找生态效益与经济效益相互支撑的产业模式

林业资源的利用要因地制宜。根据本地区的整体产业规划和现状林业的资源禀赋，选择合适的林下产业。夏阳街道的设想是依托较为成熟的乡村旅游资源，通过引进新的社会资本和扶持现有的优质企业，对现有林地实施二次开发，发展林业经济。在产业选择上，一是将林地直接向经营者发包，在现有林地上间种果树和中草药发展林下产业，在提高林地产出的同时为果蔬采摘、科普教育等旅游项目发展提供载体；二是引进社会资本，在重点区域种植观赏性树种，将养护道路改造为休闲步道，在林地中植入野营基地、房车营地、田间课堂、户外拓展活动等措施，以合作经营的方式为乡村旅游发展提供内容支撑。既可以通过林地的二次改造加快提升林地风貌，也可以通过产业化运营代替简单管护，有效降低管护成本、增加经济产出，逐步将林业资源的生态效益转化为经济效益。

（二）适度开发，探索资源保护与产业开发叠加推进的发展路径

林业资源的利用要适度有序。首先，确保林业的生态功能不能弱化，要顺应树木生长的自然规律，对现有的新种林木实施精心养护。其次，按照编制好的产业发展规划，

图6-13 柘泽塘生态水系

资料来源：上海市青浦区夏阳街道办事处。

图6-14 塘郁村乡村公园

资料来源：上海市青浦区夏阳街道办事处。

结合经济果林和中草药等作物的生长规律，以市场化方式介入国有林地经营，以加快提升原有林地风貌为前提，种植一定比例的经济物种和观赏性树木，提升林业资源的经济价值。在以上工作到位的基础上，以不破坏林业生长为前提，有序引入社会资本，投入旅游基础设施建设，植入观光、体验等休闲活动内容，支撑乡村旅游产业发展。最后，利用产业发展带来的经济收益，反哺林业资源抚育提升，逐步形成林业促进产业发展，产业带动林业提升的良性循环。

（三）理顺机制，处理好国有资产增值、集体经济发展与市场化运营的产权关系

通过林业资源的利用发展集体经济，离不开市场化的开发与经营，必须厘清资产所有者（政府）、土地所有者（集体经济组织）和经营者（社会资本）三者之间的产权关系，合理分配好三者投入与产出的分配关系。在制度设计上，建议政府将建成的林地按现行的管护费标准，登记好资产数量、设定好管护目标后，与集体经济组织签订委托协议，由集体经济组织承接管护责任，并获得初期经营权；集体经济组织在管护到位的基础上（可招标第三方专业机构管护），结合集体经济发展需要，以不低于委托目标的标准，通过对外发包的方式，引入社会资本对林业资源进行二次开发（新增的资产仍登记为国有）发展林业经济；引进的社会资本获得林业资源的有限经营权，上交集体经济组织相应的承包费，承担具体的林地管护责任，开展适度的产业开发，实施自主的产业经营。

以上措施，对政府来说没有增加管护成本，二次开发新增的资产也归属国有，有利于国有林地的风貌提升；对集体经济组织来说，可以通过政府委托管护将财政支出转化为集体收入，还可通过对外发包经营获得经济收益，有利于发展集体经济、增加农民收入；对引入的经营单位来说可以直接利用较为成熟资源来发展产业，能有效降低经营成本，有利于产业发展。

三、经验总结

一是强化领导下好“管林棋”。结合街道工作实际制定实施方案，成立工作领导小组，明确组织体系、目标任务及工作分工等事项，发挥“头雁效应”，将林长制相关工作推深做实。二是健全机制下好“护林棋”。根据辖区林区资源现状及区位状况划分林长责任区，构建街道党政主要领导、村两委负责人两级林长责任体系，稳步推进“林长治”，形成“林有人巡、林有人护、责有人担”格局。三是加大考评下好“督林棋”。完善信息公开，接受社会各界监督。此外，制定工作目标考核办法，实现责任链条始终紧绷、

考核激励及追责体系不断健全、绩效评价贯穿全程，不断提升“林长制”监督管理水平。四是严格措施下好“治林棋”。依托城运中心“一网统管”平台，形成“立体治理”，建立村（居）级日常网格巡查与街道专业巡查相结合的林业绿化资源保护管理巡查机制。五是广泛宣传下好“爱林棋”。广泛动员引导群众参与，不断加强生态文明宣传教育，营造“爱护森林、人人参与、人人有责”的积极氛围。

四、结语

夏阳街道把做实林长制作为推进辖区生态文明建设的重要抓手，紧扣“林”这个主题，紧盯“长”这个关键，紧抓“制”这个落脚点，以着力下好“五步棋”为举措，逐步提升群众生态保护意识，不断筑牢绿色生态防线，用生态文明建设“高分答卷”守护群众幸福。

（供稿：上海市青浦区夏阳街道办事处）

案例30

清除入侵种　重现天鹅湖
——崇明东滩湿地生态修复

一、工作背景

上海崇明东滩鸟类国家级自然保护区位于长江入海口，是东亚—澳大利西亚候鸟迁徙的重要节点。近年来受到外来物种互花米草入侵影响，保护区内鸟类栖息地面积下降，生态功能有所降低。为了践行生态文明理念，遏止互花米草入侵趋势，为鸟类提供高质量栖息地，上海市绿化市容局在国家林草局改革发展资金和市发改委、财政局的大力支持下，开展了崇明东滩互花米草生态控制与鸟类栖息地优化工程（简称“崇明东滩生态修复项目”）。

崇明东滩生态修复项目实施总面积约为25平方千米，总投资11.6亿元。项目主要建设内容包括互花米草生态控制、鸟类栖息地优化和科研监测基础设施等三大部分，崇明东滩生态修复项目自2013年9月底开工建设，项目建设期为50个月。

二、工作措施

（一）坚持多方筹措资金

2001年开始，国家林草局通过林业改革发展资金每年给予300万—400万元用于湿地保护和修复，开展各种治理措施的试验和研究。通过中央资金的引领，2013年，市财政立项项目总投资11.6亿元，开展了大规模生态修复工程。

（二）坚持依靠科技支撑

项目实施过程中，国家林草局、科技部、上海市科委共支持了5个重点攻关项目，项目在推进过程中也获得了国内外研究机构专家的大力支持和帮助，有力保障了项目的科学方向和路径。

（三）坚持顶层设计

项目涉及专业领域繁多，施工环节极其复杂，坚持做好顶层设计，制定项目管理大纲，统筹设计、施工和监理等环节，牢把项目管理主动权，严格贯彻落实进度、质量、安全、投资和环境“五控制”原则，确保项目“规范、可控、优质、高效”。

（四）坚持目标导向和问题导向

项目施工过程中，严把互花米草清除、水鸟栖息地修复、人居环境改善3个关键目标，统筹安排项目设计及施工管理，确保实施目标不偏差。针对施工条件差、避开汛期影响、施工组织难度大等特点，始终坚持问题导向，加强应急预案管理和现场巡查，及时发现、及时处置，确保了工程实施。

三、实施成效

历经近5年的建设，崇明东滩生态修复项目共建成围堤26.9千米，随塘河50千米，涵闸4座和东旺沙水闸1座，治理互花米草25 367亩，种植海三棱藨草1 500亩、海水稻426亩，营造岛屿56个，营造河漫滩45万平方米。项目营建形成的生境岛屿、漫滩、开阔水域、盐沼、沙洲、水稻田等多样化生境，为迁徙过境的鸻鹬类和越冬的雁鸭类等水鸟提供良好的栖息环境，东方白鹳、白头鹤、小天鹅、黑脸琵鹭等国家珍稀保护鸟类大量回归东滩越冬栖息，效果十分明显。

图6-15 小天鹅等珍稀鸟禽逐渐回归

资料来源：上海市绿化和市容管理局。

一是形成3万亩环境相对封闭、水位可调控管理的修复区。该区域能根据互花米草治理的水位和鸟类栖息要求对水位进行调控管理，为区域内灌浆纳苗、保持底栖动物种类和数量的稳定奠定了基础。二是成功控制了项目区域内的互花米草生长和扩张。通过水位调控和带水刈割，成功灭除区域内2万多亩互花米草，灭除率达95%以上。三是项目区域内生境明显改善，鸟类种群数量显著增加。根据有关监测报告，修复区内记录到的雁鸭类数量占同期保护区总数的65.88%，鸻鹬类数量则占到22.12%，部分区域已成为夏候鸟繁殖的筑巢地。2016年冬天，科研人员在修复区域记录到小天鹅约60只。项目实施后，小天鹅数量逐年增加，2021年冬季，达到844余只。水鸟数量从2009年的39 734只次逐步上升到了2021年的183 422只次。四是形成了一套在河口地区治理外来入侵植物的成熟经验。编制完成了《互花米草生态控制技术规范》，为我国其他地区开展互花米草等入侵物种治理提供了宝贵经验。

图6-16　互花米草刈割

资料来源：上海市绿化和市容管理局。

（供稿：上海市绿化和市容管理局）

案例31

多方联动促“貉”谐
——探索超大城市野生动物管理工作机制

一、工作背景

随着上海生态城市建设的不断推进，公众的生态保护意识不断提高，野生动物对城市环境适应力日益增强，越来越多地出现在市民的生活中，引起社会各界广泛关注，带来超大城市野生动物保护和城市治理的新问题。2020年夏季，一条“松江米兰诺贵都小区大量貉出没引发小区居民恐慌”的信息在微信群流传，大量貉在该小区内聚集，对居民日常生活造成困扰，引起部分市民恐慌，受到了媒体的高度关注。民有所呼，必有所应。市绿化市容局作为野生动物保护主管部门，通过党建引领，科学施策，多部门联动，凝聚社会力量，建立长效监测机制，保障野生动物种群安全，积极探索新形势下超大城市野生动物管理工作机制，营造人与野生动物和谐相处的环境。

二、工作举措

（一）开展科学调研，精准分析问题产生原因

在获知松江米兰诺贵都小区貉异常增多的情况后，市绿化市容局第一时间成立由局野生动植物保护处、市野生动植物保护事务中心、松江区林业站等市、区两级部门组成的工作小组，实地了解有关情况，开展种群监测，掌握第一手信息。同时，主动邀请复旦大学、华东师范大学生态学专家参与调查，针对小区貉种群数量异常和居民疑虑，召开专题研讨会。经过实地调研监测和专家研判，米兰诺贵都小区貉种群数量有可能在60—80只，远超貉自然分布的数量极值，而增多的最主要原因，除了小区生境丰富，非常适合貉安全居住外，更为关键的是小区人工投喂流浪动物现象突出，食物来源充足，小区内的貉食住无忧，种群数量稳定增长，而小区外的貉也闻讯而动，纷至沓来，导致该小区貉种群异常增多。找准产生问题的原因后，工作小组制定了系列解决措施，提出加强引导、停止投喂、种群调控、长期监测的分步处置方案，同时明确了下一步种群调控责任主体、程序、数量、放归地点和监测等具体工作要求。

（二）强化党建引领，积极发挥基层治理作用

为尽快缓解居民恐慌情绪，改变米兰诺贵都貉异常聚集的现状，工作小组“双管齐下”：一方面发挥党员干部的先锋模范作用，安排党员干部开展现场咨询、科普讲座，积极回应市民疑虑，加快种群调控处置措施推进进度；另一方面积极发挥居委会、物业、业委会“三驾马车”基层治理的合力，加强宣传引导，在小区貉经常出没点设置警示牌，持续劝导居民停止投喂，阻断人工食源。在小区居民停止人工投喂后，貉种群数量下降明显，在相关许可获得批准后，小区居委会在区林业站的指导下，最终人工诱捕貉10只。小区貉数量明显减少，小区居民的日常生活回归正常，一场“貉聚集”引发的风波就此化解。

（三）加强社会协作，积极探索长效管理机制

米兰诺贵都小区“貉聚集”事件虽然得到妥善解决，但通过持续监测和信息收集所示，貉已在上海多个区的小区内频繁现身，甚至与小区内的宠物狗发生冲突。为了有效破解“貉聚集”这一难题，市绿化市容局邀请本市野生动物研究、保护和科普宣传等多个领域的专家学者，专题讨论“貉聚集”的成因和应对策略。同时加大科学研究力度，对貉进行跟踪监测、行为研究和病原检测，与复旦大学、山水自然保护中心共同发起“貉以为家：公民科学和城市生物多样性”项目。通过问卷调查的方式，收集了有貉分布小区的信息，绘制完成上海“貉”地图，涉及上海10个区的147个小区，并通过上海林业、山水自然保护中心等公众号发布，向市民提出和谐共处的注意要点。该公民科学家项目入选COP15“全球生物多样性100+典型案例”。

（四）拓展科普渠道，携手营造“貉”谐共处氛围

2021年，随着我国野生动物保护名录的调整，“貉”正式成为国家二级重点保护野生动物。为不断加强“貉”谐共处的科学宣传工作，倡导人与自然和谐共生的生态文明理念。近两年，市绿化市容局总结米兰诺贵都小区“貉事件”处置经验，组织相关单位主动对接“貉出没”小区的居委会、业委会和物业公司，给出精准、有效的“貉”谐共处操作方案，并选派专业技术人员和党员干部先后面向20余个社区开展“貉”谐共处专题讲座，受众逾2 000人次。同时，运用好主流媒体的正面宣传引导作用，先后在《解放日报》《新闻晨报》及上海电视台等媒体上积极发声，总结归纳“貉”谐共处四点提示，向市民发出倡导：科学爱护不投喂、保护环境做好垃圾分类、保持距离不惊扰不伤害、

图6-17 社区开展“貉平共处”专题讲座

资料来源：上海市绿化和市容管理局。

文明养宠和谐共处你我它。编制《爱“沪”绿色家园》生态环保课程，作为上海市爱心暑托班课程之一，2021年暑假，共组织志愿者宣讲144班次，共有5 760名学生学习了该课程。

三、实施成效

新时代对超大城市的野生动物保护管理提出了新要求、新挑战，已不能再用传统思维来研判野生动物管理工作，更不能忽略城市化进程中野生动物与市民之间可能出现的矛盾和冲突。作为保护野生动物的主管部门，秉承“人民城市”理念，坚持为民办事宗旨，拓宽工作思路，创新解决方法，在实践中总结城市野生动物管理的良好经验与做法，不断探寻新时代、新形势下超大城市治理中人与野生动物和谐相处之道。魔都上海，都市与野性并存。在开阔与隐秘的地域，人和动物不期而遇。居于上海的獐、貉、猕猴、胭脂鱼、震旦鸦雀，是我们的动物邻居。上海正布局更多人与自然亲近的空间，要累

图6-18　上海小区有“貉”出没

资料来源：上海市绿化和市容管理局。

计建成20个野生动物重要栖息地，恢复、新建湿地和野生动物栖息地6 300余亩，使更多野生动物有成为“市民”的可能。

（供稿：上海市绿化和市容管理局）

第七篇

共护碧水清流

案例32

陈行水源地的美丽蜕变

“十三五”期间，上海市陈行水源地所在的宝山区罗泾镇持续开展水源保护区内工业企业关闭清拆、乡村环境基础设施建设、环境综合整治、水生态修复及水质提升、水源涵养林建设等工作。宝山区以优美生态环境带动乡村振兴发展为“初心”，全力支持陈行水源地所在的罗泾镇打造水源地环境“精品”，从而带动区域更高质量发展，最终提升了百姓对美好生态环境和饮用水安全的获得感。

一、基本情况

罗泾镇地处上海市宝山区北部，东临长江，与崇明区隔江相望。陈行水源地位于宝山区罗泾镇行政区域内，是上海市四大集中式饮用水水源地之一，供水范围覆盖宝山区和嘉定区。陈行水源地的饮用水水源保护区总面积约324公顷，保护区内共有农户逾1 000户，居住人口近5 000人。

二、主要做法和成效

（一）迎难而上，全面完成饮用水水源保护区企业关闭拆除

“十三五”伊始，宝山区紧跟市政府相关部署要求，在全市范围内率先启动水源地环境整治工作，区、镇、村三级联动，污染源从风险管控到关闭拆除，至2018年全面关闭或拆除78家工业企业、仓储及畜禽养殖场，水源地生态环境显著改善。

宝山区以用好“水源地生态补偿专项资金”为突破口，加大对水源地财政转移支持力度，关停企业纳入生态补偿范围。罗泾镇有针对性地制定了《陈行饮用水源保护区企业综合整治工作方案》，明确任务、时间节点、分类实施，排定年度名单分批推进关停，对于违法企业坚决取缔，实行关停措施；污染物排放量大的企业、风险企业率先关停；镇、村两级把好土地关，及时或提早终止租赁，清拆厂房，从源头上控制无序出租；加大产业结构调整力度，推进一批化工、造纸、铸造等行业退出；开展环保专项执法行动，加

大环境违法行为的惩治力度，有力推进企业关停。同时，罗泾镇重视长效监管，落实镇、村网格化全覆盖巡查水源保护区，第一时间发现问题，发现一家，查处一家，严防企业回潮。

（二）截污纳管，水源地农村生活污水零直排

2018年，陈行水源地内农村生活污水全面完成截污纳管，彻底消除水源保护区内河道水系被生活污水污染的风险。一方面，高标准、严要求，关停水源地19座运营年限长的农村生活污水处理设施，截污纳管后进入城镇污水处理厂集中处理；另一方面，全面排查各村宅内管道混接、新建房屋私排管道等情况，拾遗补漏，彻底解决河道水环境污染。

（三）精益求精，水源地相连水系水生态治理

在完成河道截污控源、生态驳岸建设、河底清淤等工程的基础上，着力构建“水下森林净化系统”，辅以水生物基网净化系统、生态沟拦截净化系统等生态工程措施，推进河道生态修复，再塑河道水体生态净化功能。

1. 编制《罗泾镇新川沙河以北河网水系水质提升与生态修复方案》，确定治理思路和技术路线

改变传统单一型河道治理模式，有针对性地运用水质提升策略，按照“环境营造、增加水动力、水质净化、水景观营造、水生态构建”等思路，从“水生植被恢复、食物链结构完善、水体微动力提升、水生态系统长效管理”等方面进行生态治理，降低水体氮磷、COD含量，去除或稳固内源污染，提高水体透明度，提升河道的纳污能力，达到水质净化的目的，营造良性、健康的水域生态系统，打造区域化河网生态水系。

2. 分年度稳步推进生态提升各项工作

2019年，根据水体连通情况将河道划分为“封闭型水塘/河沟”和“断头浜/连通型水系”两大类型，确定位于水源保护区的海星村8条段河道作为河道生态修复重点示范工程，8条段河道总长4 119米，河道总水域面积为31 868平方米。针对河道水生态系统生物多样性低、水生态系统脆弱、水体自净能力较差的现状，以“水下森林”技术为主导进行河道生态修复，达到提升水质、改善水景观、增加水生物多样性的目的，以点带面系统化改善区域水生态环境，提升区域整体水质。

（四）带动水源地周边整治，助力塘湾村乡村振兴

坚持牢固树立和践行“绿水青山就是金山银山”的理念，尊重自然、顺应自然、保护

自然。在保留和彰显村庄肌理、自然水系、传统风貌等乡村特色的基础上，坚持问题导向，大力推进无违建先进村居创建、河道整治、环保违法违规建设项目清理等工作。通过努力，塘湾村乡村振兴示范村建设已经初具规模，乡村人居环境显著改善，乡村经济提质发展，村民满意度百分百。

1. 攻坚克难抓整治

打通老百姓拆违“最后一公里”，累计拆除各类违法建筑2.742万平方米，取缔3家严重影响环境的废品堆放点，成功创建无违建先进村居。实施三仙沟等4条河道共1 994米生态修复工程（治理后的三仙沟被评为市级最美河道和区级样板河道），实现村域内20条河道生态修复全覆盖，水环境质量普遍达到Ⅲ—Ⅳ类标准，部分达到Ⅱ类标准。

2. 因地制宜抓建设

完成农林水改造以及300亩生态公益林提升改造。结合沪太路污水二级管网工程实施村宅污水纳管，沿市政道路14座农村生活污水处理站全部纳入市政管网，另外2座完成提标并达到一级A标准。完成全部10座厕所提标改造。

3. 着眼长效抓管理

随着农民生活水平的提高，农民房屋实现了从草房、瓦房、楼房到洋房的形态演变，目前已基本完成房屋翻建，并已基本实现村庄归并和集中居住。坚持有序引导农房翻建规模形态，实现了从审批报批、开工放样到竣工验收的全过程、全方位监管，通过村规民约等方式规范农房租赁行为。加强整治后的常态长效监管和闲置土地的规划建设，从空间形态、建筑样式、装饰材质、景观小品等方面进行风貌提升，打造生态宜居新农村风貌。

（供稿：上海市生态环境局）

案例33

30年的坚持　圆梦清澈的苏州河
——上海市城市黑臭水体治理的实践与探索

一、工作背景

苏州河，源自太湖，全长125千米，经苏州入上海，流经上海境内53.1千米后注入黄浦江，是上海除黄浦江外最重要的河流。1920年以后，随着上海经济社会的快速发展，大量生活污水和工业废水排入苏州河，苏州河开始出现黑臭现象。1978年，苏州河在上海境内全部遭受污染，市区河段终年黑臭，鱼虾绝迹，路人掩鼻。1980年代以来，上海坚持“以治水为中心，全面规划，远近结合，突出重点，分步实施”“一张蓝图干到底，一代接着一代干”，让苏州河的面貌发生了根本改变。通过苏州河的治理，上海走出了一条特大型城市治理黑臭水体的道路。

二、工作举措

（一）统筹谋划分步实施，全力推进四阶段系统治理

1984年，为了缓解和遏制苏州河、黄浦江污染问题，上海市委、市政府聘请国际团队与本地科研人员共同研究提出了合流一期工程，有效截留苏州河沿岸污染源并减少苏州河对黄浦江的污染。1988年8月，时任上海市委书记江泽民在合流污水治理一期工程开工之日题词：“决心把苏州河治理好。”1993年，合流一期工程完工后截留苏州河120万立方米/天的污水。1997年，成立了苏州河环境综合整治领导小组，市长担任领导小组组长，全面开展苏州河的环境综合整治工作。苏州河综合整治前后共四期工程的实施全面恢复了苏州河水质和水生态系统，并且将特大型城市中心城区水环境治理的路径、技术和政策体系进行了系统验证。

（二）以点带面系统推进，全面建立污水处理体系

在苏州河综合整治工程的带动下，上海系统推进水环境基础设施建设。污水方面：1995年以来，上海城镇污水处理能力从49万立方米/天上升到857.3万立方米/天，

其中白龙港污水厂处理能力达到210万立方米/天，是亚洲最大的污水处理厂。2021年，全市城镇污水收集处理率达到97%以上，为城市水环境治理与保护提供了重要的基础设施支撑。此外，上海坚持污水收集管网建设与污水厂建设相匹配，2000年以来，污水管网建设总长度超过7 500千米。污水收集范围随着城市建设扩张也在不断延伸，近年来更是打破城镇边界，以人口密集度作为建设需求，通过合理的成本核算，将污水管网延伸到周边农村地区，建立因地制宜的污水收集体系。污泥方面：上海在2008年出台相关规划并明确提出针对城镇污水处理厂污泥、排水管道污泥、雨水与污水泵站栅渣及污水处理厂沉砂池等不同类型污泥的处理处置路径。目前，全市污泥处理处置体系已从1999年的单一焚烧为主转变为焚烧、高温好氧发酵、厌氧消化、干化、深度脱水等手段相结合的总体处置体系，污水厂污泥无害化处理率已经达到100%。

（三）勇于挑战治水难点，精准治理城市面源污染

上海作为百年以上的老城，污水和排水系统非常复杂，其中浦西的中心城区仍然保留着和纽约、伦敦等老城市类似的雨污合流系统。这套系统在历史上发挥了重大的排污、排涝作用，但是随着城市的发展和人口增加，合流制系统的问题逐渐暴露，大量污水通过管网和泵站滞留，下雨时直接排放河道，造成黑臭。此外，上海新建的区域都是分流制排水，但是在城市开发过程中基础设施建设与道路施工、新区开发等仍会出现不一致的问题，导致分流制地区的雨、污管线混接、错接的现象逐渐增加。针对这些问题，在苏州河治理一期、二期对周边泵站和管网混接进行重点地区、重点泵站的改造。全市范围在2015年开始了截污纳管攻坚战和城市混节点改造。2020年年底，全市各区上报完成4 274个住宅小区，17 037个市政、企事业单位、沿街商户和其他雨污混接点改造，全面完成改造目标。此外，彻底消除全市200余座市政泵站旱天排放的问题，增加监控措施对中心城区市政泵站的水量水质情况进行跟踪，结合水利工程和地区发展，对重点地区泵站进行改造，逐步消除市政泵站的污染，不断叠加正向的生态环境服务功能。近年来，上海按照国家和市委、市政府工作部署，注重系统推进海绵城市建设，从源头加强对雨水径流控制。2016年，上海市入选第二批全国海绵城市建设试点城市，结合国家试点地区临港新片区海绵城市建设，全市推进海绵城市试点工作，总面积接近200平方千米，在治理城市面源的同时兼顾了排涝和景观功能，得到广大市民的称赞。

三、实施成效

（一）干支流水质明显改善，生态系统逐步恢复

苏州河干流在2000年基本消除黑臭后，苏州河上海境内水质与沪苏省界赵屯断面水质趋同，COD_{Cr}、NH_3-N和总磷浓度呈显著下降趋势，溶解氧呈逐步上升趋势。2021年，苏州河7个监测断面水质处于Ⅲ—Ⅳ类水平，均达到相应的功能区要求。在苏州河原污染最严重的断面底泥中发现昆虫幼虫，下游河段的着生动物种类增加近一倍，底栖动物生物量和需氧物种明显增加。2001年市区河段出现成群的小型鱼类。2011—2012年开展的苏州河鱼类调查共采集到鱼类21种，较2004年调查的5种有明显上升，且鱼类物种组成相对丰富，鲫鱼等耐污种类已能全河段分布，生态系统有显著提升。

（二）环境面貌显著提升，百姓点赞，共享治理成果

整治后的苏州河河道整洁，水面干净，两岸建起23千米的绿色走廊和65万平方米的大型绿地，市容大为改观，生活、休闲环境得到充分改善。2001年，治理后的苏州河上举办了首届龙舟赛，开创了苏州河上举办大型水上体育项目的先例。苏州河水上观光等项目的开通，让老百姓更近距离地感受到治理成果。2020年，苏州河42千米基本实现贯通，上海母亲河又一次“华丽转身”，成为沪上热门的滨水新空间。

四、经验总结

（一）领导重视和机制保障双措并举，明确目标，长期坚持

从1980年代开始，上海市历届市委、市政府对苏州河的整治都十分重视，一届接一届，一年连一年，紧抓不放，作为重中之重和一号工程，集聚动员了各行各业和方方面面的力量投入整治工作，并在资金、人力等方面给予充分保障。为保障苏州河环境综合整治顺利实施，专门制定发布了《上海市苏州河环境综合整治管理办法》，对整治范围内的水域活动管理、污染物排放管理、市容和环境卫生管理、开发建设管理等作出规定。历届上海市人大领导和代表也对苏州河整治十分关注，每年对苏州河整治进行视察、检查，有力地推动了苏州河整治的进程。

（二）总体谋划和久久为功相统一，一张蓝图绘到底

“凡事预则立，不预则废”，苏州河的治理深刻体现了“一张蓝图”的重要性。“上海

市区污水治理战略方案研究”“苏州河污染综合防治规划研究”等科技攻关工作，为苏州河治理确立了顶层设计和总路线，之后30年的工作始终沿着这条总路线向前推进。同时，在治理中我们深刻认识到截污治污的关键作用，截污治污工作始终贯穿在30年的治理过程中，是苏州河实现根本转变的“核心武器”。

（三）生态环境保护和经济发展相统一，实现共赢发展

苏州河两岸曾是上海民族工业聚集的区域，化工、印染、棉纺、造纸、制革、食品等产业兴盛，苏州河流域曾集中了近千家工业企业。为加强苏州河治理，早在1996—1997年，上海市委、市政府就明确对苏州河沿岸地区功能进行了规划调整，将其定位为居住、科技园区和商业用地并且配套相应的基础设施用地和大量绿化景观建设，确定了苏州河沿岸产业“退二进三”的转型方向。在落后产能清退的过程中，通过打造临空商务园区、长风西片区等一批高科技产业园区，沿岸区域的经济显著提升。

（四）整体推进和重点突破相统一，不断深化治理

苏州河的治理是一项系统工程，在整个治理过程中，我们始终坚持以干流为主线，在不断推进干流水质整体提升的情况下，在不同阶段分别抓住重点难点问题，实施重点突破。一期整治以清除苏州河干流黑臭以及与黄浦江交汇处的黑带为目标，抓住污染最重的6条支流进行重点截污整治。二期整治从全流域展开，截污治污从下游向上游延伸，从点源向市政泵站延伸，重点是稳定水质，改善两岸绿化环境；在二期整治过程中，上海以镇村河道为重点，开展了声势浩大的“万河整治行动”，累计完成中小河道整治23 245段，长度17 067千米，疏浚土方16 863万立方米；并以迎接世博会为契机，推进河道整治向村沟宅河延伸，启动了农村生活污水治理等农村水环境基础设施建设，涌现了一批具有江南水乡风韵、人水和谐风情的生态小河道。三期整治以改善水质、恢复水生态系统为目标，在资金、力量均有限的情况下，通过3轮环保三年行动计划的推进，治理范围从苏州河市区段到中心城区骨干河道、郊区骨干河道、区域性骨干河道，再到普通河道及村镇级河道，进而囊括了太湖流域综合整治，河道整治从重点河道到一般河道，从市内河道到交界河道全面铺开。四期整治重点提升全流域水质和实现苏州河两岸滨岸带贯通和景观提升。苏州河四期整治，正如时任市长韩正所指出的：“实践证明，这条治理道路符合苏州河治理的实际，能够积小步为大步，循序渐进，逐步实现我们的治理目标。”

五、结语

苏州河坚持治理的30年，也是上海深化推进改革开放的30年。上海以改革创新的实践精神、久久为功的坚持精神、求真务实的科学精神，让昔日“黑如墨、臭如粪”的苏州河重回水清岸洁的景象。苏州河由黑变绿的过程，正是对习近平总书记“两山”理论的生动实践。如今，苏州河的水环境质量得到了显著改善，但干流水质仍有波动，苏州河水系支流仍存在市政泵站雨天放江等污染问题。我们将继续牢牢把握习近平生态文明思想的精髓要义，把苏州河整治持续深入地进行下去，最终实现“安全之河、生态之河、景观之河、人文之河”的美好愿景，让良好的生态环境成为最普惠的民生福祉。

图7–1　苏州河普陀段贯通

资料来源：上海市普陀区生态环境局。

（供稿：上海市水务局）

案例34

贯彻落实“人民城市”重要理念，
加快建设“一江一河”生活秀带

一、工作背景

黄浦江和苏州河是上海特有的城市符号，是上海最具象征意义的地标性区域，不但记录着上海城市百余年发展的脉络，更是未来上海提升城市能级和核心竞争力的重要承载区。近年来，上海市委、市政府着力推进“一江一河”滨水岸线的改造与提升，继2017年年底黄浦江核心段45千米岸线贯通开放之后，2020年年底苏州河中心城区42千米岸线也实现基本贯通。昔日的“工业锈带”变身成为今天的“生活秀带”，成为新时代人民城市建设的重要里程碑。同时，上海市、区两级政府也蹚出了一条社会治理的创新路径，实现了政府引导、市场运作、社会参与相结合的共赢局面。

二、工作举措

（一）先规划、再实施

2002年，以黄浦江两岸地区规划方案国际征集为起点，上海充分吸取国内外成熟经验，确立了“转换功能布局、延续城市文脉、实现还江于民”的开发理念，编制完善了从总体到详细再到城市设计等各层面的规划体系，出台了关于规划、土地、房屋拆迁补偿、建设项目审批、投融资等一系列政策文件，制定了《上海市黄浦江两岸开发建设管理办法》，为开发工作保驾护航。

（二）先核心、再延伸

随着上海城市空间的不断拓展，黄浦江两岸开发范围也经历着发展和变化，最初提出的开发核心区域南起卢浦大桥，北至翔殷路—五洲大道，两侧岸线长度约20千米，陆域面积约22.6平方千米。2010年，规划控制范围已经拓展到了浦东、宝山、杨浦、虹口、黄浦、徐汇、闵行、奉贤等8个行政区。2019年再次进行扩容，黄浦江两岸开发纵深进一步扩大至2—5千米，规划控制范围约201平方千米，新增苏州河沿线50千

米岸线、约139平方千米规划控制区,"一江一河"战略启动实施,涉及的行政区增加到12个。

(三)先基础、再功能

黄浦江两岸地区是不可复制的空间资源,是不可多得的"大衣料",没有最好的裁缝,没有满意的样式,绝不轻易出手。2003—2010年,黄浦江两岸开发进入基础建设期,推动沿江企业动迁和土地收储,新建黄浦江越江隧道10余条,一线滨江新建了近6平方千米绿地公园等公共活动空间,景观形态及环境品质明显提升。近年来,金融、航运、旅游、文化、科创等现代服务业逐渐在黄浦江两岸集聚,陆家嘴金融城、外滩金融带集聚了上海市3/4以上的金融机构,北外滩航运服务企业超过3 300家,徐汇西岸文化走廊、人工智能高地逐步形成。

(四)先贯通、再提升

2016年8月,时任上海市委书记韩正提出"先贯通、再提升",尽早将最精华、最核心的黄浦江两岸开放给全体市民,让老百姓有切实的获得感。经过一年多时间,在无数建设者的共同努力下,2017年年底,45千米滨江正式贯通,成为两岸开发中的一大亮点。2020年年底,苏州河中心城区42千米岸线也实现基本贯通。未来,上海将进一步聚焦品质提升,聚焦空间扩展,聚焦功能积聚,把"一江一河"地区打造为"可漫步、可阅读、有温度"的魅力水岸空间。

三、实施成效

(一)真正实现还江于民

贯通工程的有力推进使滨水地区迎来了大规模的功能转换和公共空间整合提升,将原碎片化的独立用地打造成极具规模效应的滨水空间。2002年至今,累计完成企业动迁近3 500家,实现了滨江功能由生产型向综合服务型转型的发展目标,贯通工程涉及60余处企事业单位土地腾让,共计2 300余亩。黄浦江建成约1 200公顷绿色生态开放空间,滨水区域逐渐回归城市生活。"还江于民"让闲人免进的滨水空间,成为老百姓茶余饭后休闲、观光、健身运动的共享开放空间,公共空间已成为一件大的"公共艺术品"。

图7-2　杨浦滨江

资料来源：上海杨浦滨江投资开发有限公司。

（二）引领超大城市精细化治理和城市更新建设

“一江一河”滨水岸线实现基本贯通，公共开放空间持续优化，对于滨水空间管理也提出了更高的要求。2021年11月25日，上海市人大常委会审议通过《上海市黄浦江苏州河滨水公共空间条例》，将以此为契机，进一步建立健全与“一江一河”滨水区高质量发展、高品质生活、高效能治理相适应的体制机制、政策法规、规范标准，加快形成涵盖规划、建设、管理等全生命周期，体现全要素精细化治理最好水平，具有全球影响力的世界一流滨水区。

（三）以世界级滨江承托建设卓越全球城市核心功能

“一江一河”两岸地区具有丰富的创新、人文、生态资源，如复旦大学医学院、国家航空航天研究机构等分布在浦江岸线附近，徐汇西岸文化长廊、后滩世博文化公园、杨浦百年工业文明展示长廊等重大文化设施星罗棋布，上下游区段已建成吴淞炮台口湿地公园、后滩湿地公园、共青森林公园、闵行郊野公园等大型生态绿地。同时，黄浦江两岸地区具有自然生态和滨水景观的天然优势，对创新型和研发型企业具有极大的吸引力。沿岸重点功能区域依托公共空间加速发展，外滩—陆家嘴—北外滩，世博—前滩—徐汇滨江功能核心，吴淞滨江、杨浦滨江、闵行紫竹滨江等创新功能产业节点的产业进一步集聚。滨水空间丰富深厚的历史人文资源，为文旅功能提升奠定了基础，45千米滨江岸线已成为上海旅游最靓丽的一道风景线。

四、经验总结

2019年11月，习近平总书记考察上海杨浦滨江，首次提出了“人民城市人民建，人民城市为人民”的重要理念。上海始终坚持以人民为中心，聚焦人民群众的需求，不断扩大人民的公共空间，让人民有更多获得感，为人民创造更加幸福的美好生活。

（一）统筹推进，共建高品质滨水空间

1. 规划引领

黄浦江贯通目标确定之后，沿线5个区分别开展了国际方案征集、规划方案优化、青年设计师方案竞赛、社会公众意见征集调查等一系列工作。超前的规划不仅仅是一张挂在墙上的图纸，更是引领城市空间发展和生活方式转变的战略构想，影响深远而重大。

2. 统筹建设

不断强化公共空间建设标准，确保滨水两岸公共空间在整体性、协调性中体现特色性。上海市“一江一河”办公室会同相关部门陆续印发《黄浦江公共空间建设导则》《苏州河两岸（中心城区）公共空间贯通提升建设导则》等指导文件，在总体设计、生态景观、活动场所、交通设施、安全保障、配套设施等多个方面，明确统一的建设设计要求。两岸各区段公共空间严格按照设计导则实施，强化整体性、协调性。

3. 社会合力

滨水空间建设是一项系统性、综合性的工程，协调量大，难度高。聚焦贯通开放目标，上海统筹发挥市“一江一河”办、市重大办等市级平台的协调作用，形成统筹全区域、覆盖全要素的综合协调平台和推进机制。围绕黄浦江沿岸130余项、苏州河沿岸80余项重点工作，形成任务清单，细化节点、落实责任。区级部门奋力作为，各区段结合自身条件，建立强有力的区级协调平台，形成合力，全面落实。

（二）高标准治理，打造超大城市精细化治理示范区

在“一江一河”公共空间贯通和品质提升的实践中，通过党建引领、多主体参与、全

要素整治等多种方式，逐步探索打造精细化管理示范区。为充分地满足人民群众多方面的需求，上海市、区两级政府协同开展沿河建筑、绿化景观、跨河桥梁、防汛墙、码头设施、道路立杆和架空线等综合整治工作。黄浦江、苏州河贯通开放，给全体上海市民带来了极大的获得感、幸福感、安全感，同时市民群众也非常珍惜这来之不易的成果，积极参与沿岸公共空间的环境保护、秩序维护等各方面工作中。“一江一河”公共空间，已成为新时代上海城市管理新理念、新模式的重要实践区。“一江一河”贯通效应将进一步扩展到上下游，扩展到每一条河道支流，让更多上海市民享受到滨江贯通的红利。

（三）共享空间，打造具有人文关怀的生活秀带

“一江一河”沿线充分利用滨河空间及沿线建筑资源，基本建成功能齐备、特色彰显、全民共享的配套设施体系。黄浦江沿岸基本上每隔1千米就有1座滨江驿站，如浦东的“望江驿”、浦西徐汇的“水岸汇”、杨浦的“杨树浦”，名称可能各不相同，但基本内容都是一致的，可以为市民提供休息、饮水、如厕、看书、上网等必要设施，甚至还有紧急

图7–3 杨浦滨江“人民城市人民建，人民城市为人民”创意展示

资料来源：上海杨浦滨江投资开发有限公司。

救护等特殊设备，除此之外，部分驿站还引入社会、企业等共同参与，通过植入特色功能并负责日常维护，打造成品牌亮点。

"一江一河"岸线贯通是践行习近平总书记"人民城市"理念迈出的坚实一步，滨水空间的转型重生，成为上海生活品质、产业发展、城市治理的"新标杆"，成为城市高质量发展的"金名片"，但仅仅是起步，而远非终点，建设更高品质、更加丰富多样的公共空间，把最好的资源留给人民，让人民群众拥有更多的获得感、幸福感、安全感，将是上海长期的、坚定的目标和愿景。未来的"一江一河"世界级滨水区将落实人文、生态、创新发展的要求，建设成彰显城市精神的人民之江、人民之河。

（供稿：上海市住房和城乡建设管理委员会）

案例35

嘉定南翔污水处理厂以下沉式再生水厂破解“邻避”效应难题

流觞曲水，葱茏绿植掩映着一座水环境科普馆；行走在花香弥漫的健身步道，你绝对想不到，脚下竟是污水处理厂。

位于上海市嘉定区的嘉定南翔污水处理厂一期工程，是华东地区首座下沉式再生水厂。把污水厂巧妙地“藏起来”，为践行人民城市理念，在人口密集的城区规划市政污水处理系统提供了创新范例。

一、破局“邻避”效应

要建厂进行污水处理？举双手赞成。污水处理厂要建在自家边上？反对！这恐怕是不少人对建污水处理厂的态度。这是由于污水处理厂、垃圾焚烧厂等项目，属于邻避（Not In My Back Yard，“不要建在我家后院”）项目。这些项目通常是城市生活的必要设施，但建成后可能对当地居民的身体健康、周边环境质量和资产价值等带来负面影响，因此，人们会对其产生厌恶情绪，如果处理不当，甚至可能引发群体性事件。在建设过程中如何破局“邻避”效应？上海市嘉定区用建设下沉式污水处理厂的方式，把污水处理厂“藏起来”，成功化解了难题。

嘉定南翔污水处理厂一期工程是全国首批、上海地区首个政府与社会资本合作（Public-Private Partnership，PPP）示范项目，是华东地区首座下沉式再生水厂，也是全国首座“清水砼”下沉式再生水厂，出水水质标准保持上海最高水平。在达到污水处理标准的基础上，还在地面上建设了生态水系等景观，项目兼备污水处理厂、生态环保科普教育等多重功能，扭转了人们对传统污水处理厂“脏、污、臭”的印象。

二、集成先进技术

嘉定南翔污水处理厂项目占地11.32公顷，日处理总规模达15万吨，服务面积达

图7-4　嘉定南翔污水处理厂

资料来源：上海嘉定污水处理有限公司。

36.1平方千米，覆盖南翔新老镇区的8个社区，总服务人口39.7万人。项目是传统污水处理厂的全面升级，有效节约土地，节省管网等投资，并充分利用地上空间建设城市生态综合体，在大幅提升周边社会、经济、环境价值的同时，变传统污水处理厂的“负资产”为“正资产”。

（一）上海最早PPP示范项目

嘉定南翔污水处理厂项目是国家财政部第一批PPP 30个示范项目之一，建设期2年，运营期28年。PPP模式是公共基础设施中的一种项目运作模式，在减轻政府短期财政负担的同时，也为社会资本提供了相对稳定的收益回报。通过引进专业团队和技术，提高公共产品服务效率，项目致力于打造"国内领先、国际一流"的科技型、生态型、标杆型示范工程及环保科技教育基地。

（二）全埋地下高效节地

2014年，上海建设用地规模已超过全市陆域面积的40%，远高于发达国家同类城市20%—30%的水平。上海市政府从上海资源紧缺的现状出发，做出了建设用地"负增长"的战略决策。为了更大程度地实现土地的集约节约利用，项目所在土地集"市政公用设施用地""公共基础设施用地"及"公园用地"于一体，将污水处理厂建于地下，采用主体构筑物组团布局、共壁合建的箱体式构筑物，使各构筑物单元在空间分布上布置紧凑、功能分区明确、空间利用高效。同时，地面空间用于建设开放式水生态绿地公园和科普教育中心。项目较同等规模地上厂节省占地60%以上，使地上、地下及周边土地资源综合利用达到最大化。

（三）绿色低碳循环节能

项目采用污泥低温干化、水源热泵、精确曝气、自然采光等绿色低碳节能技术强化污泥、污水的治理和资源回收；污泥低温干化技术通过密闭空间的空气循环，达到冷凝除湿、无废热排放的效果，具有强大的干化减量能力，干泥含水率≤10%—60%可调，减量高达80%以上。采用闭式污水源热泵机组系统，污水直接进入热泵机组进行冷热量转换，污水能量先传递给中介水，中介水再进入热泵机组进行能量转换。运用精确曝气控制系统，有效降低二级处理单元能耗。通过地下空间光照自然补给，利用太阳能减少照明电耗。

（四）先进生物除臭技术

下沉式污水处理厂由于采用地下全密闭的形式，对于除臭的技术要求更高，为了保障地面环境和对地下工作人员的健康无影响，利用高效的生物除臭技术，做到地面地下无臭无味，市民根本不会察觉到家门口多了一个污水处理厂。

（五）构建城市生态综合体

项目设计建设秉承着“自然、洁净、生态、安全”的理念，兼顾工艺与功能、建筑与环境的有机融合，园区内生态湖与环园河水来自地下污水处理厂处理之后的高品质水，栽植了大量的睡莲、荷花、慈姑、千屈菜等水生植物，吸引了白鹭、野鸭等鸟类前来栖息；园区内有一个长达3千米的健身步道和五人制标准化足球场。此外，园区里还配备了一个1 200平方米的儿童乐园，小朋友们也可以在此玩耍嬉戏；园区东侧还建设一座水环境科普馆，这座集科普、文化、教育为一体的科普馆开放以来，深受广大市民欢迎，也传递了更多绿色环保的理念。

三、实现多重效益

（一）环境效益

现有的绝大多数污水处理厂采用的出水标准为一级A，但上海嘉定南翔污水处理厂的出水指标达到地表水Ⅳ类标准，高于一级A，是目前上海地区污水处理厂出水水质的最高标准，出水可以直接作为河道生态补水。在处理工艺上，项目采用下沉式再生水系统，利用非膜工艺使氨氮、磷等主要出水指标稳定到地表水Ⅳ类标准。

上海嘉定南翔污水处理厂采用低温干化系统进行污泥处理。采用电源、低温条件运行，无易燃易爆气体、无粉尘、无爆炸风险，出泥含水率在10%—60%之间可以调整，不用加石灰或任何化学药剂，从而为污泥的后续资源化利用奠定了基础，有效解决了厂内污泥转运以及由此带来的污泥污染造成的环境问题。

（二）经济效益

嘉定南翔污水处理厂一期工程最大的亮点是“全地埋式”。进水泵房、曝气沉砂池、应急沉淀池、生物反应池等污水、污泥处理设施及相关配套设施全部位于地下，一期规模为5万立方米/天，后期工程将根据区域发展实际需要以及水量变化情况分期建设。项目采用的污泥处理工艺为污泥深度脱水，处理后的干化污泥进入嘉定区再生能源利用中心与生活垃圾掺烧，地上部分是开放式的水生态绿地公园。

（三）社会效益

上海嘉定南翔污水处理厂在借鉴了国外先进的污水处理厂设计理念的同时，切实体现绿色生态理念，其中绿色照明和能源回收是最好体现。比如能源回用系统，在污水处理过程中，利用尾水回收热量或制冷，回用至厂区和周边建筑；地面的办公楼、科普馆，实现冬暖夏凉，与常规中央空调系统及燃气锅炉系统比较，节省投资10%—20%，节省电耗10%—15%。

上海嘉定水环境科普馆，是上海乃至华东地区的首座水环境科普馆，约3 000平方米。展馆共分为两层，将现代化科普展览馆与下沉式再生水厂相融合，做到实用、美观，实现生态价值、社会价值、经济价值相统一。上海嘉定水环境科普馆第一层由序厅、多媒体科普教室和“水之揭秘”“水与生态”“生命与水”“生活与水”四大主题馆组成，第二层由中控室、“水之变迁”“正本清源”“人水和谐”“政策引领”“未来水环境”五大主题馆和尾厅组成。展馆主要展示世界先进污水处理技术、现今城市水资源规划建设和未来发展的宏伟蓝图。水环境科普馆面向公众传递绿色生态环保和可持续发展理念，成为宣传城市水文化知识、展现上海城市污水处理成果的重要载体，也是对公众群体进行科普宣传教育的基地。

（供稿：上海市嘉定区水务局）

案例36

全面开展“河长制”标准化街镇建设
推动水环境治理取得显著成效

一、工作背景

全面推行河长制是以习近平同志为核心的党中央从人与自然和谐共生、加快推进生态文明建设的战略高度作出的重大决策部署，是破解我国新老水问题、保障国家水安全的重大制度创新。“十三五”以来，上海市水务局深入贯彻习近平生态文明思想，牢牢抓住河长制这个治水的“牛鼻子”，全面推进水环境治理。

上海市累计河湖4.7万余条（个），其中88%以上为镇管村级中小河道，这些河道面广量大，分布在全市224个街镇和村民田间地头、宅前屋后。2018年，本底调查显示劣Ⅴ类中小河道占全市河湖总数的38.7%，河湖水环境整体较差。河道污染来源主要为农村生活污水、农药化肥、畜禽养殖、水产养殖等，传统的机械作业无法进场，治理难度较大，要实现河道水环境长治久清，打赢碧水保卫战，必须发挥街镇村居河湖管理与保护主力军作用。

针对以上河湖水环境治理特点，2018年，上海市正式启动河长制标准化街镇建设，并以此为抓手，通过提升基层治水管水能力，推进中小河道治理保护，打好碧水保卫战，改善城乡水环境质量。

二、主要做法

（一）精心谋划，做好顶层设计

2018—2020年，上海市先后印发《关于开展首批上海市河长制标准化街镇建设的实施方案》《关于继续开展上海市河长制标准化街镇建设的实施方案》《上海市村（居）河长工作站建设指导意见》等文件，并将村（居）河长工作站建设正式纳入河长制标准化街镇建设内容，不断完善河长制标准化街镇建设标准、建设内容和验收细则。建设要求明确了河长制标准化街镇河长办要做到“五有”（有机构、有人员、有经费、有制度、有保障），河长制工作要达到“四化”（网格化、信息化、精细化、制度化），工作成效要实现“两确保”

（消劣目标确保完成、水面率达标确保完成）。建设内容主要包括水质达标、河湖水面率达标、河道水环境治理、河道长效管理、制度体系建设、机构能力建设、信息化建设、人水和谐建设及特色项目建设等9个方面。同时，结合党群服务中心建设，按照“六个一”标准（建立一套工作制度、整合一支管水队伍、落实一个工作场所、悬挂一张水系图、搭建一个展示交流平台、建立一个工作交流群）同步推进村（居）河长工作站建设，使其成为村居民与河长的联络点、参与治水护水的议事堂、河长交流学习的加油站、河湖治理成果展示的宣传点、河湖治理信息的公告栏。

（二）三级联动，抓好推进落实

全市各级党政领导高度重视河长制标准化街镇建设。市级层面，2018年上海市河长制工作大会将标准化街镇建设纳入年度重点工作；上海市河长办将其作为夯实基层河长制工作，提升能力建设的重要抓手，督促指导各区推进河长制标准化街镇和村（居）河长工作站建设，全面打通河长制“最后一公里”，做实做强治水“神经末梢”。区级层面，区领导召开专题会议部署落实，结合区域实际情况，设定目标、细化任务，协调各部门共同推进；各区河长办结合年度河长制工作重点，指导参建街镇推进建设。镇级层面，各参建街镇对照实施方案中的建设标准，编制完善工作方案，明确目标、梳理任务、制订计划，多部门联动、水岸同治，推进落实各项建设任务，同时积极探索创新。

（三）因地制宜，积极探索创新

各区及参建街镇以河长制标准化街镇建设为契机，结合区域实际，探索机制创新，先后涌现出一批特色亮点制度与项目。例如，静安区天目街道以党建为引领制定了“1+8”联勤整治工作机制，并积极探索建成街镇级河长制智能化管理系统，向智慧化迈进；青浦区重固镇结合基层自治，构建了“河长+河道警长+民间河长+专职巡河员+村民监督员+党员志愿者”的全方位管水、护水体系；嘉定区嘉定新城白银社区借助村居工作站发挥群众智慧，组建“河道督查队”，打造全民治水强劲引擎。

三、主要成效

（一）基层河长办能力显著增强

在市、区、街镇三级河长办的合力推进下，历经3年实现了上海市182个河长制标准化街镇和1 645个村（居）河长工作站全覆盖。按照“四化”“五有”的建设要求，参建街镇河长办均设有固定场所和专职（固定）人员进行办公，资金配置到位，基础制度完善，并进行适度创新（例如，闵行区七宝镇建立了“三张清单、三长联动‘三个二’”机制，青浦区白鹤镇建立了“安白花”双驱联动巡河机制等），基层河长办能力得到显著加强。

（二）形成全民参与治水的新局面

通过河长制标准化街镇、村（居）河长工作站“四化”“五有”“六个一”建设，将河长制由行政机关村（居）向企业、社区、校园、家庭延伸，4万余名护河志愿者、2万余名民间河长深入参与水环境治理。例如，静安区发挥“清清”护河志愿者品牌效应，已发展40支护河志愿者分队；嘉定区每条河道至少1名民间河长，每2千米河段有1名河长志愿者；金山区开展“三个治水行动日”等主题活动等。进一步激励了全民参与治水护水热情，凝聚起全社会治水护水智慧和力量，初步形成全民共谋共治共享的治水护水新格局。

（三）城乡水环境显著改善

2018—2021年，全市完成河道整治1 905千米，打通断头河3 188条，完成33.2万户农村生活污水收集。2020年年底全市实现基本消除劣Ⅴ类水体目标，2021年全市河湖水面率由2016年的7.92%提升至10.24%，国控、市控断面达到或好于Ⅲ类水体比例由2016年的16.2%提升至80.6%，河湖水质明显改善向好。

（供稿：上海市水务局）

案例37

紧抓水污染治理“牛鼻子”，持续完善入河排污口监管

一、工作背景

2016年，习近平总书记在长江上游城市重庆提出“把修复长江生态环境摆在压倒性位置，共抓大保护、不搞大开发”，一系列国家顶层设计自此开始。2018年，国家部委机构改革，入河排污口的监管职责由水利部门划转至生态环境部门。2021年，《长江保护法》正式颁布施行，其中明确提出：“长江流域县级以上地方人民政府应当组织对本行政区域的江河、湖泊排污口开展排查整治，明确责任主体，实施分类管理。”

上海市生态环境部门将强化入河排污口监管作为改善水环境质量的“牛鼻子”工程，从进一步完善制度入手，从严控制新增入河排污口，不断推动全市入河排污口排查整治，持续改善本市水环境质量，助力深入打好碧水保卫战。

二、工作举措

（一）源头防控，规范入河排污口设置审核

2019年，上海市生态环境局进一步细化市区分工，指导各区做好入河排污口的设置审批工作。同时，根据审批改革相关要求，进一步优化审批流程，压缩审批时限，减少近2/3的审批时间。

（二）突出重点，持续推进长江入河排污口排查整治

2019年，生态环境部全面启动了长江入河排污口的排查整治工作。上海市生态环境局细化制定专项行动方案，组织开展无人机航拍和解译工作，浦东、宝山、崇明三区生态环境部门配合生态环境部对沿长江干流2千米范围内的入河排污口开展了现场排查，通过“天地”结合、“人机”互补等方式，共计发现1 558个长江入河排污口。2021年以来，相关区已对具备采样条件的700余个排口进行了监测，并全面完成了长江入河排污口的溯源工作。上海市生态环境局根据“依法取缔一批、清理合并一批、规范整治一

批”的基本原则，会同水务等相关部门，细化制定了长江入河排污口整治工作提示，进一步明确各相关区政府和市级生态环境、水务、农业农村和交通部门的职责，指导相关区政府合理制定整治方案，建立问题排口整治销号制度，计划用2年左右完成长江入河排污口的整治工作。相关区以改善水环境质量为核心原则，边溯源边实施整治，已对部分存在雨污混接、超标排放等问题的排污口落实了整治措施。

（三）建章立制，推动全市入河（海）排污口常态长效管理

上海市生态环境局正在牵头研究建立长效管理制度，推动实现入河排污口的有效监管。一是全面排查梳理全市入河（海）排污口信息。计划“十四五”期间，完成上海市所有河道、湖泊及杭州湾近岸海域入河（海）排污口的排查和溯源工作，形成“一口一档”，为入河（海）排污口的长效管理奠定基础。二是研究配套管理措施，推动长效管理落到实处。形成上海市入河（海）排污口排查溯源工作手册，结合上海市实际情况，完善入河（海）排污口命名、编码等相关规则和规范，推动排查溯源工作顺利启动。三是借助信息化手段，促进管理精细化。建设上海市入河（海）排污口信息化综合管理平台，涵盖入河排污口排查、溯源、整治、日常管理等功能模块，为全面排查、精准溯源、规范整治和常态长效管理奠定坚实基础。平台建成后，所有入河（海）排污口信息将与市、区两级有关部门共享，助力实现精准治污、科学治污、依法治污。

三、经验总结

（一）主动跨前，积极谋划

入河（海）排污口设置监管是生态环境部门一项全新的工作。虽然《中华人民共和国水法》《中华人民共和国水污染防治法》等上位法尚未修改，国家层面的相关规章制度和管理要求仍在逐步更新，但上海市生态环境部门不等不靠、主动跨前，在入河（海）排污口设置审核工作中充分借鉴本市建设项目环境影响评价管理经验，细化分级管理，明确要求，完善流程，实现审批工作有序衔接、平稳过渡。形成地方特色的排查整治专项工作方案，先行印发实施，争取为其他兄弟省市入河（海）排污口排查整治提供一批可复制可推广的经验。

（二）厘清职责，齐抓共管

入河（海）排污口量大面广，充分发挥各相关行业主管部门的监管力量是做好排

污口整治的有力保障。上海市按照“地方政府属地管理、行业主管部门分工负责、生态环境部门统一监督管理”的原则，进一步细化相关部门的职责，逐步形成生态环境部门牵头、各相关行业主管部门分工协作、齐抓共管的联合监管模式。同时，依托河（湖）长制工作平台，研究推进入河（海）排污口与河（湖）长巡河（湖）的有机结合，充分发挥河（湖）长制优势，试点设置企业河（湖）长，推动河（湖）长制全面落实落地和从“有名有责”到“有能有效”，压实治水管水责任，实现入河（海）排污口动态更新、常态长效管理。

（三）示范引领，全面推进

长江入河排污口整治工作量大面广，现有管理要求尚未全面覆盖。上海市各级生态环境部门会同水务、农业农村等部门，不断探索深化污染治理模式，坚持问题导向和目标导向，落实“一口一策”。在生态环境部的指导下，通过推动宝钢、华能石洞口电厂等大型、特大型企业污水减排甚至零排改造、农业水产养殖尾水试点治理、老旧小区雨污分流改造等一批整治示范工作的落地实施，引领推动长江入河排污口全面规范整治，为持续改善长江水环境质量提供有力支撑。

（供稿：上海市生态环境局）

案例38

人水和谐，生态宜居
——系统推进上海海绵城市建设

一、工作背景

2013年，习近平总书记在中央城镇化工作会议上首次提出建设“自然积存、自然渗透、自然净化”的海绵城市。2015年，国务院办公厅印发了《关于推进海绵城市建设的指导意见》(国办发〔2015〕75号)，明确提出要转变城市建设的发展方式，建设海绵城市。2016年4月，上海市入选第二批全国海绵城市建设试点城市，始终注重顶层设计，从理念、体制机制、政策、标准等方面系统推进全市海绵城市建设，以提升城市基础设施建设的整体性和系统性为核心，把“人民城市人民建，人民城市为人民”重要理念贯彻落实到上海海绵城市建设发展全过程，以海绵城市建设为抓手，高标准高质量建设生态城市。

二、工作举措

（一）建立完善管理体制

建立市、区(管委会)两级海绵城市建设管理体制。在市级层面，上海市住建委牵头推进全市海绵城市建设工作，负责统筹协调，监督考核，宣传培训等；上海市发改委、生态环境局等相关部门按照职责分工，协同推进海绵城市建设相关工作。在区级层面，上海各区政府、相关管委会是本辖区海绵城市建设的责任主体，明确海绵城市建设主管部门，完善工作机制，统筹规划建设。

（二）健全海绵城市规划体系

加强规划引领，建立宏观(市层面)、中观(区、管委会)、微观(区块)三级海绵城市规划体系，将海绵城市建设控制指标及雨水排水规划指标通过不同层级规划逐级落实。在国土空间总体规划、国土空间详细规划、城镇雨水排水和防洪除涝专项规划、城市绿地系统专项规划、市道路交通系统专项规划中衔接落实海绵城市建设有关要求。完善海绵城市标准体系，先后出台《海绵城市建设技术标准》《海绵城市建设技术标准图集》《海绵城市设施施工验收与运行维护标准》等。

（三）强化全生命周期管控体系

2018年，上海市政府办公厅出台《上海市海绵城市规划建设管理办法》（沪府办〔2018〕42号），进一步明确了适用范围、管理体制等，将海绵城市建设理念体现在规划、立项、土地、设计、建设验收移交、运营管理等各个环节，体现了海绵城市建设的全生命周期管理，为上海市开展海绵城市建设提供了重要的管理依据。为体现海绵城市建设的源头管理，在土地出让环节，将建设管理部门提供的海绵城市建设管理要求（年径流总量控制率、年径流污染控制率等指标）纳入土地出让条件。此外，在立法方面，市人大出台《上海市排水与污水处理条例》，对海绵城市建设提出了明确要求。

（四）构建“1+6+5+16”海绵城市建设格局

一是推进1个临港国家海绵城市试点区，临港新片区在总结临港国家海绵城市建设试点经验基础上，在386平方千米全域落实海绵城市建设理念。二是推进6个市重点功能建设区，虹桥国际中央商务区、长三角一体化示范区、虹口北外滩地区、黄浦江和苏

图7–5 临港国家海绵城市试点区

资料来源：上海临港新片区管理委员会。

州河两岸地区、普陀桃浦科技智慧城、宝山南大和吴淞创新城在开发建设过程中全面落实海绵城市建设要求。三是推进五大新城海绵城市建设，在嘉定、青浦、松江、奉贤、南汇五大新城建设中积极落实海绵城市建设要求。四是推进16区海绵城市建设，通过一区一试点，以点带面推进各区海绵城市建设工作。

（五）推进“六水”建设

一是保障水安全。构建集源头减量、过程调蓄、末端蓄排为一体的降雨径流控制与管理体系，提高城市水安全保障水平。二是改善水环境。通过各类净化、下渗类海绵城市设施的建设，降低雨水入河量以及初期雨水冲刷所产生的污染负荷量。通过河道生态建设、人工湿地建设提高水体自净能力与环境容量，实现对污染负荷的生态处理与消纳。三是保护水生态。重建、修复或优化上海市河湖水生态系统，提高系统韧性。保护城市中的天然海绵体，尽可能恢复自然生态本底。四是保护水资源。改造供水管网、降低漏损率，鼓励通过建设蓄水、净化类海绵城市设施，促进雨水调蓄与回用，有效提升非常规水资源开发利用效率。五是提升水科技。推进海绵产业化发展，开展海绵绿色行动计划，促进海绵企业绿色转型发展。六是复兴水文化。继承和发扬江南水乡文化，开展水文化知识的普及和教育。

（六）构建全社会共建体系

加强政府引导、广泛宣传，鼓励全社会共同参与。建设临港海绵城市展示馆，制作海绵城市宣传片，编制案例图集，依托各种媒介宣传海绵城市建设理念，增进社会各方对海绵城市建设的理解，让海绵城市建设理念深入人心，增强居民对海绵城市的感受度和获得感。

三、经验总结

（一）不忘初心，一张蓝图干到底

一是坚持海绵城市建设与生态城市建设多维度融合。主要体现在：海绵城市规划与生态环境保护规划相融合，海绵基础设施建设与城市生态品质提升相融合，海绵城市建设管控与城市治理体制机制创新和治理能力提升相融合。二是坚持以水定城，尊重自然。坚持从流域治理出发，在海绵城市规划源头保证区域发展格局再造，加强海绵基础设施建设，构筑海绵城市的空间网络。三是坚持城水合一，保护自然。注重海绵城市建设空间格局与区域自然生态网络相协调，注重海绵设施建设与生态空间再造统一，注重雨洪滞蓄功能与景观文化娱乐功能、生态产品供给功能协同提升。在系统改善水环境、水生态、水安全的过程中，释放出更多优美的生态空间，提供更多的优质生态产品。

（二）落实理念，精细管控保品质

聚焦重点，将海绵理念落实到空间布局上、落实到建设项目上、落实到管控手段上。一是聚焦空间布局"产城融合"。依托海绵城市空间格局规划，协调生产、生活、生态空间的优化布局，提升城市生态品质，以城兴产。依托海绵建设理念，引导城市"底线发展"，锚固城市生态基底，为未来优质产业发展腾出空间、创造条件。二是聚焦海绵建设项目"三同时"。海绵设施建设与主体建设项目同时设计、同时施工、同时投入使用。满足海绵设施建设相关标准与技术规范的要求，投资纳入项目建设概算。三是聚焦智能化管控。遵循"事前强管控，事中抓监督，事后重评价"，具体落实到审批、工程规划许可、施工、验收及运维等环节，提升海绵城市管控的系统化、智能化、精细化水平。

（三）久久为功，共建共享有活力

结合当前实际，采取"政府主导、社会互动、共建共享"的建设模式，久久为功。一是强化政府主导。建立完善的组织与制度保障体系。未来，要从区域统筹、规划管理、设计管理、工程建设、运行维护、资金管理等方面，不断总结经验成效，出台相关政策意见，保障有序推进。二是激励市场参与。通过弹性管理，政策与资金优惠，激励市场在资金、建设、运营、设备材料等方面持续发挥支撑作用。引入社会力量，提升建设品质。三是长效运维机制。从海绵设施移交、运行维护主体、成效监测评估、人员技术培训等多方面制定规范，明确要求，组织培养一批专业化的运维管理队伍，保障运维规范可持续。四是提升居民获得感。海绵城市建设是一项惠民工程，需广泛引入公众参与，创建环保教育基地等措施，共建共治共享，提升民众获得感。

（供稿：上海市住房和城乡建设管理委员会）

案例39

河岸旧貌换新颜，静安市民休憩有了好去处
——榜上有名黑臭河道脱胎成上海“最美河道”

一、黑臭水体蜕变成最美河道

静安区地处上海市中心，与6个区相邻，历史文脉悠久、城市商业发达、创新活力迸发，是上海对外交流的重要窗口。彼时，静安区河岸环境脏乱情况突出，部分中小河道出现黑臭，其中，区内5条河道“榜上有名”，2015年被列入国家住建部建成区黑臭水体整治名录。

2016年年底，在贯彻“绿水青山就是金山银山”生态文明思想的大背景下，上海市全面启动推进中小河道综合整治，静安区也同步开展“上海市城乡中小河道整治工程”及“苏州河环境综合整治四期工程”等工作。徐家宅河是位于静安区西北角的区管河道，作为5条黑臭河道之一，水体污染原因复杂，治理任务艰巨。经过不懈努力，如今徐家宅河不仅摆脱了黑臭之名，还先后被评为全市“三星级河道”“最美河道”。优异的治理成绩，是静安治水的模范，也是静安治水的缩影，足以以小见大，体现河道治理的“静安样本”。

二、打造现代河道治理的“静安样本”

（一）以制度建设为抓手，下好全区治水“一盘棋”

1. 深化河长制内涵，构建区域治水组织体系

2017年，静安区以全面落实“河长制”为契机，成立河长办公室，构建区域治水组织体系，全区范围内的水体（包括4条市管河道、6条区管河道、8个其他河湖、36个小微水体）全面推行河长制，以河长制促河长治。由区委书记任第一总河长，区长任总河长，分管副区长任副总河长，街道（镇）、大宁（集团）公司、区绿化市容局主要领导担任二级河长，形成了1个区级河长办、14个二级河长办的河长制组织体系，实现河长制的全覆盖。同时，推动河长制工作重心下移，将市排水公司纳入区河长办成员单位，全区沿河22个泵站均设立排口企业河长，完善辖区内的河道沿线排放口的企业河长设置。进一步夯实民间河长设置，共聘任民间河长48人，其中企业河长8人、“五老”河长4人。

2. 完善制度政策，提升各级河长履职能力

建立区级河长会议制度、考核问责制度等工作机制，制定《静安区河长制工作监督制度暂行规定》《静安区河长制考核问责制度暂行规定》《静安区河长制河道巡查制度暂行规定》等，定期对各街道（镇）、企业河长办履职情况进行督查考核。组织总河长和街镇、部门、企业河长巡河年均500余次，有效提升二级河长办的履职能力。推进河长办示范街镇建设，通过示范带动引领全区治水工作，静安区天目西路街道、彭浦新村街道等6个街镇先后成功创建河长制标准化街镇。

（二）以标本兼治为准则，综合施策摘除“黑臭帽”

徐家宅河的治理与区内其他黑臭河道一样，面临着污染源持续输入、河底淤泥堆积、水环境严重恶化等问题，如何有效消除黑臭成为一道艰巨的难题。为此，区水务局全面调研河道现状，厘清河道家底，确定以“截断河道污染物为前提，短期改善感官指标，长效修复水体生态系统”的总体治理思路。

1. 协同治理，抓好源头管控促提升

开展截污纳管工程，实施分流制排水系统雨污混接改造，清除了原来的雨污混接排放现象，改善区域水环境质量。扎实有序推进河道执法工作，加强污水排放单位日常监管，增强涉水类环境违法行为的查处力度，通过现场监察、双随机抽查、涉水信访办理等方式，对纳管排放一类污染物、有污水处理设施运行的排水单位和个人进行监督检查。执行工作会商、信息共享、联合执法和案件移送制度，依托生态环境与水务部门建立的联动执法机制，建立涉水生态损害赔偿联合工作能力。

2. 重拳出击，打响沿河拆违攻坚战

曾经，沿河两岸搭建着大量临时建筑物，不但岸边无法通行，还有很多居民通过临时建筑违法排污，致使河道水质久治不净。为解决这一污染源头，还居民家门口干净清爽的环境，静安区委、区政府根据区管河道及其管理范围的规定，集合区建设管理委、区城管执法局和沿线街镇的力量，全部拆除了沿河两岸的所有违章建筑，为整个陆域贯通奠定了扎实的基础。

3. 生态修复，探索科学治水新路径

在传统河道清淤、截污纳管、拆除违章建筑等措施基础上，积极探索治水瓶颈问题，尝试治水新技术的应用，努力形成较为稳定的生态系统和良好的自然景观，提高水体的自我净化能力。2018年起，徐家宅河以“自然野趣”为主题，开展河道生态修复和生态景观体系建设。河道水域种植沉水植物，投放水生动物，并配备增氧曝气设备；在河道

支流末端改造成砾间湿地，利用湿地中填料吸附和植物同化等作用净化水质；岸线以自然生态护坡为主，布置水生植物平台。通过水岸联动，构建食物链，降解、固定或转移污染物和营养物，形成多层次稳定的水生态修复系统，进一步提升水体的自净能力，加强河道生物多样性建设。

（三）以长效机制为保障，筑牢屏障巩固“水品质”

1. 推进精细化、智能化河道养护

始终把质量监管放在长效管理工作的首要位置。针对河道特点编制水质维护专项方案，通过对地表水质自动监测数据分析，开展河道水质动态预警。加强对福寿螺等外来物种查处，采用符合生态环保、科学规范的方式制订专项计划进行清理。探索新设备、新技术在河道长效管理中的应用，将GPS定位系统、无人水上拍摄船、手持云台拍摄装置及水位自动监测系统等应用在河道巡查、养护及防汛工作中，通过实时定位掌握巡查动态、影像对比了解养护质量及数据分析优化管理模式等途径实现可视化、信息化的动态监管，提升管养效率。

2. 开展全民参与河道守护

引导社会公众参与河湖治理，逐步吸收各社区、企事业单位人员加入河道环境保护中。2018年，静安区清清护河志愿者服务队工作站成立并参与河道巡查，结合河长制工作，形成了五级巡查制度，使得长效管理工作达到了新高度。其中，徐家宅河边的801居委也参与进来，以党建联建为抓手，成立“801居委清清护河志愿者服务队”，一同加入治水护水工作，向更多人宣传河道水环境治理和保护的知识，协助河道管理部门及时发现河道长效养护管理工作中出现的问题，岸边居民从原本黑臭河道的“受害者”“旁观者”转变为河道治理与保护的“受益人”和“参与者”。2020年，清清护河志愿者服务队由成立之初的6支队伍扩展至40支队伍、500多名注册志愿者，达到了涉河街镇全覆盖，逐渐形成“全民治水”的良好氛围。

三、全区范围内消除劣V类水体

经过综合整治，2020年，静安区境内9条中小河道全部完成“消除劣于V类水体”任务目标，达标率100%。区管河道水生态修复成果逐步显现，构建了从水下、水面及两岸全覆盖的河道生态功能布局，水生植被覆盖率均达到80%以上。

2016年，徐家宅河在断面水质监测和公众满意度测评中，显示已消除黑臭。2017

年，河道水质已达到地表水Ⅴ类水标准。2018年，经过完善水生态系统，水质进一步提升，河道水质达到地表水Ⅳ类水标准。徐家宅河美丽的风景获得周边居民的一致好评，在2020年第二届上海最美河道创评工作中被评定为“最美河道”。

图7-6 静安区徐家宅河整治前、后

资料来源：上海市静安区建设和管理委员会。

（供稿：上海市静安区建设和管理委员会、上海市静安区生态环境局）

案例40

环城水系公园，打造青浦城市新客厅

俯瞰江南，彩蝶花间起舞
遥望青浦，新城水边雄张

青浦区位于上海市西部，太湖下游，依水而生，因水而兴，水是青浦的灵性所在、魅力所在，自古就有“百河绕村镇，千桥卧碧波”之说，星罗棋布的河湖水系孕育出了青浦悠久的崧泽文化，润泽着青浦的经济社会发展。“十三五”期间，青浦区委、区政府充分考虑水韵城市生态特点，结合新城未来发展，打造最大的民心工程——环城水系公园建设。以“高颜值、最江南、创新核”的发展意象，诠释出生态保护、文化生活、产业发展良性互动的生动局面，打造一个“温暖家”。

环城水系公园包括由淀浦河、油墩港、上达河和西大盈港等4条共约21千米骨干河道围合而成的约24平方千米区域，是青浦新城的核心区，这里有“十四五”规划中的新城中央商务区和老城厢更新实践区，更集聚了青浦区36万居民。历时3年多，环城水系公园在2020年的第一天全线贯通。环城水系公园主打“水”概念，不以传统意义上的块状格局呈现，而是呈环状布局，利用青浦得天独厚的河网资源优势，以独具匠心的设计勾勒出一条美丽的水城“金腰带”，打造集防洪排涝、滨水景观、文化旅游、休闲娱乐、城市形象于一体的环城水系公园。4条骨干河道贯通成环，承载不同功能分区，同时打造一园一湖六湿地，形成“一环、四纵、八核”的空间布局。功能分区上，淀浦河为体现江南古韵的文化体验观光走廊，油墩港为生态涵养科普展廊，上达河为集休闲娱乐、商业服务、文化体验于一体的城市滨水商业核心绿廊，西大盈港为康体活力水系绿廊。项目建设特点体现在以下几个方面：

一是以人为本开放水岸空间。项目新建31座梁桥，打通阻断联系的支河，并形成一桥一故事，新建内外两环约43千米的滨水绿道，形成约3 000亩滨水开放空间。

二是打造环城水系生态基底。环城水系公园建设着力改善河道水环境质量，彻底解决沿岸排污问题，累计拆除沿岸违法建筑2 056处、25.3万平方米，建设用地减量141亩，房屋征收105处、13.8万平方米，环城水系范围内完成55个、232万平方米居民小区

图7-7 青浦区彩虹桥

资料来源：上海市青浦区水务局。

雨污混接改造，同步更新改造约28千米河岸，新增约160亩水面，新建约1 600亩绿地、林地。全力打造环城水系的生态基底。

三是留住文化古韵和乡愁记忆。系统展示青浦厚重的水文化、漕运文化、先民文化、红色文化、民俗文化；再现清代的水城门、青溪书院，围绕崧泽遗址和万寿塔打造历史遗址公园，让新城有温度、有记忆、可漫步、可阅读。

四是沿河陆上“康体健身环”。建设35处休闲运动健身场地，骑行道长度约26千米，步行道约22千米，建设18座码头，打造青浦特色水上旅游线。

五是智慧管理助力构建温暖家。环城水系公园基本做到无线网络全覆盖，通过APP推送、二维码扫描等技术手段，实现文化推送、手机导游、景点介绍、预约场地等，从而减少管理成本、提高管理效率。同时，为进一步满足居民休闲游憩需求，并融入15分钟社区生活圈的概念和部分功能，在项目范围内新建驿站（每处驿站均包含厕所）17处、厕所11处、茶室6处。

环城水系公园建设体现了“城市双修”的建设要求。通过“五违四必”整治、环境保护和水污染防治等工作，达到生态修复、环境整治、防汛安全的基本目标。再通过规划和建设，提升打造成一个独具水乡特色的兼顾历史文化、生态水景、健身运动和休闲旅游的综合性公园，向着建成水网中城市的目标更近一步。主要成效体现在以下几个方面：

（1）优化城市布局。环城水系公园围合而成约24平方千米的新城核心区。围绕核心区内外青松公路两侧、上达河两岸产城融合区等地块，进一步完善新城作为“双城”所必需的功能。同时，对老城区功能作必要的疏解和调整，使城市空间布局更加合理、宜人。

（2）改善水环境质量。环城水系公园通过“水岸同治”，淀浦河、油墩港、上达河和西大盈港河道水质从“十三五”初的劣Ⅴ类水体提升到如今稳定达到Ⅲ类水体，并进一步恢复了水生态，成为全市城镇地区水环境治理成效的标杆、“人水和谐”的典范。

（3）还水、还岸线于民。环城水系公园将约21千米水岸全部贯通开放，并以人为本构建各类活动空间，使环城水系公园周边60个住宅小区的居民得益，能时刻亲近身边的优良水体。

（4）产城一体，水城融合。环城水系公园做足“水”文章，把水与城紧密结合。上达河原先将北面的工业区和南面的城市区割裂开来，通过水系公园建设，把产业区和城市区有机联系在一起，起到了桥梁和纽带作用，将上达河沿线打造成为产城融合核心示范区。

（5）提升城市品质品位。环城水系公园建设进一步美化了城市生态环境，并以此为契机实质性启动了城市更新计划，包括城中村、老旧小区改造、重点区域环境整治等，极大提升了新城城市品质品位。

图7-8 青浦区水上图书馆

资料来源：上海市青浦区水务局。

（供稿：上海市青浦区水务局）

案例41

建设幸福河湖　留住“鱼米之乡”
——“河长制”引领生态清洁小流域建设，助力推进乡村振兴战略的探索和实践

党的十九大以来，中央作出乡村振兴战略的重大决策部署，其中一项重要内容就是创新乡村治理体系，走乡村善治之路。在这一背景下，上海市一些乡镇探索以治水为引领，依托生态清洁小流域综合治理，打造集生态农业、观光旅游为一体，村居与水文化景观相融合的美丽乡村。宝山区罗泾镇和浦东新区航头镇就是其中的典型代表，走出了一条绿色生态乡村振兴之路。

一、罗泾镇开展生态清洁小流域治理，涵养水源之地

罗泾镇位于宝山区，紧邻上海市四大集中式饮用水源地之一的陈行水源地，承担着水源一级、二级保护区和水源涵养林等功能。镇域北部及东部河道附近多为农田，由于化肥施用量、化肥施用结构和施用方式的不合理、不科学，部分化肥通过地表径流、渗透等流入水体，成为河道总磷超标的主要因素，造成水体富营养化；同时，生活污水收集管网管道老化、家禽养殖放养、建筑垃圾堆放、河道护岸等区域地表土裸露等突出问题，导致河道水质污染、河道淤积、水流不畅。总体来看，区域内生态环境功能和群众亲水需求均无法得以实现。对此，罗泾镇主要采取了以下措施：

（一）源头控制护水清

控制源头污染是治水的第一步，罗泾镇在污染源治理方面大力施策。一是结合水源保护区整治，开展工业污染源治理。2011—2018年在全市率先全面关停二级保护区内78家工业企业并全面完成清拆工作。二是全面推进截污纳管和管网雨污混接改造，镇域内居住小区、企事业单位全面截污纳管，完成镇域19个居住小区雨污混接改造。三是开展农业面源污染治理，一方面实施化肥农药减量化工程，持续推广有机肥替代化肥、测土配方施肥、缓释肥、侧深施肥、病虫害绿色防控等技术，巩固蔬菜绿色防控示范

区；另一方面，利用“引排水沟、自然水塘”，建设生态缓冲带、生态沟渠、地表径流集蓄与再利用设施，防控农业面源污染物入河。四是推进农村垃圾污染治理，落实农村生活垃圾全收集全处置。健全生活垃圾分类工作长效管理机制，提高垃圾分类减量化、资源化管理水平；加大精神文明建设宣传力度，开展“优美庭院、花园单位、特色楼道、美亮村宅”等创评活动。

（二）完善防护保水土

结合河道治理项目，实施生态护岸、岸坡绿化与生态防护等建设，提高河道的水土流失防护能力。对部分整治河道实施底泥生态疏浚，并对疏浚底泥科学分类还田、还林处置。

（三）生态修复筑景美

对水源保护区、精品村、生态节点区等水系进行高标准、生态化、景观化治理改造。通过“生境营造、前置浅滩生态湿地构建、生态廊道净化系统构建、水下森林净化系统构建、水生动物调控系统构建”等方面进行河网水系水环境综合治理，提出使水质可达标、使水环境更改善、使水景观更优美、使水管理更有效的任务措施。

（四）全民参与固长效

推进河长制示范村创建，成立河长助理、民间河长和护河志愿者队伍，充分发挥村民自治能力。一是加强宣传，围绕减少农业生产面源污染和清理农业废弃物，开展宣传引导和技术培训，增强村民科学生态种植理念，减少农药使用及规范农肥施药操作。二是执行农田常态化监管，防控面源污染物入河。开展常态化田容田貌检查，抓准农田绿肥管理，检查农田施肥、灌溉过程，推进农药包装废弃物回收和集中处置，确保施肥不过量，包装废弃物不乱丢，灌溉有序。三是加强河道生态维护及监测管理。每季度对罗泾镇村内河道水生态系统进行连续监测，包括浮游动植物、鱼类、底栖生物、水生植物的群落组成、生物量及生物密度等，根据调研结果评价系统所处状态并进行相应调整，协调生态系统结构与功能。

经多方持续不懈的努力，到2019年，罗泾镇全面消除劣Ⅴ类水体，2020年优良水体占比达到35.30%，水下森林恢复面积达14万平方米，岸坡缓冲带改造约8.7千米，河网水系水环境质量明显改善，生态系统服务和保障功能显著增强，并形成较为完善的生态系统保护、修复和管理体制机制。罗泾镇根据清洁小流域理念，系统整合流域内土地资源、生物资源和水资源，取得良好的示范效应。

图7-9　宝山区朱家宅南沟整治前、后

资料来源：上海市宝山区生态环境局。

二、航头镇以“河长制”推进美丽乡村建设

（一）以铁腕动手术，还梦盐铁塘，千年古河焕然绽新颜

盐铁塘是浦东新区下沙古镇内的一条古河，在航头镇境内全长6.3千米。从1990年代开始，昔日“梦里水乡”河岸两旁被各种违法建筑占据、清澈的河岸成了一条“臭河浜”“断头河”，污水横流、不堪入目。环境的不断恶化，让两岸居民怨声载道，治理盐铁塘的呼声也越来越高。自全面推行河长制以来，航头镇以铁腕治水来呼应群众期盼，力求千年古河重现一片水清岸绿。三级河长加强联动、协力推进。第一总河长牵头总抓，分析症结，研究对策，明确要求；镇级河长组织制定工作方案，多措并举，综合施策，逐个问题解决落实；村级河长发挥近邻亲情优势，用心用情做好村民思想工作。2017年5月，随着河岸两侧144处点位、5 576平方米违建被“清空”，河床清淤，河坡整形，截污纳管等全方位综合整治正式启动。经过一年多的整治，如今的盐铁塘河面波光粼粼、河岸垂柳轻摆，水清景美，成为周围居民重要的景观休闲地。看到这一变化，在这里居住生活了70多年的张伯伯高兴地说：“盐铁塘的水乡美景又回来了！”

图7–10　水质改善，鱼儿重回盐铁塘

资料来源：上海市浦东新区航头镇政府。

（二）以水为领作规划，水清牌楼村，脏乱村蝶变美丽乡村

牌楼村以河长制为抓手，以水为领作规划，通过“河长制+”全面梳理整治农村水系。全村河道全部纳入河长制管理，全面开展清淤疏浚、户厕无害化改造、建立农村垃圾“户分类、村收集、镇转运”收运处理模式、水景观设计等工作。2017年，牌楼村成功创建市级美丽乡村。昔日脏、乱、差为特征的牌楼村，摇身一变成为一幅“河道纵横、水天相连，人与自然和谐共生、自然与人亲密无间，饱含市级美丽乡村所特有的生态气息”的江南美景图。

（供稿：上海市宝山区生态环境局、上海市浦东新区生态环境局）

第八篇

呵护蔚蓝天空

案例42

精耕细作，持续提升VOCs精细化治理水平

一、工作背景

“十三五”期间，上海市以$PM_{2.5}$为核心系统推进了一系列大气污染治理工作并取得显著成效，原先以$PM_{2.5}$为代表的大气污染逐渐转变为以O_3和$PM_{2.5}$为代表的复合性污染问题。自2017年起，O_3已超过$PM_{2.5}$，成为上海市非优级天的首要污染物，且全年O_3污染出现的时间跨度有延长趋势。现阶段$PM_{2.5}$污染形势依然严峻和O_3污染日益凸显的双重压力是全国生态环境治理面临的共同挑战。VOCs作为$PM_{2.5}$和O_3形成的关键前体物，受到了国家和上海市一直以来的高度重视。上海市自2007年起即开始VOCs摸底工作，之后通过不断建立完善法规标准体系、持续优化顶层制度设计、开创提出一厂一策方针、聚焦重点问题精准帮扶、全面加强监测监管能力等措施，累计完成3 000余家工业企业的VOCs治理工作，逐步走出一条具有上海特色的VOCs精细化治理之路。

二、工作举措

（一）分阶段、聚重点，深入推进工业源VOCs减排

以重点行业工业企业为对象，以一厂一策为驱动，以持续削减排放量为目标，分阶段全力推进工业企业VOCs治理。2013—2018年（VOCs治理1.0阶段），主要聚焦石油炼制、石油化工、汽车制造、船舶制造、包装印刷、涂料油墨、汽车零部件、家具制造等行业企业，全面开展VOCs综合治理，共计完成2 000余家企业减排目标；2020年开始（VOCs治理2.0阶段），将治理范围进一步扩展至上海市24个重点行业、4个通用工序以及恶臭污染物排放重点企业，采用“菜单式”治理任务和“方案制定+技术评估+跟踪推进”三段式技术路线，推动企业全面对表施治、对标排放，涉及企业近2 400家。

（二）分主次、谋全局，紧盯社会源污染管控不放松

在狠抓工业源VOCs治理的同时，兼顾加油站和储油库、汽修、餐饮等社会面源以及机动车等重要流动源，分别采取有针对性的措施，按源施治，各个击破。先后完成800

余家加油站和储油库的油气回收治理、400余辆油罐车油气回收装置改造、630台开启式干洗机的淘汰和更新，完成汽修行业专项整治4 800余家，开展餐饮行业高效油烟净化装置改造和更新7 000余家。淘汰黄标车、老旧车45万余辆。2017年1月1日，重型柴油客车货车均实施国家第五阶段排放标准。

（三）重效果、保质量，同步强化核实评估与监测监管

在深入推进VOCs减排的同时，加大对实际减排效果的跟踪评估与监督监管。以企业VOCs污染治理项目专项扶持工作开展为契机，依托上海市环境科学研究院等团队的技术力量，先后动员近百名一线工作人员和专家团队，对全市2 000余家企业VOCs减排工程的实际效果进行核实核定，督促企业将治理工作做细做实。同时通过制定印发《上海市固定污染源挥发性有机物在线监测体系建设方案》等系列配套政策文件，要求重点企业重点排口安装VOCs排放自动监测设备，实时掌握企业治理效果。

图8-1　专家团队对企业VOCs减排工程效果进行核实

资料来源：上海市环境科学研究院。

三、经验总结

（一）标准强力引领

2014年颁布《上海市大气污染防治条例》时，即对VOCs污染防治要求及对应罚则进行明确规定，尤其是首次提出VOCs无组织排放应收尽收的基本原则，为上海市VOCs污染防治和监管提供了强大的法律依据。与此同时，上海市非常重视VOCs相关标准规范体系的建设和完善，先后制定出台涉VOCs地方性强制标准10余项、各类技术规范近20项，不断倒逼企业提标治理，推动行业高质量发展。

（二）政策组合施治

上海VOCs治理的特点之一就是擅长使用“组合拳”，无论是在2013—2018年的VOCs治理1.0阶段，还是2020年之后的2.0阶段，系列政策组合施治始终是上海坚持的基本路线。以1.0治理阶段为例，为了鼓励企业率先在国内开展VOCs治理工作，除了发布《上海市工业挥发性有机物治理和减排方案》，还研究制定了《上海市工业挥发性有机物减排企业污染治理项目专项扶持操作办法》以及实施细则，对做得早、做得好、做得快的企业给予不同梯度的财政补贴；同时，2015年上海还发布《上海市挥发性有机物排污收费试点实施办法》，依阶段、依行业、依效果开展VOCs排污收费，倒逼企业主动施治。

（三）一厂一策核心驱动

上海是国内最早提出实施VOCs治理“一厂一策”制度的城市。2014年，上海市生态环境局发布《关于开展本市VOCs排放重点企业污染治理工作的通知》，明确提出通过制定一厂一策推动企业实施VOCs精细化治理，要求企业根据自身生产要素和工艺特征，量身定制VOCs减排方案。从VOCs治理1.0阶段到2.0阶段，一厂一策始终是上海VOCs治理工作的核心驱动和主要抓手。在2019年生态环境部发布的《重点行业挥发性有机物综合治理方案》中，也将一厂一策确定为全国VOCs综合治理的共同要求。

（四）聚焦问题精准帮扶

持续聚焦急难险重问题开展“送政策、送技术、送方案”服务。过去几年间，上海市生态环境局先后分行业组织开展VOCs治理技术交流对接及案例分享专题会议10余场，累计培训企业治理负责人等相关人员4 000余人次。同时，通过建立百余人的VOCs治理专家库，深入减排现场开展精准问诊和技术指导帮扶，推动企业VOCs科学治理、

图8-2　VOCs专项扶持申报流程

资料来源：上海市环境科学研究院。

有效治理。在市生态环境局的指导下，技术支撑团队建立的“大城小E”微信公众号先后为2 000余家企业推送VOCs治理技术动态文章1 000余篇，持续推动企业治理意识和治理水平的不断提升。

（五）强化监管保证实效

建立多层级环境监测体系。固定源VOCs监测方面，在常规监测的基础上，率先出台和制定了固定源非甲烷总烃在线监测安装、联网和验收规范，通过在线监测加强常态监管；在重点产业园区，建立起8个大型产业园区和2个附属化工区的空气特征污染物监控网络，为应急处置、信访调处、溯源排查等提供了科学依据。VOCs执法方面，率先出台了《无组织排放废气（粉尘）环境行政执法操作规程》，解决了原来VOCs执法取证难、监测难的问题，持续加强VOCs执法力度，切实保障VOCs减排成效。

四、实施成效

2021年，上海市AQI优良天数为335天，优良率达到91.8%，为历年最高；$PM_{2.5}$年均浓度为27微克/立方米，创下有监测记录以来最低值，臭氧浓度为145微克/立方米，环境空气6项指标实测浓度全面达到国家环境空气质量二级标准。“一高一低”彰显了上海市大气污染治理成效显著。

（供稿：上海市生态环境局）

案例43

坚持科学、精准、依法治污，全力护航“进博蓝”

一、工作背景

举办中国国际进口博览会（简称“进博会”），是中国着眼于推动新一轮高水平对外开放作出的重大决策，是中国主动向世界开放市场的重大举措。自2018年以来，为深入贯彻落实习近平总书记“办出水平、办出成效、越办越好”的要求，围绕努力办成国际一流博览会的总目标，在市委、市政府坚强领导下，在生态环境部大力支持和长三角兄弟省市精诚合作下，全市相关部门、各区政府及相关企业积极作为、真抓实干、强化协同，按照“科学、精准、依法”的总要求，统筹做好经济社会发展和进博会期间环境空气质量保障工作，尽最大可能减少对生产生活的影响，为守护“进博蓝”保驾护航，圆满完成四届进博会空气质量保障任务。

二、工作举措

（一）科学谋划方案，提前准备措施

按照“1+4+X”的方案架构，部署1个区域协作方案，三省一市4个省级保障方案，以及监测、执法、科学评估等专项方案和区级子方案。秉持精准治污、科学治污、依法治污原则，聚焦重点领域、重点区域和重要时段谋划方案。自2019年起，创新举措，探索建立政企协商模式，聚焦重点时段提前开展政企协商，鼓励工业企业、工地和物流运输单位提前调整生产与运输计划，不搞“一刀切”停工停产。

（二）提升能力建设，精准预报、科学评估

持续提升监测和预测预报支撑能力。依托上海市已建成的50余个环境空气监测站、70余个工业园区空气特征污染监测站、3个大气超级站、9个交通站，以及130辆移动监测车辆和新建成近海海域的10个微站等监测网络，实现了实时三维监控。区域层面，通过保障协作数据共享机制，提升对北方地区、传输通道、上海周边地区的大气环境质量和污染源排放数据掌控的及时性。此外，安排8辆走航观测车在传输通道及周边

图8-3　第四届进博会长三角区域协作环境空气质量保障方案

资料来源：上海市环境科学研究院。

地区持续开展实时监测，识别苏、浙、沪地区问题点位。新增气象信息综合分析处理系统（MICAPS）气象观测、EC细网格精细化气象预报等预报辅助系统，拓展利用超算中心“魔方Ⅲ”服务器，实现环境空气数值预报系统的迭代更新。会期内相关专家每日开展空气质量监测预报评估会商，密切跟踪各项措施落实情况，为污染源的“点穴式”管控提供精准方向。

（三）严格措施落实，强化执法检查

保障期间，上海市各部门联动，严格按照保障方案既定内容积极推进落实各项管控措施。加大绿色电力调入，调停调减煤电机组；在上游污染传输通道上开展人工增雨作业，减轻区域输送对上海市影响；行业主管部门积极配合，督促企业落实政企协商减排措施。以第四届进博会为例，会期实施生产作业调整的工业、物流企业近1.2万家，工地超1.1万个。同时，相关部门按照职责分工，持续加大对大气固定污染源、社会面源、移动源执法检查力度，不断提升问题发现率。第四届进博会期间，累计共出动执法人员5.5万人次，检查数6万个，查出问题680件，处罚235件，处罚金额90余万元。

（四）区域联动，深化联防联控

印发区域空气质量保障方案，建立日报台账报送机制，聚焦会商评估发现的线索，坚持问题导向、支撑精准执法，向三省推送工作提示，每日调度问题核实与整改情况，形成闭环管理。苏、浙、皖三省22个城市全面落实进博会保障方案，强化区域联动，督促重点污染源严格落实减排措施，加大执法监督力度。2021年第四届进博会期间，共出动12.4万人次开展执法检查，累计检查点位9.8万余个，发现并完成整改问题数近7 000个。

三、经验总结

（一）领导重视，各区域各部门通力合作，是成功的根本保证

生态环境部副部长翟青在长三角区域生态环境保护协作小组办公室第一次会议上部署进博会空气质量保障工作，由张大伟副司长带队的生态环境部前方工作组进驻前方指挥部坐镇指挥。上海分管领导多次关心并主持召开进博会空气质量保障工作专题会，并在保障期间亲赴前方指挥部关心进博保障工作并慰问相关同志。正是因为生态环境部、上海市政府各级领导的高度重视，支持协调京津冀、长三角区域协作，组织上海市各部门通力合作、协同保障，才有了连续四届进博会空气质量保障成功的优异成果。

（二）不断深入打好蓝天保卫战，为保障成功打下良好基础

2018年以来，上海扎实推进第二轮清洁空气行动计划，坚定不移优化能源结构、产业结构，加速推进工业企业挥发性有机物深入治理、宝钢超低排放改造、工业炉窑综合治理，不断提升油品、机动车、非道路移动机械排放标准。长期以来坚持不懈、真抓实干的大气污染治理促使环境空气污染物浓度本底值不断下降，使得天气形势变化对保障工作带来的不确定性逐年降低。

图8-4 第四届进博会长三角区域协作环境空气质量保障团队

资料来源：上海市环境科学研究院。

(三)四年工作经验积累,保障工作水平显著提升

经过4年历练,不断总结反思,比学赶超,保障工作各方面水平均有提升,管控、监测和执法的精准性和科学性显著增强。管控区域从最初的简单“划圈式”管控到根据传输通道“点穴式”管控;管控措施从工业源全面减排到聚焦港区集卡管控;监测手段从单一的地面固定站点监测到结合遥感、走航观测、在线监测等的全方位立体监测网络;执法手段更加精准,不断深化监测执法联动,针对问题开展点穴式执法。与公安部门合作,依托“易的PASS”平台,实时感知超标车辆和用车大户车辆实际上路情况,试行机动车尾气精准联合执法。

(四)平衡好经济社会发展和空气质量保障的关系,探索双赢模式

在四届进博会保障工作过程中,不断探索实现经济社会高质量发展和生态环境高水平保护双赢的方法和路径。在确保保障任务完成的前提下,对经济社会的影响逐渐减少。在临时管控时段上,由2018年的管控2周降至2021年未实施临时管控。在管控企业和减排比例上,由2018年全程管控企业5 000家、平均减排比例50%降至2021年约1 000家企业实施政企协商调整计划、平均减排比例10%。第四届进博会保障期间,生产基本未受影响,社会反响平稳,企业配合度高。

四、实施成效

2021年11月1—10日,本市空气质量全面优良,优级天达到5天(5—8日连续4天为优),同时刷新了保障同期AQI最低值、优级天数两项纪录。会期(5—10日)四项主要污染物$PM_{2.5}$、NO_2、SO_2和O_3-8h90per百分位数均值分别为17.7、31.8、5.5和90微克/立方米,均为四届进博会最低。通过强有力的保障工作,蓝天白云持续上线。

(供稿:上海市环境科学研究院)

案例44

政企联动，精准溯源
——金山区深化挥发性有机物监管工作

一、工作背景

金山区地处杭州湾北岸，位于沪、杭、甬及舟山群岛经济区域中心，是上海市的西南门户。金山区地理上衔接上海化学工业区、上海石化和独山港（嘉兴）石油化工产业园区，区内经济以化工、制药、印染、涂料生产、电镀、汽车零部件制造、家具制造、包装印刷与新材料为主。区域内VOCs整体浓度较高，尤其是化工集聚区排放浓度明显高于全区平均。VOCs是O_3生成的重要前体物，受区域传输和本地产生的影响，近年来金山区O_3防控形势日趋严峻，以O_3为首要污染物的污染天数在全年总污染天数中的占比从2015年30.6%上升到2021年的80%，且呈现发生频率高、指标浓度高、出现日期早、影响区域广等特点。

为改善区域环境质量，提升大气污染防治监管、监测和执法能力，遏制O_3污染，金山区生态环境局以金山卫地区为试点，以“注重时效、分级应对、评估提升”为原则，建立空气特征污染物报警溯源工作机制并组织落实，取得了一定的积极效果。

二、工作举措

（一）以创新强污染防治监管

一是创新工作方法。面对O_3污染防治重压，2021年2月起，金山区生态环境局以金山卫地区为试点，针对碳谷绿湾和上海石化区域启动了溯源排查工作，在全市范围内率先建立区级层面溯源机制，编制形成了《金山区金山卫地区空气特征污染物报警溯源工作机制》，进一步规范空气特征污染物监测报警、响应溯源等工作流程，明确了各单位各部门职责分工。二是建立专项工作组。成立工作组统一组织指挥本区域报警溯源工作，由区生态环境局分管副局长担任组长，大气科负责同志担任副组长，区生态环境局相关部门、上海石化、碳谷绿湾为成员单位，市环境监测中心为技术专家组，为溯源工作提供组织保障。三是建立专项工作群。一旦出现污染报警，区生态环境局第一时间通过专项工作群发布预警提示，并开展工作调度，确保相关指令、信息上传下达及时、准确、流畅。

（二）以联动保溯源排查实效

一是有序密切合作。溯源排查启动后，区监测站组织联合会商，进行监测数据分析初步筛查并作出污染来源初步判断。上海石化及碳谷绿湾根据数据分析初步筛查结果立即开展现场排摸、运行工况分析及污染特征情况分析，必要时开展现场监测和实验室分析，精准溯源。区生态环境局大气科根据各单位反馈情况进行溯源情况统计，通报相关情况。二是分级应对问题。针对三级和二级报警，分别采取企业（园区）自查和企业（园区）自查与大队检查结合的排查手段，提升工作针对性和有效性。针对一级报警，按照市生态环境局的要求，配合做好相关溯源排查工作，确保快速高效响应，及时发现、查找、解决问题，保障公众健康和区域环境安全。

（三）以管理促能力水平提升

一是开展专项执法。根据前期问题积累及排查反馈情况，区生态环境局形成专项检查工作计划，开展空气特征污染物报警溯源专项执法检查工作，对碳谷绿湾内VOCs排放量较大的、臭气浓度排放明显的企业进行突击检查，有效减少了报警频繁情况的发生。专项行动重点检查了15家相关企业废气治理设施运行、含VOCs废气无组织排放、环境管理台账、排污许可证管理落实以及企业自行监测工作开展情况等，并对其中8家企业进行了监督监测。定期评估提升。二是认真做好溯源排查后评估工作，总结形成有效的工作经验与做法，定期组织召开溯源工作讨论会，以溯源成功率为主要指标，评价工作效果，督促提升工作水平。

图8-5　对碳谷绿湾VOCs排放企业开展突击检查

资料来源：上海市金山区生态环境局。

三、实施成效

（一）溯源排查落地扎实

2021年2月20日至12月31日，金山卫化工集中区共发生148天次污染物报警（其中12天次为二级报警，其余均为三级报警），工作组成员单位均积极响应并组织溯源排查。通过各相关单位的紧密配合，共有69天次溯源排查发现相关疑似污染源头并完成相应整改，占比46.6%。7月以来，上石化卫六路、碳谷绿湾新联站等站点多次出现苯浓度报警，上海石化、碳谷绿湾和区局执法大队多次第一时间组织力量对疑似区域开展溯源排查均未能找到相关污染源头。9月15日，市环境监测中心组织相关专家对疑似区域开展全面排查，包括对疑似点位进行采样，调阅相关档案记录，调度移动源（涉苯槽罐车）行驶记录等，相关工作的开展取得了比较积极的成效，对周边企业起到了一定的震慑效果，同类特征污染物报警频次明显减少。

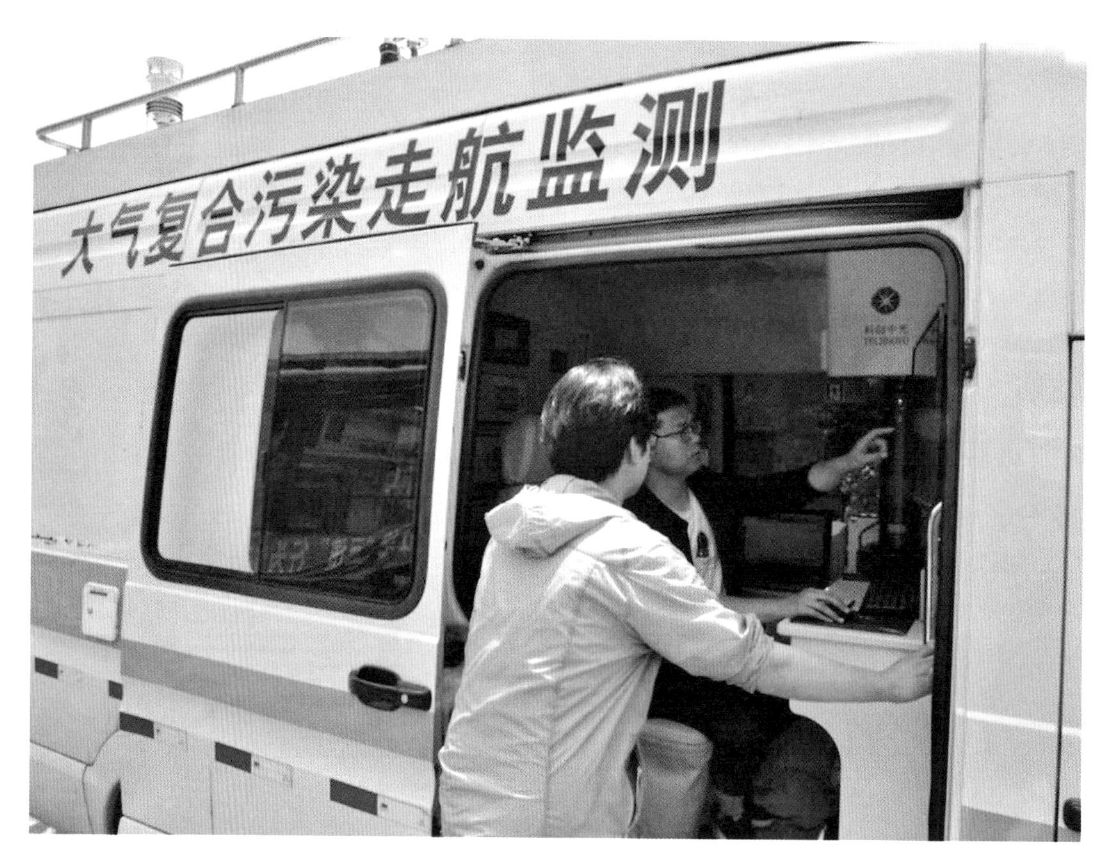

图8-6 对碳谷绿湾VOCs排放重点区域开展走航监测

资料来源：上海市金山区生态环境局。

（二）工作合力有效放大

监测、监察、监管部门和相关企业不定期召开工作例会，对环境质量和污染源监测监管情况进行会商，共同分析存在的问题，建立快报、专报等制度，强化问题研究和总结分析，坚持以问题为导向，谋划区域空气质量保障工作，使环境管理工作更有针对性和时效性。

（三）环境质量持续向好

自溯源排查工作开展以来，在区域传输影响大、本底浓度高的情况下，金山区O_3污染得到有效控制。2021年，金山区环境空气质量优良率达90.4%，较2020年上升2.2%；$PM_{2.5}$平均浓度为29微克/立方米，较2020年下降9.4%；O_3日最大8小时滑动平均值的第九十百分位数为152微克/立方米，较2020年下降1.9%。

四、结语

污染防治攻坚战从“十三五”的“坚决打好”到“十四五”的“深入打好”，意味着将触及更深的矛盾和问题层次，对生态环境质量改善的要求也更高。立足金山，O_3污染的严峻形势催生了溯源排查工作机制，同时也提示着环境管理工作必须要在保持力度、延伸深度上持续努力。通过聚焦“真问题”，管理“精细化”，啃下“硬骨头”，获得“实成绩”，来推进区域环境质量的持续改善，绘就美丽金山、美丽上海的生动画卷。

（供稿：上海市金山区生态环境局）

案例45

多元共治多管齐下，数字转型管服并举
——静安区餐饮业污染精细化治理案例

一、工作背景

餐饮企业小而微，是充满烟火气的城市生活最基底的组成者，是有温度的城市治理最直观的感受者。因此，对餐饮企业的环境管理既要不厌其细久久为功，还要服务于民务求实效。

静安区位于上海市中心城区，据统计，区内有餐饮企业4 500家左右，其中涉及油烟排放的有2 000余家、大中型餐饮企业有500余家；餐饮企业高度集中的商业集聚区40余处，与之相应，2017—2019年连续3年静安区环境投诉总量居于1 700件左右的历史高位，餐饮业环境问题引发的投诉量激增问题已成为包括静安区在内上海大部分中心城区的共性问题，成为群众环境需求的焦点、政府环境治理的重点。面对此类情况，秉持"人民城市人民建、人民城市为人民"重要理念，静安区坚持治理数字化推动治理现代化的路径，积极探索创新管理模式，依托数字化技术手段，构建精细化管理体系，推动多元化共治模式，提升区域餐饮业环境治理成效。

二、工作举措

（一）明确权责跨前协作，构建区域餐饮管理体系

1. 建章立制，出台系列指导文件

静安区委、区政府制定《静安区生态环境保护工作责任清单》，明确各部门、街镇生态环境保护职责。在此基础上，区生态文明建设领导小组进一步细化出台《关于进一步落实生态环保督察整改，加强生态环境治理条块结合、联勤联动的意见》，明确部门、街镇在餐饮企业环境管理中的具体职能。同时，静安区生态环境局牵头编制《街镇生态环境工作操作指南》，分解餐饮环境管理的具体细则，确保街镇开展属地管理有章可查、有例可循。

2. 精细协作,形成全流程闭环管理

一是提前服务,跨前协作。组织绘制《静安区餐饮选址向导电子地图》,向社会开放在线查询,为餐饮业主合理选址提供便利。将相关法规政策的服务宣贯提前到企业开设环节,从源头减少环境影响的产生。二是精细分工,联勤联动。区生态环境局牵头,各职能部门积极参与,通过深入磨合,在各司其职的基础上实现部门间的执法预警与抄告协作。特别是对污染排放严重、社会影响较大的情况,充分应用"互联网+监管"平台实现信息互通、发起联合执法、开展违法打击,建立从源头准入,到事中、事后监管全流程的监管模式。三是全面覆盖,闭环管理。结合第三方技术服务,做到区内餐饮企业现场巡查全覆盖、指导培训全覆盖、整改核实全覆盖、依法查处全覆盖,形成闭环管理。

序号	商业集中区名称	地址	街道、镇
1	久光百货	南京西路1618号等	静安寺街道
2	越洋广场	南京西路1601号等	
3	1788国际大厦	南京西路1818号等	
4	环球世界大厦	万航渡路1号等	
5	上海市轨道交通七号线静安寺站B一层商场	上海市轨道交通七号线静安寺站B一层商场	
6	悦达889广场	万航渡路889号等	曹家渡街道
7	中信泰富广场	南京西路1168号等	南京西路街道
8	恒隆广场	南京西路1266号等	
9	嘉里中心	南京西路1515号、南京西路1563号等	
10	兴业太古汇	石门一路288号	
11	梅龙镇广场	南京西路1038号等	石门二路街道
12	恒基688广场	南京西路688号等	
13	694广场	南京西路694号等	
14	大悦城	西藏北路166号、198号等	北站街道
15	[illegible]	西藏北路18号、30号;北苏州路1056号等	
16	上海协信星光广场	江场路1212号;江场路1228弄19、21、22;寿阳路99弄17、18、29号101室;寿阳路99弄26号地下1层;寿阳路99弄34号2层S208等	大宁路街道
17	上海大宁音乐广场	万荣路777弄等	
18	上海大宁商业中心	共和新路2008号等	
19	[illegible]	江场西路220号等	
20	中铁时代广场	江场西路299弄等	
21	[illegible]	汶水路30号、40号等	
22	[illegible]	共和新路3388号等	
23	达邦协作广场	上海市恒丰路379号等	天目西路街道
24	[illegible]	共和路209、219号等	
25	太平洋百货	天目西路218号等	
26	环智国际大厦	恒丰路436号	
27	[illegible]	恒丰路299号	
28	[illegible]	平型关路108号;[illegible]11号、13号;[illegible]168号等	共和新路街道
29	[illegible]	柳营路763、771、777、783、787、789号	
30	城市新汇商办项目	共和新路4712号等	彭浦新村街道
31	飞马旅园区	沪太支路638号等	彭浦镇
32	申南纺织1号楼	灵石路921号等	
33	上海大宁中心广场	万荣路700号等	
34	市北·智汇园	汶水路299弄30号(11#楼)1、2层	
35	[illegible]	灵石路851号	
36	大融城	沪太路1111号	

图8-7 静安区餐饮业精细化管理指引册

资料来源:上海市静安区生态环境局。

(二)多元共治多管齐下,融入城市基层治理网络

1. 政府引导,带动企业履行主体责任

2016年制定《静安区餐饮油烟污染防治工作方案》和《关于餐饮服务单位油烟排

放治理项目专项扶持操作办法》，对全区餐饮企业安装高效油烟净化装置及在线监控设施进行一次性的运维费用补贴。带动全区完成高效油烟净化设施升级及在线监测设备安装近千套。推动肯德基、麦当劳等连锁餐饮企业内部实施规范统一的环境管理，将油烟在线监控等有效的污染防治措施纳入其连锁门店的常态化管理，实现规范的环境管理随着餐饮品牌发展而纵向延伸，使得履行环境管理主体责任成为企业的自觉行为。

2. 商圈自治，鼓励物业发挥管理作用

随着区内油烟在线监测设备的普及，具备了由商业聚集区物业管理方对商圈内餐饮企业开展自治管理的可行性。通过油烟在线监控平台，商业聚集区物业管理方可以动态掌握商圈内企业油烟排放情况的实时数据，从而及时发现并消除管理隐患、设备故障。同时，通过日常巡查、查阅台账等管理手段，物业方可以有效督促餐饮企业进行设备清洗维保。静安区大悦城等商业聚集区在区生态环境局的协助下，充分发挥物业自治管理作用。虽然商圈内聚集了数以百计的各类餐饮企业，但通过积极主动的物业自治，各餐饮企业的环境管理有序开展，在实现污染物稳定达标排放的同时，始终保持内部环境宜人，提升顾客消费体验。

3. 属地搭台，实现最小单元环境共治

街镇社区是城市治理的最小单元，是政府基层管理力量与人民群众水乳交融的最前沿，也是餐饮环境治理最重要的工作阵地。通过“条块结合、联勤联动”管理机制，将餐饮管理等环境治理工作深度融入城市基层治理网络，与市场监管、城管、公安等部门在街镇平台上形成管理合力。在街镇的区域化党建活动中，在社区的协调沟通会上，与餐饮业主、社区居民面对面、心连心，了解社区最一线的环境状况，解决群众最切身的环境问题，响应人民最迫切的环境需求，使绿色共治成为现代城市基层治理中最有温度的底色。

4. 市场助力，用好第三方专业技术力量

购买各类高质量的第三方专业技术服务，是静安区餐饮治理重要的组成部分。在量大面广的餐饮企业现场巡查核查环节，第三方是问题隐患的最先发现者、整改情况的初步确认者，使得政府有限的行政资源能够精准聚焦到需要执法监管的违法行为上，有效提升行政管理效能。在商业聚集区的物业自治、街镇的社区共治中，第三方的技术力量能够迅速及时地响应物业方、属地政府在环境治理领域的专业技术需求，形成优势互补的管理合力，结合实际情况提供因地制宜个性化的支持与服务。

（三）数字转型管服并举，开展分级分类精细管理

结合静安智慧环境治理体系建设，区生态环境局研发的“绿盾通”终端应用于2021

年正式投入使用,餐饮环境管理是其中重要的应用场景。以“绿盾通”为载体串联起部门、街镇以及第三方,打通餐饮环境管理各方之间的数据交互渠道;共享餐饮企业的历史环境投诉、处罚等环境管理信息,以及基于历史数据得出的企业环境管理指数和“环保二维码”;实现现场巡查情况等动态环境管理数据的实时互通。通过“绿盾通”,区生态环境部门根据管理需要实时发布餐饮企业监管清单;街镇可以在线向生态环境部门发起联合检查要求;第三方在餐饮企业巡查现场直接更新其环境管理状况;形成对餐饮企业环境状况全周期的数字化管理。相关数据信息同步纳入区一网统管信息平台,成为区域治理数字化的组成部分,为开展精细化社会治理提供支持。

基于全管理周期的数字化信息,以及区油烟在线监控网络平台,实现区内餐饮企业环境管理状况的动态量化评级。根据评级结果,将区内餐饮企业实施分级管理。对环境管理规范的餐饮企业,以2年为周期开展全覆盖巡查;对存在环境问题隐患的餐饮企业,开展整改情况复核并加大巡查频次;对整改不力的餐饮企业,通过属地平台会同相

图8-8 静安区餐饮业精细化管理现场检查

资料来源:上海市静安区生态环境局。

关职能部门开展重点专项执法检查，精准打击餐饮环境违法行为。通过精细化的分级管理，将各方管理力量聚焦到环境问题明显、排放数据偏高，尤其整改效果不力的少数餐饮企业，有效规范区内餐饮行业整体环境管理水平，提升行政管理效能。

三、实施成效

2021年“绿盾通”投用以来，静安区生态环境局通过“绿盾通”应用响应各街镇联合检查要求82批次；调处各类餐饮纠纷投诉321件次，较2019年同期降幅达45.0%，多次收到群众赠送的锦旗和来电来信表扬。通过持续开展餐饮业污染精细化治理，区内餐饮行业环境状况显著改善，静安群众对优美生活环境的满意度和获得感持续提升。

（供稿：上海市静安区生态环境局）

案例46

逐步升级、多措并举，宝山区积极推进扬尘污染防控“片长制”

一、工作背景

宝山，通江达海，独特的地理优势赋予其发达的港口资源，是上海重要的钢、电、港口基地，也是工业和物流大区。随着社会经济的全面发展，主干河道沿线码头堆场星罗棋布，钢铁行业蓬勃发展，新城建设大刀阔斧，扬尘问题逐渐成为宝山生态环境领域的突出短板，群众对扬尘问题怨声载道。民间有句戏称：“宝山人民真辛苦，每天要吃二两土，一日三餐还不够，晚上还要补一补。”党的十八大以来，生态文明建设被摆到了突出位置，宝山区委、区政府深刻认识到，必须加强生态环境保护，转变老工业区的传统形

图8-9　对扬尘严重片区开展现场督办

资料来源：上海市宝山区生态环境局。

象。“十三五”期间更是在“五违四必”、低效用地减量化、中小河道整治等工作中投入大量成本，取得显著成效，但是扬尘问题依然是宝山区形象的短板。因此，参考“河长制”工作办法，宝山区进一步提出要建立扬尘污染防控“片长制”，在大气领域压实生态环境保护责任，全面落实“党政同责、一岗双责”。经过一系列酝酿和研究，2018年7月，宝山区委、区政府印发《宝山区扬尘污染防控“片长制”工作方案》（宝委〔2018〕137号），初步形成“区领导挂牌督办、属地牵头、部门协同、责任单位托底”的工作机制，在污染防治攻坚战期间对全区存在的扬尘污染短板问题形成整治合力。

二、工作举措

（一）厘清职责，压实“片长”责任，形成治污格局

“片长制”将宝山区涉及10个街镇的3+33个大气环境质量敏感区域作为2018年度宝山区“扬尘重点控制片”，形成宝山区大气质量保障重点管控区域。其他敏感区域同时作为扬尘控制精细化管理工作范围，由各街镇（园区）属地化管理，并强化协调联动。各片区由区领导担任一级片长，各街镇主要领导担任二级片长，对控制片区内的扬尘污染防控负总责，组建街镇牵头，建管委、绿化市容局、生态环境局、城管执法局、房管局、公安分局等相关职能部门各司其职的工作格局，调动条块行政资源，管控片区内各类扬尘源，对污染严重的片区要制定专项治理方案开展综合整治。同时，进一步明确问题发现解决机制、清单责任制、污染防控推进机制和督办消耗机制，全力提升道路扬尘污染防控成效。

（二）围绕中心，强化“片长”考核，形成正向激励

2019年开始，为更好地发挥街镇牵头抓总的功能，“片长制”升级到2.0版，根据创建全国文明城区的工作要求，将全区扬尘控制片划分为美丽街区、美丽乡村、文明道路三种类型，采取分类目标管理模式，细化管理要求。一是将扬尘污染防控工作与全区重点工作紧密结合，与提升城乡环境面貌紧密结合，通过监测数据客观反映各街镇整治成效。二是转变考核方式，分类分级明确考核目标，变“总量”考核为“增量”考核，减少历史原因、污染本底等客观因素影响，重点考核各街镇在污染防治工作中的实绩，充分调动各街镇积极性。三是进一步细化“片长”点位，形成“3+33+50+X”个“扬尘控制片”，“3”即3个市级环境空气质量点周边1 000米范围；“33”即33个市级道路扬尘点位周边500米范围；“50”即50个区级道路扬尘点位周边500米范围；“X”即镇级点位，实

现扬尘管控全覆盖。

（三）技术升级，构建“多维”监测，形成实时分析

2020年，针对扬尘污染防治的新要求，扬尘污染防控“片长制”升级到3.0版。一是将宝山区“3+33+50+X”个“扬尘控制片”分解到全区169个网格，实现网格全覆盖，确保每个网格均有环境质量表征。实现“片长制”与“网格管理”的目标考核联动、巡查发现联动、问题处置联动。通过网格化管理，加强巡查发现机制，推动问题即知即改。二是全面构建移动监测网络，新增了“3辆公交车+5辆出租车”的监测模式，由固定点静态监测逐步转变为动静结合的全域监测模式，加强监测数据的时效性、精准性和溯源性。三是转变考核方式，由静态考核转变为动静结合，以移动监测为主的考核方式，避免扬尘污染防治治标不治本，医头不医脚，督促各街镇、园区对扬尘问题及时巡查、有效处置和闭环反馈。同时将扬尘在线监测数据纳入“智慧环保”平台，及时交换监控信息，形成齐抓共管合力。

图8-10　扬尘控制片内安装道路扬尘智能在线监测系统

资料来源：上海市宝山区生态环境局。

（四）聚焦堵点，加强“立体”监管，形成整治合力

在宝山，扬尘防控“片长制”全面纳入区委、区政府重点督查工作和“环保三年行动计划”“清洁空气行动计划”等工作，形成更强合力与更大格局。一是加强专项督查。区委、区政府定期组建督查组开展联合督查，区领导亲自带队，采取“四不两直”方式直插问题点位，对于难点和堵点问题攻坚克难，确保污染问题闭环整改。二是实现源头治理，持续推进装配式建筑、道路机扫率、混凝土搅拌站提标治理、码头堆场整治等比例，推进重点易扬尘点位挂账销号，减少扬尘源产生。三是开展联合执法。将扬尘污染防控纳入城市综合执法，压实属地责任，进一步促进条块联动。区生态环境局、区建设管理委、区城管执法局等部门定期组织联合执法，并对整改点位和问题点位进行通报，形成正反案例对比，对污染行为保持高压态势的同时发挥示范引领作用。

三、实施成效

（一）环境质量有效改善

从固定监测数据来看，2018—2021年宝山区道路扬尘浓度整体呈现逐年下降趋势，在全市的排名逐年向好。宝山区道路扬尘年均浓度由2018年的0.116毫克/立方米下降至2020年的0.093毫克/立方米，在上海市各区排名由第14名上升为第10名（浓度从低至高排序）。从移动监测数据来看，2021年1—9月车载移动监测宝山区道路PM_{10}年均浓度为75微克/立方米，在上海市各区排名第2名，排名显著提升，改善明显。

（二）生态品质大幅美化

随着监测数据的改善，生态品质也得到大幅美化，江杨北路桥、顾村联谊路、沪太路石材市场等面貌脏乱差地区得到有效整治，扬尘污染得到有效控制，有些已转变为新型产业园区或大型公共绿地。同时，行业环保水平显著提升，全区先后完成16家混凝土搅拌站提标治理，44家码头扬尘污染防控，持续推进物流货运堆场三年行动计划，完成65家易扬尘单位深度治理，码头堆场和混凝土搅拌站在线监测数据一直处于全市低位。

（供稿：上海市宝山区生态环境局）

第九篇

确保用土安全

案例47

“把脉”土壤环境健康，数字赋能精准治污
——黄浦区土壤精细化管理实践

一、工作背景

黄浦区是上海市工业发展历史最悠久的区域之一。在不断推进功能布局优化和产业结构转型过程中，辖区内工业企业陆续关停、搬迁，遗留的工业场地存在污染暴露风险，尤其是随着原工业集聚区滨江岸线开发以及老工业厂房创意产业改建，场地污染暴露压力进一步增大，加强遗留场地监管、管控场地潜在风险、保障场地再利用安全势在必行。由于各类历史遗留场地存在基础信息不清、污染状况不明、监管不到位等情况，黄浦区把“摸家底”放在首要位置，全面梳理区域内潜在污染场地历史和现状，构建基于WebGIS的潜在污染场地数据信息管理系统，实现潜在污染场地数据统一管理、动态更新、实时共享，“把脉”土壤健康状况，为进一步判断区域内场地风险等级、强化场地环境污染治理、确保土地开发环境安全提供技术支撑。

二、工作举措

（一）奠基：强化信息整合，实现数据“可查”

如何让“土壤污染场地信息电子地图”成为场地污染环境治理的“宝典”？前期对黄浦区近年来潜在污染场地数据的整合和梳理显得尤为重要。黄浦区“退二进三”产业结构调整完成已久，回溯各类场地历史成为重点和难点。区生态环境局一方面通过调研获取1956年黄浦区工业分布图、1986年上海商用地图册、1997年排放污染物申报登记表及2007年污染源普查数据等历史图籍和信息，针对化工石化、废物处置等12类重点行业企业以及危化仓储、汽车修理和加油站，初步筛查形成生态环境重点治理区域中的潜在污染场地清单，并构建潜在污染场地数据库；另一方面借助相关行业基点图等历史图籍以及多时相遥感影像分析完成场地空间落地，实现场地基本属性、生产属性、时间属性和空间属性的关联匹配，并结合用地规划数据，完整串联场地历史工业生产情况、目前土地利用状况及后续再开发利用规划，为实施场地全生命周期管理奠定基

础，为土壤污染场地电子信息地图提供数据支撑。

（二）孕育：依托分级体系，实现风险“可评”

如果说数据库的建立是土壤污染场地信息电子地图制作的前提，那么，场地环境风险的分级分类才是地图“诞生”的关键。结合区内重点行业典型场地案例，基于行业污染特征，筛选优先关注污染物，从污染物特性、风险暴露途径和场地周边环境敏感性等层面，选取场地危害评估的参数和因子，构建量化模型，运用层次分析法（AHP）和数值加和法定量评估潜在污染场地对人体健康和生态环境的潜在风险。由此，将场地划分为优先管控和一般潜在两个风险等级，分级、分类、分策实施精细化、差异化管控策略。经模型评估，共筛查出65家历史工业企业场地存在重大环境风险，据此形成黄浦区“优先管控名录”，实现潜在污染场地风险管控目标的快速聚焦，为土壤污染场地电子信息地图的诞生“孕育”了核心功能。

（三）诞生：构建地图系统，实现信息“可视”

基于潜在污染场地清单数据库和潜在污染场地分类机制，以地理信息系统（GIS）为基础平台，利用空间数据库等现代信息技术手段，实现潜在污染场地全生命周期数据、地理空间数据、历史图文数据等多源异构数据的融合，形成集场地信息管理、统计分析、典型监测和综合监管于一体的分布式可视化交互管理系统，可在GIS地图上分时序、分类型快速检索场地分布风险等级和利用现状，辅助制定潜在污染场地优先管控名录。土壤污染场地信息电子地图作为上海市创新举措，凭借其信息完备、分析精准、系统匹配，将优先管控历史工业生产活动与场地现状和规划进行紧密结合，有助于黄浦区场地污染治理和环境监管。

三、实施成效

（一）聚焦重点、科学布点，精准开展土壤污染状况调查

根据土壤污染场地信息电子地图中潜在污染场地历史工业企业的空间位置，快速获取场地历史工业生产数据，有助于精准识别场地内疑似污染区域和污染类型，快速掌握场地土壤潜在风险，有针对性地布设监测点位、开展二次污染防护，确保开展土壤污染状况调查的准确性、科学性。

（二）摸清现状、掌控风险，实施土地全生命周期管理

区内尚未开发的29处历史工业场地中，不乏塑料制品、金属制品厂等工业企业旧址，具有较高环境风险。结合区规划资源局年度地块出让计划，对这些涉及历史工业的场地，与土地使用权人提前进行沟通，尽早开展土壤、地下水环境监测，加强对再开发利用污染地块的治理修复和监督管理，提升土地开发利用效率，管控暂不开发利用污染地块环境风险。通过跨前一步、开展摸排，掌握场地土壤环境状况，有针对性地实施监管措施，落实上海市土地全生命周期管理制度，切实防患于未然。

（三）数据支撑、智慧规划，优化建设用地再开发用途

对于区内拟定作为建设用地开发利用地块，根据数据库信息查询是否存在潜在污染工业企业，并结合地块规划用途，判定土地利用及控详规划之前是否存在风险、是否需要开展土壤污染状况调查，确保建设用地土壤、地下水环境管理要求与区内土地规划和供地管理、土地开发利用有机结合，有利于优化规划场地再开发用途，为区内创新产业发展保驾护航，提升城区发展能级。

自黄浦区潜在污染场地清单数据库和土壤污染场地信息电子地图完成以来，区生态环境局致力于逐步推进地块空间全要素信息化和数字化管理，通过构建数据精准化、监管精细化、服务智能化、决策科学化的智慧数据系统，更好服务于地块全生命周期管理，全力保障土壤环境安全，有效管控潜在风险，切实保障人民群众生产生活安全。

（供稿：上海市黄浦区生态环境局）

案例48

修复一方科创净土，助力区域转型发展
——宝山南大地区土壤修复经验总结

一、工作背景

上海市宝山区南大老工业区始建于20世纪50年代，整体区域占地面积6.28平方千米，区域内危化品企业众多，安全隐患突出，环境污染严重，信访矛盾尖锐。上海市政府将南大地区的综合整治列为“第五轮环保三年行动计划”的重点任务之一，并于2012年4月发布了《南大地区综合整治实施方案》(沪府办〔2012年〕47号)。

在上海市委、市政府的高度重视和大力支持下，宝山区敢于担当、主动转型，以环境整治为突破口，区域内共关停高风险、高污染企业50余家，调整产业结构121家，关停租赁型企业3 000余家，有效收储土地达8 000余亩，为南大地区的涅槃重生和南大智慧城的开发建设提供了巨大空间。在此基础上，结合土地利用控制性详细规划，依照国家和地方最新标准，对每一个规划地块开展土壤污染状况调查、风险评估、修复及风险管控。截至2020年12月底，南大修复试点示范工程全面完成23幅企业地块的修复工作(约2.2万立方米污染土壤、4 010立方米污染地下水)。

二、工作举措

(一) 落实重大项目开发，打造全市科创中心主阵地

作为上海市五大重点转型区域之一和宝山建设上海科创中心主阵地核心承载区的南大智慧城，聚焦科创金融服务、高新技术培育、优质生活打造等发展重点，着力营造创新创业、生活服务、生态环境、文化要素跨界相融的城市空间。在产业布局方面，南大智慧城以“科创”为总抓手，围绕“3＋5产业体系”合理布局，重点发展总部经济、数字经济、流量经济三大业态，积极培育生物医药及合成生物、人工智能、新一代信息技术、集成电路及芯片研发、科技金融五大产业。

南大智慧城围绕“产业高地、创新高地、人才高地”战略定位，推动南大城市核心功能在量的积累中实现质的飞跃，全力全速以“不低于浦江两岸开发标准”打造产城融合

图9-1 宝山区南大智慧城

资料来源：上海南大开发建设有限公司。

示范区。目前上海首家合成生物产业特色园区“南大合成生物产业园”“科创金融服务中心”和“南大科创人才社区”正式揭牌，“数智南大”产业园入围上海第三批13个特色产业园区。

（二）创立异地集中土壤修复基地，减少二次污染

针对城市工业遗留污染场地，土壤修复技术的应用在很大程度上依赖修复设备和检测设备的支撑。南大地区污染地块分布较广，每个待修复地块面积不大，若采用“原位修复模式”，对机械设备数量和人力要求较高，修复周期较长。因此，缩短单个地块修复周期、加快土地流转的“异位集中修复模式”，无疑是最优解。在考虑南大地区调整后新规划的用地功能、场地环境污染风险、土地开发流转等因素后，南大公司利用周边原“富国”厂区进行改造升级，建立了如今总面积约7.4万平方米，配置有办公生活区域、热脱附区域、实验室、土壤淋洗区域、3个土壤修复车间、洗车区域和仓库的污染土壤修复基地。修复基地配备污染土壤淋洗、高级氧化、气相抽提以及污染土壤破碎、筛分、混合搅拌等系列专业技术装备，可用于重金属、有机及复合型污染土壤的异地集中修复，年处理能力可达24万立方米，处于业界较高水平。

（三）创建土壤修复智慧化平台，提高全程监管水平

为落实《中华人民共和国土壤污染防治法》和国家建设用地环境保护相关标准规范要求，加强建设用地污染地块风险管控和修复项目的施工过程监督管理，南大污染土壤修复基地结合环境工程施工管理特点，以污染场地治理项目为试点，打造研发了适用于污染土壤及地下水修复施工全过程的"智慧化管理平台"。该平台包含"HSE环境信息监测""设备药剂投放监控""个人防护AI智能识别""土壤外运监控"等多个模块，结合"3D+GIS+BIM"的方式可形象展示土壤和地下水修复信息，最终实现智慧化管理平台自动化数据分析，实现对污染土壤开挖、修复和最终去处的全程监管。

三、经验总结

（一）普查与规划协同互动，优化区域规划

宝山南大地区试点示范工程将地块污染状况和区域用地规划协同互动。首先结合区域的功能区块规划开展前期的土壤环境普查，并将土壤环境普查结果回馈指导后续的规划调整与布局优化，实践探索"普查先行+预防性规划"的协同互动模式，一方面，基于地块开发利用需求充分考虑污染地块的环境风险，合理确定低风险土地用途；另一方面，基于地块污染治理需求兼顾污染地块的治理成本，合理创造低成本治理条件。

（二）充分利用试点平台，加强技术研发与推广应用

围绕宝山南大地区土壤污染特点、生态环境整治及地块开发利用需求，创新研发了针对各类重金属、有机以及复合型污染土壤的安全高效修复技术装备，并在修复基地内集成应用。其中，高黏性土壤淋洗技术、土壤热脱附设备、土壤筛分破碎混合搅拌多功能机械斗、车载式模块化自动控制集成处理装备、修复过程智慧化管理平台首次应用于南大地区污染土壤修复。淋洗技术也是我国首次针对长三角高黏性高含水率土壤研究成果的实际应用。高级氧化、气相抽提等技术列入2017年《土壤污染防治先进技术装备目录》。以南大地区土壤修复工程为应用示范支撑市科委社发专项等科研项目研究，产出发明专利8项，相关科技成果获得2017年度上海市科技进步一等奖。

（三）以点带面推陈出新，建立健全地方标准和规范

以南大地区试点项目调查评估和土壤修复等相关工作经验积累为重要支撑，持续

产出了多项土壤污染治理领域的地方性标准、技术规范、导则和指南。2017年，编制《污染地块治理修复方案及修复效果评估技术审核要点（试行）》，进一步规范对污染地块开展的土壤环境调查、风险评估、治理与修复、效果评估等活动。2019年，为对接国家土壤污染防治系列导则，编制《上海市建设用地地块土壤污染调查评估、风险管控和修复工作指南（试行）》（沪环土〔2019〕144号）。2021年，为持续深化“放管服”改革，充分向基层放权赋能，制定《上海市生态环境局、上海市规划和自然资源局关于印发〈上海市建设用地土壤污染状况调查、风险评估、风险管控和修复、效果评估等工作的若干规定〉的通知》（沪环规〔2021〕4号）。

（四）总结修复经验，提供可复制推广经验

南大土壤修复中心未来将结合国家科技部、生态环境部与上海市科委等重大研究课题，对南大地区先行先试的做法及时进行技术集成与凝练总结，为生态环境部土壤工程中心输出产学研成果，促进城市土壤污染控制与修复科研技术成果的工程化、产业化，提高核心竞争力，并且通过修复中心在领域内的深入研究和工程积累，形成成熟可靠的成套技术、装备和规范。同时，南大土壤修复中心也可作为修复技术、修复标准、修复经费估算定价、修复策略选择、场地管理模式等内容的研发场地，为上海市乃至全国的区域转型开发提供可推广、可复制的南大经验。

（供稿：上海市宝山区生态环境局）

第十篇

构筑无废城市

案例49

生活垃圾全程分类，引领低碳绿色生活新时尚

一、工作背景

随着经济社会迅速发展，上海市城市规模不断扩大，人口持续增长，物质消费水平大幅提高，生活垃圾产生总量和人均量与日俱增，垃圾处理问题成为城市发展面临的重大环境问题。2016年12月，习近平总书记作出了普遍推行垃圾分类制度的重要指示，要求北京、上海等城市"向国际水平看齐，率先建立生活垃圾强制分类制度，为全国作出表率"。2018年11月，习近平总书记在考察上海期间，强调"垃圾分类工作就是新时尚！垃圾综合处理需要全民参与，我关注着这件事，希望上海抓实办好"。对标中央要求和人民期盼，上海市委、市政府将垃圾分类工作作为贯彻习近平生态文明思想的重要举措，对推动生态文明建设实现新进步、社会文明程度得到新提高具有重要意义。

二、工作举措

（一）强化组织领导，健全工作体制机制

2019年出台全国首部地方性法规《上海市生活垃圾管理条例》，按照"市级统筹、区级组织、街镇落实"的思路，建立健全"两级政府、三级管理、四级落实"的生活垃圾分类责任体系；强化部门统筹协调，成立由30个委办局和16个区政府组成的垃圾分类减量联席会议制度；建立主要领导亲自抓、四套班子合力抓、党政协同齐心抓的制度，各级党委副书记和政府分管领导"双牵头"，形成市、区、街镇、村居四级系统，同时把垃圾分类纳入市委市政府重点工作和地区领导班子考核体系；开展创建评比，促进街镇落实对辖区内居民区、单位垃圾分类工作的组织、指导和监督职责。

（二）坚持系统谋划，持续提升分类收运处置能力

按照干垃圾全量焚烧、湿垃圾全量生化处理、可回收物全量资源化利用、有害垃圾全量无害化处置的要求，系统提升分类收运处置能力。目前上海市已规范化改造2.1万余个分类投放点，累计规范配置湿垃圾车1 773辆、干垃圾车3 287辆、有害垃圾车119

辆、可回收物回收车364辆。干垃圾焚烧和湿垃圾资源化利用总能力从2018年的1.76万吨/日快速上升到2021年的近2.94万吨/日，预计全市干、湿垃圾处理总能力近期有望达到3.9万吨/日。

(三)坚持标准化引领，全面重构可回收物管理体系

推进再生资源回收体系与垃圾分类清运体系的"两网融合"发展，出台《两网融合体系建设导则(试行)》，明确"两网融合"服务点、中转站和集散场的设置规范；"以区为主、市场化运作、适度补贴"的原则，由市级财政对各区通过土建或设施设备配套建成并运作有效的可回收物回收服务点和中转站予以补贴，同时16个区出台并全面实施低价值可回收物补贴细则，通过公开招标等方式形成64家回收主体企业。

上海市全品类生活垃圾中端转运标杆基地

为保障上海市南片城区的城市生活垃圾中端转运以及徐汇区两网融合资源回收中端智能分拣、打包、仓储任务，打造上海首家托底型"全品类两网融合集散中心"——上海环境物流有限公司一分公司(徐浦基地)。该基地作为上海市区生活垃圾内河集装化转运系统的一部分，采用信息化管控模式对生活垃圾收集、压缩，将生活垃圾分类装进环卫专用的、符合国际通用的20英尺货运外形的密封式集装箱内，中转至码头，利用黄浦江、大治河、清运河等内河航道网络优势，经LNG新能源船舶水运至末端老港处置。同时为促进资源循环体系发展，打造再生资源智能分拣线和仓储中心，实现了杂塑、废、旧泡沫三大品类智能化分拣作业及采用AGV无人理货、无人仓储系统。

图10-1 徐浦基地智能分拣线
资料来源：上海市绿化和市容管理局。

图10-2 徐浦基地无人仓储中心
资料来源：上海市绿化和市容管理局。

（四）畅通处置渠道，规范有害垃圾全程分类管理

2018年率先出台《关于规范有害垃圾全程分类管理的通知》，按照“产生者分类投放，各区属地收集，市统一收运处置”的原则，逐步形成了在居民和单位等产废源头由环卫部门专用车辆收运、末端分类后由具有相应危险废物经营资质单位处置的全程分类管理体系。截至2021年年底，全市建立区级有害垃圾中转站33处，分拣场所2处，有害垃圾无害化处理量811吨，同比2020年减少13.7%。

（五）坚持全程管控，严格落实监督执法

整合社区现有的监控装置、运输车辆GPS设备、网格化监控等资源，依托各级管理主体，建立生活垃圾分类“五个环节”全程监管体系。源头分类投放及收集环节，推行“定时定点”投放，督促居民正确开展垃圾分类。分类运输及中转环节，推行公示收运时间、规范车型标识等举措，强化环卫收运作业的监督管理，杜绝混装混运。分类处置环节，推进末端处置企业对进场垃圾品质自动监控、来源全程追溯，对未分类或不符合品质管理要求的生活垃圾拒绝处理。

（六）坚持党建引领，发挥基层共治力量

抓住“党建引领”火车头，充分发挥居民区党组织牵头组织实施作用，成立各区志愿者服务分队，聘任市、区生活垃圾管理社会监督员，建立垃圾分类一小区一方案，落实好街镇联办及居（村）委每1—2周的垃圾分类工作分析评价制度，推动居委会、物业公司、业委会发挥各自优势，把社区党员、居民群众、驻区单位、社会组织等各方力量拧成一股绳，实现人心聚起来、垃圾分出来。

党建引领自治共治智治　提升老旧小区分类实效

上海市长宁区江苏路街道岐山村是市中心典型的老旧弄堂小区，2018年6月作为垃圾分类试点区域以来，克服房屋权属复杂、设施陈旧老化、一体化物业管理缺失、公共空间小、煤卫合用、独居老人和外来人口多等不利因素，一是充分利用红色资源优势，将垃圾分类工作嵌入岐山村“行走中的党课”；二是巧用楼组长会议、志愿者大会以及弄堂议事会等协商议事机构，组建一支90余人的志愿者宣传

团队；三是招募垃圾分类志愿者每天定时定点值班巡查，设立垃圾分类红黑榜，开展垃圾分类最美家庭评选；四是数字赋能，把垃圾分类纳入“一网统管”平台，同时试点智能化的视频监控；总体上实现岐山村居民对垃圾分类“两定”工作的知晓度100%，志愿者上岗人次、值守时间分别较试点前减少50%、40%，小区卫生环境明显整洁。

三、实施成效

（一）生活垃圾分类成效初步显现

生活垃圾分类“三增一减”实效逐步趋于稳定，2021年，全市生活垃圾产生量为1 194.7万吨，与2020年相比，可回收物回收量增长12.8%，有害垃圾分出量减少13.7%，湿垃圾分出量增长9.03%，干垃圾处置量增长6.15%。

（二）生活垃圾分类全程体系基本建成

到2021年年底，上海市湿垃圾资源利用和干垃圾焚烧处理设施设计能力已达2.94万吨/日，有害垃圾全面进入危险废物处理系统。生活垃圾处理方式由填埋处置转变为焚烧能源化利用和资源化利用，全市基本实现原生生活垃圾零填埋。

（三）可回收物回收服务体系基本成形

目前，上海市已建成可回收物服务点1.5万个、服务站198个、集散场15个，点站场体系框架基本形成，全市可回收物回收服务能力显著提升，日均回收量达7 000吨。

（四）全民参与的社会氛围基本形成

在上海市广播电视中播放垃圾分类公益广告和专题栏目；组织开展“垃圾分类七进”线下活动，把垃圾分类知识送进公园、社区、村宅、学校、医院、机关、企业；完成居民入户宣传980余万次，发放宣传资料4 500余万份。市民垃圾分类习惯初步养成，居住区和单位分类达标率双双达到95%。

（供稿：上海市绿化和市容管理局）

案例50

锚定托底保障战略，持续打造
超大型城市固废处置百年基地

上海老港生态环保基地（简称“老港基地”），位于浦东新区老港镇东首，距市中心约70千米，规划总用地面积29.5平方千米（基地内用地面积15.3平方千米），是全国占地面积最大、处置能力最强、固废种类最齐全的固体废物战略性托底处置与循环利用基地，承担上海市中心城区70%以上的生活垃圾以及其他固废的处置任务。

一、老港基地发展历程

1985年3月，为解决垃圾处理设施严重不足、“垃圾围城”现象突出的问题，上海市政府决定兴建老港垃圾填埋场，拉开了老港基地建设的序幕。

（一）第一阶段（1985—2010年）：集中化、无害化处置阶段

以垃圾卫生填埋为主，由大分散小集中向大集中小分散转变，解决了生活垃圾出路问题。其中，一、二、三期填埋场，自1989年投用至2009年封场修复，累计填埋各类固废3 200万吨；四期填埋场，采用高维卫生填埋技术，缩减占地面积超65%，自2004年投用至2019年停止填埋，累计填埋各类固废3 500万吨。

（二）第二阶段（2011—2020年）：能源化、资源化阶段

以焚烧和资源化利用为主线，老港基地累计投资约100亿元，建成垃圾水陆集装化联运系统、焚烧厂（一、二期）、湿垃圾厂（一期）、综合填埋场、渗滤液处理厂等处置设施，革命性解决了生活垃圾散装车运二次污染问题，形成了生活垃圾从单一填埋转变为焚烧为主、资源化辅助、填埋托底保障的处置格局，总体固废资源化率从10%增加到68%，同时上线信息系统实时动态管理各类固废清运和处置情况。

（三）第三阶段（2021年至今）：多元化、生态化、智慧化发展阶段

以医疗废物、危险废物、一般工业固废、建筑垃圾等设施建设为标志，预计到

“十四五”末，老港基地固废无害化处理能力将达到2万吨/日，综合利用处置设施种类达到13类，资源化利用率将超过75%，绿化覆盖率超过50%，建成基地指挥大脑，核心业务数据入库率达到100%，实现一屏观、一屏管。

二、工作举措

（一）战略引领，托底保障

2009年，上海市政府批复《老港固体废弃物综合利用基地规划》，明确将老港基地建成上海市面积最大、处置能力最大的垃圾战略性处置与利用基地。2017年，国务院批复《上海市城市总体规划（2017—2035年）》，明确到2020年上海市原生垃圾基本实现零填埋。2020年，上海市政府批复《上海老港生态环保基地规划》，明确老港基地定位为固废综合处置战略保障基地、资源循环利用示范基地、环保科创科普先导基地和智慧化绿色生态园区。

（二）系统思维，规划统筹

细化编制老港基地“十四五”发展规划，明确大力实施“125”工程，即建立1套国内领先的固废园区建设管理标准体系，创建国家生态环境科普基地和国家AAA级旅游景区2个国家级称号，聚焦完善基地管理机制和四大功能建设，切实推进5大类16项重点工作，打造具有上海特色的固废循环利用百年保障基地。

（三）管理创新，统一高效

上海市政府发布《上海老港生态环保基地管理办法》，授权城投集团组建平台公司，负责老港基地的“统一规划、统一开发建设、统一运营调度、统一管理服务”，推进标准体系建设、应急预案完善、监督评估实施、费制机制建立等工作，有力支撑基地高质量发展。

（四）示范引领，行业标杆

建设全球规模最大的生活垃圾、医疗废物焚烧等标杆设施，其超净烟气处理系统排放标准全面优于欧盟、国家和地方标准。其中，高效的热能回收利用系统实现生活垃圾焚烧发电量超过550千瓦时/吨垃圾，AGV自动投料装置实现医疗废物智能化无人进料作业。充分发挥老港基地全产业链的协同处置优势，采用“餐饮预处理+湿式厌氧产沼”及“厨余预处理+干式厌氧产沼”的组合工艺，高效处理湿垃圾的同时变废为宝。

图10-3 上海老港再生能源利用中心二期

注：它是目前全球最大的生活垃圾焚烧设施，处理能力6 000吨/日。

资料来源：上海城投集团有限公司。

三、实施成效

（一）固废综合处置战略保障基地功能不断加强

老港基地现有综合利用设施7类，可无害化处置干垃圾、湿垃圾、一般工业固废、危险废物、医疗废物、拆房垃圾与建材残渣、飞灰、污泥和水生植物等10余类，固废无害化处理能力达1.83万吨/日。老港基地运营至今已累计处置各类废弃物近1亿吨，已成为全国处理能力最大、品类最全、处置工艺最丰富的固废处置基地，对筑牢城市安全运行底线发挥了至关重要的作用。

（二）资源循环利用水平不断提高

《上海老港生态环保基地规划》明确，到2025年基地固废无害化处理率保持100%、综合减量率达到75%、能源产出量达到24.6万吨标准煤、废热综合利用率达到40%。目前老港基地根据设施共享、能源共享等原则，整合了基地资源，初步建立了电力链、热力链等，提升了整体资源化水平。

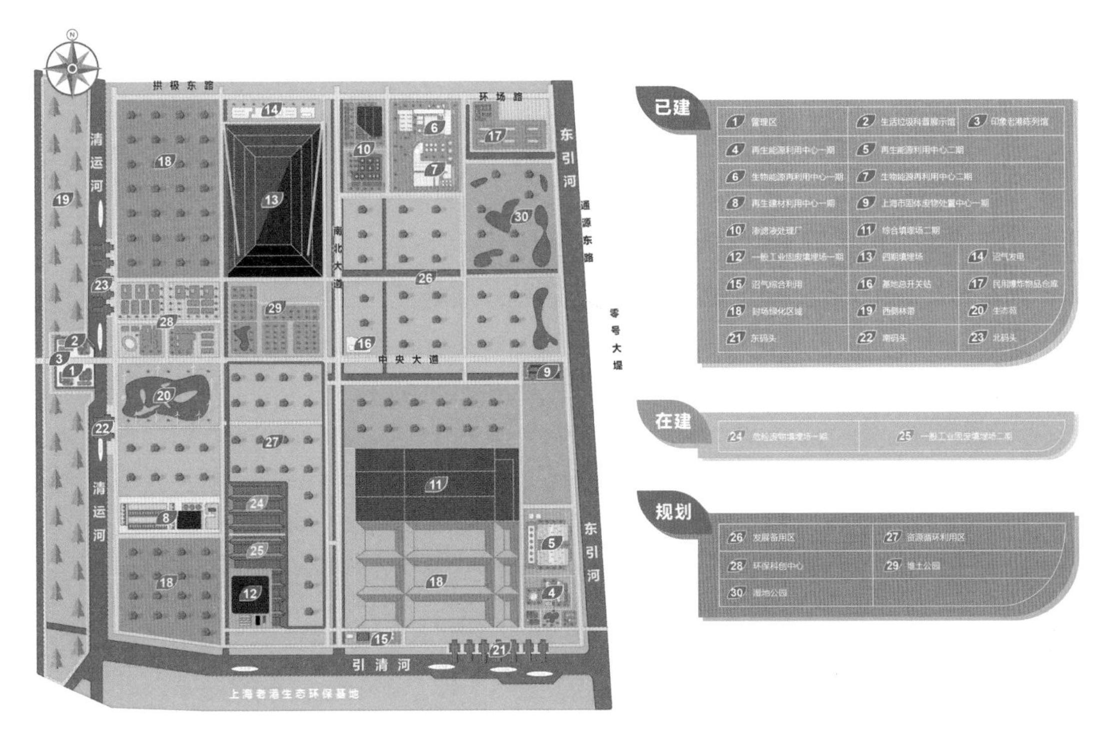

图10-4　老港基地平面图

资料来源：上海城投集团有限公司。

（三）科创科普功能不断提升

着力推进科技研发、中试验证、展示交流、研制试制等4项功能的落地，已梳理对接原生固废、二次固废、能效提升类等25个项目，并结合基地循环经济园区建设，初步构建了固废科创、循环利用项目引入机制，强化基地对上海资源循环领域科创能力建设的支撑作用。以“垃圾去哪儿了”为主题开展科普教育活动，已累计接待社会各界人士8万人次。

（四）整体生态环境质量大幅改善

着力改善基地生态环境质量，建设生态防护林，实施一、二、三期填埋场封场修复等工程，精心打造“老港生态苑”，在原一、二、三期填埋场原址上，新建了人工湿地，总面积约14.8万平方米。以“印象老港”为主题、“春夏秋冬”为设计理念，打造了芦花鹭影、清渠如许、曲桥风荷、乌篷听雨等10余处人文景观，它们成为老港基地生态修复的示范窗口和生态保护的展示窗口。

四、未来展望

未来，老港基地将以建设国内领先、国际一流的固废园区为目标，持续提升基地资源循环综合利用能级，不断打造技术创新和工程应用的新亮点。到2025年，老港基地将基本建成综合性生态环保循环经济示范基地，打造形成上海特色的固废循环利用百年保障基地；到2035年，老港基地将形成完善的固废处理和资源循环利用示范集群，打造固废处置研究与成果转化创新平台，成为生态与环保功能相融合的城市绿色园区。

图10-5　老港基地生态苑“凤颈花海”

资料来源：上海城投集团有限公司。

（供稿：上海市绿化和市容管理局）

案例51

建立平战结合的医疗废物精细化管理体系，筑牢疫情新常态下的生态环境和公共安全底线

一、工作背景

医疗废物妥善处理处置事关人民群众身体健康和环境安全。新冠疫情发生后，习近平总书记作出重要指示，要求必须引起高度重视，全力做好防控工作。上海市医疗资源丰富，医疗机构数量众多，常规医疗废物产生量位列全国大中城市首位。新冠疫情又带来涉疫医疗废物、收集面扩大等不利影响。如何在疫情新常态下确保医疗废物及时、安全、有序、高效地处置，筑牢疫情防控的最后一道防线，是上海市统筹推进疫情防控和经济社会发展面临的重要挑战。

二、工作举措

（一）平战结合，建立健全医疗废物联防联控机制

新冠疫情发生后，上海市迅速启动建立多部门联防联控工作机制，由市委、市政府统筹工作部署，市疫情防控工作领导小组办公室统一指挥。其中上海市生态环境部门动态研判医疗废物管控要求，协调解决医疗废物收运处置过程难题。上海市卫生健康部门及时分享医疗机构疫情防疫动态，指导督促各医疗机构做好医疗废物分类、包装、消毒等源头管理。卫生防疫部门指导确定医疗废物收运处置人员劳防配备标准，开展应急防护物资使用培训。上海城投集团（医疗废物集中收运处置单位）通过工作日报、微信群等方式与各级政府部门密切沟通、信息共享，采用医疗废物全流程信息化管理系统，通过驾驶员配备PDA、周转箱安装FID芯片、末端处置中央控制系统集成医疗废物焚烧运行DCS系统、视频监控系统、污染源在线监测系统等方式实时将医疗废物收运处置全流程数据对接纳入市生态环境局、市卫生健康委的医废监管平台，实现医疗废物从收运到处置的全天候、全过程、全方面信息化管控，确保全市医疗废物及时安全收运处置。

（二）提前谋划，加速建成现代化的医疗废物处置能力

2003年抗击“非典”以后，上海市按照《全国危险废物和医疗废物处置设施建设规划》要求，于2010年在上海市嘉定区西北角建成投运122吨/天的医疗废物集中焚烧处置设施，这是当时国内处置规模最大、工艺最先进的医疗废物处置设施；并在传染病定点医疗机构上海公共卫生临床中心配套建设12吨/天的医疗废物自行焚烧处置能力。随着医疗废物的快速增长，上海市出台《上海市医疗废物处置设施发展规划》（2017—2040年），加快补齐医疗废物收运处理短板，明确医疗废物处置设施“一南一北一岛”的布局原则，2020年年初升级建成投运30吨/天的崇明岛危险废物医疗废物共同处置设施，2021年年初建成投运南边老港生态环保基地240吨/天的医疗废物集中焚烧处置设施，目前上海市医疗废物集中处置能力总体上可满足中长期常规医疗废物处置需求。近年来，上海市在生活垃圾焚烧设施建设时，统筹考虑了医疗废物与生活垃圾进料分离

全球规模最大的医疗废物先进焚烧设施

位于老港生态环保基地的上海市固体废物处置中心项目一期，是全球规模最大、国际领先的医疗废物焚烧处置设施，处置能力240吨/日，采用AGV自动投料装置系统卸货、储存、上料，具有超净烟气处理系统和智能操作的特点。

图10-6 医疗废物AGV自动投料装置

资料来源：上海市固体废物与化学品管理技术中心。

的协同处置方式。根据疫情防控形势的需要，上海市科学制定并动态更新医疗废物三级应急收运处置方案，针对医疗废物日产生量的不同分为常态、一级、二级和三级应急响应，将生活垃圾焚烧设施纳入应急处置能力体系，总体上，上海市医疗废物应急处置能力超过2 000吨/天。

（三）分级分类，持续完善医疗废物收运体系

以“定人、定车、定时间、定路线”的四定原则建立医疗废物分级分类的收运体系，常规状态下安排330名收运人员、137辆收运车辆、110条收运线路，全天候保障上海75家大型医疗机构医疗废物日产日清、610家一级及以上医疗机构医疗废物48小时完成收运、其他小型医疗机构电话预约后48小时内完成收运。针对小型医疗机构数量多、分布广、废物量少、商业区收集难等问题，上海市探索推广“1（集中处置单位）+N（设立发热门诊的医疗机构）+X（小型医疗机构）”的小型医疗机构医疗废物收运新模式，

上海市第一个小型医疗机构医疗废物收运“黄浦模式”

2018年，黄浦区提出由第三方收运单位使用灵活机动的小型专用车辆，将小型医疗机构的医疗废物收集后，在指定地点与全市医疗废物集中处置单位市固体废物处置公司的医疗废物收运车辆进行医疗废物“车对车交接”，形成“短驳转运、定点交接”的医疗废物收运“黄浦模式”。2019年4月，黄浦区生态环境局、卫生健康委员会联合印发《关于开展小型医疗机构医疗废物定时定点收集试点工作的通知》，于6月启动试点并逐步扩大。目前，黄浦区已有180余家小型医疗机构受益，医疗废物在48小时内得到妥善收运。

图10-7　小车转大车，医废不落地

资料来源：上海市固体废物与化学品管理技术中心。

2020年出台《小型医疗机构医疗废物定时定点收运工作要求》，以车车对接、医疗废物不落地的集中收集转运方式，打通小型医疗机构医疗废物在48小时内安全收运处置的“最后一公里”。

（四）科学预判，因时因情因势及时优化应急收运处置工作

2022年3月1日以来的新冠疫情，医疗废物产生量短时间激增，收运人员紧缺，医疗废物收运处置能力面临十分紧张的局面。上海市成立分管市领导牵头的医疗废物处理专班，下设综合协调、收运处置、监督检查、地区协调、物资和交通保障5个小组，建立专题协调、信息报送、监督检查三大工作机制，及时发现问题、解决问题。同时，科学研判医疗废物增长趋势和主要问题，明确市、区两级分工，不断完善收运处置方式，重大疫情期间按国家有关规定实施医疗废物应急收运处置的豁免管理，收运环节可采用满足三防要求的密闭厢式货车，鼓励采用具备自卸功能的车辆，处置环节按照就近原则，统筹进入生活垃圾焚烧设施应急协同处置，大幅度提高了市、区两级收运处置能力和效率。针对集中隔离点、核酸筛查、方舱医院、抗原检测等不同时期的疫情重点工作分类精准施策，其中建立集中隔离点垃圾的点长包干制，点长全面负责点位上生活垃圾管理相关工作；核酸检测废物（固定点、流动点和便民点）原则上应由工作人员或核酸检测人员转运至相应核酸检测医疗卫生机构，确实无法转运的，妥善贮存后由区或街镇负责24小时内短驳上送。此外，强化医疗废物收运处置人员管理，编制了《医疗废物应急保障人员集中居住工作方案》，细化明确人员闭环管理、人员防护、核酸检测等要求；编制印发通俗易懂、图文并茂的《上海市新冠疫情期间涉疫垃圾和医疗废物应急收运处置实用手册》，指导各区和应急收运处置单位落实各类医疗废物源头管理和收运处置要求。

三、实施成效

2020年1月20日启动新冠疫情防控工作以来，上海疫情防控医疗废物收运处置保障工作经受住了极限状态下的疫情大考，在精准施策基础上逐步总结形成了上海医疗废物模式。

（一）医疗废物100%持续安全处置

历年来，上海市动态研判医疗废物收运处置需求，持续建设现代化的医疗废物处置

能力，优化医疗废物处置设施布局，保障医疗废物处置设施的稳定运行，医疗废物集中处置能力近期从122吨/天快速提升至392吨/天，生活垃圾焚烧设施应急处置能力充分，构建了医疗废物专用设施集中处置、传染病定点医疗机构自行处置、生活垃圾焚烧设施应急保障的处置格局，切实保障了城市运行的生态环境和公共安全底线。

（二）医疗废物及时高效收运

通过新增设施设备、优化布局、推广小型医疗机构收运新模式等，16个区小型医疗机构医疗废物实现48小时及时收运处置。面对疫情期间医疗废物收运处置能力的极端紧张形势，快速优化调整医疗废物应急收运处置方案，迅速提升收运处置能力，上海市医疗废物收运量从4月初的400—600吨/天迅速增长至4月24日的峰值1 419吨（该收运量是平时的6倍，是3月1日的4.1倍），并连续37天医疗废物收运量在1 000吨/天以上，实现医疗废物超极限状态下的高效安全处理。通过落实人员疫苗接种、核酸检测、集中居住管理、个人作业防护等措施，确保了市、区两级医疗废物收运处置队伍相对稳定。

（三）总结经验支持国内外疫情防控

上海市生态环境局、上海城投集团充分总结2014年以来上海利用生活垃圾焚烧设施（炉排炉）应急处置医疗废物的丰富经验，协助生态环境部编制《新型冠状病毒感染的肺炎疫情医疗废物应急处置管理与技术指南（试行）》和《生活垃圾焚烧设施应急处置疫情医疗废物工作相关问题及解答》。同时总结疫情期间上海医疗废物管理经验，应邀编制出版《新冠肺炎疫情期间中国医疗废物管理培训指南》，并在联合国工业发展组织（UNIDO）网站刊发，向世界提供医疗废物处置的“上海经验”和“上海模式”。

（供稿：上海市生态环境局）

案例52

创新推进危险废物“点对点”产业协同利用，切实服务重点产业高质量发展

一、工作背景

发展循环经济是我国经济社会发展的一项重大战略。固体废物污染防治“一头连着减污，一头连着降碳”。当前我国正以“无废城市”建设新发展理念稳步推进固体废物治理向纵深和广度发展，由末端无害化治理向产业源头减量和循环利用加速转型。如何以高水平环境保护推动产业高质量发展是国家赋予上海的重要课题，也是深入践行习近平生态文明思想的应有之义。

二、工作举措

（一）先行先试，成熟一个推动一个

针对废油漆桶处置难题，2015年试点钢铁企业转炉工艺协同利用废油漆桶，现已

图10-8　宝钢转底炉设施

资料来源：宝山钢铁股份有限公司。

形成3万吨/年的铁质包装桶利用能力。针对近年来本市集成电路产业规模和产能加速爬坡带来的废硫酸无害化处置难的问题，2016年试点推动集成电路产业废硫酸替代钛白粉生产企业的硫酸原料梯级利用，现已形成4万吨/年的废硫酸“点对点”利用能力。2021年，针对汽车产业含油金属铝屑处理成本高、出路难的问题，研究推动汽车产业的含油金属屑进入上游铝冶炼加工供应商“点对点”利用，目前已开展的上汽通用汽车有限公司备案利用量已达到了3 000吨/年。

（二）建章立制，规范危险废物产业协同利用

2016年修订的《上海市环境保护条例》明确，危险废物产业协同利用应当制定再利用技术方案，并在技术论证后报相应生态环境部门备案。2020年年底，危险废物“点对点”产业协同利用试点成熟经验上升为国家制度，纳入《国家危险废物名录》危险废物豁免管理清单。2021年3月，出台《关于加强危险废物新旧名录衔接、落实分级分类管理要求的通知》，在全国率先建立危险废物豁免管理、“点对点”利用豁免程序及要求，全面规范危险废物“点对点”产业协同利用。

（三）系统谋划，深入领会贯彻“减量化、资源化、无害化”原则

出台《关于进一步加强上海市危险废物污染防治工作的实施方案》《上海市“十四五”危险废物监管和利用处置能力建设规划》等政策文件，以原料替代、产品质量达标、环境风险可控为原则，鼓励危险废物“点对点”产业协同利用；提前研判“十四五”集成电路产业废硫酸将从2020年的1.9万吨快速增至2025年的7万吨，要求持续巩固并提升集成电路行业废酸“点对点”定向利用成效；同时为发挥全产业链废物循环利用新动能，明确将进一步探索长三角区域“点对点”产业协同利用模式。

图10-9　宝钢炼钢转炉投料油漆桶

资料来源：宝山钢铁股份有限公司。

三、实施成效

（一）持续推进废酸综合利用，服务集成电路产业高质量发展

打造集成电路产业高地，既是国家赋予上海的重大任务，也是上海发挥自身优势、服务国家战略的职责使命。集成电路产业的废酸再利用单位在使用废硫酸生产钛白粉时，不需要调整原有主体工艺，原料替代过程不增加额外的环境负担与风险，也不影响产品的质量，充分体现了减污降碳协同增效的绿色发展理念。自试点以来，已累计利用废硫酸近3.8万吨，节约原料硫酸约2.3万吨，分别给产废企业和利用企业节省了上千万元的成本。总体上既有效解决了集成电路产业废硫酸无害化处置难题，也大幅降低了社会成本，切实保障了集成电路产业高质量发展。

（二）创新含油金属铝屑利用流程，推进汽车产业高质量发展

汽车生产过程的零部件砌、刨、铣等工艺使用切削液进行冷却和润滑产生大量含油金属铝屑，通过跨省市转移利用的方式流程长、成本高。上游铝材原料供应商铝熔炼工艺中需要使用废铝，但不具有危险废物利用资质。根据国家和上海市政策要求，创新通过“点对点”产业协同利用的方式豁免利用企业资质，既避免了资源浪费，降低了废物利用成本，也保障了汽车产业的绿色发展。按3 000吨/年备案利用量测算，预计每年可为上下游企业分别节省近千万元的经济成本。

（三）探索无废工厂建设，打造产城融合的城市钢厂静脉产业示范基地

宝钢股份作为全市工业固废排名首位的千万吨级产生大户，以“固废不出厂”为目标，持续建设高水平固废利用设施。先后建成行业领先的290万吨/年的钢渣深度加工中心、50万吨/年的高铁尘泥转底炉设施，到2020年实现工业固废返生产利用率27%以上，一般工业固废100%产品化出厂。同时，宝钢股份创新利用高温冶金炉窑协同处置社会固废，形成3万吨/年的转炉协同利用铁质包装桶能力，改造自行处置的焚烧炉形成接收4万吨/年（含社会危废）的能力，建设周转能力1.2万吨/年的小微企业危险废物集中收集贮存转运能力。

（供稿：上海市生态环境局、宝山钢铁股份有限公司）

案例53

坚持数字化转型，全面提升危险废物监管与服务能力

一、工作背景

2020年修订实施的《固废法》明确要求实施危险废物分级分类管理，建立全过程的信息化监管体系。信息化是危险废物精细化管理的主要手段和发展方向，对于全面提升危险废物监管与服务能力具有不可替代的作用。

二、主要做法

（一）建立全流程的信息化管理系统，实现危险废物产生、运输、利用处置的全覆盖、可追溯监管

以决策分析和业务流转为核心，覆盖全市市、区两级应用、全过程管理，源头落实危险废物管理计划在线备案，推进台账电子化动态管理；转移落实危险废物转移电子联单制度，实现每笔危险废物转移信息实时监控和在线信息化追溯；末端落实危险废物

图10-10　上海市危险废物管理信息系统展示平台

资料来源：上海市固体废物与化学品管理技术中心。

经营单位许可、出入库称重量化、电子台账及日报等制度，精细管控危险废物经营单位运行情况，总体上建成了集实时监控、业务办理、数据共享、预警告知和科学决策一体化的全过程动态监管信息系统。

（二）持续深化全方位的智能监控，赋能精准执法

在危险废物经营单位物流出入口、贮存场所、处置设施、转移路线等重点环节设置视频监控系统，现已纳入全市43家经营单位444路关键点位视频，实现危险废物经营单位全天候、可视化的实时监控。利用大数据分析技术构建监管预警模型，目前已实现经营单位库存异常、联单签收超时、自行利用处置未申报等预警，并将预警信息实时推送给市、区生态环境部门，实现危险废物精准靶向监控。

（三）推动危险废物政务服务事项全部纳入“一网通办”“一网统管”，持续提升政府服务水平

将危险废物服务事项纳入政府“一网通办”，实施“一网统管”。同时落实“放管服”改革要求，审批办理时限和办事材料在国家要求上“双减半”，在提高政府部门环境监管效率的同时，大幅提升企业办事效率，优化了营商环境。

三、主要成效

（一）提高了危险废物监管能力，降低了环境和安全风险

危险废物管理信息系统的建立以“一网统管”的方式健全落实了危险废物主要管理制度，实现了危险废物全过程闭环管理的全覆盖、全要素。同时通过物联网、智能视频、大数据等新兴技术的应用，实现对危险废物出厂、称重、运输、到达入库等关键节点、关键行为数据的全程自动化采集，推动危险废物管理逐步由“事中事后被动式管理”转变为“事前主动预防式管理”，监管效能大幅度提升。

（二）提升了企业办事效率，优化了营商环境

通过信息系统应用，危险废物政务服务事项全部从线下到线上，目前已全覆盖服务本市危险废物产生单位3.2万余家、医疗废物产生单位5 000余家、一般工业固废产生单位近1万家、运输单位53家、危险废物经营单位54家，每天产生企业出入库台账、转移联单、日报等动态服务条目信息近10万条，让企业办事更加便捷、效率更高，大幅优化了营商环境。

（供稿：上海市生态环境局）

第十一篇

助力乡村振兴

案例54

深入推进加拿大一枝黄花整治，全力守护世界级生态岛绿色基底

崇明区针对加拿大一枝黄花泛滥，牢牢把握“共搞大保护”的战略方向，坚持生态立岛理念不动摇，深入探索区域联动、部门协作、全民参与的整治模式，统筹推进加拿大一枝黄花整治，全力守护世界级生态岛绿色基底。

一、工作背景

加拿大一枝黄花原产于北美，作为观赏植物引进中国后逸生成恶性杂草，2010年被列入第二批《中国外来入侵物种名单》。加拿大一枝黄花是多年生植物，具有根状茎发达、繁殖力极强、传播速度快的特征，由于没有本土天敌，迅速在崇明三岛的未利用地块、稀疏林地、河道两侧等处蔓延生长。2020年开始，崇明区果断开展全域加拿大一枝黄花专项清理整治行动。经过两年来的大规模整治，有效遏制了泛滥蔓延势头，镇域范围内基本消除了成片“野蛮生长”的现象。崇明区在整治实践中不断建立健全相关工作机制，深入推进常态化整治，打响生态保护持久战。

二、工作举措

（一）建章立制，制度化成果不断涌现

崇明区在推进整治过程中，充分注重相关工作机制、制度的建立，形成了“管、治、责”方面的一系列制度化成果。“管”是指明确管护职责，区农业农村委牵头编制了《崇明区加拿大一枝黄花防除工作方案》，明确各乡镇人民政府、在崇市属有关部门等主体的责任范围，确保“房田水路林村”各要素有人管、管得好。“治”是指采用科学整治方法，农业技术部门总结形成了《加拿大一枝黄花防除技术指导意见》，明确春、夏两季为整治适期，指导各单位分类运用科学整治手段。“责”是指压实整治责任，区农业农村委牵头开展加拿大一枝黄花整治，建立季度督查、交流机制，并定期将整治情况呈报区领

导，对各责任主体奖优促劣、查漏补缺，确保整治工作有序有力推进。

（二）常态整治，持续压低发生基数

崇明区着力推进三个“常态化”治理手段，累计清除成片加拿大一枝黄花2.4万余亩，有效遏制了一枝黄花蔓延泛滥势头。一是常态化清理整治，各乡镇每月设立村庄清洁日，定期清理镇域范围内一枝黄花；区农业农村委牵头各单位开展春、夏季专项整治行动，在秋季传播期前完成整治。二是常态化监管，镇、村两级结合网格制、河长制、环长制等制度，加强对宅边、路边、水边等加拿大一枝黄花易发处的日常监管。三是常态化督查检查，区农业农村委定期组织明察暗访、乡镇交叉检查等，每季度开展一次全覆盖督查检查，保持“查改并行、以查促改”的工作节奏不放松。

（三）凝聚合力，促成联防联治新局面

崇明区上下积极投入加拿大一枝黄花防除工作，全力围剿加拿大一枝黄花生长空间，形成联防联治工作局面。一是加强部门联动，崇明区各级机关、乡镇依托农村人居环境优化工程这一大平台，协力推进整治，区农业农村委牵头各乡镇做好镇域范围内防除工作；区林业、水务等单位各自管好林地、水边等“责任田”。二是凝聚青年力量，各单位积极组织青年志愿者、民兵等投入公共区域、农场等处的加拿大一枝黄花清理整治工作。三是传播“防除”好声音，崇明区积极开展相关宣传报道，累计在新华网、人民网、上观新闻等平台形成专题报道6篇；广大人民群众自发在抖音平台、微信视频号上发布相关科普视频，逐渐形成浓厚的社会面氛围。

三、经验总结

（一）尊重客观规律，巧用“生态绿军”

要充分注重“生态主体”作用，把整治工作的落脚点置于本土生态保护上。实践发现，芦苇、薄荷等本土植物可与加拿大一枝黄花产生竞争关系；树木高大的林地、种植密集的农田、花圃等均是抵御加拿大一枝黄花的天然屏障。崇明区根据加拿大一枝黄花生长特性，总结了“春季除苗、夏季除株去根”的整治方案，并要求各整治主体对根茎、花苞、花籽等做规范收运处置，避免“死灰复燃”，完成整治后对有条件的地块及时补种本土植物，打好“防”“除”组合拳。

（二）坚持人民主体，借助“人民伟力”

人民群众是整治工作的力量源泉，必须充分发动群众、依靠群众。目前，崇明区各乡镇均已建立常态化村庄清洁制度，通过各类奖补措施吸纳本地村民定期清理村域内一枝黄花，越来越多的村民群众在“农村人居环境责任区”“门前三包”等机制的引领下自发清理宅前屋后和自留地、承包地内的加拿大一枝黄花，并通过区、镇级专项举报电话，积极向政府部门反映问题点位线索，形成全民共治的良好氛围。

（三）打破行政壁垒，共搞生态“大保护”

崇明区主动跨前一步，积极对接长兴岛管委会等在崇市属单位，以及江苏省海永镇、启隆镇两个岛内省外单位，以协调整治打破行政壁垒，共同守护长江口绿色生态环境。崇明区乡村振兴办定期将督查发现、群众举报的问题点位函告各在崇市属单位，累

图11-1 结合美丽乡村建设，全力围剿加拿大一枝黄花

资料来源：上海市崇明区农业农村委。

计处置成片加拿大一枝黄花1.2万余亩；崇明区人民检察院向南通市海门区移送相关线索函，协力推进崇明岛上海永镇、启隆镇等处加拿大一枝黄花整治。各区内外单位在崇明三岛以加拿大一枝黄花整治为契机，进一步加强了联动协调的工作默契，积累了“共抓大保护”的宝贵实践经验。

（供稿：上海市崇明区农业农村委）

案例55

建章立制，治理农村生活污水
建管并重，助力乡村生态振兴

一、工作背景

农村生活污水具有排放面广且分散、排放量区域差异大、间歇排放、污水水质不稳定等特点，对农村人居环境产生一定影响。按照中央关于乡村振兴战略建设、农村环境整治和农业污染治理攻坚战的总体部署，上海市委、市政府高度重视农村生活污水治理工作，自2007年起，启动了治理工作，经历了试点推广、全面铺开和高速发展3个阶段，持续扩大农污治理受益范围。据统计，截至2021年年底，在上海市9个涉农区、103个乡镇，共建成就地处理设施4 000多座，完成治理行政村1 290余个，行政村治理率已达83%，位居全国第三。

二、工作举措

上海市围绕“设施稳定、管理规范、水质达标”的工作目标，考虑村庄自然条件、处理技术工艺和农户接受程度，积极探索适合本地实际的治理模式和方法，持续扩大覆盖面，有力推动运维管理水平的逐步提升，不断提高农村生活污水治理水平。

（一）制度为纲建体系

规范设施运维管理要求，基本建立了制度体系的四梁八柱。市级部门先后出台《上海市农村生活污水治理建设管理办法》《农村生活污水处理排放标准》《上海市农村生活污水处理设施运行维护管理办法》《上海市农村生活污水治理技术指南》等一系列制度文件，进行顶层设计、系统谋划。各区根据结合实际情况，相继出台区级项目管理办法、运维管理办法（实施意见）、考核办法等，通过制度保障，有效开展运维管理工作。

（二）责任为田抓落实

强化责任落实，建立健全市区监管、乡镇负责、村组配合以及运行维护单位提供服

务的“四位一体”管理体系。重点压实乡镇主体责任，配齐配强管理力量，制定管理工作制度，落实运维养护资金，通过政府购买服务方式确定运行养护单位，加强巡查检查，保障运维质量。市、区行业管理单位切实履行职责，定期开展设施运行维护的监督管理，从规章制度建设、运维技能培训、台账资料管理、运维质量考核等方面对乡镇予以指导服务。

（三）机制为先强管理

各区、镇聚焦设施长效运行，逐步建立完善长效管理机制，研究谋划创新举措和方法。青浦等区启动了农村生活污水设施规范化管理试点工作，以点带面逐步形成标准化、专业化的运维模式；崇明、浦东等区利用互联网等技术，探索信息化、智能化管理模式。

（四）监管为要促长效

开展市级出水水质监督性监测和运维管理检查，将运维管理工作纳入河长制考核专项内容，通过给河长的一封信等方式，推动各区主要领导关心关注，推进督办催办，层层传导压力，促进和提升设施运维养护管理常态长效。

（五）宣教为媒共参与

通过媒体报道、社区培训、发放宣传册等多种渠道和方式，向群众普及农村生活污水治理相关知识，动员村民积极参与农村生活污水处理设施的日常养护，探索将运维管理纳入村规民约，提高农民群众的环境保护意识和责任意识，提升社会各界参与运维管理的主动性和积极性。

三、实施成效

（一）改善农村环境面貌，助力美丽乡村建设

上海市农户总数近100万户，农村常住人口256万人，在实施农村生活污水处理前，大部分农户的污水均未经处理直排河道或农田。按照市委、市政府农村人居环境整治、乡村振兴示范村建设工作等要求，有重点、有针对性地开展农村生活污水治理，截至2021年年底，累计创评市级美丽乡村示范村215个，建成乡村振兴示范村69个，农村生活污水治理有效改善了农村地区污水直排现象，为农户提供便利的同时，进一步提升了村容村貌。

图11-2　小型农村生活污水处理站

资料来源：上海市水务局。

（二）削减入河污染负荷，不断提升河道水质

结合苏州河环境综合整治四期工程、全面消除劣Ⅴ类河道水体等工作，通过沿河截污纳管、就地处理等方式有效收集处理河道周边农村生活污水，经过处理后的水体，大大减少了化学需氧量、五日生化需氧量、氨氮、总磷等污染物质的排放，切实削减入河污染物，有效提升了周边河道水质。

（三）因地确立技术路线，处理工艺趋于稳定

按照“纳管优先、因地制宜”的原则，选择技术路线，具备纳管条件的，优先纳入城镇污水厂进行处理，其他区域建设相对集中的就地处理设施进行收集处理。经过多年来的摸索、尝试，上海市就地处理工艺逐渐趋于稳定，主要有生物滤池、接触氧化、一体化膜法A2/O（厌氧—缺氧—好氧）、膜生物反应器（MBR）、人工湿地、土壤渗滤六大类工艺。结合处理效果、维护情况、建设用地等情况，近5年工艺类型选择大多向生物型

图11–3　依托河长制，促进和提升设施运维养护管理常态长效

资料来源：上海市水务局。

（组合型）转变，较多的是A2/O、MBR、生物滤池工艺。

（四）运行管理不断提高，出水水质情况显著提升

根据生态环境部、农业农村部等部门对农污治理提出的新要求，上海市对农污治理工作的重视程度也不断提高，设施运维更加规范，水质达标率稳步提升，有效保障了设施运行常态长效，逐步提高了设施运行管理水平，进一步巩固了治理成效，助力上海市农村环境整治工作。从2021年的出水水质抽测结果来看，按设计标准评价上海市出水水质达标率为91.6%，设施总体运行稳定。

下个阶段，上海市各级水务部门将把握好乡村振兴建设和农村人居环境改善的良好契机，持续推进各项工作落实落地，努力取得农村生活污水治理工作新突破、新成效。

（供稿：上海市水务局）

案例56

建设国家级现代农业产业园，金山廊下镇
都市现代绿色农业发展创佳绩

一、工作背景

金山区是上海西南的农业大区，但作为上海国际大都市的郊区，农业发展具有土地总量少、环境承载力低、生产成本高等特点。为此，金山区探索在农业资源有限的“狭小空间”内“以小博大”，注重提升农业的经济功能、生态功能和服务功能，形成了具有上海特点、金山特色的都市现代农业。金山区2003年开始在廊下镇建设金山现代农业园区，正式实行“镇区合一”行政管理体制，过去10年以执着有效探索上海都市现代农业而声名鹊起。2019年，又以廊下镇为核心区入围创建国家现代农业产业园，充分发挥

图11-4　上海市金山区现代农业产业园

资料来源：上海市金山区廊下镇政府。

示范引领作用，始终牢牢把握都市现代绿色农业功能定位，促进一、二、三产融合发展，健全产业链，提升价值链，全面构建与国际大都市相适应的现代乡村产业体系，走出了一条大都市远郊纯农地区农业农村发展新路子。

二、工作举措

（一）建设引领全国标准的果蔬示范区

一是全面推进果蔬标准化示范基地建设升级，建设2.1万亩蔬菜生产标准化示范基地、1万亩瓜果生产标准化示范基地、8个特色瓜果生产基地项目。二是加快提升果蔬生产机械化水平，建设晶绿合作社等5个果蔬机械化示范点作用。三是制定完善果蔬产业的金山标准，出台《2018—2019年金山区绿色农产品发展、地产农产品质量安全追溯项目奖补实施细则》《2020年金山区关于做强“金山味道”打造农产品“金”字招牌的实施方案》等。目前，廊下镇“二品一标”认证覆盖率达51.9%，果蔬种植标准化基地覆盖率达100%。

（二）建设一、二、三产业融合发展试点区

一是推进农旅融合，打造全市“百里花园、百里果园、百里菜园、上海后花园”的核心区。建设了24个农业观光采摘、乡村旅游景点（其中14个为全国休闲农业和乡村旅游星级基地）。二是推进产销融合，全面构筑完善金山菜篮子产品的品牌营销服务体系。园内农产品注册商品达29个，农产品加工产品注册商标达27个，其中市级以上知名商标品牌6个，农产品品牌化销售率达70%。三是推进农商融合，以“互联网+流通”为导向打造农商融合的升级版。通过淘宝等平台开展直播带货，对接盒马、叮咚等大型电商平台，形成“金山味道”等电商平台。

（三）建设科技等现代要素快速汇聚区

一是大力建设都市农业科技创新中心。成立7家农业研发机构、建设10个科研院所试验基地、实践基地、工作站，其中市级及以上5家（个）。二是提升长三角地区农创路演中心建设。长三角农创路演中心累计举办农业类专场41场，成功转化项目60余项，注册农业科技类企业30多户。三是利用物联网等现代信息技术改造提升产业园。在蟠桃研究所、葡萄研究所建设了2个农业物联网智能化示范基地；建设了明缘果蔬等3家合作社作为生产、灌溉、施肥自动化现代化农业生产示范基地。

（四）建设高质量新型经营主体孵化区

一是培育壮大新型经营主体。培育家庭农场148家，合作社216家（其中区级以上示范社13家）、产业化龙头企业11家（国家级2家、市级3家、区级6家）。二是建设新型主体双创孵化基地。举办长三角毗邻地区农业农村创业创新大赛、长三角“田园五镇”农业农村创业创新大赛，形成王卫国、马天等新型职业农民创业创新基地。三是创新发展订单农业。鑫博海等龙头企业与农户、家庭农场、农民合作社通过签订农产品购销合同，合理确定收购价格，形成稳定购销关系。

（五）建设都市现代农业绿色发展先行区

一是保护与节约利用农业水土资源。设立31个耕地地力和环境质量监测点，3个耕地土壤环境和农产品协同监测点。出台《金山区耕地和质量保护与提升补贴项目实施细则》。改良土壤和修复耕地6 001亩。21个规模化设施园艺基地开展了蔬菜节水灌溉设施设备改造。推广智慧农业节水技术面积4 842亩。到2021年，农田灌溉水有效利用系数达到0.8左右。二是全面开展农业面源污染防治。实施绿肥深翻面积为1.58万亩，使用有机肥1.42万吨，缓释肥0.798万亩次，使用配方肥4.5万亩次，测土配方施肥技术推广覆盖率达100%。30亩以上规模种植户全程规模配送农药。建设10个共2 723亩绿色防控技术示范基地。农药化肥使用强度10.7千克/亩。三是提升农业废弃物资源化利用水平。秸秆还田5 842.75亩，秸秆综合利用5 825.09吨，秸秆综合利用率98.3%。新建夯裕废弃物综合利用示范点，建立循环农业新模式。四是开展美丽乡村建设，营造美丽环境。制定《金山区“美丽乡村 · 幸福家园”创建工作实施方案》，创建市级乡村振兴示范村2个（山塘村、和平村）、市级美丽乡村示范村1个（白漾村）。

三、实施成效

（一）生态循环示范试点率先建设

围绕“产业融合、生产清洁、资源循环、产品绿色、提质增效”的目标，产业园区率先启动生态循环试点建设。实施耕地质量保护与提升行动，通过高温闷棚、蚯蚓养殖等措施开展土壤修复。实施农业节水灌溉行动，应用喷滴灌、水肥一体化等技术，提高水资源利用效率。实施废弃物资源化利用行动，对果蔬废弃物进行集中收集分类处置，除饲料化利用外，将废弃物经配比发酵、制作有机肥后还田。实施农药包装废弃物回收行动，定点收集农药包装袋、地膜、黄板等。截至目前，园内农业废弃物资源化利用率达99%，农药包装废弃物回收率达100%。

（二）有机肥替代化肥示范县深入推进

以“减化肥”为目标，通过“商品有机肥+配方肥+水肥一体化”“菜—沼—畜”和种养结合等3项主推技术推广和病虫草害绿色防控技术应用，深入推进全市唯一的全国果菜茶有机肥替代化肥示范县创建，蔬果绿色生产、生态种植水平得以提高，“一减两提”目标得以实现，高端品质蔬果供给能力得以提升。园区内已有有机蔬菜215亩，占全区17%；有机水果742亩，占全区77%。

图11-5 农业创新企业秸秆生产食用菌

资料来源：上海市金山区廊下镇政府。

（三）三级四类品牌体系基本建成

打造以“金山味道”区域公共品牌为统领、企业品牌为支撑、产品品牌为特色的三级品牌，突出抓好优质稻米类、蔬菜类、瓜果类和养殖类等4类产品，园区内以“一葡二桃三莓四瓜”为代表的特色瓜果影响力持续增强，“金山蟠桃”获得地理标志，“天母水蜜桃”和“小皇冠西瓜”在全市地产农产品评优活动中，经专家和市民盲评，喜获唯一金奖。积极推进食用农产品合格证制度试行工作，推动生产者落实质量安全主体责任。专项检查与交叉检查相结合，开展“二品一标”证后监管和绿色食品标志规范使用检查。两年来，园区内市级以上农产品质量安全例行监测和监督抽查的合格率达100%。

（供稿：上海市金山区廊下镇政府）

第十二篇

数字赋能管理

案例57

“绿色数据引擎”助力精准科学治污

一、工作背景

近年来，上海市生态环境局聚焦打赢打好污染防治攻坚战，积极引入数字化手段，生态环境大数据管理平台于2019年正式投入使用，构建起纵向联通、横向贯通的“绿色数据引擎”，为上海的生态环境治理注入了新动能。“生态环境大数据管理平台”（简称“平台”）的建设是为了贯彻落实国家“深入打好污染防治攻坚战，加快构建现代环境治理体系”的要求，贯彻落实上海市委、市政府“一网通办、一网统管”的要求，加强数据赋能，不断提升城市治理能力和治理水平，促进新时代生态环境智慧管理。

二、工作举措

平台聚焦污染源、环境质量和环境管理专项工作三大主题，开展全面的数据梳理、治理工作，摸清数据家底，构建多维度多层次的污染源标签体系，勾勒立体的“污染源画像”。平台利用大数据计算工具，建立多种业务规则，融合分析不同业务系统的数据，主动发现问题，促进生态环境管理“科学化、精准化”。利用可视化工具，搭建生态环境“领航驾驶舱”，全方位掌握生态环境总体情况和动态信息，辅助宏观决策分析。生态环境大数据管理平台集成数据资源汇集、存储、管理、监控及分析挖掘等众多功能于一体，实现数据从进到出全生命周期管理。

（一）平台建设围绕“进、管、算、出”四字进行

1. 进

全面汇集生态环境相关的数据资源，包括环保业务部门产生的、其他相关部门产生的外部数据，以及互联网、社交媒体数据。平台通过面向关系型、文件式、流式、网页等多种数据形式的工具，实现面向多源异构数据对象的高效数据采集，并可以对采集任务进行全程管理、统一监控，保障数据采集任务的安全高效。

图12-1 上海市生态环境大数据管理平台

资料来源：上海市环境保护信息中心。

2. 管

采用数据仓库技术，实现数据的统一存储，强化数据治理工作，规范数据，减少数据歧义，围绕环境质量、污染源、环境政务与环境管理专项工作三大主题构建主题数据库。

3. 算

构建一站式大数据分析挖掘体系。平台搭建了环保专业模型算法库、分析模型工具、AI引擎以及可视化展现等多项大数据工具，在分析应用试验区里对数据读写进行控制、数据分析过程进行监控，保障环保数据的使用安全；利用词频语义分析法、波动分析法等实现信访热点分析、行政处罚案件分析、污染源反欺诈分析。

4. 出

开发“数据服务产品”，实现数据共享，将数据赋能各项环境管理应用场景。外部单位可以通过接口调用安全、有序地获取数据集，以微服务方式，变数据“复制”模式为数据“复用”模式，保障市区两级生态环境部门“一网统管”等业务应用场景的建立。

（二）平台包括环境质量、污染源管理等五大核心版块

1. 大气环境质量方面

平台采集了前端55个国控、市控空气质量监测点，实时掌握AQI数据和通过预报

模型计算发布的空气质量预报情况。对历年空气质量的变化趋势进行分析，综合反映上海在蓝天保卫战方面的成效。

2. 水环境质量方面

平台汇集了259个手工断面数据以及194个自动站在线监测数据，反映上海重要河流断面的水质状况。逐月对各考核断面进行达标率、污染物平均浓度以及同比变化统计，按区域、按断面查看水质变化情况。

3. 污染源管理方面

平台建立了固定污染源库，对污染源进行"画像"。梳理汇集来自二污普、排污许可证、在线监测、重点排污单位、辐射许可证等多个来源的固定污染源数据，掌握全市污染源的区域分布情况和行业分布情况。制定固定污染源数据治理标准，将13套污染源相关的数据整合成为一套数据，并建立与业务系统间的档案同步更新机制，形成动态污染源信息基础库。在此基础上，利用多尺度数据融合、标签画像等大数据相关技术，为每家污染源进行画像，形成千企千面。从企业自身的排污量、治理情况、信息公开情况，到生态环境部门对其监管、监察、监测，再到公众的信访投诉、舆情情况等，给污染源打上多级标签，从事实性标签、统计类标签，再到预测类标签，多维度准确勾勒出一家污染源的环境行为画像，为污染源全生命周期监管提供支撑。

4. 环境管理专项工作方面

平台根据专项管理工作需求，依托治理后的大数据，灵活搭建应用。如"扬尘污染防治"，在线覆盖3 206个建筑工地点位、134个搅拌站、272个码头堆场点位，道路监测设置固定点位32个，移动道路监测车130辆。这些实时数据按照浓度从低到高，分为10个等级。其中，绿色为达标；黄色为临近超标，系统会自动向各相关方发出预警提示；红色为超标，各区生态环境部门进行执法或者进行处置。

三、实施成效

（一）构建纵向联通、横向贯通的应用数据共享体系

建立了部、市、区多级数据共享体系，涵盖生态环境各条线数据，内部数据互联互通，横向与市大数据中心，纵向向下与各区生态环境局，向上与部级排污许可证、环评、信访系统实现实时交互共享。同时，通过物联网技术，直接延伸至前端监测设备的数据通路，实现海量的实时监测数据采集，平均日采集数据300万余条，已累计沉淀数据20余亿条。

（二）围绕生态环境管理核心工作，串起各类数据

平台按业务管理分成了环境质量、污染源、环境政务和专项工作三大板块，对应建立各个板块的主题库，从宏观上掌握全市生态环境状况、环境质量发展趋势、污染源总体情况；从微观上掌握具体空气质量测点、水环境监测断面数据、扬尘监控点位、污染源的全生命周期信息，最终形成一个数据充分融合的平台。

（三）提高环境管理效率，“让数据赋能，让人少跑路”

运用生态环境大数据中心，开展多元数据的关联分析，研究并建立主动发现问题、协同解决问题、考核评估的闭环工作机制。

生态环境大数据管理平台作为整个上海智慧城市的有机组成部分，还在不断地深化，发挥其在智慧城市“一网统管”中的重要作用。下个阶段将进一步开展部门间的数字联动，构建城市生命体征、重污染天气应急防控、重大活动保障、环境应急处置等多个应用场景，形成精细化的管控措施，通过治理数字化实现治理现代化。

（供稿：上海市环境保护信息中心）

案例58

提升静安数字化治理水平，打造超大城市中心城区智慧环境治理体系

一、工作背景

静安区位于上海市中心城区，总面积37平方千米，常住人口107万人，是典型的超大城市核心区。随着《上海市关于加快构建现代环境治理体系的实施意见》的出台，走出一条体现上海特征、符合超大城市中心城区特点和规律的现代环境治理新路子，成为静安区迫切的现实需求。为此，静安区深入贯彻落实"人民城市人民建、人民城市为人民"重要理念，深耕区域环境管理体系构建、数字信息系统建设两方面工作，致力打通二者融合的渠道，构建智慧环境治理体系的基本构架和驱动承载。经过扎实深入的探索实践，静安区环境现代化治理水平不断提升、生态文明建设成效也不断显现。

二、工作措施

（一）搭稳区域环境管理体系的"四梁八柱"，实现环境高效能治理

静安区成立生态文明建设领导小组，区委、区政府主要领导挂帅，领导小组办公室设在区生态环境局，统筹推进全区生态文明建设和生态环境保护。以生态环境保护"十四五"规划为区域生态文明建设顶层设计，谋划生态环境高水平保护，服务区域经济高质量发展。滚动实施生态环境保护和建设三年行动计划，聚焦区域重点项目，持续改善环境质量。制定区生态环境工作目标考核办法，量化评估各部门、街镇生态环境实施成效。修订出台《静安区生态环境保护工作责任清单》，明确相关单位的生态环境保护职责，形成生态环境部门牵头协调推进、各部门权责一致、各街镇齐抓共管的区域生态环境治理局面。

静安区生态环境局根据区位区情特点，坚持以环境质量为导向，以排污许可证为核心，形成监督管理、监察执法、环境监测"三监"联动的固定源管理模式，有效履行自身环境管理职责。同时，充分发挥区生态文明建设领导小组办公室的牵头协调职能，在政府各条线部门责任清单梳理明晰的基础上，着眼于部门间权责交叉领域的联动共管、管

理真空地带的跨前协作，以工地扬尘治理、餐饮行业管理等涉及多个职能部门的领域为切入点，通过联席会议、联合发文、联动执法等方式，协调各部门达成目标共识、理顺管理流程、寻找合力抓手、固化协作模式，逐步形成部门间精细务实的协同管理体系，实现环境高效能综合治理。

（二）深入推进区域生态环境领域数字化转型，基本实现区域环境数字孪生管理

静安区生态环境局始终坚持完善城市运行数字体征信息，集成区域内水、气、声等环境质量数据，通过环境地理信息系统形成全区环境质量“一张图”；集成区内各类环境数据，建成区环境数据中心，形成全区污染源“一个库”。通过标签管理和动态分析，量化企业环境管理行为，筛选重点监管对象，预警潜在污染企业，为污染源分类分级管理、环境信用评价等工作提供信息化支持。以环境数据中心为核心，依托移动执法终端，对接环境综合业务平台各应用系统，静安区生态环境局绝大多数环境管理应用场景都得以完成数字化转型，每发生一个环境管理行为，就归集一条环境数字信息，从而基本实现区域环境数字孪生管理，有效提升区域环境监管效能。

通过条块结合、联勤联动管理机制，静安生态环境治理深度融入区域整体城市治理。静安区将各类环境质量数据、环境管理数据全面接入区“一网统管”平台，直通各街镇城市运行管理分中心，推动线上线下协同高效管理，为提高城市综合管理水平提供助力。以“绿盾通”环境应用为载体，实时共享区域内污染源环境管理历史情况、环境管理评分指数及“环保二维码”等信息；建立条线、条块之间数据交互渠道，不断拓展开发各类环境治理应用场景；支持街镇在线向生态环境部门发起联合检查要求，形成条块间环境管理闭环。

当治理数字化积累到一定程度，环境数字孪生管理基本实现，智慧环境治理必然是下一步探索的方向。静安区依托环境数字信息系统，从建筑工地扬尘污染防治领域着手，积极探索区域智慧环境治理，将区内建设工地的环境管理情况、扬尘在线数据等信息均纳入区环境数字信息系统污染源数据库。通过对污染防治要求的分解细化，形成可量化的指标体系，进而将现场巡查情况转化为具体数值，由系统计算出每个建筑工地的扬尘污染防治指数，有力推动建筑工地分级管理、信用管理。同时，静安区打通“一网通办、一网统管”两张网之间的数据渠道，打破生态环境部门、建设管理部门之间数据壁垒，由环境数字信息系统对区内建筑工地夜间施工许可实现智能自动审核。通过智能审核的建筑工地，其许可申请由系统自动秒批。依托数字化治理，静安夜间施工不仅批得快速，而且批得精准。

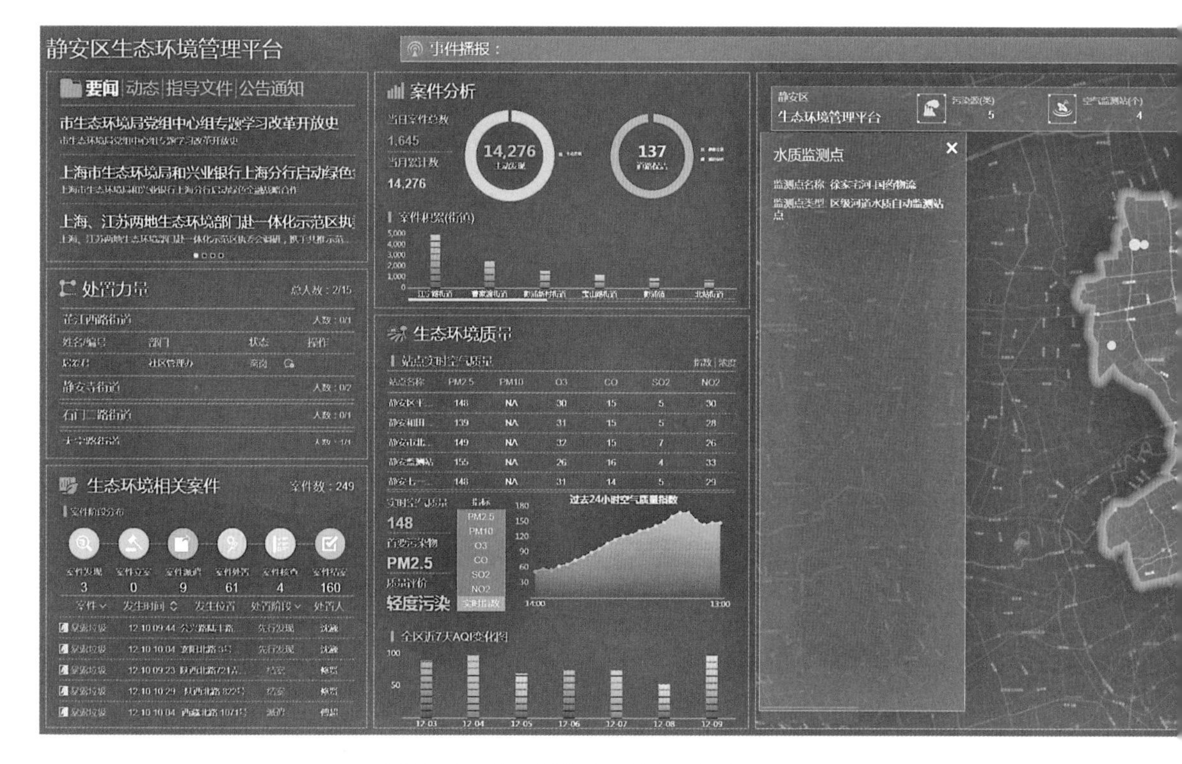

图12-2 静安区生态环境管理平台

资料来源：上海市静安区生态环境局。

（三）积极践行人民城市重要理念，加快构建党委领导、政府主导、企业主体、社会参与的现代环境治理体系

静安区作为典型的中心城区，以餐饮、汽修等量大面广的生活源为主要环境管理对象，大量的管理行为发生在社区之内、群众之间。只有在基层社区最小单元中找到环境治理的最大公约数，发动社区各方共同参与，建立起美好生活环境共建共治共享的思想共识，才能真正做到社区的问题不出社区、基层的问题解决在基层。静安区积极探索将生态环境管理嵌入社会基层治理网络，成为有温度的城市管理的重要组成部分。制定实施《关于进一步落实生态环保督察整改，加强生态环境治理条块结合、联勤联动的意见》等文件，在条块间建立权责界定清晰、分工合作有序、信息共享实时的环境管理机制；编制《街镇生态环境工作操作指南》，确保街镇对商业活动的属地环境管理有章可查、有例可循，充分发挥街镇快速发现、协调沟通、长效巩固的综合管理优势；推广区生态环境"绿盾通"应用，依托"一网统管"平台，实现条块间环境管理数据信息闭环互通，为属地环境管理提供支持。

通过条块结合、联勤联动管理机制，静安区将环境监管执法力量下沉到街镇社区最

前沿，将环境管理专业能力融入基层最小单元，成为社会基层治理重要的管理抓手、可靠的执法后盾。在街镇这个最贴近群众的平台上，充分深入群众、依靠群众，做深做细、久久为功，构建多元参与的现代环境治理体系，切实提升群众对优美生态环境的参与感、获得感和幸福感。

三、实施成效

（一）生态赋能，助力高质量发展

近年来，在静安区的不懈努力下，生态环境质量状况持续向好。大气环境稳定好转，区AQI优良率持续提升，主要污染物指标达到国家环境空气质量二级标准。水环境质量提升明显，2021年Ⅱ—Ⅲ类水体比例达到100%，中扬湖、徐家宅河相继被评为市级三星级河道和最美河道。土壤污染状况不断改善，污染地块安全利用率保持100%。高质量的生态环境治理助力区域经济社会高质量发展，静安区经济发展水平稳居全市前列，区内市北高新技术服务园区成功创建成为国家生态工业示范园区。

（二）久久为功，雕琢高品质生活

静安区持续将生态环境治理融入城市基层治理网络，聚焦群众环境需求重点领域，以餐饮业污染防治精细化治理为切入点，不厌其细、久久为功，在城市治理的最小单元中实现政企民良性互动，使绿色共治成为现代城市基层治理中最有温度的底色。生态环境投诉是人民群众对生活环境感受的直接反馈。近年来，静安区生态环境局接到的投诉数量逐年降低，静安人民对优美生活环境质量的满意度持续提升。

（三）数字引领，实现高效能治理

在区委、区政府的坚强领导下，静安区始终坚持整体一盘棋的系统思维，统筹推进全区生态文明建设和生态环境保护工作，逐步形成横向到边跨条线、纵向到底进基层的精细化环境治理体系；始终坚持区域生态环境治理数字化转型，潜心打磨区域环境数字信息系统，夯实环境数据基础，实现孪生数字管理，探索环境智能治理；始终坚持通过数字化，推进精细化，不断提升区域生态环境现代化治理能力，持续完善静安智慧环境治理体系，努力打造更具活力、更有竞争力的环境数字生态系统，实现区域环境高效能治理。

习近平总书记强调："环境就是民生，青山就是美丽，蓝天也是幸福。"人民对美好环境的不断追求就是我们持续奋斗的目标。探索实践超大城市中心城区智慧环境治理体系，就是静安区加快构建现代环境治理体系、深入贯彻落实"人民城市人民建，人民城市为人民"重要理念的实际举措。静安区将在现代环境治理的征途上，继续探索静安方案，贡献静安智慧，努力创造新的成就。

（供稿：上海市静安区生态环境局）

案例59

构建“分级、精准、智慧、共治”四维监管体系，织密闵行区生态环境治理网络

一、工作背景

闵行区位于上海市地域腹地，是上海市主要对外交通枢纽、工业基地、科技及航天新区，区域面积370.75平方千米。作为上海市重要的工业基地和人口集聚区，闵行区在经济社会快速发展的同时，不断加强生态环境领域监管，区域生态环境面貌不断提升。与此同时，传统的生态环境监管治理方式方法已不能很好适应新发展阶段、新发展理念、新发展格局的“三新”要求，生态环境监管治理方式亟须优化和创新。为此，闵行区着力在创新生态环境治理机制上下功夫、求突破，构建“分级、精准、智慧、共治”的四维监管治理体系，推进区域内生态环境监管治理平稳转型并实现新突破。

二、工作举措

（一）建设分级式管理体系，打造环保三级自治网

研究制定《闵行区污染源分级管理实施办法》，以污染源负荷80%为界，重点污染源由区级监管，一般污染源下沉至街镇管理，并将环境隐患排查治理作为居村网格管理托底事项，实现了冒黑烟、河道污染排放等简明易见的污染问题在网格前端得到发现和处置，形成了区镇村环保三级管理网络，夯实了街镇属地管理、居村前端治理责任。全面强化联勤联动，积极与市级部门开展生态环境重点信访事项联合调查、重点问题联动检查，加强与区级相关部门的信息资源共享共建，制定《闵行区生态环境保护工作责任清单》，明确各相关部门在生态环境保护领域的职责，构建权责明晰的生态环境监管模式。建立跨部门联合双随机抽查等联动执法工作机制，区生态环境部门与公安、检察机关进一步加强联动，将生态环境行政处罚案件全面接入行刑衔接信息平台，形成三部门沟通及时、联动迅速打击环境违法犯罪行为的模式，有力支撑环保三级自治网络。

图12-3　生态环境重点信访事项联合现场检查

资料来源：上海市闵行区生态环境局。

（二）建设全覆盖式第三方治理体系，打造环保精准管理网

出台《闵行区实施污染源第三方辅助监管工作方案》，在街镇（园区）全面引入第三方专业力量，引智借力，为政府和企业提供污染治理、隐患排查、技术支持等专业化服务，全面提升精准治污水平。依托第三方专业机构力量强化排污许可一证式监管，以排污许可要素信息清单为基础推进第三方体检式检查，帮助企业提升按证排污与自我管理能力。借助第三方力量，精准推进污染源普查、饮用水源地巡查、固废堆点排查等工作。引入第三方专家资源，在复杂情况下邀请专家会商、现场协同检查，帮助深挖问题隐患、锁定问题证据，做深做实现场监管工作，精准解决疑难问题。

（三）倾力实施“帮扶监管”，提升执法深度和温度

深度建设“闵行区生态环境全要素管理平台”，实现生态环境质量数据“一网汇聚”、污染源数据“一图展示”。实现执法业务标准化，编制《闵行区生态环境局行政处

罚案件办理流程》，完善从立案、调查到结案的10个环节。将生态环境损害赔偿与环境行政执法充分衔接，引导义务人自主修复环境，做深做实执法工作。在持续做好常态性执法工作的同时，积极转变思路，以优化营商环境、精准服务企业为导向，落实“严监管、细帮扶”的要求，帮助企业解决实际困难。认真执行监督执法“正面清单”和“免罚清单”制度，2019年以来，按程序对100余起情节轻微并及时改正的违法行为免予处罚。

（四）建设非接触式数据监测体系，打造环保数字孪生网

通过在线监控手段对区域内80余个废水在线监控点位、26个废气在线监控点位、逾500个扬尘点位（工地、扬尘码头、市政道路、搅拌站）在线数据进行“远程控污”。在重点区域信访问题处理、空气质量保障等工作中，借助加载气态污染物流动实验室的大气环境监测车，通过区域走航监测锁定污染源头。全面使用移动执法系统，移动终端持有率达到100%，实现移动执法系统全覆盖使用，移动执法全程实时数据留痕。建立闵行区生态环境“全要素”信息系统，将环境管理、执法、监测等数据进行集成更新，加强对环境质量和污染源排污行为的实时监控，实现生态环境质量数据“一网汇聚”、污染源数据“一图展示”，对异常数据进行智能分析及应急响应，全面提升污染源远程非接触管理能力。

图12-4 加载气态污染物流动实验室的大气环境监测车

资料来源：上海市闵行区生态环境局。

（五）建设帮扶协商式议事体系，打造环保绿色共治网

搭建包含闵行区生态环境局、属地政府、园区和企业、公众的“四位一体”互动平台，共守环保法律法规、共商环保管理重点、共治环境污染问题、共享绿色发展成果。在多个园区建立环保部门、属地政府、园区、企业共同参与的“1+2+N”绿色共建联盟，推行“绿色议事日”制度，增进相互交流协商，实现生态环保共商共治共享。依托“绿色议事日”平台，以党建引领为抓手，通过组建

专家团队、闵行区生态环境局志愿服务队伍，为园区和企业免费提供环保政策解析、环保治理技术等服务，为企业发展提供有力保障。

三、实施成效

（一）落实区镇“分级”监管，提升监管强度

闵行区持续健全横向、纵向生态环境监管协调联动，积极磨合行业监管与综合执法的有效衔接、协同配合。有效发挥以区镇“分级监管”为框架、市级环境执法部门及其他执法部门等多方协同为保障的联勤联动机制优势，并将监管触角向基层网格延伸，推进形成“三监联动、纵向三级联勤、横向多方协同”的总体监管模式，有效保障了各类监管工作的有序开展，在全区范围内普遍提升了监管强度。

（二）第三方助力“精准”监管，提高监管准度

闵行区将第三方机构作为生态环境监管治理的延伸力量，借助第三方机构的人力智力，强化对污染源单位的“诊断”机制、环境隐患的督改机制，为政府监管提供技术支持。将第三方机构作为企业环境管理的指导力量，为企业提供专业化的培训和指导，帮助企业改正环境问题、降低环境违法风险，提高环境管理水平。将第三方机构作为政府与企业间双向沟通的桥梁，在政府要求和企业需求间找到平衡点，帮助政府改进工作方式，协助企业落实政府要求，提高监管精准度，取得双赢效果。

（三）数字赋能“智慧”监管，拓展监管深度

闵行区积极转变执法监管思路，主动适应新执法事项要求，从固定污染源扩展到移动源执法领域，从传统水、气环境执法拓展至土壤、地下水、入河排污口、微生物环保菌剂等领域，有效运用移动执法、环保全要素污染防治感知平台、科技仪器设备支持等手段，改变监管手段浅平化，使监管工作开展更立体、更智慧，实现提效增能，拓展了监管深度。

（四）推动社会“共治”监管，提升监管温度

闵行区积极探索和实践推动生态环保社会共治，不断优化建立带有“温度”的环保共治工作体系和模式，“1+2+N”绿色共建联盟等在街镇实现全覆盖，并逐步渗透到居村、园区、商场、楼宇。推动设立“绿色议事日”，积极发挥了政府、园区、企业以及社会

各方的积极性和创造性，拓宽了公众参与渠道，全民共建共治共享生态环境的氛围正在不断形成。

通过“四维”监管治理体系建设，闵行区织密了生态环境领域“自治+共治”监管治理网络，生态环境治理效能得到了有效提升。闵行区生态环境局先后被生态环境部评为第二次全国污染源普查表现突出集体、全国固定污染源排污许可全覆盖先进集体。区域VOCs治理获得全市环保“三年行动计划”优秀项目，土壤污染防治机制建设获得生态环境部领导的高度肯定。环境违法案件数连年下降，2021年与2017年相比下降率达到74%，从源头有效遏制了环境违法行为的发生。

（供稿：上海市闵行区生态环境局）

案例60

开发“大气智理”应用场景，打造徐汇区生态环境管理新范式

一、工作背景

随着城市发展建设的不断深入，上海市徐汇区进入了城市基础建设高峰期。辖区内市区级重大工程项目55项，各类在建工地超过170家，总建筑面积超过500万平方米。龙吴路作为辖区内主要道路运输通道，面对区内和区外过境的渣土车、搅拌车双重叠加大流量影响，局地道路扬尘浓度始终较高，对徐汇区顺利完成“十四五”规划确定的约束性指标任务提出了重大挑战。

徐汇区生态环境局牵头，区建设管理委、区城管执法局、区绿化市容局等部门和街镇共同参与，依托“一网统管”平台开发“扬尘智理”环境应用场景，全面打通大气环境

图12-5　徐汇区“一网统管”扬尘智理监控平台

资料来源：上海市徐汇区生态环境局。

领域监测、监管、监察数据，将散落的数据进行迁移整合，实现人工和智能、动态和静态、线下和线上数据全量汇集，集“全域感知、实时计算、联勤联动、即时处置”等数字化手段于一体，助力徐汇区逐步形成“污染溯源、洒扫监管、人机协同、联合处置”的生态环境监管新范式。

二、工作举措

（一）全域感知

“大气智理”应用场景共接入区域内1个大气监测国控点、2个大气监测市控点、43个在线道路颗粒物监测点、100个在线工地颗粒物监测点、110台移动PM_{10}监控车、130个道路卡口和30条道路监控相关数据，构建全区范围内的传感物联与视频监控的“千里眼和顺风耳”。

（二）实时计算

实时分析国控点空气质量、道路扬尘及工地扬尘体征数据指标。同时系统利用AI算法，通过接入公安视频资源和卡口图片资源，对影响道路扬尘因素的特种车辆进行实时数据分析，智能识别渣土车、搅拌车、洒水车、扫地车等道路扬尘相关车辆的运行状态和流量变化，第一时间掌控扬尘体征与影响因素。

（三）联勤联动

依托“一网统管”主系统，通过政务流程再造，徐汇区构建了8项扬尘监管子系统，实现汇集生态环境、交警、绿化市容、城管执法等各职能部门以及属地街镇的闭环管理，形成由生态环境部门牵头，多部门参与的联合监管业务链，构建“扬尘溯源”“洒扫监管”“违规处置”等具体场景的常态化运行机制。通过与道路视频监控系统的数据对接，实现对作业车辆的智能巡查与违章取证，通过AI技术智能识别渣土车、搅拌车等作业车辆是否存在未注册、未覆盖、跑冒滴漏等违规行为，并将相关车辆信息通过城市运行管理系统派单至区城管执法局，由区城管执法局跟进调查处理，形成以AI智能识别技术为核心的“智能发现、自动派单、协同治理”管理流程。

（四）即时处置

在徐汇区大数据中心的支持下，实现道路扬尘问题“即时处置”。深度开发移动端在现场一线的问题发现、协调指挥功能，实时接收上报、实时感知案件、实时定位周边处置力量，一键呼叫现场处置，第一时间控制扬尘影响要素，最大限度减少环境影响。通过移动端开放式接收扬尘污染问题；后台通过道路视频监控系统查清肇事车辆的牌照等相关信息并跟进查处；同时通知市容绿化局现场洒扫，消除实际影响；处置结果在线反馈，实现销号闭环管理。

三、实施成效

从2019年9月"大气智理"应用场景上线以来，共上报1 621起未覆盖和未注册事件，其中AI智能发现1 587起，巡查上报31起，有奖举报3起。移动端自上线以来，共发起工地巡查工单8 000多件。

"大气智理"环境应用已经成为徐汇区统筹推进经济社会发展和生态环境保护，走好生态优先、绿色发展道路，推进生态环境监管数字化转型，畅通跨部门协同监管链路的标杆式场景应用。随着"大气智理"及后续"水境智理"等一系列生态环境场景的持续深化建设和拓展使用，徐汇区将继续探索实践精细化的生态环境管理新范式，不断提升区域人民群众生态环境福祉。

（供稿：上海市徐汇区生态环境局）

案例61

“慧”集监测数据，“智”领环境治理
——杨浦区实现指尖上的环保服务

一、工作背景

随着“互联网+”理念的提出和不断发展，“互联网+”等信息技术已成为推进环境治理体系和治理能力现代化的重要手段。2016年1月，国家发改委印发《“互联网+”绿色生态三年行动实施方案》，要求以互联网的手段加强资源环境动态监测、大力发展智慧环保等，实现生态环境数据的互联互通和开放共享。

随着公众对良好人居环境诉求的不断提升，环境空气、地表水等环境质量信息公开，餐饮油烟、噪声扰民等各类环保问题解决，以及各类环境新闻动态等信息已成为公众关注热点。对此，打造一款既具备实时反映环境质量状况、实现全域全天候移动监管功能，又能让公众及时、准确地了解区域环境质量信息的“互联网+环保”平台，对提升生态环境治理水平、推动公众有效参与具有十分重要的意义。

二、工作举措及成效

上海市杨浦区生态环境局本着“实用为先、信息为本”的原则和“方便操作、简易高效”的目的，探索开发了“杨浦生态环境”手机APP，于2016年8月投入使用，包括AQI实时数据、监管“一张图”、环保知识、环保动态等4个模块。用手机下载一个客户端，杨浦的实时空气质量、河道水质、声环境的监测数据、环保动态、环保法律法规、环保科普知识，随时随地方便查询，24小时为公众提供贴心实用的环境信息服务和健康出行建议。

（一）开发移动政务服务新模式，重实效促共享

1. 以智能手机为移动终端，基于互联网运行

通过移动智能终端的普及和广泛应用，来实现便捷、及时的环境监管和数据发布，保障了环境信息的时效性，确保环境信息的准确性，使环境信息发布与接收不受地域性

影响。

2. 整合区域环境相关信息，提供数据支撑

整合区域大气环境、水环境、声环境质量和污染源信息等多种监测数据，实现数据的实时共享，为监管部门和公众实时掌握和了解各类环境数据提供支撑。

（二）搭建一站式信息服务平台，强服务惠民生

通过采集全区道路降尘、工地施工扬尘、区域降尘、河道水质、声环境质量等信息，形成了包含大气、水、污染源等各监测点位地理信息、基本情况、监测情况等全域监管“一张图”。

1. 空气质量监管

实时发布杨浦区AQI、道路降尘、工地扬尘等监测数据，定期发布区域降尘相关数据。结合电子地图对空气质量状况、各类污染源点位及相关数据进行直观展示。

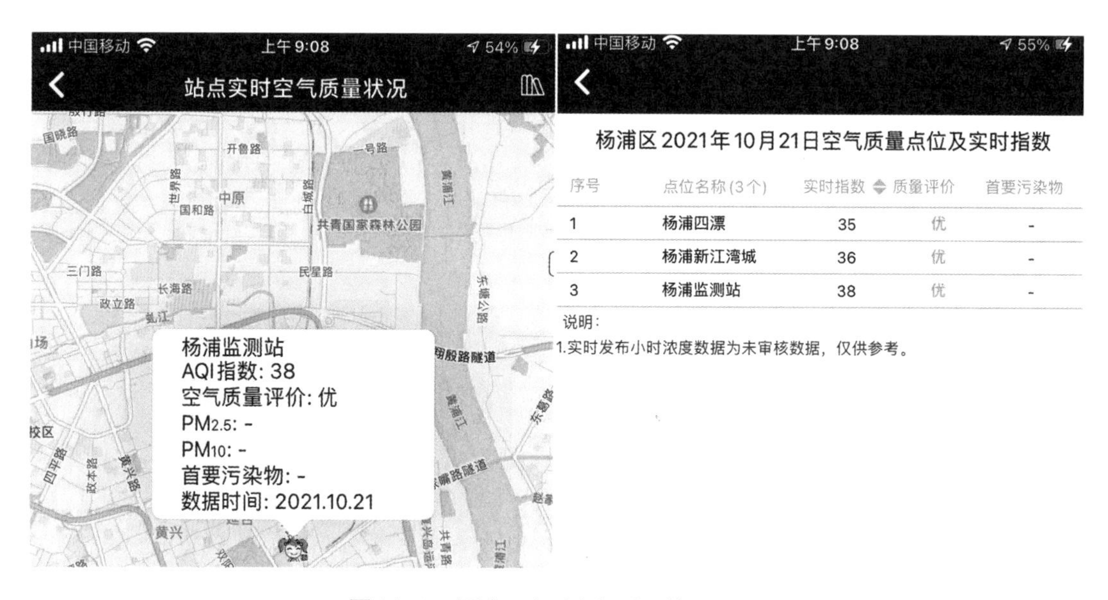

图12-6 杨浦区实时空气质量状况展示

资料来源：上海市杨浦区生态环境局。

2. 水环境质量监管

采集了全区地表水断面水质监测数据，公布河道水质指数及类别，结合电子地图进行显示。用户可直观地查询区域水环境质量相关数据，准确全面地了解区域水环境状况。

3. 声环境质量监管

结合电子地图客观显示杨浦区区域环境噪声点位地理位置及相关数据，并对监测

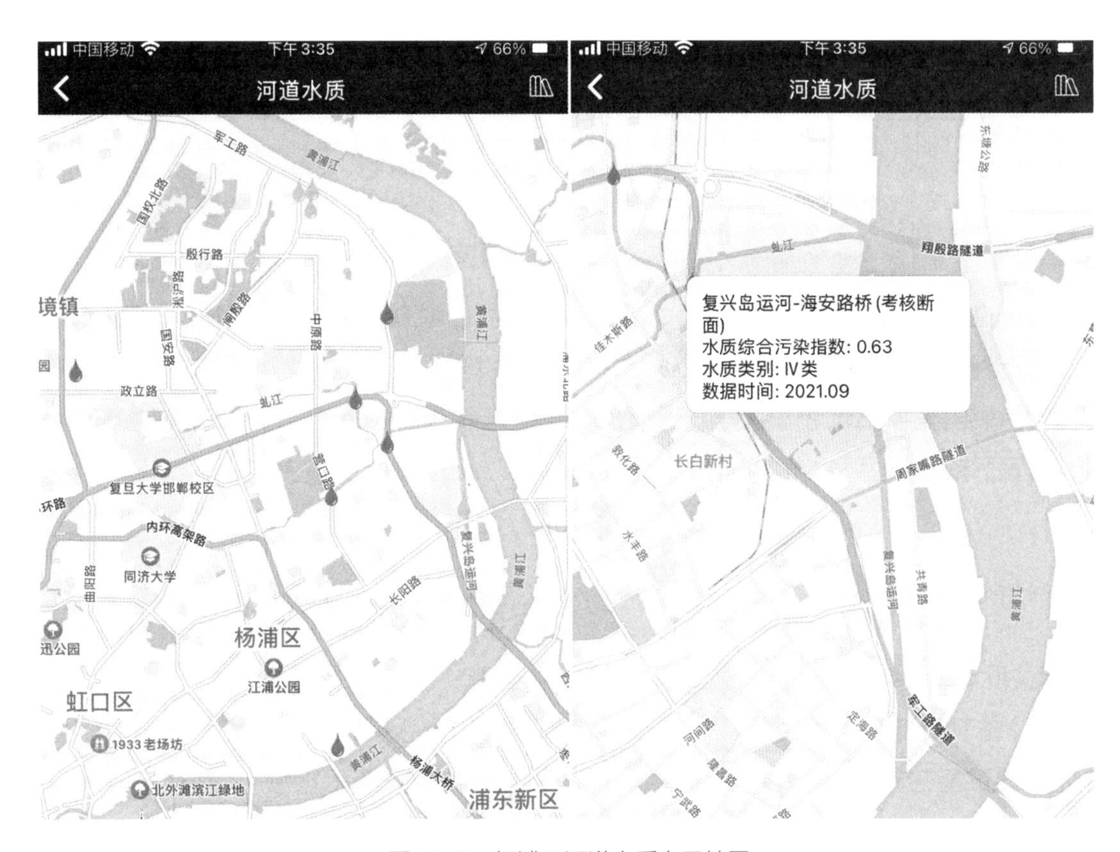

图12-7　杨浦区河道水质电子地图

资料来源：上海市杨浦区生态环境局。

结果予以整合汇总及公布。

4. 环保知识及动态发布

开设了“环保知识”“环保动态”“政策法规”等专栏，用户可通过手机随时查看各类环保新闻动态和信息，便捷了解相关环保政策、趋势和环保措施。

三、经验总结

1. 创建资源整合平台，有效提升数据共享

充分运用“互联网+”技术，将环境监管范围、内容以及职责进行再梳理、再定位，解决了污染源底数不清、数据不统一等问题，初步实现了全域环境质量状况动态化、数据化、可视化管理，对区域内总体环境问题“说得清、道得明”。同时，实现了多方业务数据的实时共享，管理部门和公众通过手机即可随时随地查看了解全区空气质量、水环境质量状况、声环境质量和扬尘污染排放等信息，进一步拓宽了环境信息发布渠道。

2. 技术赋能环保执法,有效提高服务效能

本着“向信息要效率”的理念,将生态环境保护顶层设计要求转化为自身动力,通过环境信息化建设,推进环境监管转型,解决环境基层执法队伍人手不足问题,进一步提高环境监管效率,为科学决策、考核评估提供了依据。同时,实现了生态环境治理工作的规范化、痕迹化运行。

3. 社会治理双向互动,有效保障公众知情权

“杨浦生态环境”APP的建设,有力推动了政务公开的有效落实,提高了管理部门工作的透明度,扩宽了公众参与环境保护的渠道,更好地保障了人民群众对环境保护政务工作的知情权、参与权和监督权。

(供稿:上海市杨浦区生态环境局)

案例62

以“智慧环境治理”轻应用为载体，长宁区建立“最小单元”环境治理新模式

一、工作背景

近年来，长宁区围绕打造“更有吸引力的宜居之城”奋斗目标，按照国家、上海市关于加快构建现代环境治理体系的有关部署，加快推进本区现代环境治理体系建设，从餐饮、汽修等行业监管入手，探索一条适合超大城市中心城区的高效能环境治理之路。长宁区位于上海市中心城区西部，下辖九街一镇，总面积38.3平方千米，常住人口69万人。据长宁区2021年年初的调查统计，长宁区域范围内有餐饮企业3 500余家，汽修洗车企业近百家。与此同时，随着“放管服”改革的不断推进深化，餐饮、汽修、洗车企业设立均无须经过环保许可或备案，严把准入关的传统环境管理方式面临极大挑战。为切实解决好群众身边的主要环境问题，长宁区充分发动街镇网格化巡查力量，依托“一网统管”平台，加强部门协同和条块联动，探索建立街镇“最小单元”环境治理新模式。

二、工作举措

街镇社区与群众息息相关，是城市工作的基石和社会治理的末梢。要破解群众身边的环境扰民难题，就要从街镇社区入手，将城市治理的宏观战略落实到微观单元。为及时发现并处置餐饮、汽修、洗车等行业的环境问题，落实《上海市固定污染源生态环境监督管理办法（试行）》对固定源简易监管对象的监管要求，长宁区将餐饮油烟管理等环境治理工作融入城市运行网格化平台，开发了“智慧环境治理”政务微信轻应用，并以此为载体，加强部门协同以及部门与街镇的条块联动，实现“高效处置一件事”。

（一）加强条块联动，建立工作机制

长宁区以餐饮企业污水乱排放等突出环境问题专项治理行动为切入点，建立起街

镇搭建平台，市场监管、生态环境、水务、绿化市容和城管执法等部门联合监管的工作机制。在此基础上，进一步形成“街镇吹哨、部门报到”的发现与处置机制，针对群众身边的环境问题，街镇侧重“发现”，职能部门侧重“处置”，既有利于提高工作效率，又有利于环境问题的专业化解决。

（二）开发“轻应用”，构建工作载体

作为专项治理的牵头单位，长宁区生态环境局在调研街镇、部门工作需求基础上，与区城运中心反复研究讨论，在政务微信环境下开发了“智慧环境治理”轻应用，将专项治理的巡查内容、工作流程等全套搬到了线上。

1. 巡查内容方面

以餐饮为例，“智慧环境治理”轻应用巡查填报的内容包括企业基本信息、食品经营许可、排水许可、油水分离器、餐饮油烟、排水去向、固体废物，以及整改方式。

图12-8 长宁区“智慧环境治理”轻应用界面

资料来源：上海市长宁区生态环境局。

2. 企业数据库方面

为进一步减轻街镇人员巡查填报负担，长宁区生态环境局在开发“智慧环境治理”轻应用时，一是自动更新新增与注销餐饮企业。与大数据中心对接，取得了相关部门食品经营许可证的数据接口，实现了新增与注销餐饮企业的实时更新，无须街镇巡查人员手动添加或删除。二是自动生成企业基础信息。将前期专项治理中形成的3 586家餐饮食堂、83家汽修洗车基础信息和检查数据全部导入，形成基础数据库；依托部门间数据共享，自动生成排水许可证、废油脂收运单位、危废备案等管理信息，为一线巡查提供便利。

3. 闭环管理方面

对于街镇巡查上报的每一类问题，“智慧环境治理”轻应用后台都匹配到相应的职能部门。将无证经营问题派单至区市场监管局、雨污混接问题派单至区建管委、餐饮油烟问题派单至区生态环境局。街镇通过“智慧环境治理”轻应用录入巡查信息，对发现的问题既能自发自处系统留痕，也可快速生成问题事项清单，通过城运系统平台派发至相应的部门，职能部门

需在7日内解决问题并反馈，形成高效响应及闭环的网格化联动处置。

（三）启动定期巡查，形成工作常态

2021年4月，长宁区“智慧环境治理”政务微信轻应用上线运行，6月正式在全区所有街镇、园区启动餐饮、汽修、洗车企业街镇常态化巡查工作，计划每半年对以上3种类型的企业全覆盖巡查一次。区生态环境局组织相关职能部门精心制作了培训课件，对餐饮、汽修、洗车企业的检查要点及方法进行了详细解读，并开展了课堂和现场培训，进一步提升了街镇巡查人员发现问题的能力。

三、实施成效

（一）建立“最小单元”环境治理新模式

“智慧环境治理”轻应用是落实街镇“最小单元”治理的有效载体，其背后是环境问题“街镇吹哨、部门报到”的发现与处置机制。与以往环境问题主要依靠职能部门主动发现和居民投诉的被动发现不同，轻应用实现的发现与处置机制，将环境问题的发现进一步向关口前移，通过加强条块联动进一步创新完善环境治理方式。

（二）完善固定污染源监管制度体系

《上海市固定污染源生态环境监督管理办法（试行）》，要求乡镇（街道）对辖区内简易监管对象的环境污染防治工作进行巡查和综合协调。餐饮、汽修、洗车等企业的环评审批取消后，监管部门主要依靠“双随机、一公开”方式对这类企业开展随机抽查。而这类污染源量大面广，且往往与居民住宅距离较近，对居民生活的影响不容小觑。街镇定期开展全覆盖检查工作，能最大限度将问题主动发现在基层。“智慧环境治理”轻应用的开发，为此类固定污染源的监管实现了信息共享、过程留痕和监管闭环。

（供稿：上海市长宁区生态环境局）

案例63

抓“大”顾“小”、分级监管，黄浦区做精做细楼宇环境治理

一、工作背景

黄浦区作为上海市商务楼宇最为集中的区域，楼宇经济一直是区内三大经济支柱之一。据统计，黄浦区综合楼宇及集中商业区内餐饮数量为2 100家左右。在为游客提供优质美食、休闲、娱乐服务的同时，因入驻楼宇商户各自为政，环保设施安装无序，加上楼宇业主、物业疏于管理，污染防治措施落实不到位，其产生的油烟、噪声等环境污染问题导致监管压力倍增。对此，黄浦区生态环境局立足区域特点，在全市率先开展综合楼宇集中长效环境管理，采用抓“大”顾“小”的分级污染防治模式和环境管理模式，从追逐“小蜜蜂”到管住“大蜂巢”，将治理力量从千余家餐饮单位集中到百余家综合楼宇及集中商业区，并以餐饮为重点，逐步做好整体生态环境管理。在超大城市中心城区楼宇这个最小单元中，把生态环境治理做精做细。

二、工作举措

（一）全面排摸、“大”“小”共治，让治理“有精度”

1. 全面摸清家底

2013年，为有效了解综合楼宇基本情况，黄浦区生态环境局对全区已掌握的103家综合楼宇进行排查，根据各楼宇环保设施资料、现场核查及楼宇业态调整等情况，筛选确定63家综合楼宇作为首批环境管理重点，形成“一楼一档”环境管理动态信息库，为综合楼宇分级污染防治奠定基础。

2. 明确责任主体

采用“抓大顾小”的管理方式，明确楼宇和入驻餐饮商户各自主体责任。“抓大”要求综合楼宇业主、物业负责楼宇内所有环保设施管理，保证设施正常运行及污染物达标排放，实施集中式末端治理；“顾小”是指楼宇业主、物业与入驻餐饮签订环保条款，明确入驻餐饮应承担的环保责任，包括安装废水、废气初级净化设施等，保证楼宇污染物

排放得到二级净化。

3. 实现协同治理

在各自职责明确前提下，楼宇管理方和入驻餐饮提高认识、分工协作，大家“拧成一股绳”，共同落实本楼宇的污染防治措施，将工作做精、做细、做实。

（二）问题导向、明确要求，让治理“有深度”

1. 深化治理维度

为全面覆盖综合楼宇及集中商业区可能存在的污染源，切实提升其污染源综合治理水平，在餐饮管理的基础上，要求楼宇业主、物业将楼宇内的二级生化处理设施、医疗废水消毒池、锅炉、危险废物贮存设施、辐射机房等一同纳入日常管理工作。

2. 细化环保要求

将区内集中商业区纳入综合楼宇管理模式，同时为进一步明确污染防治工作重点，发布《关于加强综合楼宇及集中商业区域环保监管的通知》，明确综合楼宇及集中商业区环境分级治理模式、环保设施技术标准等。从水、大气、噪声、固体废物、电磁辐射污染防治、污染设施及排放口规范等6个层面制定《黄浦区综合楼宇环保管理相关要求》，切实推进楼宇“最小单元”环境治理模式的制度化、规范化和科学化。

3. 直面问题短板

通过对综合楼宇及集中商业区开展日常检查和环境监测，对发现的问题及时督促整改；推广综合楼宇及集中商业区污染防治工作自查清单，要求业主或物业及入驻商户坚持问题导向，自查自纠。通过共同督促整改，不断提升楼宇环境监管效能。

（三）创新驱动、强化监管，让治理“有力度”

1. 放管结合并重

2021年，餐饮项目取消备案手续，积极转变工作思路，加强综合楼宇及集中商业区信息更新工作，定期报送餐饮设置情况及污染防治工作情况。扩大楼宇内餐饮单位油烟在线监控安装范围，实时监控餐饮单位油烟净化处理设施运行情况，及时发现设施非正常运行行为，开展后续执法检查。

2. 强化事后监管

建立健全以三监联动为基础的管理机制，巩固“抓大顾小”模式工作成效。每年年初制定综合楼宇污染源监管方案，明确监察、监测内容和频次，加大监管力度；按季度对综合楼宇管理总体情况进行汇总，发现问题、及时整改；召开年度楼宇环保会议，通

图12-9 对综合楼宇餐饮单位油烟净化处理设施运行情况开展执法检查

资料来源：上海市黄浦区生态环境局。

报工作情况，指导帮扶各楼宇以绿色为导向，创新环境管理机制。

3. 数字引领变革

在注重数据赋能的当下，区生态环境局应势推出污染源排污口日常管理信息系统，并率先在综合楼宇等领域推广运用。系统将黄浦区118座综合楼宇及集中商业区原有基本信息与第二次全国污染源普查等信息整合，打通监测数据、检查记录、污普信息的"数据孤岛"。通过对主要排放口和治理设施进行统一标识和管理，管理人员可以快速、便捷地查询污染源排放口信息，为现场检查、监测、执法提供有效有力支撑，一码解锁环境管理新模式。

三、实施成效

（一）由大带小，责任主体意识进一步加强

"抓大顾小"分级环境治理模式，很大程度上提升了综合楼宇及集中商业区管理单位自主管理意识，改变了以往综合楼宇重商务招商、轻环保管理的现象，由业主、物业统

一设置废水、废气等处理设施，并结合处理能力为入驻商户提供“排放配额”，无论楼宇内的空间如何腾挪，都能更好控制楼宇整体污染排放情况，小商户也对自身的环保职责有更清晰的认识，为落实企业主体责任，主动执行环境管理要求打好基础。

（二）以新带老，环保遗留问题进一步解决

黄浦区内很多楼宇建设时间早，存在诸如专用烟道未规范设置等历史遗留问题，整改难度大。“抓大顾小”分级环境治理模式实行以来，楼宇内涉及的油烟、噪声、固废等污染治理设施的标准规范进一步细化明确，业主、物业有章可循，对照规范予以设置和整改。同时，综合楼宇及集中商业区如要新引进餐饮项目，需对环保设施进行整体安排和改造，通过新项目实施带动老问题改造。

（三）化繁为简，环境管理效能进一步提高

集中人力物力抓住业主、物业管理这一关键环节，同时楼宇单位带动小业主共同落实污染防治措施，将环境管理做实做细做好。黄浦区生态环境局随时掌握综合楼宇信息库更新情况，及时应对业态调整带来的变化，明显节约环境管理和执法成本，全方位提高监管效能。

黄浦区生态环境局经过8年来的探索和实践，现已有百余栋综合楼宇、集中商业区纳入“抓大顾小”统一监管模式，取得显著工作成效。新发展阶段，黄浦区将继续发挥先行先试带头作用，进一步细化规范标准，注重楼宇自治共治，不断提升综合楼宇及集中商业区环境管理精细化水平，打造具有黄浦特色的楼宇现代环境治理样板。

（供稿：上海市黄浦区生态环境局）

案例64

闵行区新虹街道：网格管理入细入微，环境治理提效惠民

一、工作背景

闵行区新虹街道位于上海虹桥国际开放枢纽“核中核”区域，是上海市主要对外交通枢纽、中央商务区，也是距离进博会主场馆“四叶草”最近的街道，是八方宾客认识上海的重要窗口。作为上海市重要的国际化中央商务区、国际贸易中心新平台和综合交通枢纽，为适应《虹桥国际开放枢纽建设总体方案》提出的“上海的虹桥、长三角的虹桥、面向国际的虹桥”的全新定位，新虹街道作为环保治理最小单元，认真践行“绿水青山就是金山银山”理念，紧扣虹桥国际开放枢纽会客厅发展定位，以进一步提升基层治理效能为目标，以赋能基层生态环境治理为方向，以推动力量整合和运用为基础，以“一网统管”为依托，做实城市治理基本单元（片区），打造“综合环境治理”体系，提高生态环境治理属地管理能级。

二、工作举措

（一）加强责任清单考核、落实网格主体责任，拧紧街道三级全责任链条

成立由街道党工委、办事处主要领导双牵头的环境治理工作领导小组，制定环境治理责任清单，通过细化任务、分解指标、明确责任，做到定标定人定责，优化目标评价考核和监督机制，制定环境治理考核方案，将生态环境治理成效作为领导干部综合考核评价、奖惩任免的重要依据。将生态环境治理责任，层层下压传导至各部门各层级，以提升最小单元环保治理效能为目标，将3个街面划分成22个街面“微网格”，将环保治理责任嵌入至每个“微网格”，实行巡查发现、快速处置、综合治理。建立新虹街道企业生态环境治理质量的评价机制，全面落实企业环境治理主体责任。探索建立楼宇物业企业生态环境治理质量企业“红黑榜”，将低碳绿色管理、环保节能设备使用率、垃圾分类等纳入商务楼宇地块项目物业管理竞名排行活动评判依据。

（二）搭建实训基地平台、细化管理规范，全面提升精细化管理能力

通过能力建设，为环境治理提供有力保障。建立精细化管理实训基地标准化培训平台，运用集培训、教学、展示、比赛等功能于一体的具有先进城市管理水平和示范引领作用的综合养护管理实训基地，依托综合养护管理标准化项目相关成果，设计制作“负面清单”“可视化模型教学”“标准化操作手册”，关注城市管理的“细枝末节”“微循环节点”等微观层面，对环保日常监管巡查人员开展一年多次全方位、全覆盖的培训和演练，实现环境治理队伍整体能力的提升。建立城市精细化管理的全过程标准体系，对城市精细化管理流程进行梳理和逐项诊断分析，通过整合、精简、优化，使城市精细化管理各项工作操作更加清晰、严密和准确，确保每个管理环节技术手段适当、资源配置合理、成本控制精准、管理质量和效果可评价、监督覆盖全面。

（三）探索“多位一体”模式、升级智慧环保，打造绿色环保全闭环治理

延伸环保工作力量，打造“精准、科学、高效”的环境治理监管体系。依托“多位一体”的综合养护管理模式，将环保监管工作融入各养护管理条线的日常工作中，将环保标准纳入各养护管理条线的监管标准中，利用其他条线队伍力量，叠加环保工作能级，整合形成一支第三方管理力量，在辖区范围内开展全方位监管。同时，借助第三方专业机构力量强化排污许可一证式监管，精准推进污染源普查、饮用水源地巡查、固废堆点排查等工作。依托大数据赋能，支撑、驱动和引领环境治理体系现代化，将综合养护纳入“一网统管”大平台，依托集指挥、响应、处置为一体的快速处置系统，对辖区内的环保问题进行快速化、一体化指挥，切实提高污染治理、隐患排查等巡查工作效能。

（四）创新“党建＋网格＋N”环保治理模式，营造共治共享全融合新格局

以党建引领生态环境“共建共治”，依托新虹网格化党建工作机制，聚焦“治理网”和“党建网”两张网，在环保治理上引领力量、整合资源、激发活力，形成“全区域统筹、多方位联动、各领域融合”的共建共治格局。依托网格党建平台议事机制，发挥“1+4+N”网格队伍力量，以共商共议、统筹协调推动破解环保治理难题，形成全民参与的社会共治格局。引导环保公益组织规范化、专业化运行，鼓励其组织参与各类环保公益活动，发挥协调政府、企业、公众关系的作用。建立环保志愿者队伍，让群众充分参与环保规划制订、环境纠纷调解、环境污染发现处置等工作。

在“综合环境治理”体系的构建过程中，新虹街道始终牢牢把握以下三个重点：

1. 落实全覆盖责任，构建治理格局

有效健全自上而下的环境治理责任体系，层层压紧压实领导干部、职能部门、居村、企业的治理责任，切实守好环境治理“责任田”。有效发挥网格化治理效能，将责任落实进一步向基层网格延伸，实现环境监管反应快、全覆盖，环境整治成效快、全方位。以明确落实各类主体的环境治理责任，推动在辖区范围构建齐抓共管、各负其责的环境治理格局。

2. 创新监管治理手段，凝聚治理合力

持续创新治理方式、丰富治理手段，形成治理环境污染、推动绿色转型的强大合力。依托“多位一体”综合管养模式和“一网统管”平台，提升基层环境巡查治理板凳深度，共有214名第三方巡查人员参与街道日常环保工作，强化了对污染源的排查、环境隐患的前端发现、快速处置、监督整改，实现了问题被动处置型向主动发现型转变。群众投诉案件的市级先行联系率、群众满意率、诉求解决率、按时办结率均为100%。

图12-10 “一网统管”多部门集中培训

资料来源：上海市闵行区新虹街道办事处。

3. 深化全民共治意识，践行绿色理念

积极动员社会各方力量共同参与环境治理，积极探索和实践推动生态环保社会共治，将生态环境治理工作纳入党建文化工作。依托网格化党建、功能型党建、各领域党建联建，突破行业、层级、事务的壁垒，围绕中心工作汇聚起资源力量。在点、线、面上不断发力，不断强化社会公众的环保意识和监督管理能力。大力发挥了环保志愿者队伍协调政府、企业、公众关系的作用，让群众充分参与"五违四必"整治、美丽家园改造、生活垃圾分类、城市微更新、城市治理数字化建设等多个领域工作中，开展形式丰富多样的环保公益活动，逐步引导公众形成简约适度、绿色低碳的生活方式。通过融合文明实践的"益空间"、党建"欣虹"系列以及工会的"易"系列阵地，凝聚企业志愿者力量，助推环保志愿服务项目，截至目前，注册志愿者已经超两万人。

三、实施成效

通过打造"综合环境治理"体系，新虹街道生态环境治理效能得到了有效提升。

（一）区域生态环境管理水平不断提高

上海市街道生活垃圾分类实效综合考评第一名，上海市市容满意度测评工作中跻身优秀街道，成功创建上海市首批"河长制标准化街镇"，获得"治水管海先锋"党建品牌示范服务点的荣誉。小涞港河道被评为长江经济带最美河流，北横泾河道被评为上海市最美河道。

（二）区域生态环境更加宜居整洁

全面完成垃圾分类硬件设施建设，在辖区范围内实现生活垃圾智能投放点全覆盖，成功创建上海市生活垃圾分类示范街镇。聚焦城市微更新，试点万科魅力街区和爱博四村小区街头绿地改造，把家门口沉睡空间再次活化利用，用小而美的更新不断完善公共空间功能。

（三）区域环境治理更加智慧

新虹街道将围绕智慧环保、智慧社区、智慧街区等多个领域开发新的应用场景，打造智慧新虹样板，让海量数据"跑起来"和应用场景"转起来"，推动城市治理"由人力密集型向人机交互型转变，由经验判断型向数据分析型转变，由被动处置型向主动发现型转变”。

（四）区域生态底色和面貌形象不断提升

城市形象和风貌有明显改观，商务区与社区形成相得益彰、相辅相成的特色天际线，为虹桥开放枢纽增添亮丽的底色，推进吴淞江生态间隔带新家弄段内生态修复，打造虹桥商务区第一个面积32.4万平方米海绵城市绿地景观，形成“林水结合、蓝绿共生”的文化品牌。

（供稿：上海市闵行区新虹街道办事处）

案例65

以科技创新引领长三角区域大气 $PM_{2.5}$和O_3污染协同防控

长三角是中国第一大经济区，区域高排放行业集聚，交通源密集，$PM_{2.5}$与NOx排放强度高，分别是全国平均水平的2.6和2.2倍。2020年，长三角区域$PM_{2.5}$年均浓度下降至35微克/立方米，然而，北部地区$PM_{2.5}$年均浓度仍高于50微克/立方米，地域差异显著；从季节特征上，区域秋冬季$PM_{2.5}$和夏季O_3污染显著，而春秋季大气$PM_{2.5}$和O_3协同污染突出；从污染组成上，以硝酸盐与O_3为代表的二次污染对空气质量影响较大，O_3与$PM_{2.5}$污染精细化协同防控要求高。

在科技部国家重点研发计划、科技支撑计划等项目的持续支持下，上海市环境科学研究院联合清华大学及长三角相关研究团队，建立了区域$PM_{2.5}$和O_3的二次污染综合观测技术体系，建立了动态更新的长三角精细化污染源排放清单，开发了融合观测和机器学习的区域$PM_{2.5}$和O_3污染协同预警技术，研发了"经济发展—能源消耗—减排措施—空气质量—环境效益"一体化的区域协同防控决策支持平台，集成综合观测、精细管理、协同预警与总量调控等关键技术构建了区域$PM_{2.5}$与O_3污染协同防控技术体系。

研究成果全面支撑区域大气污染防治协作机制，助力实现"十三五"区域空气质量达标并支撑"十四五"达标规划的制定，支撑区域层面制定出台了《长三角地区秋冬季大气污染综合治理攻坚行动方案》《长三角生态绿色一体化发展示范区生态环境专项规划》《长江三角洲地区生态环境共同保护规划》等7份政策文件，集成的$PM_{2.5}$与O_3协同防控技术先后在长三角核心城市群和苏、皖、鲁、豫等重点区域10余个城市得到实际应用。

基于长三角大气$PM_{2.5}$与O_3污染特征，研究团队提出了长三角区域$PM_{2.5}$和O_3污染协同防控策略：为实现$PM_{2.5}$与O_3双达标，长三角区域应在深度减排NOx的基础上，优先开展道路移动源、工艺过程源、溶剂使用源等对二次污染贡献较大的VOCs排放源管控，重点加强对醛酮、芳香烃等污染物的排放控制。针对区域内污染水平和排放源的差异，区域北部与中南部应采取差异化减排策略，北部地区重点减排NOx和一次细颗粒物，中南部区域加大VOCs和NOx减排力度，实施针对二次污染的行业污染物靶向调控，并基于此编制了《长三角区域大气$PM_{2.5}$和O_3协同控制方案建议稿》提交长三角区域生态环境保护协作小组办公室。

在多项科研成果指导下，区域大气污染防治工作围绕“统筹协调、聚焦重点、分区施策、精准治污”的原则抓实抓细，污染防治攻坚战取得显著进展。2021年，长三角地区$PM_{2.5}$年均浓度同比下降11.4%，O_3平均浓度下降0.7%，并基本消除重污染天气。在$PM_{2.5}$全面改善的同时，臭氧上升势头得到遏制。

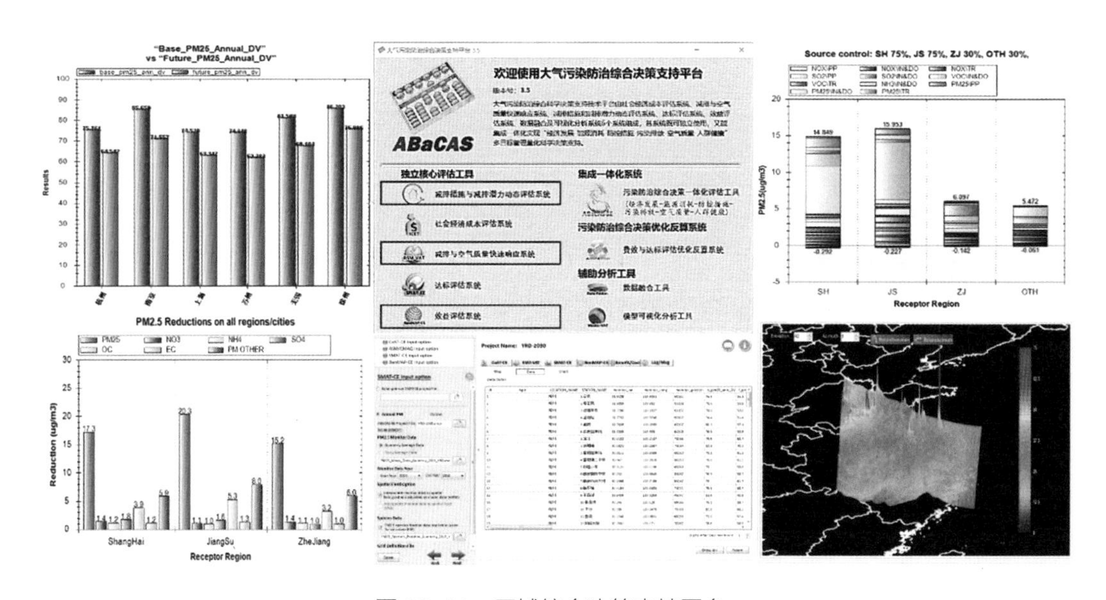

图12-11　区域综合决策支持平台

资料来源：上海市环境科学研究院。

（供稿：上海市生态环境局）

第十三篇

环境监管执法

案例66

保持力度、延伸深度、拓宽广度
——环评改革再升级

一、工作背景

为深化环评“放管服”改革，持续优化营商环境，上海市生态环境局印发了《上海市环境影响评价公众参与办法》等8项环评改革新政。这些改革新政涉及环评分类管理、公众参与、规划环评与项目环评联动、事中事后监管等多个生态环境领域的管理制度，是继2019年推出的“1+8+5”环评改革政策之后的又一新举措，也是对既有改革成果的固化和提升。

二、工作举措

通过对2019年出台的“1+8+5”环评改革政策文件进行系统回顾和综合评价，围绕“十四五”环境影响评价与排污许可的工作重点，2021年，上海市生态环境局相继出台了《上海市环境影响评价公众参与办法》《加强规划环境影响评价与建设项目环境影响评价联动的实施意见》《上海市建设项目环境影响评价文件行政审批告知承诺办法》《上海市建设项目环境保护事中事后监督管理办法》《关于加强建设项目环境影响报告书（表）编制工作监督管理的若干规定》《上海市生态环境局审批环境影响评价文件的建设项目目录（2021年版）》《上海市建设项目环境影响评价重点行业名录（2021年版）》《〈建设项目环境影响评价分类管理名录〉上海市实施细化规定（2021年版）》8项环评改革政策文件，旨在进一步对接国家“放管服”改革要求，有效衔接环评审批与排污许可管理，固化环评改革成果。

（一）厘清环评审批“抓”和“放”的界限

为发挥环评制度应有功能，把审批重点聚焦在高污染、高排放和高风险的行业和项目上，研究制定了《上海市建设项目环境影响评价重点行业名录（2021年版）》，着重关注6个重点行业、21种特殊工艺和规模、纳入“两高”范围以及位于生态保护红线范围内的建设项目。通过目录制管理方式，对列入重点行业名录的项目严把环境准入关，各级生态环境部门不得以环评改革的名义简化环评审批。对未列入重点行业名录的项目，根据项目对环境的影响程度，分类实施环评改革举措，在环评形式、审批流程上予以优化和简化。

（二）把环评审批权留在属地"父母官"手里

为便于企业群众办事，按照"权责匹配，权责对应"原则，优化调整既有的市区环评分级审批名录，研究制定了《上海市生态环境局审批环境影响评价文件的建设项目目录（2021年版）》。一是集中下放浦东新区范围内的环评审批权限。位于自贸区保税区、自贸区临港新片区以及浦东新区范围内的项目，环评审批权限下放至自贸区保税区管理局、临港新片区管委会及浦东新区生态环境局审批。二是下放部分污染治理工艺成熟、环境影响可控建设项目的审批权限。例如，大型主题公园、新建燃气发电项目、330千伏以下输变电工程等。环评分级审批权限调整后，上海市99%以上的项目将由属地生态环境部门审批。

（三）立足企业群众视角为环评报批"减负"

围绕高效办成"一件事"，从企业群众实际办事需求和存在问题出发，对涉及面广、办件量大且环境影响小、环境风险可控的高频事项，简化环评形式或不纳入环评管理。一是环评豁免及降等。结合生态环境部关于建设项目环评分类管理的有关规定，研究制定了《〈建设项目环境影响评价分类管理名录〉上海市实施细化规定（2021年版）》，对简单机加工的制造业、学前教育及小学、单台容量20吨/小时以下的天然气锅炉等23个行业46个项目类别中的部分项目实施环评豁免，对单纯分装混合的化工、医药行业研发中试等3个行业4个项目类别中的部分项目实施环评降等，对部分项目类别的工艺、规模、名词定义等进行细化说明。涉及的项目类型涵盖产业发展、社会服务、基础设施和环境治理等若干类别。二是推行环评行政审批告知承诺管理。研究制定了《上海市建设项目环境影响评价文件行政审批告知承诺办法》，明确对特定区域和特定行业的项目，推行环评行政审批告知承诺管理。环评审批时限由20个工作日减少至1个工作日，实现即来即办。

（四）公参从入户调查"难"到网络公开"易"转变

针对环评公示次数多、时间长和入户调查烦琐等问题，从解决实际问题入手，研究制定了《上海市环境影响评价公众参与办法》，把“流于形式”的环评公参“做实、做好”，在依法保障公众的知情权和参与权的同时，合理优化公众参与模式。一是优化项目环评的公参方式，编制阶段的公示次数调整为2次；入户问卷调查方式调整为网络、报纸、基层公告等征求公众意见的方式，增加信息获取途径；生态环境部门主动公开环评批文和经批准的环评文件全本，强化政府信息公开力度。二是规范规划环评的公参方式，编制阶段的公示次数调整为1次；采用网络公示方式公开征求公众意见；明确规划环评专家意见征询的有关要求。新政实施后，环评文件编制时间显著缩短，环评公参效率大幅提高，环评信息主动公开率有保障。

（五）用好规划环评与项目环评联动

为落实上海市“三线一单”生态环境分区管控要求，推动产业园区有效落实规划环评结论和审查意见，研究制定了《加强规划环境影响评价与建设项目环境影响评价联动的实施意见》。在联动区域范围内，编制环境影响登记表的项目以及部分市政基础设施豁免办理环评手续，部分环境影响报告书的项目环评形式简化为报告表，部分环境影响报告表项目实施告知承诺管理，共享规划环评监测数据。除了给予项目环评简化政策，还增加了联动区域规划环评查落实的认定流程和考核要求。自2019年以来，市生态环境局已启动了3轮规划环评与项目环评联动区域的申报、核查和认定工作，对全市80个产业园区的规划环评落实情况进行跟踪评估，形成了一套可检查、可考核的规划环评与项目环评联动认定技术规程。通过“一杆尺”考核，让环境管理做得好的产业园区，享受更多环评改革的红利。对规划环评措施落实不力的产业园区，提出整改建议并督促落实。

（六）监管要“接得住”，审批才能“放得下”

强化事中事后监管是环境管理制度得以落实的关键，也是改革措施能否落地的保障。结合固定污染源监管要求，研究制定了《上海市建设项目环境保护事中事后监督管理办法》，按照分级、分类原则强化事中事后监管。在监管力量上，扩展至市、区、街镇三级监管，街镇以属地网格化管理为主，配合区级生态环境部门开展现场检查，对发现存在环境违法行为的及时制止并上报生态环境部门。在监管职责上，市、区生态环境部门的职责分工由“环评谁批谁管”调整为“排污许可证谁发谁管”，把建设项目的事中事后监管纳入固定污染源“一证监管”，夯实属地监管职责。在分类监管上，对审批制项目、告知承诺制项目、备案制项目、海洋工程类项目采取差别化的事中事后监管措施。

（七）以信用管理为抓手，营造良性市场秩序

2018年《环境影响评价法》修订后，取消了环评机构资质管理要求，环评咨询行业的准入门槛进一步降低。为规范上海市环评第三方技术服务市场，加强新形势下在沪从事建设项目环境影响报告书（表）编制单位的日常监督管理，研究制定了《关于加强建设项目环境影响报告书（表）编制工作监督管理的若干规定》。创新性地提出"守信承诺书"管理模式，在沪从事建设项目环境影响报告书（表）编制的单位通过电子邮件方式自愿向市生态环境局发送"守信承诺书"，及时告知从业单位及人员基本情况，便于政府部门及时掌握在沪从业单位信息；通过日常打分、年度抽查、专项检查等多种考核方式，严抓环评文件编制质量关，对环评文件编制人员实施信用扣分，并定期通报失信人员情况；按照"谁审批、谁监管"的原则，各级生态环境部门依职开展环评文件质量核查工作，提升政府监管效能；突出建设单位主体责任，促进择优选择编制单位；发挥环评行业协会自律作用，提升在沪环评第三方编制单位和人员的技术能力和服务水平。

三、实施成效

为优化营商环境，推动建设项目环境影响评价审批提质增效，经生态环境部授权，2019年上海市推行了以分类管理、源头减量、优化简化、强化监管、优化服务为核心的"1+8+5"环评改革政策体系，上海市生态环境局配套出台了《上海市不纳入建设项目环评管理的项目类型（2019年版）》《上海市建设项目环境影响评价文件行政审批告知承诺办法（试行）》等14项政策文件。经过两年多的探索和实践，上海市各级生态环境部门的审批和监管效率显著提高，企业群众办事满意率不断提升，环评审批"慢、难、繁"问题大幅缓解，环评改革政策的实施取得了较好的社会效益。

（一）优化分类管理

上海市90%以上的项目实施备案制管理；约25%的审批制项目实施告知承诺管理，实现即来即办；约4.8%的项目列入环评重点行业名录，严格环评审批，强化事中事后监管；40个产业园区实施规划环评与项目环评联动，联动区域内80%以上项目分类实施环评豁免、降等、简化等改革举措。自贸区临港新片区约60%的项目免于办理环评手续，80%以上的项目实施环评告知承诺管理。

（二）提升审批效率

上海市环评办理量较改革前减少约40%，登记表备案量显著下降。环评手续办理时间（不含法定公示时间）较改革前大幅缩短，其中报告表的平均审批时间仅5个工作日，报告书的平均审批时间下降至19个工作日。上海市环评审批实现“一网通办、全程网办”，网上办理的一次受理率达85%以上。环评审批受理材料（必要项）减至2项，所有受理材料全部实现电子化。

（三）夯实属地监管

上海市99%以上的项目实现属地化管理。2020年，上海市各级生态环境部门对审批制项目的事中、事后监管覆盖率分别达到66%和20%，备案制项目的监管覆盖率近10%。不断扩大污染源在线监测的范围，借助科技手段拓展监管方式，充分利用大数据和信息化手段提升监管水平，广泛开展公众监督，推进环境信用管理。

（四）完善政府服务

发布集成电路、生物医药等5个行业环保守则，指导企业落实环境主体责任。编制建设项目竣工环境保护验收指导手册，帮扶企业合规开展自主验收工作。推行环评从业单位守信承诺制，规范环评第三方技术服务市场。优化建设项目重大变动认定条件，有效衔接环评与排污许可管理。出台环境影响报告表编制规范，提升环评文件编制质量。建立健全企事业单位生态环境服务平台，为公众提供统一、便捷、高效的环境信息查询途径。

（五）支持区域发展

用好自贸区临港新片区的“改革试验田”，探索创新和系统集成一批生态环境管理制度。把环评审批、排污许可证核发、事中事后监管、行政处罚等67项生态环境管理事项“一揽子”交由自贸区临港新片区管委会集中处理；涉及教育、房地产、办公用房、部分城市道路、桥梁、简单机加工等领域约60%的建设项目豁免环评；60%以上的环评审批实施告知承诺管理；试点实施环评审批和排污许可“两证合一”，实现两项行政许可事项“一套材料、一表申请、一口受理、同步审批、一次办结”的管理新模式；探索实施小额污染物排放总量简化管理。

（供稿：上海市生态环境局）

案例67

临港新片区优化营商环境，首创“两评一证”合一新制度

一、工作背景

为深入贯彻习近平总书记关于“上海要瞄准最高标准、最高水平，打造国际一流营商环境”的重要指示，落实国家《优化营商环境条例》《上海市加强系统集成持续深化国际一流营商环境建设行动方案》要求，充分发挥临港新片区集中行使事权系统集成改革效力，推行跨领域、跨行业、跨专业行政审批事项的整合，在2020年实施环评、排污许可“两证合一”的基础上，临港新片区管委会研究制定了《临港新片区建设项目环境影响评价文件、生产建设项目水土保持方案综合审批实施方案（试行）》，在全国范围内首创环评、水保、排污许可“两评一证”合一，为上海优化营商环境贡献出“临港经验”。

图13-1　上海临港（企业）行政服务中心

资料来源：上海临港新片区管理委员会。

二、工作举措

（一）优化项目前期准备

申请人在建设项目开工建设前，提前开展环评文件、水保方案审批手续办理的准备工作，鼓励设计方案基本稳定的建设项目将环评文件和水保方案形成一套材料，统一办理，实现两项事项综合审批。

（二）压缩项目审批时限

综合审批时限由原来的分开办理多于30个工作日（不含法定公示和技术评审等时间）最大限度压缩至7个工作日（不含法定公示和技术评审等时间）。

（三）精简项目报批环节

一表申请：将原先分开办理所需的两套申请材料整合成一套申请材料，由建设单位通过“一网通办”平台一次性提交，实现综合审批“一表申请”。针对环评文件和水保方案，可选择同一家编制单位编制成一本报告。

一口受理（实时收件、5个工作日内受理）：临港新片区行政服务中心通过系统后台进行统一收件，对申请材料进行形式审查后，实时出具收件凭证，并移送至新片区管委

图13-2　服务人员指导企业信息填报

资料来源：上海临港新片区管理委员会。

会生态和市容管理处办理。生态和市容管理处在收到材料后5个工作日内对申请材料进行受理审查,对申请材料符合要求的出具受理通知书。

一并审查(7个工作日):正式受理后,在7个工作日内(不含法定公示和技术评审等时间)根据评审报告、评审意见及法定要求提交的材料,进行统一审查并作出行政许可决定。针对技术评审环节,不再分开进行环评文件和水保方案技术评审,可委托评审单位组织一次技术评审;针对公示环节,为落实环评文件审批法定公示要求,在综合审批前对拟审批报告进行5个工作日的公示。

一张许可(实时出具):对建设项目环评文件、水保方案的审批内容整合成一张行政许可决定书,在生态和市容管理处完成审查后由行政服务中心实时制作电子批文,并通过"一网通办"平台即时向建设单位反馈,建设单位可自行下载、打印电子行政许可决定书。

(四)开展事中事后综合监管和自主验收

为提高专项自主验收工作效率,促进项目早日投产使用,鼓励建设单位推行综合建设项目环境保护和水土保持设施自主验收工作。

相关监管、执法部门有条件的可按照相关法律法规和技术标准,探索开展环评、水保事中事后综合监管,包括对遵守环境保护法律法规、落实建设项目环评文件及其审批决定的情况、排污许可制度执行情况、生产建设项目水土保持监督检查、水土保持设施自主验收报备管理等事中事后监督管理。

三、实施成效

(一)实现跨领域、跨行业、跨专业的行政审批事项横向整合

基于环评文件、水保方案审批的法定要求均为项目开工前取得批文,建设单位启动编制环评文件、水保方案及准备送审的阶段一致,两项审批虽分属于生态环境和水务不同领域,但均由临港新片区管委会生态和市容管理处负责承办,通过大胆改革打破了跨领域行业壁垒,实现审批过程中跨专业的一并受理审批。

(二)流程简化后的审批时限压缩

特别是针对原先环评文件、水保方案分开办理审批至少需要30个工作日的审批时限,参照水保方案审批最少的承诺时限直接压缩至7个工作日,通过审批部门的自我加压,进一步增加建设单位快速获批的感受度。

（三）在全国范围内首创“两评一证”合一

结合上海市生态环境局出台的《关于支持中国（上海）自由贸易试验区临港新片区高质量发展环境管理的若干意见》，符合实行环评、排污许可证“两证合一”的建设项目，通过本次综合审批改革，在全国范围内率先实现环评文件、水保方案、排污许可证“两评一证”合一。

（四）助推临港速度再提速

无论是“两证合一”还是“两评一证”审批制度，都是为了精简新片区内项目和企业的环保审批流程，让企业快速开工投建。为进一步提升新片区的污水处理能力，2021年9月14日，临港污水厂三期扩建工程（第一阶段）正式立项；同年12月6日，临港新片区召开了针对该项目的环评文件、水保方案的综合审批技术评审会；12月31日，临港污水三期一阶段正式取得环评文件、水保方案和排污许可证；并在2021年年底顺利开工。

四、经验总结

完善的组织保障是此次审批改革的坚实基础。临港新片区管委会通过加强责任落实和协调配合，建立了由办公室、制度创新和风险防范处、生态和市容管理处、行政服务中心、生态环境绿化市容事务中心、综合执法大队和浦东新区生态环境执法支队等相关部门组成的综合审批工作协调机制，明确了工作保障和责任追究，加强综合审批宣传推介及适时开展改革阶段性评估等工作要求，为本次综合审批改革提供了强有力的组织保障。同时，本次综合审批新模式也得到了上海市生态环境局、上海市水务局的大力支持。

本次改革，进一步降低了建设单位审批成本、节约审批时间，提高了审批办理便利度，尤其是为急、重、大、难项目提供了高效的解决方案，从而推进临港新片区项目快速落地，体现新片区速度，充分发挥临港新片区集中行使行政事权系统集成改革效力。“十四五”期间，新片区将继续深化“放管服”改革，进一步推进豁免环评、环评文件简化、告知承诺制、区域评估等改革举措，从方便市场主体“一件事一次办”的角度出发进行流程再造，持续提升市场主体办事便捷度和满意度，为建设具有国际市场影响力和竞争力的特殊经济功能区现代化新城、更好服务国家对外开放总体战略布局提供坚实支撑。

（供稿：上海临港新片区管理委员会）

案例68

创新监管方式，以非现场监管衔接现场执法，提升执法效力

一、工作背景

上海作为环保监管力度最严格的城市之一，在当下环保执法领域精细化、执法要求不断提升的大背景下，原先靠规定频次的传统检查方式和人力拉网式的排查，发现查处违法行为的模式已不适应新形势下生态环境执法工作的需要。

非现场监管是优化执法方式、高效统筹行政执法资源的重要举措之一。为进一步创新环境监管机制，上海市生态环境局探索非现场监管方式，上海市各区结合区域生态环境管理与执法工作实际，"活用"新装备，探索"智慧执法"，将污染源在线监控、走航车监测、无人机侦测、视频监控、用电用能监控、大数据分析等高新技术手段介入非现场监管中，并利用第三方机构辅助执法，实现线索发现和调查取证迅速、精准、高效，为打击环境违法行为提供技术支撑，切实提升生态环境执法能力，推动执法队伍建设。

二、工作措施

（一）完善协作机制，形成整体合力

非现场监管执法工作中，需充分厘清监管、执法、监测三部门之间的业务关系，明确谁管理、谁监测、谁执法，并明确市级和区级之间的工作流程，形成横向和纵向的监管合力。上海市生态环境局作为指挥中心，构建以排污许可制为核心的污染源监管制度体系，通过核发排污许可证及落实证后监管要求的方式，明确企业落实环境管理相关要求，对监管执法部门提出监测和执法检查要求，并通过制定《上海市生态环境执法监测暂行办法》，明确执法监测的法律地位与工作流程；监测部门作为数据管理和审核中心，为管理提供具备法律效力的数据和管理建议；执法部门作为执法主体，对违法行为开展调查和提供管理建议；管理部门会同执法与监测部门共同制定非现场监管执法和监测计划，发起非现场监管执法任务，并共同实施。

（二）发挥高科技手段特色，匹配适用场景

污染源在线监控、走航车监测、无人机侦测、视频监控、用电用能监控、大数据分析等各种高新技术手段各有其特色，根据其优缺点，匹配其适用场景。（1）大气、水环境重点排污单位以及排污许可重点监管企业，适合以污染源在线监测为主要形式的非现场监管手段。（2）没有能力安装在线监测设备或者不具备安装在线监测设备的条件，在生产、制造、运营过程中无组织排放VOCs，且为小工况场景的排污单位，采用视频监控、用电用能监控，可强化对生产状况和污染治理设施运行关键节点的远程监测。（3）化工园区、产业集中区等区域空气质量监测及污染来源侦察，以及异味信访投诉等，可开展走航监测，其对于重点污染区域、重点行业VOCs管控整治具有较好的作用。（4）无人机、无人船适用于人力难以到达或环境恶劣区域进行相关信息的收集，如大型堆场、入河（海）排污口、河道暗管，也可用于对排污企业废气废水排口进行暗访等。（5）秸秆焚烧监测、固废堆点排查、水源地风险源排查、生态湿地变化、重大项目/工程的环境影响长期跟踪监测等方面，卫星遥感可发挥重要作用。

（三）完善大数据平台，探索线上闭环处理

2020年来，上海市各区重视环保智慧平台的建设，优化生态环境监测“一张网”，建设生态环境监测大数据平台。根据历年执法检查获得的数据，包括执法数据、企业环境信用数据、移动执法痕迹数据、环境督察数据以及企业的监督性监测及在线监测数据等，与排污许可证形成大数据库。在这些数据基础上，通过构建数据模型，识别出正面清单，配合“正面清单制度”的实施，为实现差异化监管创造前提，对正面清单内的企业开展非现场监管，并全面实施动态管理。各区各级生态环境部门可以结合区域环境管理实际，进一步创新非现场监管方式，探索“远程检查”“网上取证”“电子督办”和“电子申辩”机制，使监管执法流程实现线上闭环。

三、实施成效

上海市各级生态环境执法部门不断创新执法方式，利用非现场监管手段，开展执法辅助，协助发现违法线索，助力违法行为调查取证，实现对环境违法犯罪行为的精准打击，取得了一定成效，具体包括以下几个方面：

（一）拓宽检查方法种类，弥补监管漏洞

以高科技技术应用为核心的非现场监管方式，使一线执法人员无须通过现场实地考察即可发现违法违规线索。在线监控可实现第一时间掌握企业污染物排放的异常情况；无人机、无人船、卫星遥感等，能够在人工无法完成或无法到达的环境恶劣的区域或大范围地域，进行相关信息的收集取证；电话、视频检查可十分便捷地调取企业生产、排污及环保设施运转等信息；大数据分析管理平台可对海量数据进行分析和研判。

图13-3　运用无人机开展信息收集取证

资料来源：上海市生态环境局执法总队。

（二）促进从任务式排查转变为精准定位式检查

各种新型科技监管手段运用于随机抽查和日常监管中，可以帮助执法人员智能判断，精准发现问题，对存在违法行为的企业实施精确打击，一击即中，提高执法效率。例如，走航监测可以对区域VOCs进行高空间分辨率的监测分析，获取区域浓度分布，发

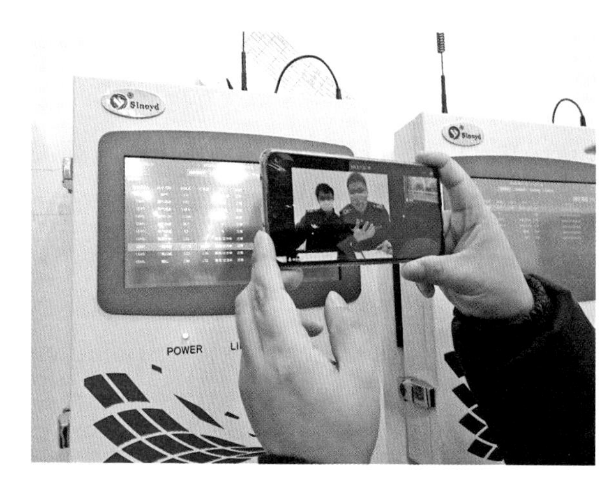

图13-4　执法人员采用互联网等开展非现场执法
资料来源：上海市生态环境局执法总队。

现问题区域、问题企业，实现对区域VOCs的污染精确排查，有效保障精准执法。同时，在线监控、卫星遥感等可以突破时空限制，可以帮助执法人员及时锁定违法排污证据，助力科学执法。

（三）智慧化平台提升环境监管效能

上海市各区生态环境局通过大数据系统、现代监测设备等建立的智慧化数据平台，充分利用最新的物联网技术，全面、准确、快速、精细地采集各类环境信息，全面反映环境信息的综合多样性、连续性、动态性、相关性和综合性，让环境管理走上科技化轨道，理顺城市生态管理机制，提高城市生态管理效率。

（四）有效化解信访矛盾

走航监测、无人机侦察等高新技术非现场监管方式，对解决区域异味投诉信访难题起到非常好的效果。例如，宝山区生态环境局通过邀请市民参与走航监测执法工作，让市民深刻体会到环保部门重视群众投诉，并在积极为群众解难题、办实事。普陀区生态环境局在工业园区网格化管理体系基础上，通过电话、视频、微信平台，建立了各执法中队和园区管委会环境信访工作的联动处理机制，有效提高了涉园区信访的实际解决率和群众满意率。徐汇区生态环境局针对汽修、餐饮、建筑工地创建的“环信码”，方便市民监督，通过公众的监督倒逼企业树立环境信用，让公众参与环境监管之中，丰富了智慧执法的内容，有效化解信访矛盾，提升了环境管理水平。

（五）使执法与普法相结合，实现企业帮扶

环境监管执法的最终目的不是查处惩罚违法违规企业，而是形成全社会的法治自觉。统筹执法与普法工作，是生态环境局执法部门所坚持的宗旨。非现场监管方式做到了“执法与普法相结合”，让环境执法更有温度。通过电话询问、在线视频连线、调取重点点位监控等方法对企业进行非现场监管，一方面便于执法人员查看企业环境保护管理措施的落实情况；另一方面有利于执法人员做好企业环境法规宣贯，定期提醒企

业在现场管理、设施运行、台账记录等方面的重点要点，指导帮助企业开展环境安全隐患排查，落实各项污染防治措施，确保污染防治措施和在线监控设施正常稳定运行，污染物达标排放。执法人员通过普法宣传、执法帮扶，使企业认识到自身问题，第一时间整改，从被动作为到主动守法，强化了企业的法治意识，提供了规范的守法服务，获得了较好的社会效益。

（供稿：上海市生态环境局）

案例69

徐汇"环信码":构建信用评价体系,提升环境执法效能

一、工作背景

随着行政审批制度改革的不断深入,"放管服"力度日益加大,政府部门的工作重心由事前审批逐步转向事中事后监管。"放管服"改革释放了市场的活力,也对政府部门的日常监管工作和企业的主体责任意识提出了更高的要求。徐汇区作为一线城市的中心城区,社会服务业发达,餐饮和汽修行业扰民现象突出。此外,高强度的基础设施建设也带来了建筑工地施工噪声、扬尘等环境问题。如何在大量的事中事后监管工作中合理配置有限的执法力量是徐汇区生态环境局亟需解决的问题。

2020年3月,徐汇区生态环境局在扬尘控制大会上首次提出了《徐汇区建设施工工地生态环境分级分类"环信码"管理办法(试行)》。在徐汇区生态环境局、城管执法局与绿化市容局分工合作下,探索并初步构建了以"环信码"为核心的互联网+环境信用监管体系,丰富"环信码"市民端和监管执法端应用,完善分类分级监管机制,促进企业知法、守法,精准投入环境监管和执法资源,推进智慧化执法,提升执法监管能效。

二、具体措施

(一)信用分级,"对症下药"

"环信码"即环境信用二维码。徐汇区生态环境局定期对辖区内建设工地、涉油烟餐饮单位和汽修单位开展环境信用评分,根据评分进行企业"环信码"分级、更新和发布。"环信码"共分三级:绿码(90—100分)、黄码(60—89分)、红码(0—59分),根据发布后的环信码开展分类分级精准监管,针对不同级别的"环信码"分别投入差别化监管执法资源和技术服务。

(二)全民监督,智慧执法

"环信码"是徐汇区互联网+环境信用监管体系的核心。徐汇区生态环境局依托

图13-5　2021年8月，徐汇正式推出餐饮“环信码”

资料来源：上海市徐汇区生态环境局。

第三方技术服务发布了“环信码”市民端和监管执法端扫码应用。每个试点工地、餐饮单位和汽修单位入口明显位置均张贴有环信码标识，方便市民监督，市民可通过微信扫描环信码快捷了解排污企业的基本信息、最新环境信用情况、相关环保管理要求和投诉电话，通过社会监督倒逼相关企业树立环境信用“口碑”经营；环保监管执法人员可以采用手机APP扫描环信码，快速获取相关排污企业“精准画像”，行政处罚信息、信访信息、在线监测信息、台账信息、现场监管信息及整改跟踪等信息一目了然，构建了环境信用监管的线上、线下闭环，丰富了智慧执法内容。

（三）自评自查，普法宣传

为落实企业环保主体责任，拓展线上普法渠道，徐汇区生态环境局同步开展了互联网+环境信用、自评+环境信用承诺试点工作，企业环境信用一季度一次线上自评，企业环境信用一年一次线上承诺。鼓励企业开展自我环境信用评估，提升自查、自纠、自学能力，同步进行法规条目宣传，促进各类试点单位知法、懂法、守法，提升相关企业环

图13-6　在汽修单位张贴“环信码”
资料来源：上海市徐汇区环境执法大队。

保知识水平和环保意识，保障企业污染防治主体责任有效落地。

（四）铺开领域，有序推广

徐汇区生态环境局2020年5月起正式推出工地“环信码”、2020年8月起正式推出餐饮“环信码”、2020年11月推出汽修“环信码”，环信码自此在徐汇区建设工地、涉油烟餐饮单位和汽修单位等多个领域渐次铺开，至2021年5月，环信码已覆盖徐汇区87个建设工地、117家餐饮单位和43家汽修单位。

三、实施成效

经过近一年的“深耕细作”，“环信码”的绿码逐渐增多、红码逐渐减少或消除，相关小区域的环境信访逐步得到有效控制，一些历史问题聚集区域（如田林街道田尚坊）环境风险明显降低（2021年1—5月，信访数为0），企业的环保意识稳步增强，企业周边居民环境感受持续改善。

通过“环信码”的推广，针对全区在建工地进行精细化分级监管，指导、协助建设工地树立基于“环信码”的绿色施工体系，实现利用环境信用体系，促进建筑施工企业自觉落实治污主体责任，不断提高扬尘污染治理水平。建设工地“环信码”的初见成效，不仅推进环境污染精细化管理，更是为环境执法工作拓宽了一条“新”的道路。通过“环信码”，精准投入环境监管和执法资源，推进智慧化执法，提升执法监管能效。试点工作的“多点开花”，体现了环境污染精细化管理的理念和方式，可学习、可复制、可推广，为进一步提升精细化管理水平奠定了良好基础。

徐汇区生态环境局聚焦环境执法标准化、信息化、系统化，勇于进取，深化改革，创新发展，探索实施精细管理措施，打造精细化执法工作“升级”版，不断提升环境执法工作精细化管理水平，为全面建设“卓越徐汇、典范城区”奠定了良好的环境基础，同时全力推动了生态环境治理体系和治理能力现代化建设。

（供稿：上海市徐汇区生态环境局）

案例70

上海首创现场“执法电子回单”制度

为进一步贯彻落实全国生态环境系统“六项禁令”、环境执法人员“六不准”规定，规范环境执法人员执法行为，加强环境执法人员职业道德建设，推动环境执法系统政风行风廉政建设，2015年1月，上海印发实施《环境监察现场执法回单制度》。2016年起，随着环境执法模式由“双固定”向“双随机”的重大转变，环境执法的职责、内容、业务范围等发生了较大变化，加上传统纸质回单有违执法信息化的大趋势，2018年纸版回单逐步停止使用。

面对环境执法的新形势，积极响应国家“双随机”执法的要求和推进全市移动执法系统的改造升级工作，上海市环境监察总队在原执法回单制度的基础上，创新制定《环境现场执法电子回单制度（试行）》，并于2018年10月率先试行。2019年3月1日起，上海市环境执法机构正式推行执法电子回单制度，执法回单就此从纸质化走向信息化，这在全国尚属首创。

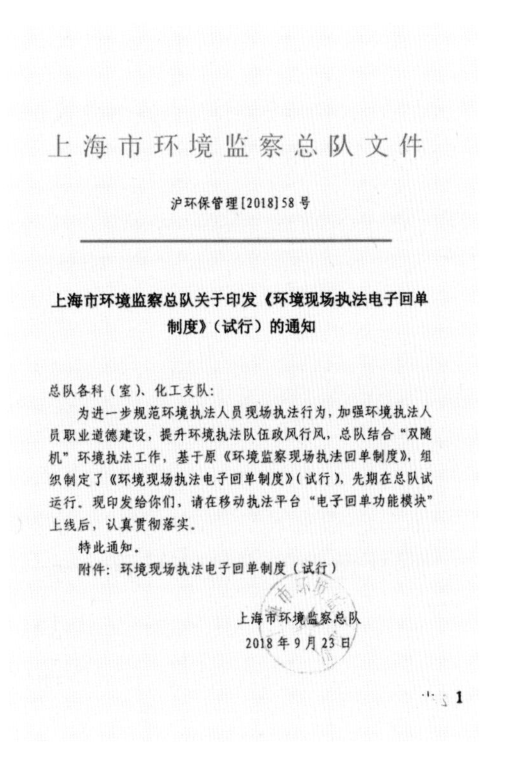

上海市环境监察总队文件

沪环保管理[2018]58号

上海市环境监察总队关于印发《环境现场执法电子回单制度》（试行）的通知

总队各科（室）、化工支队：

为进一步规范环境执法人员现场执法行为，加强环境执法人员职业道德建设，提升环境执法队伍政风行风，总队结合“双随机”环境执法工作，基于原《环境监察现场执法回单制度》，组织制定了《环境现场执法电子回单制度》（试行），先期在总队试运行。现印发给你们，请在移动执法平台“电子回单功能模块”上线后，认真贯彻落实。

特此通知。

附件：环境现场执法电子回单制度（试行）

上海市环境监察总队

2018年9月23日

1

图13-7　2018年9月23日，上海印发《环境现场执法电子回单制度（试行）》

资料来源：上海市生态环境局执法总队。

一、从纸质化走向信息化，执法回单“活”起来

（一）即时扫码在线填写

在执法过程中，执法人员完成现场执法笔录制作后，移动执法系统会自动生成一个执法回单专用二维码，提交检查对象扫描。检查对象通过微信等软件进行扫描接收，在执法回单专用页面，设有12个问题，可反映执法人员现场检查时候的一些情况，点选后点击提交。同时，为让稽查人员更加及时地

图13-8 移动执法系统二维码扫描核查

资料来源：上海市生态环境局执法总队。

发现、处理问题，系统将异常回单设置为红色，正常回单则为蓝色，便于审核。

（二）客观高效及时反馈

执法回单提交后，数据资料会上传送至移动执法平台“电子回单功能模块”内，由稽查科专门人员统一受理，根据回单内容进行分类处理。为了保证回单填写的客观公正性，企业相关负责人需要在回单生成后48小时内填写并提交，超时未填写的回单会自动失效。

二、强化监督促进依法行政

为切实发挥好执法电子回单在环境执法中的积极作用，上海市、区两级环境执法机构明确负责执法电子回单制度日常工作的内设机构和工作职责，安排专门人员定期检视、回访，对反映的问题做到及时调查、及时处理、及时反馈。同时，广泛宣传，使执法人员充分认识到此制度的重要性，使被检查对象能够对环境执法行为有更多的了解，让他们敢于说话，作出客观公正的评价，并提出合理化的建议和意见。

三、优化环境执法方式，提高执法效能

“执法电子回单”制度的推行，进一步规范了环境执法人员执法行为，树立了规范、公正、文明、廉洁的服务型执法新形象，消除了执法盲点，有效提高了执法效能。一是“广泛性”。根据“双随机、一公开”的环境执法要求，“执法电子回单”的发放对象由原“固定清单式”的“日常监管对象”调整为电脑抽签产生的“双随机”检查对象；“执法电子回单”发放对象覆盖面更广泛。二是便利性。执法回单的发放和回收方式由原发放、回收（包括直接回收和邮寄回收）纸质回单调整为移动执法系统自动生成与当次执法检查关联的“执法电子回单”，发放、签收、填写、反馈，所有过程全程在线完成，不但大幅度提高工作效率，同时节约工作成本。三是科学性。原“执法回单”的内容较为笼统，履职尽责、文明执法等表述抽象，评定结论多为主观感受；电子回单的内容更具体、写实，评判依据更形象、客观，更具有可操作性。四是全面性。“执法电子回单”制度补充完善了对反馈问题的处理规定。针对监察对象可能提出的文明执法、规范执法、廉洁执法的问题，分门别类制定处理规程。对处理结果作出要向监察对象反馈的规定。原“执法回单”制度没有相应内容。

目前，“执法电子回单”制度运行情况良好，其执行情况已纳入上海市环境执法工作考核的指标体系。今后，上海还将不断完善环境现场“执法电子回单”制度，优化功能模块，切实发挥“执法电子回单”在职业道德、行风政风建设中的积极作用。

（供稿：上海市生态环境局执法总队）

案例71

打造自行监测新高地，助力优化营商环境

一、工作背景

2013年，原环境保护部首次明确自行监测定义、内容、方式等相关内容；2015年修订的《环境保护法》、2018年修订的《水污染防治法》和《大气污染防治法》均明确规定排污单位开展自行监测，负责监测数据的真实性和准确性；2021年，国务院发布《排污许可管理条例》，明确排污单位在申请排污许可证时，应按照自行监测技术指南要求，编制自行监测方案。

确保排污单位自行监测的科学化、规范化、制度化，是实施排污许可证监管的基本保障，也是落实信息公开、环境影响评价、环境保护税等制度的重要支撑。然而，现实中排污单位自行监测还存在实施目的认识不到位、监测数据应用不充分及信息公开不完善等问题。为督促排污单位落实自行监测要求、助力高质量发展，围绕排污许可这一污染源监管的核心制度，上海市开展了一系列相关工作。

二、工作举措

（一）建章立制，持续完善常态化规范化监管要求

1. 强化自动监控数据审核与应用

自行监测数据应用是自行监测体系保持长久生命力的保障。上海市于2013年发布实施《上海市污染源自动监控设施运行监管和自动监测数据执法应用的规定》并先后两次进行修订，为自动监测数据作为环境管理依据提供有力支撑。市、区两级生态环境部门在“上海市污染源综合管理信息系统平台”开展自行监测数据审核，持续强化自动监控数据应用。同时，上海市定期通报自动监控设施联网情况，对自动监控异常情况进行快速核实处理，做好预警响应。

2. 引导社会化机构提供优质服务

上海市发挥市场机制和公众监督作用，深入推进生态环境监测服务社会化，研究制定生态环境监测备案管理、信用评价等措施，加强市场培育、推动行业自律。2020年印

发《上海市生态环境监测社会化服务机构管理办法》，建立健全“事前”备案管理、“事中”分级分类监管、“事后”信用评价和激励惩戒的新型机制，促进形成一批专业化、优质化的社会监测机构，树立和弘扬“依法监测、科学监测、诚信监测”的行业文化，为排污单位提供更优质的监测服务。

（二）问题导向，有序推进自行监测帮扶指导

1. 提高自行监测工作质量

目前，排污单位普遍存在专业技术人员少、技术力量薄弱、未能充分了解自行监测工作要求等相关问题。上海市对照自行监测技术指南和排污许可证要求，组织市、区两级生态环境部门对企业开展自行监测帮扶指导，采用现场检查、指导讲解的方式，“面对面”查漏纠错、“点对点”答疑解惑，以帮促改、以改促进，促进排污单位自行监测方案的完整性、监测数据的真实性和数据发布的及时性，规范自行监测行为，提高监测数据质量。

2. 优化调整自行监测要求

部分行业排污许可证核发技术规范对排污单位的自行监测要求存在差异，且与上海市实际管理方式不一致。部分行业自行监测技术指南提出的自行监测频次要求与实际监管需求不匹配，如雨水排放口在排水期间按日监测、燃气小锅炉NOx每月监测等，此类要求的必要性和操作性不强，排污单位实际无法落实。为此，上海市根据雨水排放口和燃气锅炉实际情况，适度调整自行监测频次要求，避免重复监测。

（三）勇于创新，持续优化自行监测监管服务

1. 制定监测技术要求

生态环境部尚未发布土壤和地下水自行监测相关技术指南时，为贯彻落实土壤污染防治法以及本市监管要求、指导土壤污染重点监管单位规范开展自行监测，上海市创新出台《上海市土壤污染重点监管单位土壤和地下水自行监测技术要求》，优化特征污染物筛选方法，加强自行监测监管服务，引导排污单位履行制定、实施自行监测方案的义务。

2. 试点开展全过程监控工作

上海市对钢铁行业、焚烧行业等排污单位工艺节点进行排摸，并以涉VOCs单位为试点开展用能监控。通过对试点单位产排污及污染治理环节的梳理，选取关键点位，对生产和治理设施加装用能（用电）监控设施，并探索用能规律。目前试点效果良好，发

现了部分用能规律,具有推行的潜力。

三、实施成效

上海市秉承全过程管理和以环境质量改善为核心的思路,通过督促排污单位落实自行监测要求、保障自行监测数据质量,引导排污单位自主监测、自主记录、自证守法,助力深入打好污染防治攻坚战,重建政企关系,构建绿色、诚信社会。

(一)帮扶指导,敲响责任意识"鼓点"

既做好生态环保"监督员",又当好优化营商"服务员",精准指导、贴心帮扶,奏响为企服务最强音。对排污单位加强帮扶力度、加大帮扶范围、优化帮扶方式。从需求方的角度,将心比心地查找排污单位自行监测工作的薄弱环节,解答排污单位的疑难问题。引导排污单位树立自行监测主体责任、提高自行监测数据质量,为环境管理提供精准可靠的监测数据支撑,实现高质量发展。2019—2021年,上海市完成1 600余家次的排污单位帮扶指导,其中对实行排污许可重点管理的单位实现100%全覆盖。

(二)优化管理,扫除主体需求"痛点"

排污单位开展自行监测工作需要付出成本,其中土壤和地下水的自行监测费用相对较高。上海市依托以往工作做好信息衔接,将重点行业企业用地土壤污染状况调查工作的方案和相关信息下发至相关的土壤污染重点监管单位,确保监管要求有效延续;详查工作的监测数据,作为土壤污染重点监管单位的首次全因子监测数据,节省排污单位监测成本。同时对雨水排放口和已完成低氮燃烧改造的燃气小锅炉等,适度调整部分自行监测频次要求。截至2021年年底,已有4 000余家排污单位开展了自行监测,2 500余个废水、废气排放口安装联网自动监控设施。

(三)确保质量,攻克制度保障"难点"

上海市充分发挥监管部门和市场主体的协同治理效应,积极引导社会力量成立为排污单位提供检测和运维服务的专业社会化服务机构,并对社会化服务机构开展备案、抽查和信用评价。鼓励运维机构相关人员参加专业技术人员能力评定,强化人员管理、巩固行业自律,提升能力水平。目前,已有400余家生态环境监测社会化服务机构纳入监管并为上海市的排污单位提供自行监测相关服务。

（四）整合分析，打造数据应用“亮点”

结合自行监测监督检查和专项执法检查，充分利用自动监控、用电（用能）和治理设施运行关键工况参数监控等非现场监管方式，借助科技手段深挖问题线索，进一步强化自动监控数据日常审核中对浓度长期无明显波动、浓度发生突变等异常数据的审核。严格按照相关规定对超标数据进行处理，严厉打击自动监测数据弄虚作假等违法行为，营造平等、公正、透明的法治环境，持续强化自动监控设施管理和数据应用，着力提升智慧化水平。

（供稿：上海市生态环境局）

案例72

AI赋能，长宁区生态环境局多措并举打造智慧执法新模式

近年来，在上海市生态环境局、上海市生态环境局执法总队的指导下，长宁区大力发展智慧执法，按照“数据预警、智慧执法、部门联动”的工作思路，不断严格执法责任、优化执法方式，坚持执法与服务并举，推进生态环境执法效能升级，取得了良好成效。

一、突出数据预警，提升违法行为发现力

充分利用长宁区生态环境局打造的“1+4+X”智慧生态治理系统的餐饮油烟智慧应用场景，通过自动化感知设备的实时数据，第一时间推送辖区内餐饮油烟净化设备不正常运行等问题线索。针对非现场执法检查方式发现的问题，按照餐饮油烟智慧执法方案，分情况启动相应的处理闭环。一旦发现餐饮企业在用餐高峰时段产生预警事件，通过城运中心的政务微信将预警信息推送至商业中心物业，由物业督促企业先行自查自改，并在24小时内提交书面报告和相关证明材料。如餐饮企业在线监测数据多次出现异常，则由长宁区生态环境局主管科室通知执法人员前往现场进行线下核查，并及时

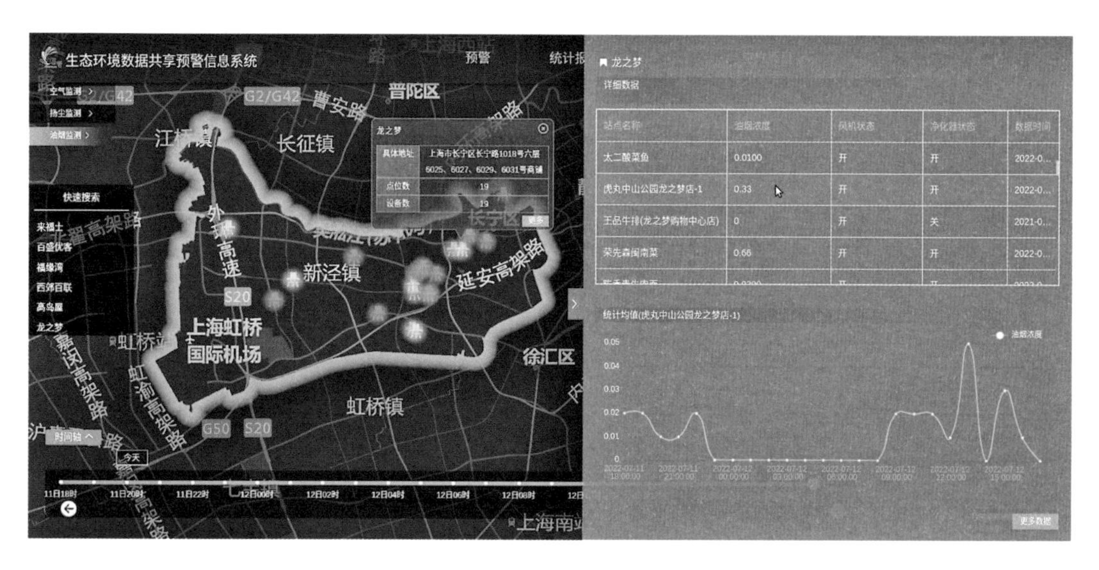

图13-9　长宁区生态环境数据共享预警信息系统

资料来源：上海市长宁区环境监测站。

将核查情况和现场执法情况反馈到平台。

长宁区按照餐饮智慧执法方案，成功实现餐饮企业智慧预警快速查处机制，显著提高了餐饮企业执法时违法行为发现率。2021年以来，平台发出数据预警27件，涉及执法部门介入的预警事件4件，发现违法线索3件，作出行政处罚2件。此外，为了确保油烟在线监控为执法赋能，长宁区生态环境局加强对第三方在线监测企业以及商业中心物业的培训工作。

二、依托科技信息，巩固行政处罚证据链

在开展生态环境执法工作时力争做到全员、全业务、全流程使用移动执法系统，利用区生态环境局开发的"智慧环境治理"政务微信，实现执法电子化。同时，在行政处罚方面，长宁区生态环境局执法大队以包容及审慎的态度利用在线数据，尤其在探索扬尘在线监控数据与行政处罚的衔接方面总结出相应的经验。目前，长宁区在建工地均已按照要求规范化安装了在线监控设备，对在建工地扬尘污染进行实时监控。接下来将继续积极探索科技赋能，通过以监测数据为基础，以严格执法为手段，提高生态环境系统内部工作能效、强化生态环境领域全方位服务能力。

三、坚持部门联动，建立长效监管机制

2021年以来，长宁区生态环境局执法大队充分利用"互联网+监管"系统，与市场监管局等7个职能部门，开展部门联合双随机抽查4次共计47户污染源，涉及医疗机构废弃物、消耗臭氧层物质（Ozone-Depleting Substances，ODS）、餐饮油烟、危废等专项。针对检查中发现的问题，根据情况轻重，综合运用约谈、责令改正等相关措施依法处理，并将相关执法信息归集至企业名下，通过国家企业信用信息系统对外公示，扩大社会监管范围。

为建立相关行业高效、长效的监管机制，长宁区生态环境局执法大队与长宁区市场监管局、区城管执法局等监管部门的执法条线通力配合，建立了相应的会商工作机制、联合执法机制以及抄告工作机制。下一步，长宁区生态环境局执法大队将严格按照年初制定的部门联合抽查工作计划开展执法，将双随机检查内容与监督执法正面清单、信用监管等制度机制统筹衔接，与上级生态环境部门以及其他部门间监管执法工作衔接，实现在随机抽查计划期间内信息互通互联，扩大执法效能。

（供稿：上海市长宁区生态环境局）

案例73

迈向“数治”时代，浦东新区深入推进生态环境执法领域数字化转型

一、工作背景

在上海城市数字化转型的大背景下，如何响应市政府“智慧城市”建设，做好新时代城市生态环境治理数字化转型，始终是摆在上海市生态环境面前的重要课题。近年来，浦东生态环境执法数字化建设，围绕科学化、精细化、智能化的超大城市“数治”新范式，始终坚持系统性谋划、革命性再造、持久性攻坚，通过执法对象数据库建设、违法行为智能化发现、管理执法数据共享、非现场执法等创新实践，加快推进浦东生态环境执法信息化建设和应用，提高现代化治理效能，为浦东新区承载引领使命，打造生态环境执法领域数字化转型“浦东”样板。

二、工作举措

（一）以设施建设为先，编织生态环境智慧执法多维动态感知体系

以浦东新区“智慧城管”平台迭代升级建设为依托，浦东生态环境执法数字化建设聚焦生态环境领域监管难点及执法重点，通过强化智能感知硬件设备，深化多场景、多维度的城市运行体征感知能力，促进物联网和互联网的深度融合，全面打造浦东生态环境执法领域动态感知体系，为实施“非现场执法”打通瓶颈，实现“非接触”“零口供”的执法新模式，进一步减少执法矛盾和冲突，提升监管效能。

（二）以数据整合为基，搭建生态环境智慧执法数据资源体系

积极融入“一屏共管”要求，浦东城管生态环境执法支队已完成24个生态、水务执法领域企业数据库建设并线上实时动态更新，内容涵盖水污染、大气污染、固体废物（含危险废物）、水利、供水、排水等；通过协调市、区两级数据共享机制，打破原有行业管理数据归集壁垒，整合归集相关职能管理部门政务数据，优化数据交换共享机制，实现执法监管对象要素实时互联互通。

图13-10　“一屏共管”实时监控系统

资料来源：上海市浦东新区城市管理行政执法局。

（三）以精准识别为要，完善生态环境智慧执法应用场景体系

对接市固体废物管理中心，综合运用大数据、云计算、5G等新兴科技，打造浦东新区危险废物管理应用场景，实现对区域危险废物产生企业的智慧监管；全面纳入浦东城市管理综合执法“9+X”应用体系，上线“浦东城运3.0”平台系统，助力完善全区统一的全景式智能综合管理可视化平台，实现三级指挥平台联动，基本形成“上下联动、条块结合、综合执法、智慧监管”的浦东生态环境执法新格局。

（四）以“数治”实战为王，打造生态环境智慧执法闭环监管体系

全面颠覆传统执法监管模式，打造全新的环保执法生态链。加强智能识别和动态监管能力建设，实现浦东城管重点执法业务全流程信息化；拓展对噪声、水、大气等更多监管要素及运行体征的跨数据源追踪，有效支持对违法行为和违法主体的证据锁定；探索建立污染源自动监测执法响应新机制，及时有效地堵住企业的侥幸心理，切实遏制违法排污行为发生。

三、经验总结

（一）立足体制改革，彰显制度优势

浦东新区作为先行先试改革试点区域，在上海市乃至全国一直引领改革风气之先。浦东城市管理综合执法体制改革，就是对传统城市治理体系的一次重大尝试和突破。城市执法监管体制机制的优化和创新，无论从深度还是广度上，都对浦东持续打造全球超大城市治理样板产生深远影响。

2016年，依据《上海市人民政府关于扩大浦东新区城市管理领域相对集中行政处罚权范围的决定》的政策要求，浦东环境水务、规划土地、交通路政和市容城建等多领域执法职能纳入浦东城管执法局。近年来，浦东新区城管执法局生态环境执法支队以浦东城市管理综合执法体系为依托，充分发挥“区域统筹、资源整合、优势互补、平台共享”的体制优势，积极融入城市数字管理平台建设，全面加快浦东生态环境执法监管智慧化进程，逐步实现对浦东城市生态环境领域信息的高效化处理，使浦东生态环境管理更加符合新时期社会发展的实际需要。

（二）坚持目标导向，赋能城市“数治”

浦东新区城管生态环境执法支队对照执法业务工作的现实情况，将生态环境领域“智慧执法”建设作为突破口，全面、科学和高标准地推进“智慧执法”建设规划，做到

图13-11　浦东新区城市管理行政执法局指挥中心

资料来源：上海市浦东新区城市管理行政执法局。

规划在前、管理先行、有序实施，逐步打造功能完善、技术先进的生态环境数字化执法体系，大步迈向生态环境智慧执法新时代。

聚焦勤务模式改革，升级队伍管理手段，提升执法活动科技含量，大力推进分层指挥和执法力量配置等现代化执法流程再造；聚焦浦东生态环境执法重点监管领域，开发智能执法模块，融入“城市大脑”平台，打造重点领域线上执法协同大闭环；聚焦一线执法实际，优化和完善已有系统功能，用数据创新为执法实践减负赋能，初步达成部分污染源全过程治污监管高效精准，未来将继续向更大范围、更多领域推广，推动新时期执法模式的根本性变革。

（三）持续探索创新，构建社会治理共同体

浦东新区生态环境执法在数字化转型建设的道路上深入探索创新，按照“实战管用、基层爱用、群众受用”建设理念，从群众需求和生态环境治理突出问题出发，以智能化为突破口，全方位整合生态环境执法力量资源，全领域构建智能发现应用场景，全要素建立协同高效监管模式，逐步形成用数据说话、用数据决策、用数据管理、用数据创新的城市治理新机制，努力打造感知立体化、数据集约化、服务智能化的城市生态环境监管创新模式，全面构建共建共治共享的现代城市治理新体系。

（供稿：上海市浦东新区城市管理行政执法局）

案例74

嘉定区划定“条块责任田”，提升执法成效

一、工作背景

为适应新时期执法工作要求，嘉定区以生态环境执法体制为契机，进一步转变执法队伍管理模式，打造“行政执法责任田”，通过采用“条块结合”的“责任田”模式开展专项执法。在“条”上，每个中队负责开展2—3个“大专项”；在“块”上，根据实际情况，将街镇划片到中队，每个中队划定1—3个街镇开展现场执法，提高执法效能。

二、工作举措和成效

（一）主动落实主体责任，守护“责任田”

以往，执法大队按照水、气、声、渣、辐射等专项条线分工执法，但有企业反映“执法

图13-12　执法人员在某企业车间屋顶查看废水处理设施运行情况

资料来源：上海市嘉定区生态环境局。

各行其责，存在多头检查和重复检查现象”，也有群众反映“听取民意不够及时，解决问题不够彻底”。划分“责任田”之后，执法人员积极主动落实主体责任，及时深入群众了解掌握情况，坚决控制污染源头，彻底化解矛盾。

图13-13　利用无人机航拍建立大数据采集系统

资料来源：嘉定区生态环境局。

安亭镇昌吉路轻轨站周边是汽车产业园区，某汽车公司在这片区域设立了多个厂区，周边有大量居民住宅和在建楼盘，信访矛盾比较突出。负责这片“责任田”的二中队积极推进园区内VOCs 2.0治理工作，指导企业通过建设末端废气配套转轮RTO确保90%以上废气处理效率，采取源头替代、过程控制以及末端深度治理等措施，持续降低排污总量。在督促指导企业治理废气排放的同时，执法队员深入小区与信访居民面对面沟通，通过加入小区居民微信群互动，逐步缓解周边居民的信访矛盾。

（二）积蓄环境治理合力，深耕“责任田”

执法大队将普法培训作为执法的深入和提升，让环保法规浸润“责任田”的方寸之间。培训对象主要有各街镇的正面清单企业、重点监管企业、信访重点企业的环保负责人，街镇环保办、村居、经济城、工业园区环保负责人等。培训也与以往的集中培训会不同，不是全区“一锅烩”，而是由各个中队前往分管“责任田”展开。各单位环保负责人都是在“家门口”参加培训会，培训内容是针对自己看得到的“眼前事”。

各中队在年初“责任田”调研基础上，找准不同街镇环境特征、不同行业企业环境管理需求，厘清培训方向。除了常规的水、气、危废监管，更加突出排污许可证和土壤监管等方面的法律规范和具体要求。对企业负责人提出的日常环境管理中的难点疑惑都一一耐心解答，对症支招。经过培训，较好地提高了企业的环保意识和管理水平。

在抓好集中培训的同时，各中队还将企业环保知识问答手册等资料送到企业手上，把提高企业环境自主管理水平的工作模式贯穿种好“责任田”的始终。

（三）厚植主人翁意识，谋篇“责任田”

有效治理环境污染的关键是预防为主，而不仅仅是及时发现环保问题后事后执法惩戒。各中队着眼把“责任田”播种好、耕耘好，从环保角度对城市建设积极建言献策，并定期向“责任田”街镇反映情况，做到情况互通、工作互促、难题互解、经验互学。在执法大队办公室还专门设置了“我为发展献一计”记录本，记录着各个中队针对“责任田”问题的意见建议，这些建议被送到区规划资源局、区水务局等相关部门，为统筹推进生态环境和经济社会发展发挥了积极作用，取得了良好的综合生态效益。2021年，上海市嘉定区生态环境信访数量下降28.08%，信访满意度大幅提升，群众获得感大大增强。

三、经验总结

“责任田”模式和“条块融合”执法方式为嘉定区生态环境执法开创了积极局面。各中队跨前一步，主动作为，深入基层，排摸了各街镇的污染源、信访投诉、行政处罚等情况，为种好各自的“一亩三分地”打下了扎实的基础。通过“责任田”内进一步的梳理情况、甄别问题、厘清对策，达到了“人员到位、责任到位、工作到位、效果到位”的效果。

下阶段，执法大队在优化推进“责任田”模式的同时，将完善崇尚实干、带动相当、加油鼓劲的正向激励体系，进一步营造干事创业敢担当、攻坚克难勇作为的良好风气，为深耕细作嘉定区生态环境保护工作这块大“责任田”提供执法保障。

（供稿：上海市嘉定区生态环境局）

案例75

金山首创“五步法”组合拳，环境管理与执法工作“力度”和“温度”共加持

一、工作背景

自2014年修订的《环境保护法》及配套办法实施以来，金山区生态环境部门在监管执法过程中面临较大压力。一方面，打击环境违法行为的力度要求在持续提升；另一方面，企业合规守法的意识及自主性不强。如何帮助企业做好生态环境保护工作？金山区生态环境局提出要在“铁腕执法”的基础上兼顾“柔性执法”，平衡监管履职与服务企业落实治污主体责任的关系，首创环保“五步工作法”，即“一查二劝三改四罚五公开”，将单向的“命令控制型”执法变为涵盖融合指导、协助、合规咨询、风险排查等内容的监管服务，自身角色从监督管理衍生出违法风险预警、合规咨询服务、环境方案提供、发展困难协调等“新型监管者”职能。一套“组合拳”主动为企业提供精细化服务，环保工作同时拥有了“力度”和“温度”。

作为上海市的化工大区，濒临杭州湾的金山区近年来环境质量持续改善，2021年区AQI优良率达91.8%，$PM_{2.5}$平均浓度下降到27微克/立方米。公众对生态环境满意率获得过一次全市第一、一次全市第二。21个国、市控断面均达到或优于Ⅳ类水体。环境质量持续改善的背后，折射出环保“五步工作法”带来的实实在在成效。

二、工作举措

（一）一查，织密防护一张网

查，是工作基础，也是履职尽责的必需。要增强“绿色定力”，织严织密一张检查网络，做到越查越精、越查越细、越查越全。

1. “五查协同”，构建检查体系

一是企业自查。在上海市率先引入“清单式自查”，涵盖水、气、渣等27个监察要点，指导企业自查，提升企业自身环境管理能力。二是第三方协查。引入“环保医生”，通过第三方机构的配合检查和及时反馈，协助监管执法人员及时掌握企业环保现状，建

立重点企业“一企一档”，有的放矢地开展执法工作，有效提升问题发现和整改反馈的及时性。三是执法检查。针对企业可能存在的偷排偷放、逃避监管情形，在工作时段检查基础上，瞄准8小时以外的监管空缺，采取“夜查”“周末查”错时、“双驻”（驻企驻村）模式、抽查、“回头看”等方式，提高监管效能。四是属地互查。组织各街镇（工业区）开展随机互查互评，营造比学赶超、攻坚克难的氛围。五是区级督查。在上海市率先建立金山区环境保护工作委员会，密切区级部门间横向联动。“区环委办”会同区委督查室、区政府督查室，对各相关部门开展专项督查和指导。

2. 多措并举，形成检查合力

构建多层次立体化联动体系，通过与市环境监察总队及街镇（工业区）的上下联动，与水务、城管、市监、安监等执法部门的左右联动以及与毗邻地区的区域联动等，确保查处全覆盖、执法无盲区。同时，大力实施环保违法行为有奖举报，鼓励和调动公众积极性和主动性，共同打击环保违法行为。

3. “三更叠加”，提高检查能力

一是更精准。通过配置便携式VOC检测仪和无人机，精准锁定污染行为。围绕“真、准、全、快、用”，不断优化升级环境监测方法，拓展监测领域。二是更全面。筛选具有较大环境风险的企事业单位，确定每年度重点排污单位名录，由执法部门开展高频次、地毯式检查。三是更透明。以电子检查报告替代以往的手写纸质现场执法单，实现实时编辑，同步上传系统，使现场执法更公开、透明，执法管理更科学、智能。

（二）二劝，指导企业发展

劝，是工作方法，体现服务态度和诚意，体现对企业环保主体的尊重，提高企业的环保意识。

1. 扶一把，指导企业合规经营

一是主动源头指导。在做好环评审批同时，对符合准入要求的项目提醒做好污染治理；对不符合准入要求的项目采取劝停措施，减少不必要投入。提醒企业落实环保和安全生产主体责任。二是优先行政指导。在检查过程中，优先运用提醒、指导、教育、约谈等非强制性方式，将违法行为化解在萌芽状态。针对存在环境问题的企业及时发出整改通知书，使问题早发现，早解决。三是政策上网下乡。深入基层开展政策宣贯，通过分享典型案例、强调各类要求等，明示违法成本，避免不教而诛。在微信公众号开通“小蒋说环保”“打卡365”栏目，以通俗易懂的语言解读政策，向企业和大众普法。

2. 借力劝，督促企业重视环保

借力大接访、大调研，听取企业和群众意见建议的同时，对企业存在的环保问题予以指出和指导，劝导督促相关企业提高环境管理水平。

（三）三改，促进产业转型

改，是工作目的，一切环保工作的目的和核心就是环境质量的改善。

1. 事前引导改，指明企业前进方向

一是正面引导。以“优胜劣汰”为导向，注重分类管理，结合每家企业的生产工序或环节，制定大气污染应急减排措施清单，形成“一企一单”，不搞“一刀切”式的整厂关停，促进企业主动加快环保设施改造。二是政策引导。深入推进排污许可证制度、全面达标排放计划等工作，引导和倒逼企业对照各项环境标准，加大环保投入、提升技术水平，加快产业结构转型升级。

2. 事中帮着改，化解企业实际难题

调动技术力量和资源，搭建平台、协调路径，帮助精准整改。一是平台支持。针对危废处置难、价格高等问题，主动向市级部门申请，先行先试，推进危废集中收集贮存转运设施建设。目前已建成金山工业区危废收集贮存平台，集中收集、贮存危废产生量10吨以下的小微企业所产生的危废。二是资金支持。积极帮助企业通过申请中央、市治理专项资金等渠道解决资金问题，支持企业治理污染。三是技术支持。针对企业遇到的具体困境，帮助企业优选先进、实用的治理技术，邀请专家进行技术论证。

3. 事后督促改，确保企业整改到位

督促符合条件的重点排污单位安装自动监测设备，以在线监测信息为支撑，紧盯数据异常情况，督促企业查找问题、落实整改。电话催办与走访相结合，对存在问题的企业开展执法后督察，要求企业严格按照时间节点上报整改落实情况。

（四）四罚，加强警示力度

罚，不是目的，是手段，也是保障。坚决不搞“一刀切”，但对恶意违法、屡教不改的企业坚决“切一刀”，依法依规严肃处理。

1. 规范罚，坚持有理有据

形成“行政处罚案件工作流程表”，明确相关步骤责任人和对应工作时限，确保案件处罚的各程序合法、规范。严格执行重大行政执法案件集体讨论和案件稽查制度，避免自由裁量带来的权力滥用等腐败问题。

2. 重拳罚，保持高压态势

对存在违法行为拒不改正的企业，加大处罚力度，采取包括按日计罚、查封扣押、行政拘留与信用惩戒相结合的联合惩戒机制。针对企业有多个违法行为，采用“一企多案”，确保环境违法行为得到有力震慑。

3. 保障罚，打破执行壁垒

探索环保非诉执行案件“裁执分离”工作机制，圆满完成第一例适用“裁执分离”非诉执行案件的强制执行工作，一定程度上破解了行政处罚行为无法执行的困境。

（五）五公开，增强社会感受度

公开，是工作路径，核心在于信。针对企业不怕罚、怕公示“曝光”的情况，通过信息公开、信用治理、信息共享，让百姓监督环保工作，让企业之间相互监督，助推环保社会共治。

1. 信息公开，推进政务透明

依法将听证、查封扣押、停产限产、行政处罚等信息通过网站、微信公众号等及时公开。要求全区重点排污单位在“上海企事业单位环境信息公开平台”上，对主要污染物指标、防治污染设施、应急预案等信息进行公开。对建设项目环评审批受理、拟审批、审批决定三阶段实行信息公开，公开环评文件全本及审批文件全文。探索环境信访信息全过程公开工作，加强信访信息的发布、回应。

2. 信用治理，实施分类管理

对相关企业进行环境行为评价，通过对企业环境管理等11类14个指标进行评估，形成绿、蓝、黄、红、黑五级评价等级，对“黑色”企业由市生态环境局进行公示，并将评价结果作为环保部门日常监督管理的重要依据。

3. 信息共享，注重数据应用

启动金山区环保数据整合系统建设，实现决策辅助功能并建立公共服务系统，实现各类环境数据的统一存储、统一管理、统一应用、统一展示，推进生态环境综合决策科学化、监管精准化、公共服务便民化。

三、经验总结

（一）创新思路，打出“组合拳”

“五步工作法”将提醒警示、业务指导、信息服务融入执法环节，通过“自查清单”

执法互动，通过执法意见书提示警醒。明确了“查”中有预防，“劝”中有监管，“改”中有服务，做到“罚”中有温度、有劝服，“公开”中有纠错改正机会的思路。

（二）提升理念，实现“三个转变”

“五步工作法”理念上体现“管理有要求，服务无条件”，实现“三个转变”。一是实现企业“要我改”到“我要改”的角色转变，通过建立“一企一档”，为企业提供“执法清单”，按照“谁执法、谁普法”的要求，分级分类指导企业，落实企业主体责任，让企业合规守法意识不断增强。二是实现执法者“以罚代管”到“执法互动”的角色转变，通过确立“新型监管者”身份，强化与企业的执法互动，做到未雨绸缪。三是实现“管理”到“治理”理念的转变，通过以治理思维代替管理思维，增加优质产业、守法企业的集聚效应，为优质企业腾出发展空间，助推社会共治，推动信用治理、信息共享，以高质量监管服务保障生态环境治理水平不断提升。

10 经济社会新闻　光明日报

比亚迪：科技创新助力智能出行

上海基层探索环境容量空间综合“清单”管理机制

图13-14　媒体报道上海在金山探索环境容量空间综合“清单”管理机制

资料来源：上海市金山区生态环境局。

（三）明确路径，突出“三个结合”

一是与加强分级分类监管执法相结合。充分发挥区、街镇（工业区）和村（居）三级监管体系作用，按照分级分类监管要求，采取差别化检查措施，加强三级之间的相互联系，提高监管检查能力和效率。二是与加强“三监联动”相结合。2020年5月制定《金山区生态环境局“三监联动”流转处理办法》，明确“监管、监察、监测”三个对象之间的相互联动机制，打牢内部联动基础，提升“三监”协同工作效率。三是与加强公众开放工作相结合。为提升公众感受度，加强四类设施开放、机关开放和执法开放，通过定期举办开放活动，充分接收社会监督和民主监督，营造“群众理解、社会支持”的舆论氛围，提高环境监管、执法、监测的精细化、规范化、标准化水平。

（供稿：上海市金山区生态环境局）

案例76

用活生态环境损害赔偿制度，浦东破解“企业污染、群众受害、政府买单”难题

一、工作背景

在以往诸多生态环境损害事件中，公共环境利益损失往往得不到足额赔偿，受损的生态环境亦得不到及时修复，从而导致“企业污染、群众受害、政府买单”的困局。2017年，中共中央办公厅、国务院办公厅印发《生态环境损害赔偿制度改革方案》，部署在全国试行生态环境损害赔偿制度改革。2018年，中共上海市委办公厅、上海市人民政府办公厅印发《上海市生态环境损害赔偿制度改革实施方案》，对上海市生态环境损害赔偿工作作出安排。

浦东新区生态环境局发挥牵头作用，以案件为抓手，深入开展调查研究，反复论证，围绕生态环境损害调查、鉴定评估、磋商、修复监督以及后评估等核心问题制定了有效的推进方案，整合各方力量构建了生态环境合作治理的新平台，相关工作经验在市生态环境局组织的生态环境损害赔偿制度培训会上予以介绍。目前，浦东新区生态环境损害赔偿制度框架初步形成，以“环境有价、损害担责”为总体要求有序推进案例实践，总体工作进展顺利，破解了“企业污染、群众受害、政府买单”的难题。

二、工作举措

（一）厘清权责，强化部门联动

生态环境损害赔偿是政府的一项新职责，国家及本市相关文件将省级及市地级政府作为赔偿权利人并原则性规定“可指定相关部门或机构负责生态环境损害赔偿具体工作”。为保障改革任务落实，浦东新区生态环境局从内部和外部两方面进一步厘清部门职责，强化部门协同。一是确立了“统筹协调，分类推进，分段负责”的基本推进模式。由浦东新区生态文明建设领导小组负责统筹推进工作；区生态环境局根据各自原有职责负责相关类型的生态环境损害赔偿工作；督察处、政策法规处及计财处分别牵头推进调查、鉴定评估、磋商及诉讼、修复及资金管理等不同阶段工作。二是充分调动

及发挥属地镇政府的作用。在国家及上海市改革方案未规定县级政府在生态环境损害赔偿工作中的参与方式，浦东新区生态环境局积极探索与镇政府合作推进索赔的路径，在做好引导及监督工作基础上，在应急处置、调查、鉴定评估委托、磋商、修复监督、资金监管等各项具体事项上与镇政府充分合作，充分发挥了属地镇政府的治理优势。三是推进与司法机关的合作。浦东新区生态环境局与浦东新区检察院及上海铁路运输检察院建立了常态化合作机制，及时就案件线索进行沟通，合作维护国家利益及公共利益。

（二）创新工作机制，推进合作治理

浦东新区生态环境局在推进改革各项工作过程中，坚持制度构建与案例实践同步开展，边探索边改革边完善，在开展案例实践过程中，完善生态环境损害赔偿制度。一是探索将应急处置与生态环境损害赔偿简易流程有机结合。在浦东运河污染案中，河道污染发生时，责任人尚未确定，海事、水务、生态环境等多部门联合进行了应急处置。由于案件发现和处理及时，经应急处置后，运河相关环境指标均已正常。在启动生态环境损害赔偿工作后，浦东新区生态环境局结合案件情况，以专家意见的方式代替鉴定评

图13-15 生态环境损害赔偿磋商会

资料来源：上海铁路运输检察院。

估报告，最终以前期应急处置相关费用为核心确定了损害赔偿数额，实现了法律效果与社会效果的统一。二是引入多方主体参与损害赔偿磋商。在新场镇林凡家庭农场环境污染等案件中，除赔偿权利人代表及赔偿义务人外，还邀请检察机关、属地镇政府等参与磋商，共同签署赔偿协议，实现了有效的监督与制衡。三是着力推进责任人自行修复。浦东新区生态环境部门以“放管服”理念为指导，积极向责任人阐明利弊，促使其自行组织生态修复，有效节约了行政资源，加快了修复进度，而责任人也有效节省了修复资金。同时为有效推进修复进度和效果，浦东新区生态环境局采取了履约保证金的方式促使责任人切实履行责任，在此基础上进一步明确通过权威第三方开展修复后评估来确保修复落实到位。

（三）加强制度衔接，完善环境治理体系

作为“源头预防、过程控制、损害赔偿、责任追究”环境治理体系的重要一环，生态环境损害赔偿制度需与其他制度做好衔接才能发挥作用。浦东新区生态环境局多措并举，推进生态环境损害赔偿制度与相关制度衔接。一是强化行政执法与索赔的衔接。行政处罚信息已成为浦东新区生态环境损害赔偿案件的重要线索来源，相关沟通及协同处理机制已初步建立。二是推进与公益诉讼的衔接。在遵循相关司法解释的基础上，浦东新区生态环境局与检察机关通过定期会商及个案预沟通等方式进一步就案件线索发现加强合作，实现了公益诉讼与生态环境损害赔偿的有效衔接。三是实现与刑事追责的有效衔接。对于涉刑生态环境损害案件，浦东新区生态环境局积极推进损害赔偿责任与环境刑事责任的衔接，促使检察机关将生态环境损害赔偿责任的履行作为环境刑事审判的量刑情节予以考虑，为生态环境损害赔偿磋商工作的开展奠定了良好的基础。

三、实施成效

浦东新区积极落实生态环境损害赔偿主体责任，已为国家挽回经济损失580余万元，实现了“环境有价，损害担责”的制度初衷。同时，在案件办理中还注重责任追究与普法并行，相关案件赔偿工作的完成在垃圾清运处置行业和重点排污企业引起不小震慑，不仅涉案当事人对自己的行为有了深刻认识且付出高昂代价，同时对行业也产生了较强的影响，促进了行业自省，明显减少了后期违法概率，真正促进了行业规范运行。

《中共中央国务院关于支持浦东新区高水平改革开放打造社会主义现代化建设引

领区的意见》明确:“实行最严格的生态环境保护制度,健全源头预防、过程控制、损害赔偿、责任追究的生态环境保护体系。”生态环境损害赔偿制度现正处于补短板推进建设阶段,未来将成为生态环境部门常态化的工作之一。围绕生态环境损害赔偿的调查、鉴定评估、磋商以及修复等各环节可能遇到的问题,浦东新区生态环境局探索了多样化的解决方案、较为顺畅有效的处理流程,积累了较为成熟的经验,为今后相关案件的处理提供范例样本。在此基础上,多部门联动的生态环境损害赔偿长效合作机制的构建是多元共治的环保新格局的积极探索,将为现代环境治理体系的构建贡献了“浦东经验”。

(供稿:上海市浦东新区生态环境局)

第十四篇

智慧环境监测

案例77

申城十二时辰，水环境时刻在线守护

一、工作背景

上海地处长江三角洲前缘，太湖流域最下游，河网水系密布，经济发达、人口众多，污染物排放强度高，地表水环境质量改善压力大。长期以来，上海市水质监测以手工采样和实验室分析为主，监测因子和频次各有差异，与预警监测和实时监控的目标还有一定差距。

2015年国务院办公厅印发《生态环境监测网络建设方案》，要求建立"陆海统筹、天地一体、上下协同、信息共享"的生态环境监测网络，监测预报预警水平明显提升。为满足水环境管理新需求，上海市政府出台《上海市生态环境监测网络建设实施方案》，明确提出要完善地表水环境自动监测站点布设，构建涵盖省界来水、饮用水水源地和各区考核断面、特定功能区的上海市地表水环境预警监测与评估体系。上海市于2015年正式启动建设地表水环境预警监测与评估体系，覆盖全市主要水体，将实时监测、实验室分析、在线监控、流动监测等多种技术手段相结合，力争做到全面、客观、真实、系统地反映水环境现状及其动态变化规律。

二、工作举措

（一）系统谋划，完善预警监测体系布局

根据涵盖省界来水、饮用水水源地和各区考核断面、特定功能区的目标，逐步构建完善以水质自动站为核心的水环境预警监测与评估体系。其中，省界来水监测以"量质同步，监控预警"为目标，全面覆盖上海接壤太湖流域省界来水的主要来水河道，包括沪苏边界、沪浙边界、长三角一体化示范区，并进行水质水量同步监测；饮用水水源地监测遵循"水源保障，安全预警"原则，聚焦长江口和黄浦江上游"四大水源地"；考核断面监测以"完善布局，科学评估"为核心，以"反映状况，治理成效"为目标，以全市主干河道和市、区级考核为重点，兼顾杭州湾、长江口等水域，实现全面预警监测和评估，助力区域水环境质量改善；特定功能区监测以"功能拓展，强化服务"为指导，拓展

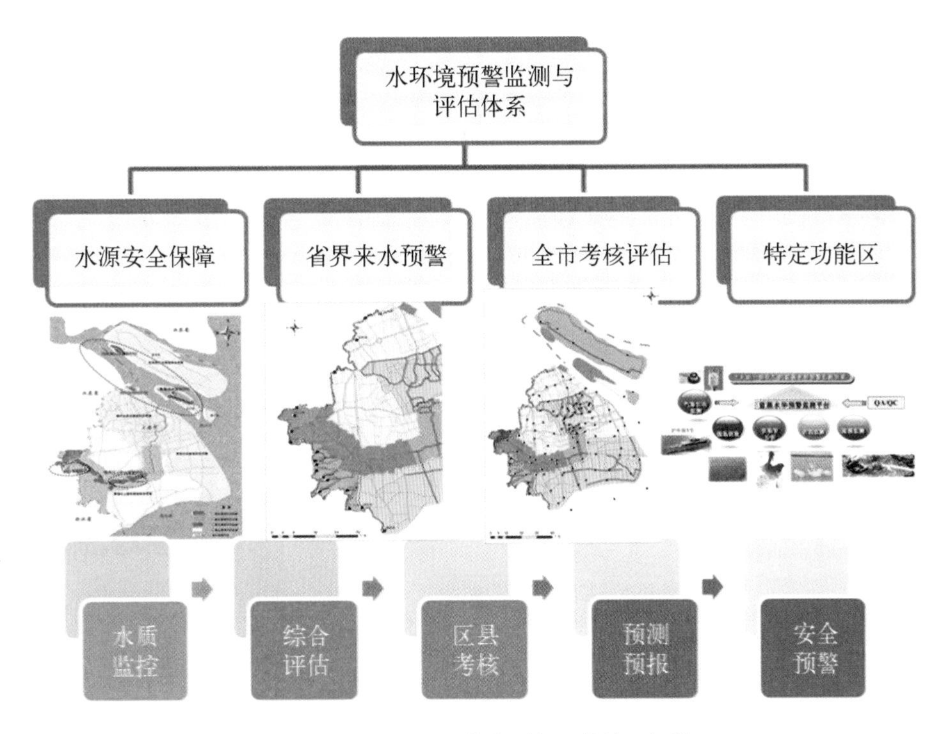

图 14–1 水环境预警监测与评估体系概览

资料来源：上海市环境监测中心。

如淀山湖、泵站放江、工业区周边水质、长江口生态敏感区、边滩等特定功能区监测，满足特殊管理需求。

（二）统筹推进，高效先进实施站点建设

1. 优选“稳定性”

在水站建设周期短、时间紧的情况下，为确保监测数据的科学性、准确性，在技术指标制定时以稳定性优先为原则，确保监测项目的指标技术可成熟运用，保障水站长期稳定运行。

2. 确保“延续性”

根据上海地区水站建设实际情况，充分利用已建成水站，根据已有体系特点，考虑技术指标的延续性、可比性及统一性，对已有水站进行改建、完善和更新。在经济上，有效避免了前期投资浪费；在技术上，较好实现了体系延续性以及数据可比性。

3. 拓展“特殊性”

在水质自动站补全常规因子的同时，针对饮用水源地、省市边界、泵站放江、工业区周边等特定功能区水质特点，拓展特征监测指标，有针对性地提高饮用水源地监测预警

能力、蓝藻水华评估能力、泵站放江监控能力，为环境管理提供水质预判。

4. 探索“创新性”

推进小微站、视频和人工智能分析等新技术的应用，构建多种监测手段相融合的监测体系，提高水质预警监控和评估精细化管理，为全面推进水质稳定达标，提升水环境质量监管和决策水平提供支撑。

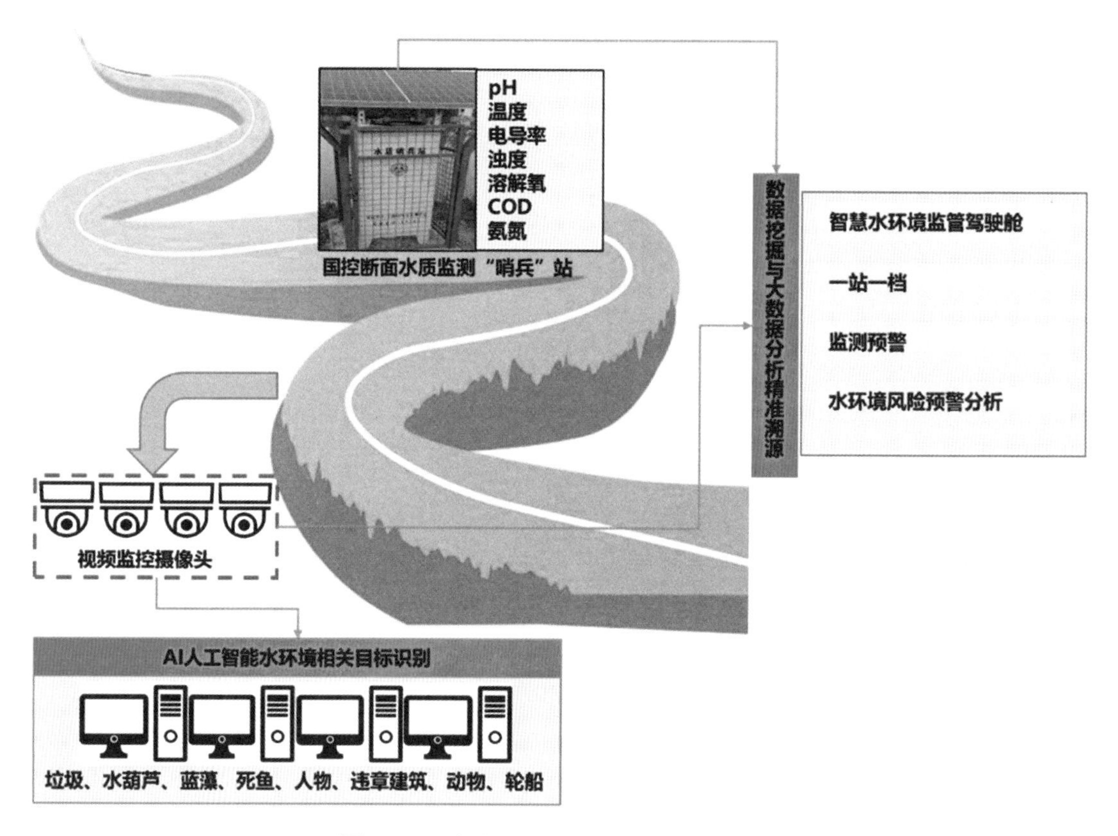

图14-2 多种监测手段相融合的监测体系

资料来源：上海市环境监测中心。

（三）强化预警，建设预警监测信息平台

以上海市水环境预警监测数据为基础，将预警监测体系与管理平台系统等技术结合，构建基于GIS技术的全市水环境预警监控信息平台。2019年年初，上海市水环境监测信息平台建成并投入使用，平台由现场端站点智能化管理软件、水环境预警监测与评价信息平台、水环境移动应用组成，具备智能运维管理、数据质控管理、数据审核管理、数据综合展示分析评价、水质预警预测、远程实时监控等功能。

三、实施成效

（一）大幅提升水质预警能力

截至2020年年底，上海市水环境预警监测与评估体系已完成水质在线监测数据采集2亿多条，并实现与外单位数据共享2 000多万条。利用平台实现了小时数据的实时采集，可应用于水质预测预警、水质模拟扩散分析、区域及全市水质评价等。利用水质自动监测数据开展了汛期水质预警分析，精准反映泵站放江对城市河道水质的影响。近年来积累的大量水质在线数据，为“十四五”期间进一步开展水环境预警分析和水质评价打下了坚实基础，为水环境的精准化、智慧化管理提供有力支持。

（二）有效保障饮用水源安全

安装在水源地的水质预警自动站充分发挥“卫士”作用，实时跟踪水质变化，为精准判断水质提供科学依据。拓展监测因子后，挥发酚、生物毒性、蓝绿藻及卫生学指标等特征因子在保障饮用水安全方面发挥了巨大作用。特征因子的监测设备较为灵敏，当出现超标时，第一时间启动预警响应，不仅有效保障日常饮用水源安全，还在上海进博会等重大活动以及新冠疫情期间发挥了重要保障作用。

（三）精准助力全市水质改善

上海市水环境监测信息平台自2019年运行至今，共编制并向各区发送了500余份预警报告。各区积极查找原因，响应了400余次，通过上下游排摸和溯源分析为水环境管理、水环境质量改善提供了有力支撑。

（四）普及水环境水生态知识

自2017年以来，上海市多次开展了市、区两级生态环境设施开放的活动，部分地表水环境水质自动监测站对公众进行定时开放。通过线上、线下相结合的方式进行相关科普和宣传教育，让公众进一步了解水环境、水资源和水生态专业知识，取得了良好的效果；青浦等区在社交平台上通过直播的方式“云介绍”国家地表水水质自动站，受到公众的好评。苏州河浙江路桥国控水质自动站入选第一批全国100个“最美水站”。

四、结语

从每月一次的监测到全天在线守候，上海市水环境预警监测与评估体系为全面推进水质稳定达标，提升水环境质量监管和决策水平，打造“水清、岸绿、景美”的水环境水生态提供技术支撑。通过构建多种监测手段相融合的监测体系，进一步掌握了水质变化和污染扩散规律，为污染预警预报、风险评估和污染成因分析提供数据支撑，同时为防范区域环境风险、污染成因分析、高效调度治理污染源头等污染防治攻坚措施提供辅助支撑。

（供稿：上海市环境监测中心）

案例78

解密一座岛的“3D”生态环境监测预警体系

一、工作背景

崇明岛地处长江口，是中国第三大岛，也是中国最大的河口冲积岛和最大的沙岛。崇明岛水洁土净、空气清新，是上海重要的生态屏障。上海历届市委、市政府都高度重视崇明岛生态环境保护工作，多次强调举全市之力，高水平、高质量推进崇明世界级生态岛建设，打造长江生态大保护的标杆和典范。2010年，上海市发布《崇明生态岛建设纲要（2010—2020年）》，启动了崇明生态岛环境预警体系建设工作；2016年，印发《崇明世界级生态岛发展“十三五”规划》，要求以更高标准、更开阔视野、更高水平和质量推进崇明生态岛建设。结合数轮规划的实施，上海市逐步建立和完善了崇明世界级生态岛生态环境监测评估预警体系，对生态岛建设带来的生态环境变化及影响开展跟踪监测和评估。

二、工作举措

（一）规划先行，分阶段推进体系建设

根据不同阶段的管理需求，上海市分阶段制定并动态调整建设目标，整个过程分为两个阶段：

2010—2016年为第一阶段，构建了以手工监测为主的崇明岛生态环境预警监测体系。第一阶段工作初步解决了崇明岛原有生态监测网络中监测要素不全、监测布点覆盖面不够、监测频次偏低、监测手段落后等问题，监测体系涵盖水、气、土、生态等要素。

2017—2020年为第二阶段，完善了以自动监测为主的崇明世界级生态岛生态环境监测评估预警体系。以更好地跟踪、监测和评估崇明世界级生态岛建设过程中对崇明生态环境带来的变化及影响为目标，考虑世界级生态岛的建设及长远发展需要，在第一阶段工作基础上，第二阶段重点以自动监测为主要手段，进一步完善水环境、大气环境、声环境、土壤及地下水环境、生态系统完整性等监测预警体系；建设生态环境监测评估

预警信息系统，开展全面系统的生态环境质量评价以及监控预警，定期向社会发布，接受群众监督。

（二）统筹兼顾，构建全要素体系格局

在吸取国际类似生态岛屿监测体系建设经验的基础上，客观分析崇明岛生态环境和监测体系现状，按照全覆盖、体系化、高水平、可持续的目标，构建涵盖水、气、声、土壤、地下水、生态、应急等方面的监测评估预警体系，健全崇明生态岛生态环境监测网络，提高了区域生态环境监测评估及预警能力。

以水质达标考核和水源地安全预警为目标，构建包括岸边站、哨兵站两种类型34个站点的水质自动监测站网；以服务世界级生态岛空气质量改善为目标，构建包括功能区环境空气质量监测站、交通站和超级站3种类型9个站点的大气自动监测网络；以建立“鸟语花香”“绿色生态”的世界级生态岛建设需求为目标，构建包括功能区、道路交通2种类型17个站点的噪声环境自动监测网络；以环境安全快速应急响应为目标，

图14-3 崇明东滩大气超级站

资料来源：上海市环境监测中心。

图14-4　崇明东滩水质自动站

资料来源：上海市环境监测中心。

构建包含1个土壤地下水监测实验室和2台应急监测车的土壤地下水应急监测网；以服务可持续生态系统建设以及湿地自然保育、生态修复为目标，构建生态系统完整性调查监测网络，在崇明东滩湿地公园内建设了1个生态综合观测站。

（三）深化应用，建设多功能信息系统

在监测体系构建基础上，建设监测评估预警“线上”管理信息平台。从水、气、声、土壤及地下水、生态等领域以及信息化管理等方面着手，围绕世界级生态岛环境信息综合管理、监测预警及综合评估等更高要求，开发集数据集成与管理、分析评估、预测预警、信息发布与公众服务等功能的生态环境监测评估预警系统，为生态系统全面跟踪监测和预警评估等奠定基础。从区域管理角度，协调多部门数据，挖掘数据内在价值，统领崇明生态岛建设环境信息服务，为崇明世界级生态岛生态环境管理提供技术支撑。

三、实施成效

（一）为全面客观评价生态环境质量状况提供数据支撑

健全的生态环境监测网络为全面了解崇明生态环境质量提供多要素综合数据，

为生态环境质量评价及管理决策提供技术支撑。崇明区的水环境质量优于全市，2021年27个市考断面全部达到III类水质标准，优III类断面比例达到100%；崇明区的空气质量总体优于全市平均水平，2021年环境空气质量优良天数为337天，AQI优良率为92.8%；鱼类监测、水生生态调查、滩涂植被群落监测结果显示，崇明岛生态系统稳定、生物多样性增加。

（二）为世界级生态岛发展建设保驾护航

健全的生态环境监测网络，可为后续建设提供本地数据和对照数据，为世界级生态岛发展的顶层规划和开发利用提供科学依据，为跟踪、监测和评估生态岛建设过程给生态环境造成的影响提供有力数据支撑。

（三）为区域生态环境监测网建设提供示范引领

在崇明生态环境监测评估预警体系建设过程中，充分考虑世界级生态岛建设的先进性和前沿性，大力启用先进监测预警技术和评估手段，构建了基于“天地一体化”的全覆盖、体系化、高水平、可持续的生态环境立体监测体系，可为新时期全方位、高水平监控区域生态环境质量提供示范。

（供稿：上海市环境监测中心）

案例79

结庐在人境，而无车马喧
——黄浦区探索噪声地图应用

一、工作背景

随着城市建设进程加快，噪声已经成为危害城市居民生活质量与身心健康的主要因素之一。噪声污染受多方面的影响，包括不同噪声源、交通形式与条件、建筑形式与密度、相应噪声控制措施等。受仪器监测时间和覆盖范围的局限，实测数据无法区分不同噪声源和不同影响因素贡献量，城市交通噪声随时间起伏较大，短期监测往往不能准确反映该点实际声级情况，用噪声常规监测方法来判断整个区域声环境质量无法满足噪声管理的需求。

黄浦区位于上海市中心，人口密度高，高楼大厦与老城厢居民住宅相互交错，噪声污染在日益加剧基础上呈现出多样性特征，更是信访投诉的热点和难点。黄浦区探索开展噪声地图研究，以数字与图形的方式显示一定区域内噪声等级分布情况，建立起一套完整的区域噪声数据库，有效服务区域环境噪声管理，为噪声污染控制、交通发展与规划、解决信访矛盾提供决策依据。

二、工作举措

（一）加大科研力度，支撑区域噪声防控

2016—2017年，黄浦区结合噪声污染实际情况，开展了“固定源噪声管理”课题研究，通过噪声地图方式梳理区内主要固定源噪声。综合考虑道路交通噪声和固定源噪声的共同影响，对三维地图系统进行跨平台集成和开发，在此基础上建立了网页版的“噪声地图管理系统”。

2017—2019年，开展区域噪声电子地图深化研究，通过地图开发、噪声模拟和现场监测等技术手段，在噪声地图中结合道路交通噪声和空间固定源噪声进行系统研究。首次发布三维动态噪声地图管理系统，实现区域声环境数字化管理。

2020年，结合新《噪声法》修订指导思想和原则，从声环境问题及管控现状入手，

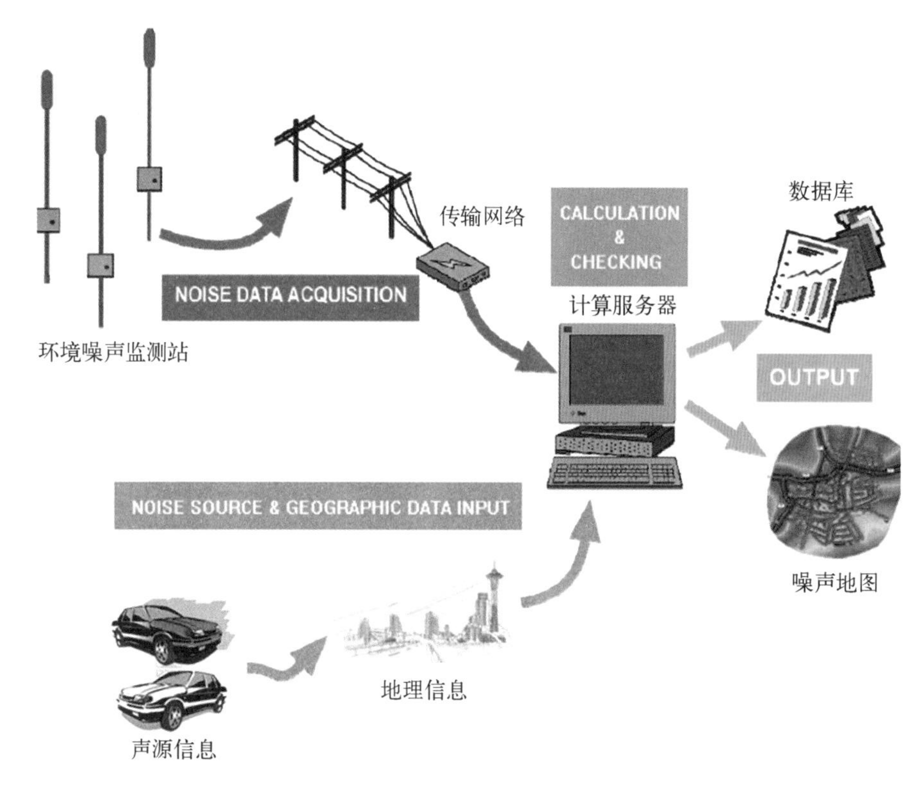

图14-5　噪声地图结构拓扑图

资料来源：上海市环境监测中心。

剖析污染成因及公众诉求，开展“噪声情况调研及措施分析”研究。通过对区内社会生活、道路交通、建筑施工噪声、轨道交通振动等调研、模拟和测试，分析其影响程度、范围、特征及控制现状，提出综合解决方案。

（二）对接民生需求，提升破解问题能力

经过严谨的数据收集，噪声电子地图可以客观反映区域噪声情况，为噪声污染治理工作提供参考依据。管理部门通过噪声电子地图分析局部和区域在不同时段的影响成因，识别各类噪声源，掌握噪声影响特征规律，从而采取有效措施降低噪声污染。随着噪声电子地图运用于日常管理，噪声治理逐步走向规范，有效解决市民群众环境噪声投诉问题，切实提升区域声环境质量。

（三）持续功能优化，拓展地图应用场景

声环境治理永远在路上。黄浦区并未止步于噪声地图现有研究成果，而是在系统原有功能基础上对噪声源管理、影响人口、潜在信访目标等应用功能进行持续优化。拓

展噪声地图应用场景，将区内固定源名称、位置、规模、投诉等信息统一收集和展示，为源头管理提供技术支撑；根据区域人口和声级分布情况，计算不同声级所暴露人口数量和比例；结合地图反映潜在投诉点位置和规模，预判可能受影响人口；逐步添加功能，不断完善和细化噪声地图信访投诉系统。

三、实施成效

（一）从探索到深化应用，噪声地图技术逐步成熟

从2016年开始探索到逐步深化，黄浦区充分利用噪声地图等信息化手段加强声环境管理，开发的噪声电子地图是上海市乃至国内首个动态三维噪声地图管理系统。《解放日报》曾于2018年7月以《打开地图，能听到城区噪声实况》为题进行专题报道。2021年6月10日，生态环境部组织召开全国噪声地图视频会，会上展示了黄浦区噪声地图研究成果，得到一致好评。

（二）助力噪声污染治理，声环境质量逐步改善

结合噪声地图，直观掌握区域内的高噪声区域和重点噪声污染源及其变化趋势，有针对性地开展综合措施，有效治理了一批噪声污染严重的企业。针对原有部分噪声监测点设置不合理的情况，利用噪声地图等手段进行综合论证，重新完善现有监测点位。2019—2020年，黄浦区区域环境噪声较2018年昼间下降1—1.4 dB(A)，夜间下降0.9—1.3 dB(A)。

（三）助力信访监测开展，有效解决噪声扰民投诉

利用噪声地图的噪声信访功能，将区内噪声投诉电子化和地图化，改变了传统的环境信访管理模式。对地图显示的信访集中区域开展重点整治，同时回溯历史数据有效地解决了噪声扰民现场取证难的问题，并可对整个噪声投诉流程进行全过程跟踪处理。2020年黄浦区内环境噪声投诉量577起，较2019年减少132起。

噪声地图系统组成与主要功能

作为数字化城市管理手段的重要组成部分，噪声地图综合了两项信息科技前沿技术——计算机软件仿真模拟与地理信息系统，以数字与图形的方式显示一定

区域内的噪声等级分布情况，通过噪声地图可以建立起一套完整的区域噪声数据库，方便查阅、显示和管理各类噪声数据。

一、噪声地图的系统组成

噪声地图通过地图开发、声场模拟、噪声监测、大数据应用等技术手段，对噪声智能管理进行系统性研究，建立三维动态噪声智能管理系统，实现声环境的数字化管理和应用。

二、噪声地图的主要功能

噪声源识别。查看每小时区域的噪声分布情况，以及每一天的昼夜平均声级，当积累一定数据量后可以查看昼夜年均声级。在地图中任意位置可以查询其历史声级和变化趋势，以及该位置不同噪声源贡献量。有助于开展对区域噪声源识别、噪声影响分析以及防治措施实施。

声环境日常管理。统计指定时间、指定区域内噪声超标区面积和达标区占比，用于判断区域噪声达标或超标面积总体变化情况。噪声地图将改变传统信访

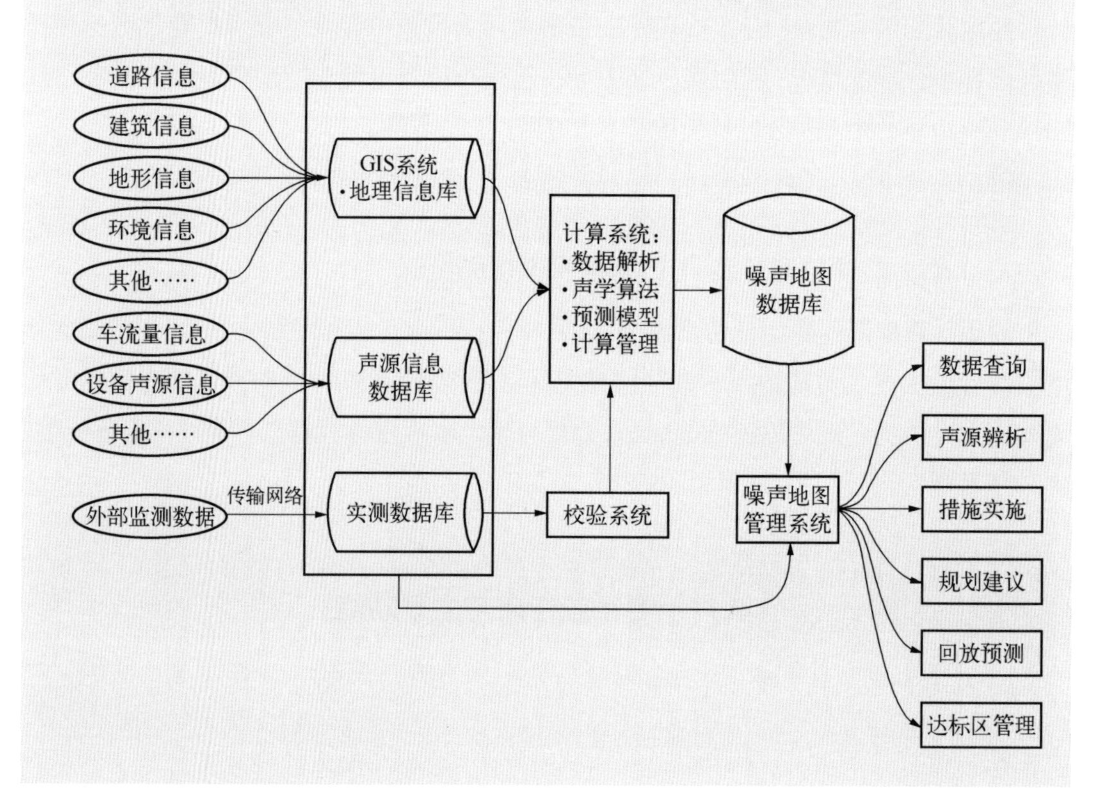

处理模式，可在系统中录入投诉信息、跟踪投诉处理进程，列表统计所有投诉案例，并在地图上显示所有投诉点具体分布，做到信访管理电子化和地图化。

固定源设备管理。屋顶固定源设备对相邻敏感建筑的噪声影响是中心城区噪声投诉重点和难点，通过噪声地图中建筑立面噪声分布的三维系统，可以直观查看立面不同楼层噪声影响的情况，解决高层住宅室外噪声测试取证难的问题，有利于对固定源设备的噪声管理。

用地规划的辅助决策。噪声地图对用地规划的辅助决策主要体现在两个方面：一是现有道路对规划敏感地块噪声影响；二是规划道路对现有敏感地块噪声影响。

噪声监测平台。噪声地图系统也是噪声监测平台，随着高速移动网络普及，各类噪声监测点数据、音频、视频都可以传输至噪声地图系统中进行处理。监测数据还运用于监控设备、施工场地、汽车鸣笛等突发高噪声情况的预警预报。

（供稿：上海市黄浦区生态环境局）

案例80

大气垂直监测花开上海之巅
——城市大气污染物垂直监测之浦东经验

一、工作背景

上海位于中国东海岸的长江口和东亚大陆的外流地带，是中国经济总量和城市人口双高的超大城市。独特的地理位置和重要的社会经济地位使上海成为研究典型城市大气污染特征的代表性地区。近地面大气边界层（＜1 000米）是大气污染的主要发生地，仅靠地面观测数据不能完全反映出本地空气污染物的来源、分布规律，也难以满足空气污染预报预警和大气污染防控对策制定的技术要求。因此，迫切需要在大气边界层内进行污染物的垂直廓线长期监测，以期研究大气污染物在垂直维度的变化趋势、来源定位和对本地的污染影响，为大气污染预警和防控对策的制定提供重要的科学依据，为大气污染物的长程传输过程提供基础性数据。

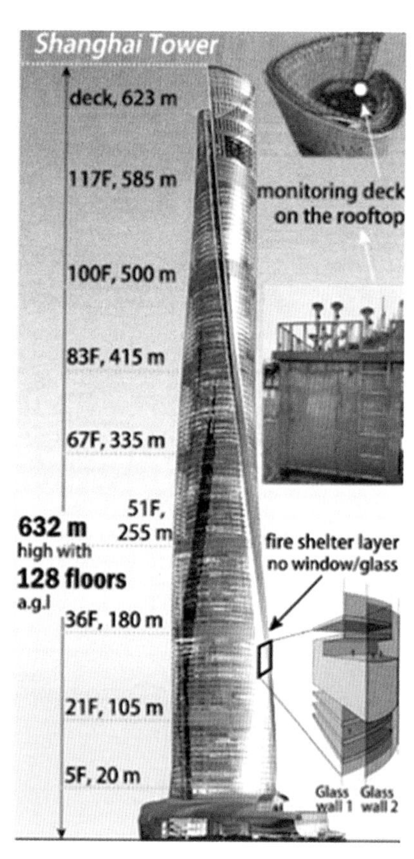

图14-6　上海中心大厦在线垂直监测模拟

资料来源：上海市环境监测中心。

上海中心大厦是一座高632米的128层巨型塔楼，其顶层高度远超城市冠层（通常为500米左右）。其独特的建筑特点和结构可为9个不同的垂直梯度提供大气环境监测布点（分别位于距离地面25米、105米、180米、255米、335米、415米、500米、585米、625米的高度），观测设备可以直接安装于真实环境中，适合进行长时间连续在线观测。在上海中心大厦开展连续在线垂直监测，可分析中心城区的大气污染物垂直维度的长时间变化特征，揭示大气污染物的垂直分布、垂直扩散及区域性输送转化的规律特征，分析不同天气条件下（如台风过境）大气污染物的分布特征和扩散机制，从而为建立模型，大气污染评估和预警提供技术支撑。

二、工作举措

（一）克服重重困难，解决未知难题

上海中心大厦位于浦东新区陆家嘴核心商圈，其特殊的地理位置和无与伦比的关注度属性决定了其安保的严苛程度和工作条件的规范性。在垂直监测工作开展之初，经上海市浦东新区生态环境局和陆家嘴金融贸易区管委会的多方协调下，在有关单位及部门的大力支持配合下，最终允许环境监测部门在大厦的五楼观光平台、塔冠层以及其余不同高度的7个擦窗机工作平台布点安装。

由于高层气象条件与地面有很大区别，且受工作场地局限，在设备的安装调试过程中遇到了很多意想不到且棘手的难题（比如设备进样口安装加热棒用以去除500米以上高空云层对颗粒物计数的影响；通过UPS自动供电解决观光层夜间断电的影响；通过每层双机备份和升级无线数据传输信号解决设备突发故障和长距离无线传输时间滞后等影响）。经过近一年的试运行期，上海中心微站设备目前已更新至2.0版本，运行稳定，状态良好，数据传送至专用后台数据库，可随时调用并可视化。

（二）群策群力、齐心协力，花开云端、成果丰硕

自2019年6月上海中心大厦大气垂直观测平台建成以来，联合浦东大气超级站陆基垂直探空设备等在线监测手段，已开展并完成了包括“滨海地区细颗粒物与臭氧协同控制”“复杂环流形势和复合污染源影响下浦东新区空气污染特征”“上海超大城市大气污染物垂直在线观测：平台搭建及应用研究”“基于多种垂直观测手段对浦东新区大气污染物垂直变化规律的研究”等多项市、区两级科委资助的科研课题，撰写并发表了多篇高水平论文及高质量研究报告，为上海市各级生态环境部门及相关单位提供了丰富翔实、准确可靠的一手资料，填补了上海乃至国内大气垂直监测相关领域的多项空白。

（三）提升平台利用率，丰富监测指标，持续深入研究

后续计划继续通过中长时间尺度的大气污染物垂直观测，分析其昼夜、月度、季节、年际变化，寻找长期变化规律。研究与人类生活密切相关的大气边界层内垂直空间的污染物情况，探索区域传送污染物的垂直运动对近地面污染发生的作用和影响，解析近

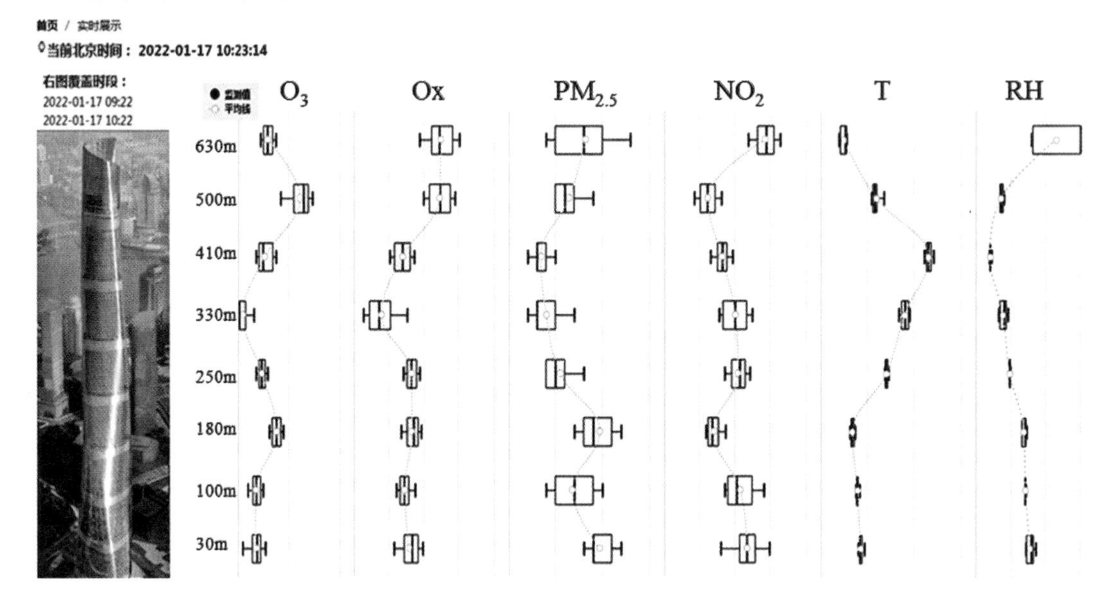

图14-7　浦东新区上海中心垂直廓线实时监测

资料来源：上海市环境监测中心。

地面特定污染成因及来源。此外，目前已结合上海市碳监测评估综合试点城市相关工作要求，将温室气体监测与常规污染物监测同步进行，将为城市温室气体背景值调查、浓度长期变化趋势及与其他污染物同源性调查提供有力支撑。

三、实施成效

（一）助力大气污染物精准溯源

上海市临江靠海，春夏季受东南面海陆风影响频繁，秋冬季受西北方冷空气影响剧烈，不同的风向带给上海城区截然不同的大气背景。此外，城市内交通、黄浦江沿岸和近海船舶排放等与本地污染也具有显著的关联性。但由于上海城区空间尺度跨越巨大，只通过局地近地面监测无法精准判断本地污染源，更无法区分城市外围或区域性污染对本地污染造成的贡献大小。因此，垂直监测（特别是既具备高于城市冠层高度的点位，又具备高度梯度分层）就成为解决此类问题的可靠方式。

（二）借鉴并学习先进经验，取长补短

目前国内外已有的类似大气垂直监测平台：伦敦190米英国电信（BT）塔、卡巴乌

212米塞萨尔天文台、明尼苏达244米示踪气体观测站、科罗拉多300米Boulder大气观测站、西伯利亚302米Zotino高塔观测站、北京325米气象塔、亚马孙盆地中部的325米亚马孙高塔天文台（ATTO）、多伦多360米加拿大国家电视塔、广州488米的广州塔等。但是这些高塔与上海中心大厦相比，要么地理位置偏远，要么高度位于城市冠层之下，要么布设点位无法分层级、不能实现梯度监测。上海中心大厦的选址借鉴并学习各地先进经验，并充分考虑了最优综合性能指标，在世界范围内具有一定的领先性。

（三）充分考虑长期监测的可操作性和运行成本

利用高层建筑或高塔进行大气污染物垂直观测具有其他诸如系留气球、无人机、卫星遥感等方式不可比拟的优势。从可操作性考虑，无论是气球还是无人机，由于要携带设备伴飞，其飞行时间和飞行高度都极其有限。并且出于区域内的安全考虑，前期的空域申请手续烦琐复杂，无法实现长期监测要求。从运行成本和方便程度考虑，高楼或高塔上的监测点位布设相对固定，只要保持供电便可实现设备的长期在线运行，运行成本远低于其他方式。

四、经验总结

上海是我国经济发展的排头兵，也是落实生态文明建设的忠实践行者，世界级的生态生活环境需要运用“中国智慧”和上海特色的精细化城市管理水平。上海中心大厦不但是上海城市地标建筑和著名旅游打卡景点，其作为上海城市大气污染物垂直观测平台，体现了上海环保人敢为人先、求真务实的科学精神，体现了上海环境监测技术水平和高度，更是上海精细化城市管理水平的真实反映。

（供稿：上海市浦东新区生态环境局）

案例81

布“天罗地网” 护疁城蓝天
——科技赋能助力嘉定区空气质量智慧监管

一、工作背景

嘉定区为上海市传统工业大区，第二产业发达，尽管近年来持续进行能源结构和产业结构调整，但第二产业占比依旧较高，工业污染物排放总量在全市处于较高水平。嘉定区地处上海市西北角，毗邻工业较为发达的上海市宝山区、江苏省昆山市和太仓市，首当其冲的成为过境污染物进入上海中心城区和东部地区前的“挡板”。“挡下灰”的嘉定，细颗粒物浓度值高于上海市平均水平，大气污染治理形势严峻。

“十三五”期间，嘉定区坚持“全面设点、全区联网、自动预警、依法追责”的总体要求，不断升级大气环境管理能力，创新管理模式，以新监测技术应用为大气环境精细化管理的重要抓手，大气污染防治监测体系建设不断推进，并取得良好成效。

二、工作举措

（一）自动监测能力有序推进和拓展

2003年开始，嘉定区开始逐步建立环境空气自动监测体系，监测能力逐年提高。“十三五”期间，嘉定区不断完善环境空气质量监测体系，同时积极探索开展环境空气质量特征因子监测，2017年以来新建3个空气挥发性有机物自动站和2个空气重金属自动站，并在安亭汽车城和嘉定工业区建立了TVOC在线监测系统。

（二）网格化监测实现大气环境精细化管理

2016年年底开始，为了解更为精细化的大气污染状况，嘉定区启动大气网格化监测系统建设工作，以2千米 ×2千米的密度在辖区内的污染热点和敏感区域布设微型空气质量监测设备，目前已建成拥有85个点位的大气网格化监测系统。监测数据实时上传到云端服务器，经过“云校准”算法质控和校准，确保监测数据准确。

高时空分辨的网格化监测数据可用于局部地区的空气质量评价、污染来源的定位

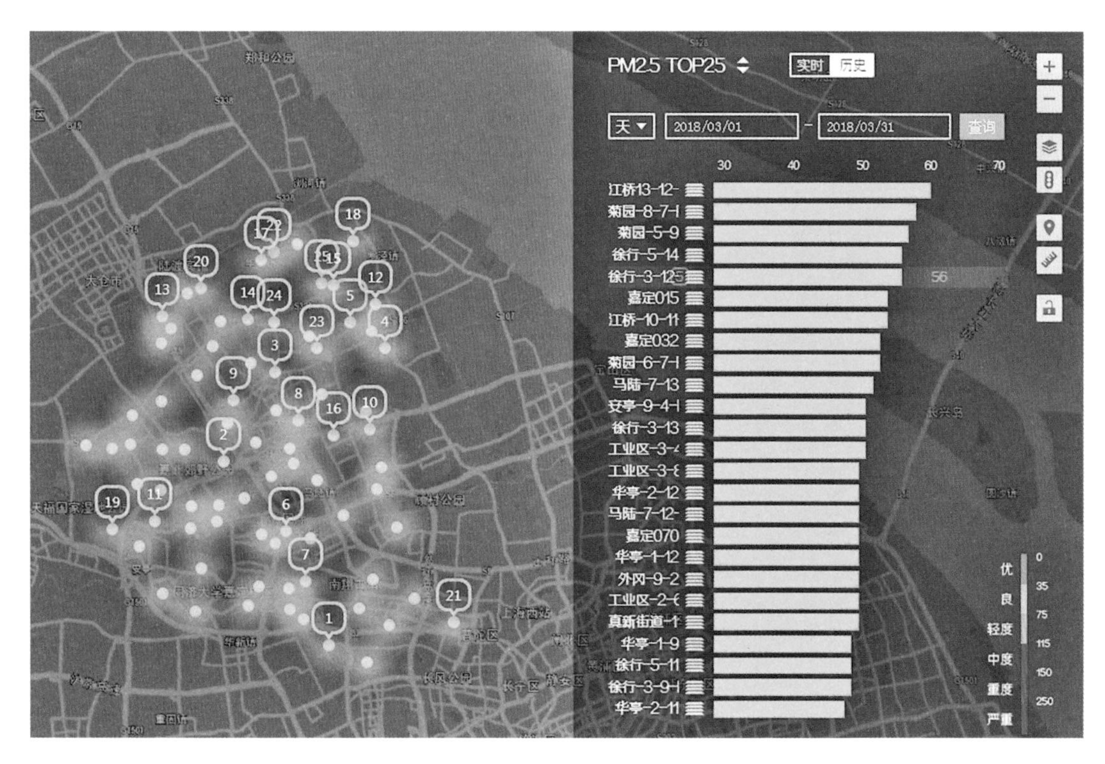

图14-8　嘉定大气网格化监测数据云端显示

资料来源：上海市环境监测中心。

和追踪、污染源的监管，最终为空气质量达标方案制定提供决策依据。利用大气监测网格数据，嘉定区以街镇为统计口径对细颗粒物浓度进行统计和排名，实现了对区内12个街镇的空气质量考核。网格监测数据还被用于分析潜在污染区域，捕捉大气污染事件，查找大气污染成因等。

（三）激光雷达找准污染源头

2017年，嘉定区启用3D可视化颗粒物激光雷达扫描联合的监管模式，在大气网格化监测基础上，探索构建“热点网格+地面监测微站+移动式监测设备”的工作模式。通过近地面网格化设备监测，配合高空激光雷达垂直和水平扫描，同时利用卫星地图，实现污染源精准定位，为集中力量解决工业区大气环境问题提供了科学、有效的方法，提高了重点污染区域的环境监管效能，实现了对违法排污行为的精准打击。

2017年以来，嘉定区已多次利用常规的标准大气自动站、激光雷达和网格化传感器监测数据分析结果，准确定位区域污染事件的具体发生位置，为环境执法提供强有力的支撑。

图14-9　微型空气质量监测设备

资料来源：上海市环境监测中心。

（四）走航车扫除监管盲区

走航车内部载有大型精密在线监测设备，在线监测大气污染物并上传至云端进行实时数据分析，可实现边走边测，既能说清污染成因、污染来源、污染趋势，也能起到及时发现和锁定污染源的作用。嘉定区通过对工业企业聚集区等重点监控区域开展VOCs、O_3等大气污染物的走航监测，实现实时监管、科学治污、精准治污，扫除监管盲区和死角，让违法排污行为无所遁形。例如，借助VOCs走航监测车对外冈国际汽车城产业园区等区域开展高空间分辨率的监测分析，获取VOCs浓度分布，及时捕捉到异常区域、异常企业和异常时段，为环境管理和执法提供有效的数据和技术支撑。

三、实施成效

“十三五”期间，嘉定区以新型监测技术为抓手，在大气环境精细化管理方面下大力气，建成较为完善的环境空气自动监测体系，基本实现了全区大气管控的“天罗地网”，为大气污染治理提供强有力数据支撑，助力空气质量改善，公众对生态环境满意率不断提升。

1. 大气污染物浓度显著下降

SO_2、NO_2、CO、PM_{10}和$PM_{2.5}$年平均浓度呈下降趋势，2021年6项指标全部达到《环境空气质量标准》（GB3095—2012）二级标准，其中$PM_{2.5}$为首次达标。与"十二五"末相比，SO_2、NO_2、CO、PM_{10}和$PM_{2.5}$年平均浓度分别下降58.8%、9.5%、8.3%、40.8%和46.7%，O_3浓度持平。

2. 空气质量明显改善

"十三五"期间，嘉定区空气质量呈改善趋势，AQI优良率由73.0%上升到88.5%，较"十二五"末上升18.1个百分点。2021年嘉定区环境空气质量优良指数达到90.7%，$PM_{2.5}$年均浓度为29微克/立方米，同比下降9.4%。

3. 公众满意率不断提升

"十三五"期间，嘉定区环境信访数量呈下降趋势，公众对生态环境满意率明显提升，达到79.32%，高于"十三五"考核目标（70%），也高于上海市平均水平。

四、经验总结

1. 领导重视与机制保障双措并举

近年来，嘉定区历届区委、区政府对大气治理工作都十分重视，将其作为重中之重紧抓不放。成立以副区长为组长的嘉定区清洁空气行动计划领导小组，推进大气污染防治工作。签订《嘉定区打赢蓝天保卫战目标责任书（2018—2020年）》，确定打赢蓝天保卫战工作目标，集聚动员各方力量投入整治工作，并在资金、人力等方面给予了充足保障。

2. 以问题为导向，逐个击破

嘉定区作为长三角一体化节点型城市，如何利用有限的人力、物力，在第一时间发现各类大气污染问题并精准施策显得尤为重要。探索构建"热点网格+地面监测微站+移动式监测设备"的工作模式，利用85台颗粒物传感器设备搭配颗粒物激光雷达扫描开展联合监管，采用VOCs走航监测车开展高空间分辨率的监测分析，提升热点网格日常监管和执法检查的针对性和精准性，为环境管理和执法提供有效的数据和技术支撑。

（供稿：上海市嘉定区生态环境局）

案例82

同呼吸，共命运
——上海市持续推进长三角区域空气质量预测预报

一、工作背景

为全面推动落实区域联防联控的大气污染防治要求，根据国家部署，2014年年初建立了由上海、江苏、浙江、安徽三省一市政府和原环保部、国家发改委等八部委共同参与的长三角区域大气污染防治协作机制。为做好大气污染联防联控和重污染预警工作的技术支撑，开展长三角区域空气质量预测预报工作也被提上了议程。

二、工作举措

（一）设立长三角区域空气质量预测预报中心

为加快推进区域大气污染防治协作，根据原环保部《关于做好京津冀、长三角、珠三角重点区域空气重污染监测预警工作的通知》（环办函〔2013〕1358号）要求，上海市编办批复同意依托上海市环境监测中心成立长三角区域空气质量预测预报中心（简称"长三角区域中心"），并在2014年正式挂牌。作为国家六大区域中心之一，长三角区域中心负责上海市、江苏省、浙江省、安徽省和江西省四省一市空气质量预测预报工作的总体协调和区域层级业务预报。同时，依托市级财政专项资金，还建设了长三角区域空气质量预测预报系统支撑区域预报业务，目前已具备了7天滚动预报、10—15天趋势预报能力，起到了长三角区域空气质量数据中心、联合预报中心和会商中心的作用。

（二）持续拓展区域空气质量预报业务

长三角区域中心成立之初，主要承担四省一市的区域空气质量预报业务工作，2020年新增苏、皖、鲁、豫交界地区预报工作。在秋冬季等污染多发季节，每周开展区域可视化会商和不定期调度会商，集中研判未来一周空气质量状况以及潜在的污染风险。

在长三角生态绿色一体化发展示范区建设工作的推动下，长三角区域中心又牵头

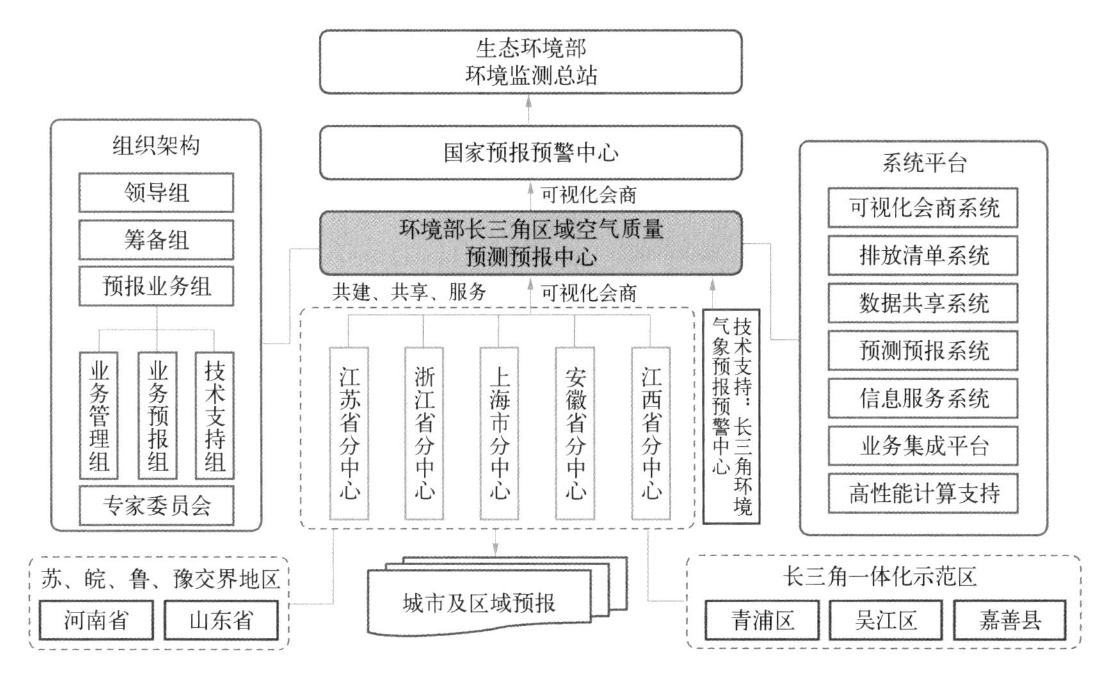

图14-10　长三角空气质量预测预报业务框架

资料来源：上海市环境监测中心。

编制发布了《长三角生态绿色一体化示范区环境空气质量预报技术规范》，初步开发了示范区空气质量预报专项产品，并于2020年、2021年进博会期间以及2021年春节开展了示范区预报试报，实现国内首个局地尺度的跨市区联合预报。

（三）开展跨部门协作与交流

上海市生态环境、气象部门在上海市环境空气质量领域开展合作已20余年。2014年和2018年，两个部门为进一步加强上海市空气质量预报预警服务能力、提升预报技术水平，两次签署了《环境—气象合作框架》，为上海市及长三角区域空气质量业务预报合作开展创造了良好的环境。

在科研层面，两个部门共享环境气象监测资源，合作开展预报技术与应用示范等相关研究，为持续提高预报准确率提供了重要的技术支撑。在业务层面，两个部门先后联合推出了未来24小时、48小时、72小时分时段空气质量预报服务，共同完成多次重大活动空气质量保障任务，为大气污染防治和空气重污染应急等工作提供了坚实的决策支持。

（四）持续提升空气质量预报技术水平

长三角区域中心以上海市进博会空气质量预报保障为契机，不断探索创新精细化预报技术与方法。首届进博会空气质量保障中创新应用历史相似案例法，对数值模式的预报结果进行修正，提前72小时准确预测出了$PM_{2.5}$污染过程。在随后三届进博会中，开发建立区域污染案例库，深入应用历史相似案例匹配分析技术，为预报提供了多尺度定量化参考依据。

在前述工作基础上，长三角区域中心还通过与法国奥弗涅—罗纳—阿尔卑斯大区大气监测中心（Atmo AURA）开展国际合作，共同推进街谷小尺度空气质量模型——SIRANE模型研究，并在第三届进博会空气质量保障工作中得到初步应用，为外高桥港氮氧化物污染防治提供了管控方向。

三、实施成效

（一）共享共赢，区域空气质量显著改善

长三角区域大气污染防治协作机制的建立，有力地推动了三省一市生态环境部门之间的合作，实现了区域内长三角41个地级城市、400多个站点空气质量常规监测数据、17个超级站的监测数据共享以及2 000多家重点源在线数据的集成应用。

“十三五”期间，长三角区域空气质量显著改善，苏、浙、沪、皖$PM_{2.5}$年均浓度降幅均在25%以上，圆满完成空气质量改善目标。

（二）精益求精，预报准确率不断提升

依托长三角区域预报工作机制，长三角区域中心实现了常规空气质量监测数据产品的共享共用，定期发布长三角区域未来7天空气质量预报专报，并开展可视化会商，针对潜在污染风险提前给出预报预警建议，有力支撑了各省及区域空气重污染预警及应急减排。

持续加大技术投入，建立了从上海市到长三角区域、从72小时分时段精细预报到15天中长期潜势预报的多尺度全方位预报体系，城市及区域预报技术能力不断提升。目前，上海市24小时空气质量预报率提升至90%左右，长三角区域24小时预报准确率达85%以上，公众服务水平和决策支撑能力显著提升。

（三）齐心协力，圆满完成多项重大活动保障

在长三角区域大气污染防治协作机制下，长三角区域生态环境领域密切协作，圆满完成了杭州G20峰会、世界互联网大会、中东首脑会议、国家公祭日和四届进博会等10

余项重大活动空气质量监测预报保障任务。充分运用“天地海空”一体化监测体系，实现大气污染来源与成因的快速诊断和精细化监控；开展跨区域空气质量联合预测预报，密切追踪潜在污染气团演变轨迹，提出分行业分地区分时段的精准防控建议。凭借完善的大气监测网络、坚实的质量管理体系以及过硬的技术能力，区域内重大活动空气质量保障成功率达100%。

四、经验总结

（一）体制创新是大气污染联防联控的坚实基础

长三角区域中心的成立是推进大气污染联防联控的新进程，充分体现了“国家统筹规划、区域协调指导、地方为主实施”的原则，完善的工作方案、良好的合作机制和共同的空气质量改善目标使得区域联合预报工作推进成效显著，区域空气质量改善明显。

（二）区域协作是应对区域大气污染的有效途径

长三角区域中心的成立，搭建了各省市之间、环境气象之间监测预报数据信息共享平台，实现了区域内监测预报数据信息的共享应用，多次在重大活动空气质量保障工作中联合开展质控质保，并形成了一批长三角一体化标准规范，为区域大气污染成因分析和防控对策提供了有效支撑。

（三）精准预报是打赢蓝天保卫战的重要支撑

空气质量精准预报是大气污染防治精准施策、有效应对重污染天气的重要基础。在国家科技部和上海市各类项目资金的支持下，区域中心建成了长三角区域空气质量预测预报系统，为四省一市预报预警工作提供了统一平台和数据产品支撑，全面提升了区域空气质量预测预报信息化水平，为预警决策以及开展区域联防联控工作提供技术支撑。

（供稿：上海市环境监测中心）

案例83

智慧监控，提升产业园区空气特征污染监管效能

一、工作背景

针对产业园区污染排放引发的恶臭异味和信访投诉等突出问题，上海市综合考虑工业区块的环境影响程度、产业代表性、区域污染特征，以及厂群矛盾状况等因素，于2010年启动了以高桥石化、上海石化、上海化工区、星火开发区、老港固体废弃物综合利用基地、宝武集团（上海地区）、吴淞工业区、吴泾工业区8个大型产业园区和碳谷绿湾、上海化工区奉贤分区2个附属园区（简称"'8+2'重点产业园区"）为监控对象的"8+2"重点产业园区空气特征污染监控系统的规划和建设，以构建先进的自动监控预警体系为目标，突破VOCs等特征污染物监测技术难点，探索产业集聚区域的大气污染管理新模式。

二、工作举措

（一）统一规划设计，构建自动监控预警体系

在缺少经验借鉴的情况下，上海市勇于探索，积极创新，通过统一站点设立原则、监测方法和监控平台，率先在国内实现了产业园区空气特征污染自动监控系统的统一规划设计。在站点设立方面，基于对产业园区空气特征污染排放情况的摸排，制定并印发《上海市重点产业园区空气特征污染物监控网建设方案》，规划园区、边界和周边站三种站点类型，明确站点设立原则和建设方案；在监测方法选择方面，基于方法调研和适用性评价，形成了以在线气相色谱法等经典方法为主，并辅以其他监测手段的监测方法体系；在监控平台构建方面，印发《上海市环境质量自动监控系统通讯传输技术规范（试行）》，统一数据传输协议，统一数据审核和质量管理，构建了本市"8+2"重点产业园区空气特征污染自动监控系统。

（二）统一管理要求，规范自动监控预警体系

为规范监控系统运行及管理应用，上海市形成"1+N"管理性架构，即1个总纲性文

件和多个具体制度性文件。总纲性文件《上海市重点产业园区空气污染自动监控系统管理若干规定》对自动监控系统建设、运行、质量管理、数据审核和应用等全过程进行规定;《验收技术要求》《质量管理工作要求》《数据审核规则》等具体制度性文件,分别明确了监控系统验收、质量管理和数据审核等具体要求。同时,上海市发布《环境空气非甲烷总烃在线监测技术规范》《环境空气有机硫在线监测技术规范》等地方标准,弥补了国内这一领域的空白。通过统一管理要求,确保了本市“8+2”重点产业园区自动监控系统运行及应用的规范性。

(三)统一评价方法,探索VOCs预警溯源体系

围绕产业园区环境质量评估需求,上海市在国内率先探索建立产业园区VOCs评价体系,统一产业园区VOCs评价方法,提高产业园区环境空气质量评估科学性和规范性。积极探索特征污染预警溯源,制定《上海市重点产业园区空气特征污染超标预警分级方案》,实现污染预警分级分类管控;并以化工区集聚的金山卫地区为试点,细化出台《金山卫地区预警溯源工作机制》,依托产业园区空气污染监控平台,探索研究产业园区小尺度的多手段耦合溯源方法,初步实现了污染来源的快速识别。建立以产业园区为责任主体的预警响应机制,倒逼产业园区加强污染治理和减排,为空气质量改善提供了有力支撑。

三、实施成效

(一)自动监控预警体系日趋完善

截至2021年年底,上海市建成由60余个自动监测站(含自动监测车)组成的自动监控系统,监测因子涵盖$PM_{2.5}$、PM_{10}、NOx等常规污染物以及VOCs、非甲烷总烃(NMHC)、恶臭类物质[硫化氢(H_2S)、氨(NH_3)等]等特征污染物。同时,基本建成监控平台,基于环境自动监测技术和信息化整合,初步实现产业园区空气特征污染物在线监测、预警信息自动发送以及污染溯源,为产业园区开展精细化环境管理和应急响应分级管理开创了新途径。

(二)监测数据质量逐年提升

通过统一质量管理,持续完善监测规范,监控系统数据质量逐年提升。以2020年为例,质量检查评分均值较2017年上升12%,常规污染物自动监测数据有效率均在

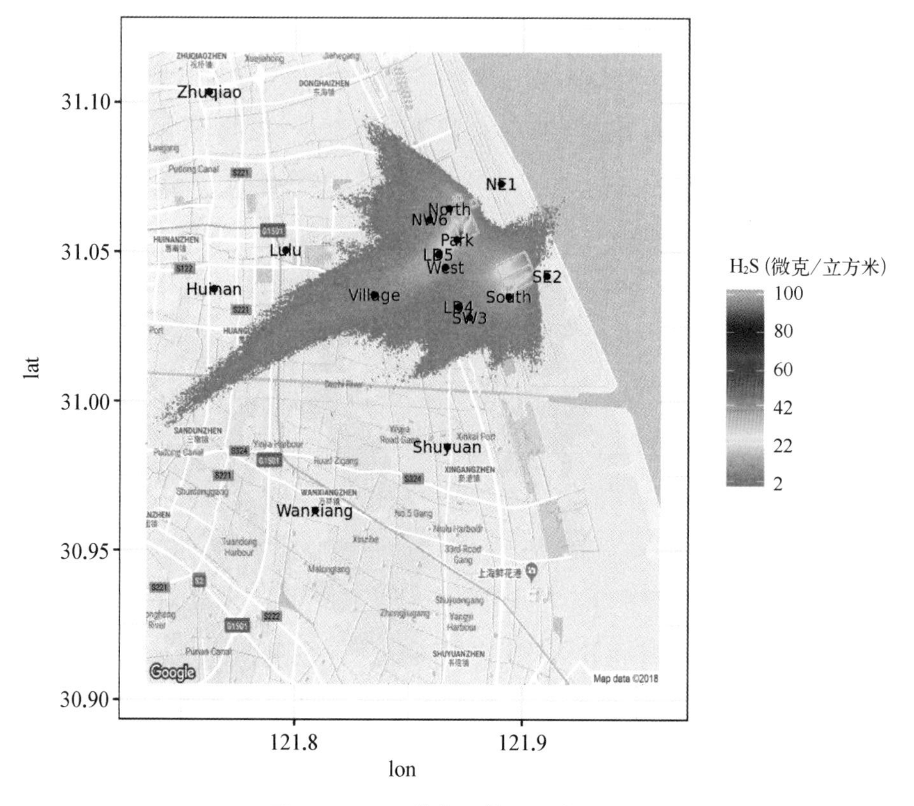

图14-11 污染物预警溯源模拟分析

资料来源：上海市环境监测中心。

96%以上，VOCs自动监测数据有效率超过75%。

（三）区域环境质量明显改善

依托监控系统，结合多手段耦合溯源方法，初步实现了污染来源的快速识别，推进产业园区恶臭污染和VOCs的治理减排，改善产业园区特征污染。以金山地区为例，与2017年相比，2020年金山地区环境空气VOCs浓度下降39%，恶臭污染物H_2S和NH_3浓度分别下降19%和28%；环境空气特征污染物预警次数较2017年下降超过80%，信访投诉下降超过40%，区域环境质量得到切实改善，民众获得感大大增强。

四、经验总结

（一）政企合力是保障监测系统稳定运行的基础

上海市遵循“谁污染、谁治理”原则，在“8+2”重点产业园区先行先试，生态环境部门、园区管理部门和企业等共同参与产业园区空气特征污染自动监控系统的规划设计，依托《上海市化工集中区大气特征污染物在线监控技术及方法研究》等项目研究成果，以“政企分工、市区分工”的模式推进产业园区自动监控系统的建设、运行维护和数据审核，为产业园区特征污染自动监控系统的长期稳定运行提供支撑和保障。

（二）统一标准是夯实监测数据质量的关键

在产业园区特征污染自动监控系统建设方案设计过程中，上海市充分调研学习国内外经验，在监测仪器选型、监测方法选择和适用性评估等方面开展比对实验，探索制定上海市建设方案。同时，明确了监控系统运行维护、联网验收等相关技术规范，逐步建立在线监测数据质量控制、数据审核、数据评价方法体系，推进运行维护、质量控制、数据审核与评价规范与方法统一，用一套标准规范监控系统运行维护，一套规则开展监测数据审核，一套方法开展环境空气质量评价，为自动监控系统建设、运行维护、管理和应用提供技术支持，为监测数据的质量提供保障。

（三）联动溯源是助力区域环境质量改善的根本

上海市积极推动监测、预警、溯源和执法管理联动，探索建立空气特征污染分级预警方案和预警溯源联动工作机制，率先在金山卫地区开展污染溯源响应。市、区两级生态环境、产业园区、企业多部门联动开展特征污染预警数据确认、溯源初判，识别污染问题并锁定污染来源，形成监测、预警、溯源、整改工作闭环，共同推动溯源结果整改，为推动其他产业园区污染预警溯源联动工作机制的建立和环境综合整治的开展提供经验借鉴，助力区域环境质量改善。

（供稿：上海市生态环境局）

案例84

一河一测，松江区为劣质水体“精密体检”只为“对症下药”

一、工作背景

“十三五”期间，上海市松江区河道水质消劣工作取得较大成效，但在消劣成果巩固、防止水质返劣方面还存在一定压力。开展地表水监测、及时获得水质监测数据是预防水质返劣和修复水质的前提。依托互联网技术发展的实时在线监测技术，较常规手工监测更加系统、高效，但常规地表水岸边在线监测站因建设及管理成本高、技术复杂，建设点位数量难以铺开，获得的监测数据量难以满足日常管理需求。松江区生态环境局积极探索新型监测布点机制，开发移动便捷、成本低、性能可靠的水质自动监测技术，并凭借数量优势组建区域地表水监测预警网络系统，较好地满足了管理部门的监管需求。

二、举措和成效

（一）科学设计，多项技术组合应用，构建河道智能监测网络

根据松江区国考、市考和区考地表水监测断面的水质目标要求，并结合各街镇主要河流实际情况，关注部分重要河流断面及区内劣Ⅴ类和黑臭河道，确定一定数量的地表水断面作为重点监测目标，并根据监测数据排名变化情况及时调整监测点位。

利用小型浮标站为在线监控平台，结合快速监测设备、移动网络和大数据分析，开发新技术应用。该平台配置包括溶解氧、氧化还原电位、氨氮等指标的快速监测技术，实现24小时不间断上传至区环保平台和手机APP，全面了解当前河道的水质状况。

（二）智能监测，精准掌握河道水质，建成水质预警机制

通过河道智能化在线监控平台，实现水质感知更全面，传输更快捷，应用更智能，服务更高效。平台可实时监测区域河道水质状况，及时掌握水体污染情况，智能化提醒管理部门和排污企业采取应对措施。提供全天候24小时预警提示功能，精确定位污染源

所在区域，引导水污染源排查，及时防止污染扩散。

通过大量的数据积累，利用水质模型进行大数据分析。结合区域经济和社会生活环境关联分析，有效为水质治理提供预测预报，为管理部门科学规划提供依据。

（三）一河一测，科学助力水体修复，改善区域地表水水质

完善监管机制，以每季度消劣水体专项监测数据排名末位河道和部分固定河道为主要监测对象，逐季度更新监测点位，投放浮标式河道在线监测设备。目前，初期共向25条河道投放浮标式河道在线监测设备，通过实时水质监测数据采集和传输，开展综合分析评价，及时通过手机端APP、网页发布信息，实时掌握监测河道水质状况，为水质排名靠后河道的水体修复方式及修复效果评价提供支撑。

管理部门通过掌握水质最差河道情况，形成客观、真实的全域水质总体提升方案。修复部门根据监测数据及提升方案，针对性的调配资源开展相应修复工作，开展修复效果评价，实现全域河道水质提升，水质改善成效更加显著。

图14-12　投放浮标式河道在线监测设备

资料来源：上海市环境监测中心。

三、经验总结

（一）在线监测是修复劣质水体的基础

通过管理机制创新，明确监测需求，采用科学的监测技术和监测方式，合理配备监测资源，以有限的监测成本实现重点监测目标。优化布点机制，开展实时在线监控，跟踪重点河道水质数据，掌握水质变化情况，为河道水质改善方案提供支撑，实现以较低的人力、物力成本获得河道水质显著改善效果。

（二）早期预警是修复劣质水体的关键

源头预防和初期治理对于河道水质改善十分重要。通过构建小型浮标站为主的河道智能监测网络，根据实时水质预警信息，配合便携式监测仪器在预警区域内进行排查，精确定位污染源，引导开展高效执法，避免污染源头进一步加剧。对于河道水质劣化风险预警，开展早期治理干预，结合河道自身修复能力，实现河道水质有效修复。

（三）实时监测是修复劣质水体的保障

实时监测河道水质，对监测数据开展综合分析，揭示水质变化规律，共享应用于生态管理部门和水质修复部门，实现数据多级使用，为生态管理部门水质监管提供支撑，也为水质修复提供依据和效果评价，为加强多部门间合作提供便捷，为河道水质提升提供技术支撑。

（供稿：上海市松江区生态环境局）

案例85

为了一片蓝，细控每颗尘
——上海市创新扬尘监控模式

一、工作背景

2010年上海世博会期间的蓝天白云给公众留下了深刻的印象，但随着城市建设的再次快速发展，由在建工程、码头堆场、混凝土搅拌站等易扬尘场所产生的扬尘成为上海市PM_{10}、$PM_{2.5}$等颗粒物污染的重要来源之一。2011年上海市区域降尘量超过6.0吨/平方千米·月，而2015年上海市大气$PM_{2.5}$来源解析结果进一步表明，本地扬尘污染对$PM_{2.5}$“贡献”比例达到13.4%。与其他发达国家大城市相比，上海市扬尘污染问题相对突出。

为了实现对扬尘污染的精细化管控，在技术、管理和应用方面均缺乏先例可循的情况下，上海市以技术规范标准的制定为切入点，以地方性法规的完善为发力点，以监测数据的通报应用为落脚点，开拓进取，建立了从法规、规章、标准到技术规范的一整套配套制度，通过持续加强扬尘在线监测数据的行政通报和执法应用，创新扬尘监控模式，扬尘污染治理取得了显著成效。

二、工作举措

（一）积极试点探索，构建监测标准规范体系

2011年，上海市组织相关部门开展了建设工程扬尘污染管理实时监控系统研究，完成了在线监测系统设备研发，实现了对扬尘颗粒物浓度的实时监测；2012年发布《关于推进本市建筑工地污染防治实时监控试点工作的通知》，在全市范围内开展扬尘在线监测试点工作；2015年发布《上海市建筑施工颗粒物与噪声在线监测技术规范（试行）》，明确了建筑施工等各类扬尘在线监测系统从安装、选址、运维、联网到交付全过程的技术要求，为规范监测提供了依据；2016年发布上海市《建筑施工颗粒物控制标准》，为扬尘在线监测数据超标执法提供了有效支撑。

（二）完善法律法规，支撑监测数据执法应用

为强化扬尘在线监测安装及数据执法应用的法律支撑，《上海市环境保护条例》《上海市大气污染防治条例》在修订时都增设了易扬尘单位安装扬尘在线监测设施以及遵守本市扬尘控制标准的义务，并明确了违反法定义务的处罚措施。相关条款不仅为建筑工地、混凝土搅拌站、码头堆场等易扬尘单位安装扬尘在线监测设施及相关费用列支渠道提供了法律依据，也进一步明确了易扬尘单位安装扬尘在线监测设施和超标排放的法律责任，同时为住房城乡建设、交通、生态环境等行政管理部门落实对扬尘在线监测设施安装、运行的监管职责奠定了基础。

图14-13　扬尘在线监测设备

资料来源：上海市环境监测中心。

为推动引导督促“软手段”向超标处罚“硬措施”的根本性转变，上海市配套制定《上海市扬尘在线监测数据执法应用规定》，分别从扬尘在线监测设施的运行管理、扬尘在线监测数据的执法应用及其他相关事项等内容作出了明确规定。2017年起，建筑工地、混凝土搅拌站、码头堆场的扬尘在线监测超标数据已成为处罚的直接证据。

（三）加强部门协作，推进监测网络建设与质量监管

为强化扬尘在线监测监管，市生态环境局、市住房城乡建设管理委、市交通委等部门强化协作，在易扬尘单位监测点位安装要求方面，相继印发了《关于加强本市交通基础设施建设工程扬尘和噪声在线监测系统安装工作的通知》《上海市房屋建筑工地扬尘污染防治工作方案》等，明确了上海市建筑工地、混凝土搅拌站、码头堆场等易扬尘单位监测点位安装要求；在扬尘在线监测质量监管方面，进一步细化运行维护和监管要求，联合印发了《关于完善扬尘和噪声在线监测设备运行维护与监督管理的通知》，明确了设备供应商的备案管理、生产经营管理、运行维护管理和监管部门的日常监管及年度考核监督管理要求，以进一步提升易扬尘单位的扬尘在线监测数据质量。

（四）统筹通报执法，强化在线监测数据应用

2016年起，依据扬尘在线监测数据，上海市定期通报扬尘污染情况，包括各区在建工程、混凝土搅拌站、码头堆场三类扬尘平均浓度，并于2020年起增加各区扬尘月均浓度最高的5个监测点位等，督促各区、各部门按职责做好扬尘污染防治工作。同时，开发了扬尘在线信息管理平台和手机应用软件，不仅可以实时查看每个点位的扬尘颗粒物浓度及全市排名，还可以根据高浓度出现次数发送预警信息，及时提醒相关部门加强洒水或喷淋，为实时跟踪扬尘污染动态，及时采取管控措施，提供了重要技术支撑。在扬尘在线监测数据超标执法方面，由各区生态环境或城市综合执法部门针对扬尘在线监测数据出现超标的情况进行调查。

三、实施成效

截至2021年11月，上海市扬尘在线监测网络有序扩展并形成规模效应，联网在用的扬尘在线监测设备共计5 000余套，为扬尘污染全方位、全覆盖的实时监控提供了有效的技术保障；全市累计立案300余件，实施行政处罚100余件，罚款数额300余万元，超标处罚这一“硬措施”有效落实了易扬尘单位的扬尘管理主体责任。

图14-14　建筑工地扬尘在线监控系统

资料来源：上海市环境监测中心。

以扬尘在线监测为抓手，上海市各项扬尘污染防治措施得以深入落实，全市大气颗粒物污染逐步得到缓解。2021年上海各区道路扬尘移动监测平均浓度为81微克/立方米，呈逐年下降趋势，$PM_{2.5}$年均浓度为27微克/立方米，PM_{10}年均浓度为43微克/立方米，空气质量呈现持续改善趋势。

四、经验总结

（一）完善的法律法规为执法监管提供了保障

上海市将扬尘在线监测设施的安装及在线监测数据的超标处罚条款要求写入了《上海市大气污染防治条例》和《上海市环境保护条例》。上海市生态环境、住建、交通部门还依法制定了扬尘在线监测数据执法应用规定，细化了执法流程和判罚依据，使扬尘在线监测数据成为强有力的执法依据，倒逼在建工程、混凝土搅拌站、码头堆场等易扬尘单位严格落实扬尘污染防治措施。

（二）科学的标准规范为工作落实奠定了基础

有别于固定源在线监测，扬尘在线监测的原理不同，在规范性和准确性上也有所欠缺，在推进过程中遇到众多困难。上海市努力突破障碍，通过开展比对测试和试点研究等方式，开拓性地制定了一系列标准规范和技术要求，坚定不移地向着监测为管理服务的既定目标迈进，为扬尘在线监测的规范化提供了有力依据。

（三）有效的部门协作为质量改善筑牢了防线

从扬尘在线监测设备的安装、联网到数据应用，上海市生态环境、住建、交通等部门，按职责分工推进，将扬尘在线监测设备安装纳入文明工地考核；督促各家扬尘在线监测设施运维商认真落实建设方案和相关标准、规范、技术要求。在积极拓展扬尘在线监测网络的同时，狠抓扬尘在线监测规范性，努力确保监测数据质量，为管理应用奠定了坚实的基础。

（供稿：上海市生态环境局）

第十五篇

多元社会共治

案例86

“标准建设+试点示范”
——多管齐下推动第三方环保服务健康有序发展

一、工作背景

在党的十八大、十九大和全国生态环境大会后，国务院从“简政放权、推进第三方服务市场化、放管服体制改革”三大方面，提出鼓励和探索新兴环保服务模式，第三方综合服务业发展迎来良好机遇。生态环境部在2016年、2017年先后发布了《关于积极发挥环境保护作用促进供给侧结构性改革的指导意见》和《关于推进环境污染第三方治理的实施意见》，进一步明确了环保第三方的发展方向和重点，以“环保管家”为特色的第三方环保服务快速兴起，发展势头迅猛，同时市场也有待规范。近年来，上海在率先推进环境污染第三方治理试点探索的基础上，结合市场发展现状，打造第三方治理“升级版”，在“治理+咨询”的综合性第三方环保服务方面开展了政策与实践的探索，并取得初步成效。

二、工作举措

（一）出台全国首部第三方环保服务地方标准

2018年，上海市生态环境局在“大调研”工作中，了解到全国范围内“环保管家”模式刚刚起步，在发展初期存在管家单位服务质量参差不齐，许多业主对如何选择管家单位和应期待哪些服务不太清晰等诸多问题，不少基层单位对相关规范指南的需求迫切。鉴于国家和其他省市尚无相关规范性文件，上海市生态环境局积极整合各方力量，组织编制了地方标准《第三方环保服务规范》(DB31/T 1179—2019，简称《规范》)，于2019年8月由上海市市场监管局发布，2019年11月起实施。《规范》明确了第三方环保服务单位基本要求、主要服务内容与具体要求、服务委托合同要求、服务绩效评价等内容，提供了企业环保问题整改反馈单参考格式、服务合同参考模板、综合性环保服务绩效评价方法等6项附录，为产业园区、街道（乡镇）等委托第三方环保服务提供了指引。

除市级层面外，各区生态环境局也在管理政策方面纷纷开展了大量探索，宝山、闵行、松江、奉贤等区出台了“环保管家”、环保第三方相关的工作规范、管理细则，以及考核评估办法。松江、奉贤区提出了书面告知、约见谈话、公开通报、“负面清单”、行政处罚等约束机制。浦东新区在修订指导意见、明确工作要求和保障机制的基础上，明确了区级财政支持相关服务的经费标准。

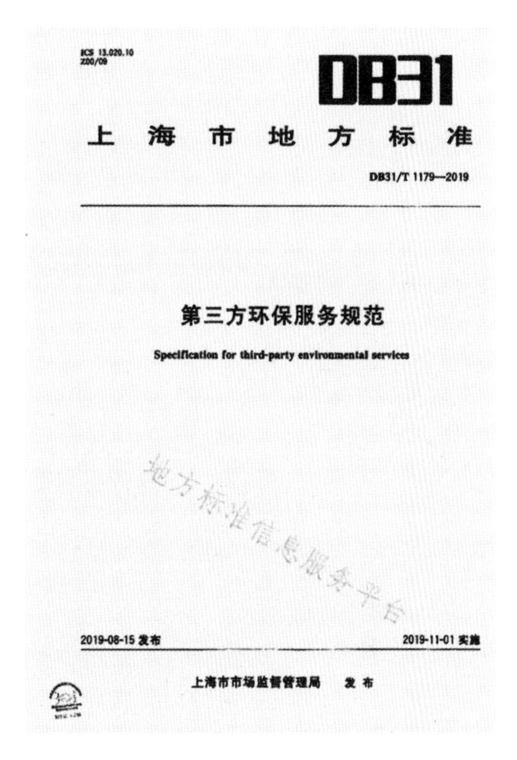

ICS 13.020.10
Z00/09

DB31

上海市地方标准

DB31/T 1179—2019

第三方环保服务规范

Specification for third-party environmental services

2019-08-15 发布　　2019-11-01 实施

上海市市场监督管理局　发布

图15-1　2019年8月15日，上海市颁布全国首部《第三方环保服务规范》

资料来源：上海市生态环境局。

（二）开展试点示范推进模式和机制创新

为贯彻落实国家和上海市对构建现代环境治理体系的指导和实施意见，探索第三方环保服务的模式创新和政策机制创新，上海市生态环境局下发了《关于组织开展第三方环保服务试点示范工作的通知》（沪环科〔2020〕228号），于2021—2022年在全市层面组织开展两批第三方环保服务试点示范工作。在市生态环境局的指导下，各区局在2020年11月底完成了辖区内由区局、产业园区、街镇委托的第三方环保服务摸底工作。首批试点示范主要聚焦产业园区、街镇开展。

（三）多措并举全方位构建支撑保障体系

在标准规范建设和试点探索外，上海市还从数字化支撑、投融资支持，以及小微企业服务保障三个方面，构建环保第三方发展的全方位支撑保障体系。在数字化支撑方面，结合新上线的“上海市企事业单位生态环境服务平台”，上海市生态环境局开展环境影响评价、环境监测、环保管家等环保第三方服务机构的信用信息发布，推出智能机器人与后台专家相结合解答企业环保问题的服务，实现政府免费基本服务与第三方机构专业服务的互补。在投融资支持方面，与兴业银行签订《第三方环保服务示范金融协作项目协议》，畅通相关绿色金融信息供需渠道。在小微企业服务针对部分中小企业危废处置难、成本高等问题，出台《上海市产业园区小微企业危险废物集中收集平台管理办法》，推动多个园区依托第三方企业探索建设小微企业危废收集平台。

图15-2　2020年9月10日，上海生态环境局与兴业银行签订《第三方环保服务示范金融协作项目协议》
资料来源：上海市生态环境局。

（四）引导各类市场主体探索服务模式

在大型化工园区层面，推进环境综合治理托管服务模式。上海化工区从建园伊始就引进法国苏伊士集团合作开展环境治理，通过合资方式设立中法水务、升达废料处理专业化污染治理企业等。2019年，上海化工区入选环境综合治理托管服务模式、园区环境污染第三方治理等国家级试点。

在综合类工业园区和街道乡镇层面，探索信息平台链接多方主体的模式，金桥经济技术开发区依托“阿拉环保”第三方再生资源平台，在全国率先建设以物联网技术为核心的电子废弃物回收体系，前端连接企业、社区，后端对接处置基地和工程技术中心。

在企业层面，探索多范围、全过程、“管家式”服务模式。企业通过委托第三方企业承担环保设施建设改造或代运营，以及现场诊断、环境管理咨询等综合服务，实现从设计施工到运营管理全过程、“水、气、固”多范围的“管家式”服务，形成了政府、园区、排污企业、环保企业、行业协会等多元共治的局面。

全国环境治理托管服务模式试点单位展示

上海化工区：第三方托管的探路者

本报记者　陈鸿应

托管服务模式先行先试

探索综合托管新路径

试点项目落地到位

图15-3　上海化工区园区环境污染第三方治理试点获得媒体报道

资料来源：上海市生态环境局。

三、经验总结

（一）以标准规范明确服务要求

上海市地方标准《第三方环保服务规范》（DB31/T 1179—2019）发布后，对第三方环保服务机构的服务进行了规范，明确了服务的标准和要求，为整体服务水平的提升和优化提供指引。《规范》还为中国环保产业协会及浙江、安徽、山东等地相关团体标准的编制提供了参考。

（二）以试点示范带动创优创新

第三方环保服务试点工作围绕规范合作关系、创新服务模式、建立评价机制、探索按效付费等重点、难点开展。2021年，结合各区提交的试点项目，市生态环境局组织开展指导和评估，协助其推进示范，并积极引导环保第三方总结试点经验，发布优秀案例，发挥示范效应，提炼第三方环保服务应用于基层环境治理的优秀模式和政策。

（三）以制度规范保障市场秩序

在制度规范方面，通过信用信息发布，提升环保服务机构履约和守信的自觉性。通过出台环保管家、第三方环保服务机构相关的指导意见、工作规范、服务管理办法或实施细则、考核评估办法等一系列制度文件，明确相关服务的经费标准，规范环保第三方平台市场秩序，并通过书面告知、约见谈话、公开通报、负面清单、行政处罚等一系列处罚措施，强化对环保第三方平台的监管约束。

（四）以全方位支持推动市场发展

从金融支持和平台建设等方面推动市场发展。通过签订《第三方环保服务示范金融协作项目协议》，畅通相关绿色金融信息供需渠道，降低第三方环保服务机构融资难度。通过建立小微企业危险废物集中收集平台、上海市企事业单位生态环境服务平台、园区第三方再生资源平台等环保第三方平台，推动第三方与园区、街道、小微企业联动，实现项目对接和服务监管评价。

（供稿：上海市生态环境局）

案例87

构建社会监测机构“全链条”监管体系，提升生态环境监测公信力

一、工作背景

生态环境监测是生态环境保护工作的基础，是生态文明建设的重要支撑。2015年，国务院办公厅发布实施《生态环境监测网络建设方案》，提出逐步放开服务性监测市场，鼓励生态环境监测社会化服务机构（简称“社会监测机构”）提供监测服务供给。截至2021年，全国社会监测机构数量已达到5 000余家，其中相当一部分社会监测机构由于思想认识不到位、管理措施不完善，弄虚作假等违法行为时有发生，严重影响了监测数据的公信力。而监管主体责任不明确，相关政策法规缺失，监管能力和技术体系不完善等也制约了生态环境监测服务社会化的健康发展。

2015年以来，上海市在国内率先以地方法规形式规定了社会监测机构备案管理的要求，建立“谁用数，谁监管；谁出数，谁负责”的责任机制，初步形成贯穿社会监测机构全生命周期、衔接事前事中事后全过程的新型监管模式，为确保监测数据真实准确、支撑打好污染防治攻坚战发挥了重要作用。

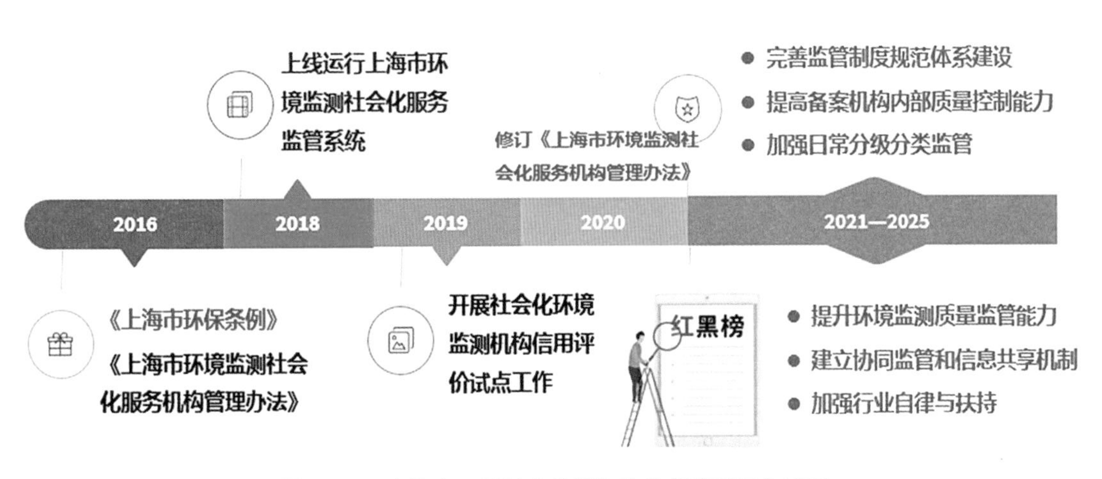

图15-4　上海市开展社会监测机构监督管理工作进展

资料来源：上海市环境监测中心。

二、工作举措

（一）以建章立制为前提，构建监管制度体系

2016年，以《上海市环境保护条例》修订为契机，上海市将社会监测机构的备案要求和弄虚作假的法律责任写入该条例，先后制定并发布《上海市生态环境监测社会化服务机构管理办法》《上海市环境监测数据弄虚作假行为调查处理办法》《上海市生态环境监测社会化服务机构（监测类）信用评价指标体系》等系列规范性文件。配套文件的陆续出台，为社会监测机构监管打下了良好基础和规范依据。

（二）以联合监管为核心，提升事中事后监管效能

2017年，上海市生态环境局联合市发展改革委等部门，定期向社会公布《法人公共信用信息查询报告（上海市环境监测社会化服务备案机构专用版）》，该查询报告包含上海市原工商、质监、环保等部门的监管类信息和市高级人民法院提供的判决类和执行类信息，实现“一处违法、处处受限”；联合上海市市场监管局对社会监测机构问题较为突出、群众关注度较高的环境监测用计量器具、机动车排放检验、扬尘在线监测等领域开展专项检查，严厉打击弄虚作假行为。

（三）以“互联网＋监管”为手段，实现全过程掌控

2018年，上海市启用环境监测社会化服务监管系统（简称“监管系统”）和微信公众号。社会监测机构登录监管系统，将日常服务活动中涉及的合同、监测方案、采样照片、监测报告等信息录入系统，实现全过程留痕。通过监管系统，企事业单位可查询委托项目实时进度动态，监管人员可实时跟踪监控，利用数据分析对比、关联计算、专家抽查等技术手段，开展对备案机构的质量风险评估和线上“非接触式”抽查。

（四）以信用风险为基础，探索分级分类监管

2019年，上海市以加强信用监管为着力点，对已在上海市备案并提供环境监测服务的社会监测机构开展信用评价工作。依托监管系统实时采集的服务活动信息，根据预先设定的行为规则自动计算信用评价分值，按照失信风险进行信用等级评定。市、区两级生态环境部门根据评价结果实施分级分类和差异化监管，对于A级社会监测机构免于现场检查，对于B级至E级社会监测机构依据失信风险进行不同比例的现场双随机抽查。

（五）以行业组织为依托，加强行业自律和技术扶持

近年来，上海市先后成立了上海市环境科学学会环境监测分会，换届改选了上海市环境保护产业协会，牵头开展社会监测机构业务培训，涵盖政策宣贯、标准解读和业务管理等多项主题；开展能力验证和技能竞赛，系统梳理社会监测机构监测项目的能力；组织发起行业技术规范和团体标准制完成修订工作，加快科技创新成果的规范性推广应用。

三、实施成效

（一）强化“硬抓手”，完善监管体系

上海是全国首个颁布实施地方性条例支撑开展社会监测机构监督管理工作的省级行政区域，为新形势下生态环境监测市场化提供法律保障。综合运用法律、经济、技术和必要的行政手段，以管理结合技术的组合拳，规范各类监测活动、实现监测全程留痕、防范监测数据弄虚作假，为保证监测数据“真、准、全”构建起完备的监管体系。

（二）深化“放管服”，优化营商环境

上海市已初步建立“事前”备案管理、“事中”分级分类监管、“事后”激励惩戒的

图15-5 上海市环境监测社会化服务监管系统登录界面

资料来源：上海市环境监测中心。

“全链条”监管机制。社会监测机构登录“一网通办”平台，提交相关备案材料后即可完成备案，截至2021年12月，累计已有400余家社会监测机构完成备案，每月上传各类监测报告万余份，管理部门据此开展线上“非接触式”抽查，尽量减少对企业正常运转的影响。

（三）细化“双随机”，提升监管效能

上海市以信用风险评价结果为基础，采取随机抽查与重点监控相结合方式，对备案机构中失信风险高的社会监测机构进行监督抽查，确保监管中发现的问题得到跟踪溯源和有效整改。2018年以来对近10家社会监测机构的弄虚作假行为进行了处罚，对50余家存在较严重质量问题社会监测机构提出了责令整改要求。信用评价已作为各级政府及所属部门在政府采购、资金支持、评先推优等工作中的重要参考依据。

四、经验总结

（一）审慎包容的监管理念是推进监管工作的基础

生态环境监测以反映环境质量、保障人民健康为目标，生态环境监测数据是关系到国家安全和群众利益的公共服务产品，放开服务性监测市场、鼓励社会监测机构提供监测服务的过程中，处理好政府行政监管与市场决定配置的关系是核心问题，双方既不能越界，也不能出现“真空”地带。上海市在生态环境监测社会化服务监管工作实施的过程中，始终牢固树立审慎包容的监管理念，坚持统一开放、公平透明，在为建立系列的法规和制度性文件提供法制保障的同时，为推进社会监测机构监管工作奠定了坚实基础。

（二）分级分类的监管手势是提升监管效能的保障

上海市响应党中央、国务院关于生态文明建设和社会信用体系建设的决策部署，率先在生态环境领域开展社会监测机构信用评价工作，探索构建以信用为基础的分级分类监管机制。上海分级分类监管工作的开展，在增强监管威慑力、降低企业合规成本、提高违规成本的前提下，达到了持续优化营商环境的目标，落实了既“无事不扰”又“无处不在”的监管要求，为防范苗头性监管风险和重点监管、精准监管及辅助领导决策提供支撑，也为实现“全链条”监管、提升生态环境监测公信力提供了科学保障。

（供稿：上海市生态环境局）

案例88

全方位细化支撑体系，奉贤区依托第三方提升区域生态环境监管效能

一、工作背景

随着生态文明建设地位的不断提升，环境管理模式改革与创新的要求也不断提高。2015年1月《国务院办公厅关于推行环境污染第三方治理的意见》是我国真正意义上的第一部关于环境污染第三方治理的法律规范性文件。随后生态环境部，以及各省市纷纷出台实施方案，标志着环境第三方治理逐步从计划发展到实际行动。2020年，中共中央办公厅、国务院办公厅印发了《关于构建现代环境治理体系的指导意见》，将环境污染第三方治理作为创新环境治理模式、构建现代环境治理体系的重要举措。

在国家政策引领下，上海市先后出台了《第三方环保服务规范》《上海市环境监测社会化服务机构信用评价指标体系（2020年版）》等一系列政策文件，通过完善规范体系，构建环境信用评价体系和“负面清单”制度，来规范和引导生态环境第三方服务市场。奉贤区在推进环境第三方治理中，通过模式创新、制度创新、信息化建设等一系列举措，优化环保第三方服务的市场环境和制度环境，取得了显著成效。

二、工作举措

（一）构建第三方机构管理制度体系

2020年，奉贤区生态环境局在学习“环保管家”实践经验及模式的基础上，结合奉贤实际，以及各街镇（开发区、区属公司）的诉求和建议，发布《奉贤区生态环境第三方服务机构规范管理实施方案（试行）》《奉贤区“环保管家”第三方服务机构管理办法（暂行）》等，构建第三方机构管理制度体系。根据管理办法，奉贤区通过建立考核和约谈，动态调整备案机构等约束机制，促进“环保管家”提升服务品质。同时，还建立“红黑榜”制度，对不符合规范的第三方服务机构进行通报批评，并限制这些服务机构继续开展相关业务。建立第三方服务机构利益回避机制，要求“环保管家”在服务期间，不得向所服务辖区内的企业主动推荐任何有偿服务。

（二）推行第三方机构备案登记制度

2021年起，对奉贤区范围内开展“环保管家”服务的第三方机构进行备案登记，根据评分标准，集中讨论通过备案企业名单，对第三方环保机构进行分级分类管理。已有15家第三方机构申请备案，其中一级4家、二级7家、三级4家，并建议各属地聘请二级以上的“环保管家”开展环保服务工作。

（三）搭建“环保管家”服务管理系统

以建设“智慧环保”平台为契机，开发“环保管家”服务监管系统，包含第三方服务机构备案审核平台、第三方“环保管家”统一填报平台、成果汇总及管理平台，以及企业环保信息填报平台等模块，实现“环保管家”服务全过程留痕，以标准化、指标化、透明化的检查规范第三方机构的服务内容，从发现、整改到验收实行全闭环管理，督促企业整改到位，达到预防环境风险，改善环境质量的目的，目前该系统正在试运行中。

图15-6　环保管家工作交流会

资料来源：上海市奉贤区生态环境局。

三、经验总结

（一）以第三方服务为突破口，提升绿色赋能发展能力

奉贤区生态环境局在生态文明建设过程中，通过引进“环保管家”等第三方服务机构对区域内生态环境领域实行有效监管，进一步规范企业的生产经营行为，推动“政府+市场”相结合的环境管理新模式，降低企业环保治理成本。引进“环保管家”对区

域内生态环境领域实行有效监管，不仅有利于提升环境治理水平，使企业提升生态环境保护意识、专心投入生产，更有利于推动有效市场和有为政府的有机结合，推动奉贤经济社会更新更高质量发展。

（二）以制度体系建设为重点，推进第三方精细化管理

促进环保第三方市场良性发展，制度体系是关键。奉贤区先后出台关于第三方环保服务机构的实施方案和管理办法，建立第三方环保服务的制度体系，规范市场秩序。并通过对第三方服务机构的考核和约谈，动态调整备案机制、利益回避等制度安排，促进“环保管家”提升服务品质。为进一步提升“环保管家”等第三方机构管理的精细化水平，奉贤区全面推行第三方环保服务机构备案登记制度，对照评分标准，建立备案企业名单，对企业进行分级分类精细化管理。

（三）以信息化平台为助力，推进第三方闭环监管

信息化管理是实现管理全过程监管的重要手段。奉贤区依托“智慧环保”信息化平台，实现“环保管家”服务全过程留痕，在信息技术支持下，对第三方环保机构的服务内容进行跟踪监管，实现从发现问题到督促整改，再到成果验收的闭环管理。达到预防环境风险，提升第三方环保机构服务质量的目标。

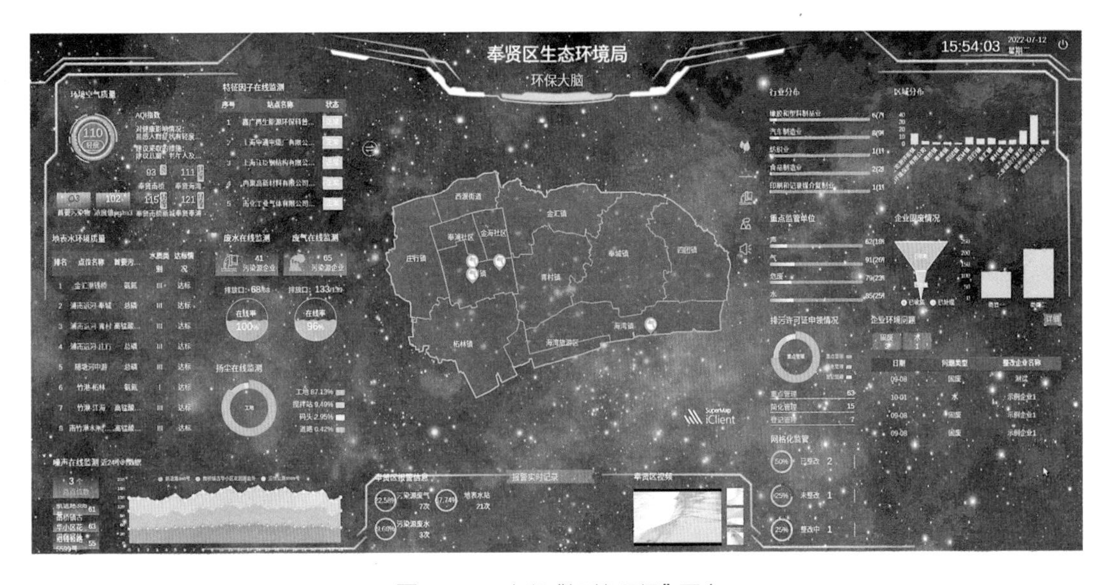

图15-7　奉贤“智慧环保”平台

资料来源：上海市奉贤区生态环境局。

（供稿：上海市奉贤区生态环境局）

案例89

全链条、全要素、集约化
——临港新片区实行环境综合管理第三方辅助服务制度

一、工作背景

临港新片区既是国家深入推进改革开放的前沿阵地，也是浦东新区打造社会主义现代化建设引领区的重要区域。临港新片区要打造为特殊经济功能区，生命力在于政策制度创新，核心是经济高质量、高速度发展。与之相对应，临港新片区管委会承接了上海市、区两级大量事权，对环境综合管理工作提出了更高要求，但是生态环境保护工作条线仅有5名公务员（其中1名为挂职干部），存在人员配备与事项承接数量严重不匹配、监测机构缺失等问题，后续环境综合管理压力巨大。同时，根据2020年9月上海市委、市政府印发的《关于加快构建现代环境治理体系的实施意见》，临港新片区要在"环境治理模式创新""深入推进第三方环境治理试点示范"等方面"先行先试、走在前列"。

因此，临港新片区管委会勇于突破，积极探索生态环境管理机制创新，引入优质社

图15-8　临港新片区鸟瞰图

资料来源：上海临港新片区管理委员会。

会机构作为第三方服务机构，辅助政府开展环境综合管理，不断提升环境综合管理水平，实现严格监管、精准监管、有效监管。

二、工作举措

（一）加强顶层设计，坚持规则先行

临港新片区管委会，对国内外环境综合管理机制进行了充分调研，分析了现有的法律法规及相关规定，按照“依法依规，权责明晰”“引智借力，补足短板”“问题导向，目标管理”“智慧服务，科学规范”的原则编制印发《中国（上海）自由贸易试验区临港新片区环境综合管理第三方辅助服务管理办法》，作为临港新片区生态环境管理的顶层制度设计，明确了第三方辅助服务的规则，对第三方辅助服务行为进行规范，确保服务质量和强化风险管控，为临港新片区经济高质量发展提供强有力的生态环境管理保障。

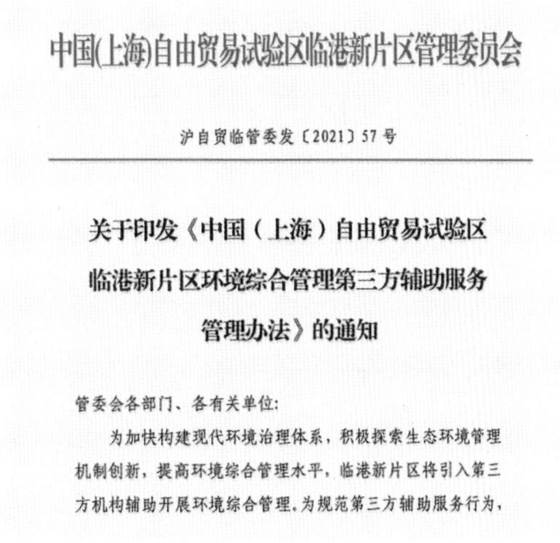

中国(上海)自由贸易试验区临港新片区管理委员会

沪自贸临管委发〔2021〕57号

关于印发《中国（上海）自由贸易试验区临港新片区环境综合管理第三方辅助服务管理办法》的通知

管委会各部门、各有关单位：
为加快构建现代环境治理体系，积极探索生态环境管理机制创新，提高环境综合管理水平，临港新片区将引入第三方机构辅助开展环境综合管理。为规范第三方辅助服务行为，

图15-9　2021年印发《中国（上海）自由贸易试验区临港新片区环境综合管理第三方辅助服务管理办法》

资料来源：上海临港新片区管理委员会。

（二）明确第三方职责，确保服务质量

临港新片区管委会梳理自身职责范围内适合通过市场化方式提供的服务事项，通过合适的方式整体委托给第三方机构。第三方接受临港新片区管委会的委托，辅助管委会相关部门开展环境综合管理工作，在临港新片区范围内作为管委会的专属辅助服务机构，应配备相应的人员和设施设备，按要求建立严格的内部管理体系和履约管理机制。为确保委托事项放得开、管得住、收得回，形成监管闭环，第三方应全过程接受委托方的监督管理，且在服务期内主动采取有效回避措施，不得接受被监管对象与监管事项相关的委托。

（三）实行环保系统全链条、全要素管理

临港新片区管委会按照环境管理的全链条，对环评事中事后监管、排污许可证、监

督性监测等全链条，大气、水、固废、土壤、噪声等全要素，进行整体委托。第三方辅助服务内容包括：生态环境保护决策管理技术支持、生态环境保护综合管理技术支持、生态环境督察工作技术支持、协助生态环境监测工作、行政审批技术支持、行政检查技术支持、行政执法技术支持、协助推进信息建设、其他管理辅助工作。同时，依托第三方辅助服务机构，投资建设中心实验室和自动监测站，提供环保咨询团队入驻式服务，推动健全临港新片区生态环境监测预警网络体系，推动构建临港特色的现代环境治理体系特色示范区。第三方辅助服务机构提供的专业技术支持，将更好推动生态环境管理工作有序开展，为临港新片区的绿色发展和高质量发展保驾护航。

（四）整合各要素管理需求，形成集约化管理新模式

临港新片区管委会和第三方积极配合，整合各项专项工作，形成联检机制，追求做到“只跑一次”和“无事不扰”。充分发挥政府职能部门与第三方的合力作用，促进第三方辅助服务科学、规范、有序开展，规范第三方现场工作要求，提高服务标准，确保服务质量。建立工作联动机制，生态和市容管理处根据第三方反馈，对企业实行分级分类监管；执法部门根据第三方反馈，及时启动现场调查、取证和核实工作；生态环境绿化市容事务中心做好配合；第三方协助开展监测、提供技术支持等工作，利用各自职能优势，充分发挥合力作用。建立健全档案管理体系，形成“一企一档”，实现监管企业全流程管理。建立信息共享机制，强化第三方与临港新片区相关职能部门的信息互通、资源互享。

（五）完善监督管理体系，强化风险管控

为规范第三方辅助服务，临港新片区管委会将另外制定管理办法对第三方进行考核、监督、管理和约束，不断提高委托服务质量和效益。建立健全服务监督管理机制，强化对辅助服务的全过程监管，实现监管的常态化、制度化。建立激励机制，鼓励第三方机制创新或技术升级，提高服务效能。增加举报投诉渠道，严格约束第三方各项行为，保障服务质量。建立违规退出机制，强化处罚力度，规范第三方行为。构建第三方诚信体系，形成“守信激励、失信惩戒”的良好营商氛围，持续提高第三方服务态度和服务意识。

三、经验总结

（一）引智借力，补足短板

在临港新片区加快构建现代环境治理体系的过程中，引入第三方专业机构辅助开

展环境综合管理工作，建立机构编制管理与政府购买服务的互动协调机制，弥补了临港新片区管委会相关职能部门人员不足、专业技术力量欠缺的短板，有力提高了临港新片区环境管理效能。

（二）制度创新，先行先试

临港新片区管委会开创的环境综合管理第三方辅助服务制度不同于传统意义上的第三方环境治理，如此大体量、系统化的事项托管服务在全市乃至全国尚无先例，突破的界限、实施的风险管控、制度闭环设计都需慎之又慎，是具有临港特色的、适合临港实际的环境综合管理新路子。临港新片区管委会在制度设计时，充分贯彻落实中共中央办公厅、国务院办公厅、上海市委、市政府关于构建现代环境治理体系的文件精神，针对第三方辅助服务的新模式、新业态，形成系统性的第三方辅助服务管理办法，在推进现代环境治理体系建设先行示范的同时，规范第三方辅助服务行为，确保服务质量，为现代环境治理体系建设探索新路、积累经验、提供借鉴。

（三）引领聚合，提升效能

临港新片区管委会整合内部行政资源，建立相关职能部门和第三方之间的工作联动机制，充分发挥政府部门与第三方的合力作用，在协作联动中发挥好各自职能优势，提升环境管理成效，构建责任明晰、边界清晰、行为规范、保障有力、运转高效的环境综合管理体系，实现生态环境的严格监管、精准监管、有效监管，协力推进临港新片区生态环境建设，为加快临港新片区生态建设、推动临港新片区经济高质量绿色发展提供有力保障。

面对新形势新任务，临港新片区引入专业的第三方机构参与环境综合管理作为临港新片区管委会的专属辅助服务机构，并出台环境综合管理第三方辅助服务管理办法，是临港新片区管委会的重大制度创新，有利于补足政府监管能力短板，有利于增强环境管理社会公信力，有利于规范第三方辅助服务的行为，有利于提升临港新片区环境管理效能，促进临港新片区生态环境、经济、社会高质量一体化发展，同时也是进一步贯彻落实国务院办公厅印发的《关于构建现代环境治理体系的指导意见》，为上海经济高质量发展探索出更高效的环境综合管理新模式，为全国新片区提供有效的环境综合管理制度示范和创新引领，也为国家贡献了新片区环境综合管理的样本和经验。

（供稿：上海临港新片区管理委员会）

案例90

从“诊断”到“养生”
——宝山工业园环保管家助力基层环保改革

一、工作背景

在坚持对污染“零容忍”的态度下，“环保督查”“回头看”成为常态，这对企业的环保工作提出了更高的要求。2016年4月15日，原环境保护部印发《关于积极发挥环境保护作用促进供给侧结构性改革的指导意见》，这是环保管家作为一种服务模式，首次出现在正式文件中。“环保管家”作为基于市场为主体的服务模式，在2018年启动之初，存在无行政许可、无资质门槛、市场不规范等诸多问题，上海市生态环境局积极整合各方力量，组织编制了地方标准《第三方环保服务规范》(DB31/T 1179—2019)。上海宝山工业园区作为三级环保管理体系中的街镇一环，积极探索环保管家服务模式，最大限度地发挥“环保管家”作用。

二、主要举措

(一)从“诊断”到“养生”，全方位服务企业环保管理

从2018年起，环保管家协助园区对管辖范围内全部约1 500家企业进行摸底核实，并每年对新入驻的企业开展深度核查，为入驻宝山工业园区企业量身定制了一套覆盖全环境要素的“摸底诊断表单”，详细收集企业相关环境数据，为企业建立“一企一档”，将现场发现的问题以“企业环保摸底反馈单”向企业反馈督促企业整改，并指导企业完成整改闭环。通过数据汇总筛选，形成了包括主要污染物(VOCs、颗粒物等)排放清单、主要用水/排水企业清单、受到环保处罚企业清单、环境风险企业清单等一系列环保管理清单。

(二)开发环保信息化管理平台，赋能园区环保管理转型

环保管家为宝山工业园区量身定制开发“园区环保信息化管理平台”，使得园区环保管理实现了从线下到线上、从静态到动态、从粗放到精细的巨大转变。信息化管理

图15-10　宝山工业园区环保信息管理平台

资料来源：上海市宝山区生态环境局。

平台包括GIS环保一张图、环保档案系统、核查与巡查系统、生态监测系统、数据统计分析、园企互动等模块，围绕环保大数据进行深度挖掘、智能分析、综合应用。

（三）健全园区环境管理制度，引导企业提升环保意识

在环保管家工作的初步探索过程中，根据园区实际需求，制定和完善各类环境管理制度，目前已建立各项环境管理制度10余项，初步形成园区环境管理制度体系。

1. 企业分类核查巡查制度

以企业摸底诊断结果和分类管理名单为基础，编制年度巡查方案，2019年起，协助园区制定《宝山工业园区环保管家工作计划》，按照企业属性和排污情况，将企业分成A、B、C、D四类，进行分级分类管理。

2. 环保现场检查打分表制度

根据“宝山区街镇园区环保现场检查单”编制“宝山区街镇园区环保现场检查打分表”，用于现场巡检后评定企业环保管理情况。

3. 协助园区编制《宝山工业园区企业环保手续办理指南》

环保管家协助园区编制了《宝山工业园区企业环保手续办理指南》,解决了园区大多数中小企业在环保手续的办理、全流程的环境管理以及合格服务商选择上的困难。该指南还将已入围的第一批园区环保服务供应商名录汇作为附件,供企业参考。

图15-11 《宝山工业园区环保手续办理指南》

资料来源:上海市宝山区生态环境局。

(四)创新园区环保托管服务体系,强化环保第三方管理

宝山工业园区创新开展环保托管服务,以宝山工业园园区管委会为主体,结合园区企业环保咨询、环保监测、环保治理、环保运维、危废处置五大需求,建立了"1+1+5"环保托管服务体系,制定了《第三方环保供应商入围办法和评分标准》,甄选出满足企业环保需求的合格环保服务供应商,自2020年起为园区企业推送了第一期托管服务名单,包括大、中、小三档共34家供应商名单,引导企业按照实际情况选择供应商。

(五)加强项目环境风险防范,建立环境危机应对机制

宝山工业园区作为产居混合的园区,做好环境风险防范、避免因环保问题引发信访或群体性事件一直是园区环保管理的重点之一。对此,环保管家在风险防范方面开展了如下工作:一是对可预见的敏感项目,在准入阶段提前介入,对项目的环境影响和公众的可能反应提前研判、对项目的环境影响和环境风险进行评估。二是对已经发生的居民投诉问题,积极核实情况、查找污染源。例如,针对异味扰民集中的投诉,环保管家

团队陪同宝山区环境监察支队对有涉及恶臭（异味）污染产生企业进行夜间突击检查。三是建立了异味排查溯源工作机制和详细流程：接到园区通知→信息平台GIS划定影响范围→电话/微信问询区域相关企业→指定溯源路线→采访沿线群众→踏勘疑似区域→采访沿线企业→排查疑似恶臭源→形成调查报告。

三、经验总结

上海宝山工业园区作为三级环保管理体系中的街镇一环，在环保管家服务模式探索中取得一系列成功经验。环保信息化平台建设、环境管理体系建设、环保咨询、环保宣教与培训等一体化服务，帮助企业"一站式"解决环保问题，提升环境管理和污染治理水平。

（一）清单+闭环，从任务和过程两方面服务企业环保

1. 依照"诊断—处方—手术—理疗—养生"的服务思路，循序渐进，各阶段服务重点明确

聘请"专业第三方技术单位""环保管家"，充分利用专业技术力量，辅助开展企业全面深度摸底诊断，并在此基础上，形成环保管理清单，制订整改方案和计划、优先落实重大问题整改、环保管理制度化到长效管理。

2. 通过"诊断—核查—反馈—整改"闭环，推动企业环保问题整改

园区企业各类环保问题合法合规情况均有不同程度的提高，环保证照类、大气污染、固废管理以及环境管理等主要环保问题大幅度下降70%—90%。

（二）依托信息化平台，赋能环保精细化管理

依靠信息化平台对企业环保大数据的筛选和分析，对园区企业进行精细化管理，梳理出VOCs、危废、恶臭物质等的重点排放企业，使得园区环保管理向精细化、精准化方向发展。利用信息化平台开展核查和巡查服务，结合"双随机""一证式监管"，全方位立体化生态监管，网页端和移动端整改同时查看整改进度，让监管更加高效。

（三）健全制度体系，规范各主体方权责和行为

完善环境管理体系，建立各项环境管理制度10余项，初步形成园区环境管理制度体系。通过企业分类核查巡查制度、环保现场检查打分表制度、协助园区编制《宝山工

业园区企业环保手续办理指南》、提供环保服务商选择清单等一系列制度，减轻园区企业环保负担，引导企业合规经营，规范环保管家服务。

（四）多方参与监管，提升“环保管家”服务水平

依托《第三方环保供应商入围办法和评分标准》，借助环保产业协会及专家的支持，筛选出合格环保服务供应商，向园区企业推送托管服务名单。环保管家制定第三方供应商考核评估办法，从多维度对入围供应商进行考核，并根据考核结果每年更新入围名单。形成第三方供应商的动态管理，引导和监督第三方提升环保服务质量。

（五）跨前防范风险，健全污染排查溯源机制

针对园区产居混合、环境污染社会影响大的问题，通过跨前风险防范机制和污染排查溯源机制，从立项到污染处理两个阶段应对环境风险。在立项阶段，对可预见的敏感项目，提前介入前期调研和论证，对项目的环境影响和公众的可能反应提前研判，建立应对预案。在污染处理阶段，环保管家团队陪同宝山区环境监察支队，进行夜间突击检查。通过建立污染排查溯源工作机制，快速解决环境问题。

（供稿：上海市宝山区生态环境局、上海市宝山高新技术产业园区）

案例91

链动长三角，上海绿色供应链实践
打造现代环境治理新模式

一、工作背景

上海是全国产业链布局的重要节点城市。据上海市外商投资协会统计，2020年在上海设立总部的跨国公司有878家，外资研发中心有444家，是全国外资总部型机构数量最多的城市。同时，上海也是国内大量国有企业和民营企业总部驻扎之地，由此带来的“总部经济”对长三角的产业分布产生了显著的辐射性影响。长三角一体化战略的提出，进一步深化了长三角区域多产业交织并相互依存的供应链格局。因此，当绿色供应链理念在2011年首次被纳入中国高层领导环境与发展政策建议之时，上海就成为全国两个先行先试城市之一，率先开展绿色供应链落地试点。10年来，上海积极探索一条适合中国的绿色供应链发展之路，为全国提供示范样本。

二、工作举措

上海利用供应链管理的市场特性，充分发挥企业特别是龙头企业在采购端的撬动力和产业链的影响力，通过政府引导、企业主体、多元参与的实施路径，以点带链及面，开展绿色供应链管理试点工作。

（一）龙头先行，典型行业试点示范提供创新思路

2012年，上海启动绿色供应链试点示范工作。生态环境部门紧扣关键少数，利用大宗商品采购由买方主导的市场机制，通过引导行业龙头企业将供应商环境绩效纳入采购评估环节，有效推动成千上万家直接或间接参与供应链环节的企业采取节能环保措施，降低污染排放，主动绿色转型。

多年来，上海先后推动汽车制造、连锁超市、家居建材、化工、医药、大型办公用品、电商物流、主题乐园、资源再生等典型行业的龙头企业开展绿色供应链试点，呈现出外资企业率先引领，国有企业和民营企业积极跟进的良好局面，涌现出了许多经典案例，

为各行各业实施绿色供应链管理提供了创新思路和典型模式。上海通用汽车在“绿动未来”的发展战略指引下，建立了“绿色供应商”授誉制度和相应激励机制，每年根据供应商的绿色评估和环保绩效提升情况，开展“优秀绿色供应商”评选，影响面覆盖至数百上千家供应商；联华超市从零售门店绿色改造入手，以3年投资回报率的目标投资到门店升级的节能节水项目，并逐步推进超市的绿色采购工作。

随着长三角一体化国家战略的提出，绿色供应链试点项目逐渐向长三角区域拓展。2018年以来，在相关部门的推动下，上海牵头推进废旧纺织品回收利用和循环再生试点项目，联合外资服饰企业Inditex及其零售门店、上海废纺回收企业和位于浙江的再生循环企业，探索建立衣物生产、消费、回收、再生、综合利用全链条闭合的经济可行的纺织行业绿色供应链模式，为生活垃圾分类处置和绿色低碳循环经济发展提供了示范案例。

（二）政府引导，合作平台助推链上绿色联动

为进一步推进绿色供应链试点探索和推广应用，上海市相关政府部门积极发挥引导和平台作用，市生态环境局实施“100+企业绿色链动项目计划”“绿享计划”“绿色衣链项目”，市经济信息委结合“四绿”工程推进“绿色供应链”建设。在市政府引导和推动下，通过知名龙头企业的撬动和影响，各行业多点开花、以点带面，推动绿色供应链发展逐步成为社会各方共识，得到了广泛的关注和应用。为进一步统筹推进绿色供应链、环保领跑者、绿色金融等现代环境治理新模式，上海市生态环境局与奉贤区政府签署合作协议，共同推进奉贤区现代环境治理体系集成示范，目前，奉贤区东方美谷、工业综合开发区、杭州湾园区等正作为集成示范园区，开展绿色供应链试点示范。

在平台搭建方面，2015年以来，在生态环境部等有关部门支持下，上海市生态环境局、上海市经济信息委、上海市商务委等相关部门搭建合作平台，鼓励全行业企业构建分享绿色供应链做法及案例，并且连续3年举办绿色供应链优秀案例评选，制定了全国首个绿色供应链案例评选准则，遴选出科思创、巴斯夫、迪士尼、复星医药等数十个绿色供应链优秀案例，传播企业社会环境责任，提高企业积极性和能动性。同时，上海市积极加强国内外合作交流，先后加入亚太经济合作组织（Asia-Pacific Economic Cooperation，APEC）绿色供应链合作网络、“一带一路”绿色供应链合作平台，同时与天津市、珠三角等其他试点城市互相学习交流，宣传推介上海优秀企业做法，为国内、国际绿色供应链实践以及有关政策标准出台贡献上海智慧。

图15-12　绿色消费　美丽中国——绿色供应链2018上海高峰论坛

资料来源：上海市生态环境局。

（三）多元携手，协作机制共推区域绿色供应链

自开展绿色供应链试点实践以来，上海一直致力于构建政府主导、企业主体、社会团体和公众积极参与的绿色供应链推进机制。为此，上海市生态环境局持续加强与相关社会团体合作，积极整合和充分利用各方资源，合力推动绿色供应链发展。与上海市外商投资协会连续7年合作，利用外商投资协会庞大的外企会员网络，开展了近20场绿色供应链宣传推广和公益培训，为百余家驻沪跨国公司提供持续性的绿色供应链政策解读和技术能力建设支持。与美国环保协会合作，积极引进国际最新的绿色供应链理念和实践，推动若干家企业开展绿色供应链试点实践项目，并为其提供技术支撑。与上海市环境科学学会合作，为企业绿色供应链实践成效展示提供宣传推广平台。

在长三角一体化背景下，2019年，长三角三省一市生态环境部门指导并推动长三角区域一批龙头企业、研究机构和行业协会共同组建了长三角绿色供应链联盟，多元携手深化区域供应链环保合作，着力推动一批绿色供应链关键理念和实践落地，使绿色供应链成为长三角区域生态环境高水平保护和经济高质量发展的一个重要抓手。

（四）加强投入，科学支持供应链现代环境治理

上海在点上试点和面上推广的基础上，每年稳定投入科研力量，开展绿色供应链相关技术标准和管理规范的研究，通过典型行业先行先试，先后推动社会科研力量编制了《上汽通用绿色供应链规范性指南》《连锁超市绿色门店及绿色供应链管理规范性指南》《绿色供应链评价指标框架》《工业园区绿色供应链管理指南》等多个技术文件。依托每年的绿色供应链案例评选活动，建立了绿色供应链案例库，积累了百余个国内外绿色供应链优秀案例，覆盖10多个行业类别，供企业参考学习。

2017年，上海投入开发力量，将"大数据"技术与供应链环境管理思路相结合，搭建了具有绿色智能化、绿色协同化、绿色市场化的供应链信息管理平台，实现了面向长三角乃至全国供应链企业环境信息查询和风险评估功能服务，为企业解决供应链环境管理集成化难题。平台建成以来，多个企业建立了自己的供应链环境管理账户，开展了基于企业环境责任延伸的供应商管理工作。

上海在政府层面推动出台了很多法规、政策以及标准，起到了积极引导作用。政府在绿色供应链推进中主要扮演好搭平台、做宣传和服务企业的角色，使绿色供应链的推进动力回到产业链本身，企业可持续发展需求催生市场响应，同时挖掘出行业种类丰富多彩的绿色供应链实践经验，从正向鼓励的角度来逐步推进。利用更多的政策资源及技术资源来开展各个行业绿色供应链管理的能力建设，借助大量的社会宣传教育平台，营造推行绿色供应链这一新兴管理理念的社会氛围。专注于开展绿色供应链管理领域的技术标准体系建设，引导行业协会和龙头企业自主遵循规范化模式因地制宜开展实践。同时，统筹绿色供应链和其他政策体系协同推进的需求，对于循环经济、环境信息公开、绿色金融、企业环境信用等与供应链管理相关性密切的领域予以关注，加强与相关部门的沟通协作。

（供稿：上海市生态环境局）

案例92

线上“云游”+线下“沉浸”，长宁探索环保设施开放新模式

一、工作背景

环保设施向公众开放是贯彻落实党中央、国务院决策部署的重要举措，早在2017年5月，原环境保护部与住房和城乡建设部联合印发《关于推进环保设施和城市污水垃圾处理设施向公众开放的指导意见》，要求各地环保设施和城市污水垃圾处理等四类设施定期向公众开放，以此为抓手切实推动公众参与。在上海市委、市政府的领导下，长宁区积极推动环保设施向公众开放，在保障公众环境知情权、参与权、监督权的同时，促进全社会理解环保、支持环保、参与环保，激发公众环境责任意识，推动形成崇尚生态文明、共建美丽中国的良好风尚。

二、工作举措与成效

（一）制定专项方案，提供个性化服务

根据环境监测设施向公众开放指南要求，长宁区生态环境局积极开展调研学习，走访市环境监测中心及其他区监测站进行对接学习，汲取经验。制定工作方案，明确分工，细化责任，全面统筹开放步调。建立以长宁区生态环境局主要领导负责、分管局长牵头的专项工作小组。制定环保设施开放工作方案，细化参观对象、开放形式、参观流程、参观线路图等具体内容，为开放活动提供指导。全力补足开放条件，培养兼职讲解员，配备设备和宣传资料，针对不同年龄段、不同文化水平、不同关注点的参观人群策划水、气、声、辐射等个性化相关实验，聚焦监测方法、仪器原理、检测过程、质量控制、数据评价等内容进行讲解，全力提升开放水平。

（二）丰富参与方式，引领“沉浸式”体验环保新风尚

通过流程再造，逐步形成适合长宁区自身特色的流程手册，合理规划开放内容、精心设计参与方式。长宁区环境监测站以实验室作为教育宣传基地载体，制作课件，定制

图15-13 娄山中学初中部兴趣小组专题调研学习

资料来源：上海市长宁区环境监测站。

互动实验，以“环保公开课”为项目，开展绿色生态环境宣传。在实验室公开开放环节设置了各类互动活动，增强参与度、体验感等。目的就是不断完善流程细节，丰富体验内容，鼓励、引导、方便公众积极参与环保工作，真正形成全民环保的生动局面。截至2021年9月30日，监测站实验室、监测数据信息中心累计接待线下参观批次45次，参观人数555人次。新冠疫情期间，监测站集思广益，认真筛选公众感兴趣的课题，用时下流行的短视频形式拍摄环境监测线上云游小短片。“云游记”系列宣传，共制作10期，分别于微信、微博、哔哩哔哩网站等平台开展，累计点击量超过10万次。

（三）解读“一网统管”，提升精细化治理感知度

结合区域特色和生态环境工作亮点，打造环保设施开放的长宁品牌。2020年根据全市“一网统管”工作要求，扎实推进“一网统管”场景应用，在监测数据的应用方面对这些特色工作进行了重点展示。在属地天山街道开展餐饮业油烟在线监控预警、网格空气微站预警试点，积极展示环境监测感知元与执法联动的全过程处理流程。在北新泾街道开展河道水质自动监测数据共享，加强河道属地网格化管理，提升区域河道综合治理能力，确保整体水质达标。在开放活动中，通过这些特色案例的重点介绍，将长宁区智慧环保服务于民的理念注入日常的环保宣传中。

（四）开启“公众开放+N”新模式，构建“大宣教”格局

依托团支部青年突击队骨干，积极开展宣传服务活动，实现环境保护与宣传教育的有效衔接。一是与上海市建青实验学校开展“小企鹅爱科学——空气监测小站点”签约活动，将环境空气监测小微站布设进学校，开展环保讲座进学校，得到学生们的热烈欢迎，让学生从小树立绿色环保意识。二是与延安中学开展黄浦江源头的水环境状况科学考察，至今已连续举行了18年。考察期间指派青年骨干专家对学生进行专业授课，帮助学生熟悉水质监测仪器的使用，提升同学环境保护意识，激发社会责任感。三是设立环保课堂，根据不同年龄段的学生、居民制作课件，邀请社区居民代表、各学校环保兴趣小组、社团参加实验室开放活动，其中包括社区雅玉工作室代表、建青中学高中部、愚园路第一小学、长宁实验小学、娄山中学初中部、长宁中学爱心暑托班、虹桥社区彩虹幼儿园等，通过形式丰富的讲解介绍，激发公众参与环境治理的积极性和主动性。

三、经验总结

（一）以良性互动保障公众环境知情权、参与权、监督权

加强生态环境保护信息公开和政策解读。增强环保信息主动公开的意识，多形式畅通信息公开渠道，加强信息发布、解读和回应工作，进一步提高环保信息公信力。做好环保设施公众开放的总结提升，建立公众意见反馈机制，利用“两微”新媒体留言栏收集公众建议和意见。在回应群众关切的同时，积极关注有关舆情动态，做好舆论引导，防范化解“邻避效应”。充分利用媒体平台提升开放活动宣传效果，进一步激发公众参与环境治理的积极性和主动性。

（二）以“公众开放+N”模式打通环境宣教最后一公里

深化环境教育体验和实践活动。联合教育、科技等有关部门，进一步优化环境教育管理机制，将环保设施向公众开放与环境教育有机结合起来。发挥生态环保系统新媒体传播矩阵作用，充分利用微博、微信、抖音等新媒体、新技术手段和形式开展宣传，引导公众更方便快捷地获取信息、报名参与、表达感悟。面向党政领导干部、企业负责人、环保组织志愿者、社会公众等不同人群做好培训工作，进一步提升公民生态环保素养，激发环境责任意识。

（三）以“线上”+“线下”相结合营造全民共建共治共享氛围

不断丰富宣教手段、锐意创新开放形式，扩大环保设施向公众开放的范围和对象。

针对不同人群的兴趣特点分别采取政策咨询、现场观摩等形式，开发特色宣传产品，提升活动吸引力和感染力。采用现场参观与网络直播相结合、新冠疫情期间“云参观”等多种形式，增强趣味性和体验感，破解接待能力有限的瓶颈。积极探索“监测站+高校+社会组织”志愿服务新实践模式，借助社会组织的组织优势和专业能力，共同推进公众参与生态环境社会治理，营造全民共建共治共享氛围。坚持“请进来、走出去”，长宁区生态环境局也深入周边街道社区、中小学、高校，通过宣传讲解、民企共建等活动加强与公众互动，实现生态环境局、监测站以及公众的良性互动。

图15-14 天山居委社区党员居民代表开放日活动

资料来源：上海市长宁区环境监测站。

环保公众开放“开”得给力、“放”得出彩，其现实意义非同寻常，理应成为一种常态，让公众在走近环保设施的过程中进一步增强生态意识，形成人人参与、人人尽力、人人共享绿色生活的新局面，从小事做起、从点滴开始，以小作为推动大作为，以保护小环境推动保护大环境。

（供稿：上海市长宁区生态环境局）

案例93

强化信访监测，温情抚慰人心
——奉贤区环境信访监测实践及探索

一、工作背景

近年来，环境问题已成为广大人民群众所关心的热点、焦点问题。随之而来的环境信访案件呈加速上升趋势，给各级生态环境部门增加了很大的工作压力，并成为影响社会稳定的重要因素之一。如何做好环境信访工作已是当前生态环境部门亟须破解的难题。

上海市奉贤区由于规划布局等历史遗留问题，存在村居民居住情况的工业地块有50多个，周边居民近万户，园区内企业即便能够达到工业企业排放标准，也不能满足周边居民对生活环境质量的要求，达标扰民情况普遍存在，以庄行镇丽水湾区域性环境扰民问题最为突出。环境监测作为支撑生态环境保护管理和决策的科学技术工具，对污染纠纷原因、危害程度和责任仲裁提供科学依据。奉贤区环境监测站不断提升区域性异味信访监测能力，探索区域性异味信访矛盾化解模式中信访监测发挥更重要的作用。

二、工作举措

(一) 深入交流、紧密沟通，掌握基本情况

丽水湾环境扰民问题发生以来，奉贤区及时积极地与信访群众进行沟通交流，对环境问题发生的大致时间、味觉特征、持续时间、波及范围等进行确认。协调庄行镇政府相关人员，对区域内的企业进行梳理，了解区域重点企业排放特点。结合区生态环境局对周边区域的排摸，及时进行信访监测，初步掌握了丽水湾附近区域的环境现状及重点企业排放情况。

(二) 筛查目标、全时监控，关注重点企业

鉴于环境扰民问题多发生于夜间，因此安排专人开展夜间值守及巡查，并与小区环保志愿者进行信息共享，全面掌握每个时间段的环境状况。将区环境监测站配备的移

动监测车停在重点区域，进行24小时全时监控，结合巡查情况，分析数据、判断各重点企业的排放情况及环境状况。通过对小区周边、工业区周边、重点企业厂界、重点企业有组织排放口连续手工监测，掌握重点企业和信访区域的污染物排放类型及浓度。

（三）空地配合、全面覆盖，排查偷排情况

运用无人机对整个区域进行多次排摸检查。一些老旧的工业园区，小企业众多，由于规划及日常管理的问题，经常会导致无法全面及时地掌握企业正常排放情况。通过无人机平台，就能够摆脱空间的束缚，从更宽广的角度，最快速地了解企业实时排放情况，为信访监测提供更强的针对性。

（四）定期监测、持续跟踪，保障群众利益

信访监测工作是一件长期工作。目前信访工作中的一个显著特征就是信访矛盾反复发生，这是一个螺旋前进、最终解决的过程。丽水湾环境扰民问题得到初步解决以后，区环境监测站对相关重点区域及企业，仍坚持定期监测，有针对性地对重点企业和污染因子开展监测工作。同时跟乡镇“环保管家”保持密切联系，持续掌握区域环境状况，保障群众身心不再受环境问题的困扰。

三、实施成效

（一）全面掌握、重点突破，以数据为管理提供支撑

通过区生态环境局各科室、属地政府、第三方技术单位、信访群众的一起协作努力，丽水湾环境问题的解决取得了巨大突破。从原先的100余件信访件降低到目前偶有发生的个位数。

信访监测工作对区生态环境局掌握周边区域企业的排放情况、区域环境质量作出了贡献。通过排查企业污染物特征因子的排放情况，结合环保要求，对提升企业污染治理水平起到了倒逼作用，也对积极引导园区产业转型升级，进一步优化调整该区域产业定位和布局提供了技术上的帮助。

（二）以数服人、缓解焦虑，用专业为群众提供服务

翔实、准确的数据也能让老百姓更直观、理性地掌握自己的居住环境质量情况，更加安心地投入工作、生活中，缓和群众焦虑情绪，为最终解决信访问题提供良好的基础。

在丽水湾环境问题处理过程中，区环境监测站对重点企业污染源排放情况、区域环境质量状况提供了及时、准确的数据。老百姓通过信息公开、比对排放标准等，对区域环境状况有了更加清晰、科学的了解，得以持有更平和的心态与各个相关政府单位协商解决矛盾，共同推进居住环境改善。

（三）总结完善、逐步推广，用技术为社会提供保障

丽水湾环境问题的信访监测方案，为长宁区等众多此类区域信访矛盾的解决提供了重要经验。这对于目前区域环境扰民问题的快速响应、顺利解决指明了一个很重要的方向。通过进一步总结和完善，在幸福里区域、西渡新南家园区域、小米公社区域、海韵馨园区域等区域性环境扰民问题的处理中，都继续实行更加完善、更加立体、更加细致的监测方案。通过加强各部门协作交流、增加重点时段全时监测、避开干扰精确寻找可疑污染源、建立区域污染源特征因子库等手段获取更多信息及数据，为信访矛盾的缓解提供了更翔实、准确、有说服力的技术支持。

四、经验总结

（一）领导重视、完善机制

丽水湾信访矛盾从一开始就受到了区生态环境局的极大关注，第一时间成立了领导小组，明确了局各科室、执法大队、监测站的职责。监测站根据相应职责，制定了详细的监测方案，为解决问题提供了大量的监测数据。

（二）快速响应、重点出击

信访监测相对常规监测，更加需要注重一个“快”字。监测站对信访问题及时响应，快速跟进，第一时间把相关数据交到管理和执法部门，为下一步处理提供专业上的支持。

（三）科技升级、多管齐下

合理运用新科技，可以起到事半功倍的效果。今后，可以尝试无人机搭载水质系统、大气监测系统等方式，在现场最快的锁定污染源头，提高执法效率。同时，尝试使用走航车对重点区域进行排查，它能很好地弥补目前的监测手段只能定点监测的弊端。结合区域企业污染物特征因子，迅速锁定目标企业，为管理提供更快更准的依据。

图15-15 无人机搭载大气监测系统

资料来源：上海市生态环境局执法总队。

（四）多方合作、信息交流

在丽水湾信访问题解决过程中，属地政府的积极配合是极其重要的一个环节。庄行镇政府在与企业和信访群众协调交流方面起到了巨大的作用。委托第三方技术单位对信访区域进行监测和巡查。协调企业加大自行监测力度，发动重点企业主动委托第三方专业机构进行精细化环保管理，提高企业污染治理能力。同时探索“环保管家”模式，全面掌握整个园区的企业生产工艺、排放特征等。

五、结语

保障民生、改善居住环境、打造宜居城市是我们永远不变的追求。针对老百姓对环境问题更低的容忍度，对环境质量更高的要求，面对环境信访矛盾更复杂的局面，我们监测人更加需要与时俱进，提高信访监测能力，为及时、妥善地解决信访问题，保障群众利益拿出数据依据，为改善人居生态环境质量、构建和谐社会作出监测人的一份贡献。

（供稿：上海市奉贤区生态环境局）

案例94

靠前监测，油烟无忧
——松江区破解油烟污染信访监测难题

一、工作背景

饮食为民生基本需求之一，中国素有“民以食为天”的俗语。近年来餐饮业迅速发展，餐馆遍布大街小巷、居民楼下，给市民带来便利的同时，也产生了餐饮油烟扰民的两难困局，给生态环境管理和社会治理提出新的难题。从信访数据来看，餐饮企业油烟污染一直是居民反映和投诉最多的环境问题。如何控制餐饮业油烟污染，解决油烟扰民问题是建设环境友好、经济协调、和谐稳定社会的难点工作。鉴于城市餐饮油烟污染源数量庞大且分散、监管难度大、监测设备不够完善、技术手段不够先进、时效性不强、人员不足等，餐饮企业油烟污染问题长期未得到有效控制和解决。

上海市松江区围绕“五气共治”，巩固中央环保督察点整治成果，深化大气污染防治，探索新技术、新设备的创新应用，开展餐饮油烟在线监测，实现城市治理的精细化、智能化，较好地解决了油烟污染信访监测难题。

图15-16　松江区通过千里眼“城市油烟信息监测系统”实现智慧管控

资料来源：上海市环境监测中心。

二、工作举措

（一）创新应用，构建在线监控体系

松江区生态环境局根据管理需要，对重点关注的餐饮企业开展油烟在线监测，目前共安装了20台套油烟在线监测系统。油烟在线监测系统如同“千里眼”，可实现餐饮油烟污染的线上巡查和智慧管控，较好地改变了传统排查手段效率低、取证难的问题。监测平台实时显示餐饮油烟排放浓度数据，系统自动对超标排放及异常企业进行提示预警，生态环境管理

部门可根据预警情况组织执法人员迅速跟进处理。油烟在线监测平台的开发助力完成既有“量”的全面管控与排查，又有“质”的快速锁定污染源头，及时解决油烟扰民工作。

（二）双管齐下，解决油烟扰民问题

线上，专业技术人员通过区油烟在线监控系统平台实时查看监测数据、分析历史记录。在出现数据超标或异常时，管理部门及时开展现场寻访检查，必要时使用油烟快速检测仪检测油烟排放异常点数据，核实油烟污染情况。

线下，专业技术人员现场收集餐饮业油烟净化环保设施日常清洗保养以及运行情况、油烟在线监控设施安装使用情况、油烟排放口清洁情况等。在第一轮的巡查中摸清企业复工复产情况，并排查出存在问题的餐饮企业。在间隔1个月之后进行第二轮线下复查，重点收集存在问题的餐饮企业整改情况，作为监管的重要依据。

“双线巡查”+“两轮排查”的设置，不仅横向上尽可能地将所有餐饮企业全部覆盖至生态环境局的监管范围，做到及时更新，把握实时油烟排放状态；而且纵向上可以快速准确地摸清每家餐饮企业何时何地油烟排放超标，确定油烟扰民的污染源头，给出合理有效的整改方案，实时跟踪直到整改完毕，实现油烟达标排放。从污染源头开始的全面管控，到整改完成方止的技术指导，有效解决油烟扰民难题。

（三）政企合作，支撑环保监管效能

松江区餐饮油烟在线监测采用购买社会监测技术服务的方式开展，通过引入专业社会检测机构，依托其对在线监测技术和数据平台的专业知识，实现新技术的快速应用，将监测工作直接转化成政府管理的技术支撑。购买服务可减少政府前期排查人员投入，将有限人力资源调配在其他重要的执法和管理环节，较好地支撑了管理部门对餐饮集聚区的集约化管理。专业社会机构通过自身专业优势，通过提供在线监测设备运维和数据分析服务，获得相应报酬，参与到环境管理中，实现了政企合作的共赢。

三、实施成效

（一）模式创新，弥补传统监管不足

通过模式创新，引入在线监测技术和数字化平台，实现实时、连续、高效的监测和监管，较好地解决了传统监管模式中存在的人工巡查和监测员负担重、工作效率低、检测

数据滞后等不足。通过制定餐饮企业监测规则，明确监测名单的进入和退出机制，开展排名末尾滚动监测，实现少量的在线监测设备对需要重点关注对象的有效监测，督促餐饮企业加强油烟处理设备升级和管理，减少油烟排放。

（二）在线预警，监测体系初具成效

通过安装油烟在线监测系统，24小时全天候自动监测餐饮企业油烟排放情况，执法人员可根据工作需要通过油烟在线监测平台实时掌握餐饮企业油烟排放情况，对潜在超标排放提前预警和干预。颠覆传统的执法管理模式，提高了监管效率，优化了执法力量配置，大大提升了机动性、案件质量和群众满意度。

（三）强化整改，信访矛盾明显改善

餐饮油烟在线监测的最终目标是要规范餐饮行业秩序，实现油烟扰民清零。根据在线监测情况，执法部门开展超标餐饮企业监管，开具油烟超标整改单，现场教育督促餐饮企业及时整改。大部分油烟扰民餐饮企业经过餐厨工艺流程优化和净化设备改造，实现油烟浓度达标排放，油烟扰民的信访问题得到显著缓解。

（供稿：上海市松江区生态环境局）

案例95

徐汇区凌云街道立足“四个聚焦”，共建水清岸绿的社区生态空间

一、工作背景

临水而居、亲水戏水，一直是民众的期盼，也是水生态环境治理的目标之一。近年来，徐汇区凌云街道党工委、办事处以党建为引领，以“生态+”品牌项目为主线，紧紧围绕区委、区政府“消除黑臭河道、消除劣V类水，提升水质达标率”的水环境治理总目标，充分发挥凌云15分钟生活服务圈、生态文化共享圈作用，以“四个聚焦”为抓手，努力弘扬基层党组织在水环境治理中的引领标杆功能，进一步调动多方治理主体的积极性，共同参与水环境治理工作，构筑水清岸绿的社区生态空间，为群众办好事、办实事。

二、重要举措及成效

（一）聚焦组织体系完善，搭建“三级河长、四级延伸”架构，确保责任压实到位

1. 建章立制、制度保障

结合辖区实际，街道陆续制定了《关于凌云街道全面推行河长制的实施方案》《凌云街道河长制配套制度》等系列规定，立足构建责任明确、协调有序、监管严格、保护有力的河湖管理保护机制。

2. 党政同责、层层压实

街道建立了“区—街道—居委”三级河长体系，街道党工委书记、办事处主任共同担任街道总河长，分管领导任二级河长，居委主任担任河段长，进一步明确落实水环境保护主要领导负总责、亲自抓的“党政同责”“双总河长”工作机制，压紧压实管水治水的责任。

3. “民间河长”、优势互补

在三级河长体系的基础上，街道还探索“民间河长”的主体优势，组织好志愿者团队，坚持岸上与水上相结合、治标与治本相结合、整治与根治相结合，建立起“三级河长、四级延伸”的治水架构，河道沿岸的各居民区进一步完善巡查、发现、协调、处置、反

馈机制，明确职责聚合力，推动北潮港、梅陇港等主要河道水质持续好转。

（二）聚焦党建引领护水，打造“党组织搭台、党员群众唱戏”模式，提升河道治理工作合力

以“凌距离·益家亲”区域化党建为引领，吹响党员群众治水护水的集结号。把党的基层组织建设活力转化为生态环境保护的内生动力。由梅陇六村退休老党员组成的“渔老头应急服务社”每天在河道巡查，查看水质变化，同时，劝阻猎捕鱼幼苗等不文明行为，“渔老头们”已成为河道治理的守护者。在各居民区党组织的带领下，越来越多的“渔老头”走出家门，参与生态治理。

党组织带头，建立志愿护河队。417街区内的党组织带领小区党员、群众自发成立护河队，共同维护河清景美的生态环境。围绕护河行动街道也开展了丰富多彩的主题党日和特色活动，以“河你相约”为主线开展系列新时代文明实践活动，“凌云小小志”们实践护河行动，开展“青青河畔我的家”主题活动，劝阻不文明行为，用实际行动维护河道环境。

图15-17　“青青河畔我的家”主题活动

资料来源：上海市徐汇区生态环境局。

图15-18 "凌云小小志"实践护河行动

资料来源：上海市徐汇区生态环境局。

广泛整合社区单位力量，增强河道治理工作合力。发挥徐汇区区域党建促进会凌云分会的平台作用，与华东理工大学围绕加强水污染防治、周边环境建设等工作形成常态化机制，结合地下管网综合改造规划，从水利、市政、景观、生态修复措施等方面实现华东理工大学青春河的水质质量目标。

（三）聚焦河道水岸拆建管治，打好"水岸联动"的组合拳，提升群众满意度和获得感

街道将"五违四必"环境综合整治、"无违"创建和住宅小区综合治理等工作嵌入河道整治任务中，将拆建管治与水岸联动有机结合，着力改善辖区各条河道的水质环境。

着眼水质改善，消除劣质水体。在北潮港治理中运用了食藻虫引导的水下生态修复技术，明显实现了河道的水质改善。如今，梅陇港水质已经彻底消除黑臭，北潮港也已高于Ⅳ类水标准，张家塘港河道更是从原先的劣Ⅴ类水体变为现在的优于Ⅴ类水质。

着力"无违"创建，打造整洁河岸。街道近年来共拆除沿河违法建筑面积超过6 000平方米，先后协调推进河道沿线50余处雨污混接点位纳入截污纳管改造工程，努力提升河道水质，打造水岸联动街区。值得期待的是，梅陇港也即将完成全段贯通。

“原来的臭水浜变成如今的景观河，现在凌云几条河清澈见底、水草荡漾，水质真的越来越好了！”这是凌云许多居民现在常挂嘴边的话。

（四）聚焦党员宣传发动，深入推进“党建红＋生态绿”工作模式，拓展生态治理参与面

深入发挥“绿主妇”“生态家”等生态环保品牌优势。以社区党员群众对美好生活的向往为导向，结合垃圾分类减量、河道治理、社区更新等重点工作，以党员骨干团队为抓手，借力区域高校、专业社会资源，把梅陇三村、六村、九村等小区党员公益项目有机整合，不仅扩展了“梅”字系小区已有品牌影响，还把基层党组织带领党员群众共同建设美好生态社区的工作模式连点成面，在社区形成了“党建红+生态绿”的基层党建引领社会治理主色调。

研发沉浸式的“生态情景党课”，总结提炼党员在生态建设中的生动实践。打造了“五星接力党员积分制、绿主妇·我当家、低碳生活改造家、点亮微心愿、民间河长、传承守护者、梦想的声音、环保卫士、我的秘密花园、红色·初心、学思践悟”等11堂微党课。例如，在“生态+治水”方面，设置“民间河长”教学点，由“渔老头们”讲述对鱼幼苗猎捕者劝说的心路历程。通过情景党课的教学，帮助更多基层党组织和党员进一步了解“党建红+生态绿”的基层党建工作模式，传承党员参与社区生态治理、共同营造美好环境的精神，有力拓展了党建引领社区治理创新的有效途径。

构筑凌云生态全体系治理反馈链。街道正逐步把“凌云生态家”从1.0版本升级为2.0版本的“凌云生态+”，打通从“生态家”项目到“生态+”治理到“生态嘉”反馈到“生态佳”效果的全体系凌云生态链，将凌云的环境生态、人文生态、政治生态融为一体，致力于构筑一个宜居、宜业的社区生态空间和“生态凌云”的大格局。

在各方的共同努力下，凌云街道获评市级“治水管海先锋”示范服务点，北潮港、梅陇港先后获评上海市“最美河道”，梅陇六村渔老头应急服务社获评首批上海市“最美护河志愿服务组织”。未来，街道党工委、办事处将持续深入践行“绿水青山就是金山银山”的发展理念，探索建立“党建引领、区域联建、专业注入、各方参与”的治水护水联动机制，将“生态+”治水工作常态化和长效化，为不断提高凌云地区高质量发展、高品质生活、高标准管理水平提供坚实保证，全力打造生态宜居型社区，全面提升广大居民群众的幸福度和满意度。

（供稿：上海市徐汇区生态环境局）

案例96

上海飞机制造有限公司探索现代环境治理体系试点示范

上海飞机制造有限公司（简称“上飞公司”）一直以来严格贯彻落实党中央、国务院关于生态环境保护的重大决策部署，不断加大环保工作力度，重视绿色发展，推进绿色上飞建设。2019年获得浦东新区“环保诚信企业”称号，2020年获得上海市第二批绿色制造体系“绿色工厂”称号。

一、基本情况

每年年初与各部门签订环保责任制，责任层层分解落实到部门、班组、员工。2009年，上飞公司建立完善的环境管理体系，每年根据实际运行情况优化建设与维护，确保有效稳定运行。年初制定目标指标方案，对发现的问题制定改进措施并督促落实，每季度对环境绩效做出评价。认真执行《环境影响评价法》，开展环境影响评价和环保验收工作，严格落实环保“三同时”规定的要求。根据排污许可要求定期开展自行监测管理，严格落实企业主体责任，主动公示。建立上飞公司环境安全应急体系，及时评估并更新环境应急预案、备案。根据法律法规要求定期培训、演练，确保公司在发生突发环境事件时，各项应急工作能够快速启动、高效有序，避免和最大限度地减轻突发环境事件对环境造成的损失和危害。每年制订培训计划，开展“六五环境日”宣传活动，推动全员参与企业环境管理，鼓励各岗位员工提出节能减排“金点子”，并从中筛选出合理化建议推进落实。承担企业社会责任，每年向公众发布企业社会责任报告，其中包含环保内容。

近几年，按照法律法规及排放标准要求升级，上飞公司积极开展合规性评价工作，对标新标准、新要求，及时开展各项提标改造工作。2020年，两地共投入环保改造费用达3 000余万元，其中涉及锅炉低氮改造、废水处理站提标改造、VOCs深度治理、危废仓库改造、废水废气在线监测、废弃物浓缩减量等，确保废水废气达标排放，危废合规贮存。同时，为贯彻落实《清洁生产促进法》，从源头上减少或避免污染物的产生，提高资源利用率，上飞公司定期开展清洁生产审核工作。近几年，共实施无/低费方案10余项，中/高费方案2项，均产生环境效益。

二、"绿色上飞" 实施方案

为贯彻落实《中国制造2025》《上海市绿色制造体系建设实施方案》《"绿色商飞"理念概述》等，加快打造 "绿色家园" 进程，最终将上飞公司建设成为国际一流的民用航空制造企业，结合上飞公司实际情况，制定了 "绿色上飞" 实施方案。

根据实施方案，上飞公司将变革传统民机零部件制造、装配模式，把原料无污染、生产洁净化、废物资源化、能源低碳化、资源可再生、产业能共赢等理念贯穿于产品全生命周期中。采用绿色工艺，无害低毒少污染；建设绿色车间，清洁低碳高效率；打造绿色园区，智能低排可持续；构建绿色供应链，开放协作能共赢。持续提升上飞公司绿色生产制造水平，实现全产业链环境影响最小、资源能源利用效率最高的目标，使企业的经济效益、生态效益和社会效益得到协调优化。全面建成 "绿色文化深入人心、绿色规划面向未来、绿色工艺自主可控、绿色装备环保高效、绿色供应链稳定丰富" 的 "绿色上飞"。到2025年把 "绿色上飞" 打造成为上海市绿色制造的标杆企业和国家生态工业园区示范单位。主要措施如下：

一是淘汰污染落后工艺，大力推进环保型工艺（硼硫酸、苹果酸阳极化氧化工艺替代铬酸阳极氧化工艺）。二是验证新型工艺，减少切削液使用（机械铣切、准干式低温冷却高效切削工艺替代化学铣切工艺）。三是对水基漆及水基清洗剂开展工艺与应用研究，减少VOCs的产生和排放。四是采用先进前沿绿色制造工艺（热喷涂、增材制造、激光熔覆、先进环保电镀工艺等前沿绿色制造工艺与应用技术的立项研究工作）。五是开发绿色园区智慧管控平台，依托5G大数据、人工智能等新技术对园区污染源、环保设施、能源等进行监测监控、采集数据、分析汇总，最终通过信息化技术实现移动端、办公端实时环保数据监控及反馈。六是引进光伏发电、雨水回收、太阳能路灯等设备，逐步实现厂区绿化用水、照明用电等的自给。七是对标绿色园区评价指标体系，制定绿色标准并执行，全面引领绿色园区建设。倡导绿色文化，通过宣讲、培训、答题等形式，加强对全体员工绿色理念的培养，在公司形成绿色制造的氛围。八是引领民机行业绿色发展，建设绿色民机及产业链。组织中外绿色民机论坛，交流分享绿色理念和绿色技术，将绿色发展要求贯穿民机产业链。发挥标准引领作用，制定航空产业标准，建立绿色制造技术专利池，提升产业绿色发展标准化水平。不断增强公司的社会影响力，带动航空行业绿色发展。

（供稿：上海飞机制造有限公司）

第十六篇

创新区域协作

案例97

牢固树立“一盘棋”思想，推动长三角区域生态环境执法统一制度落地

一、工作背景

由于长三角区域三省一市产业结构和经济发展水平等情况的不同，各地生态环境行政处罚裁量存在地域性差异。相同的环境违法行为在不同的地方可能会出现不同的处罚结果。统一的生态环境执法制度体系，可以推动区域生态环境质量改善、促进区域经济社会高质量发展。为此，三省一市牢固树立“一体化”“一盘棋”思想，相互借鉴，取长补短，求同存异，做到守土有责、守土担责、守土尽责，以建立统一的生态环境行政处罚裁量基准为契机，推动形成统一规范的长三角区域生态环境执法监督体系。

二、工作举措

（一）逐步深化生态环境保护区域联动协作

2018年以来，长三角区域生态环境部门持续开展大气和水污染防治联合互督互学、行政检查、跨界环境污染纠纷处置工作。2018年9—12月，三省一市省级环境执法机构的主要领导组成区域执法互督互学领导小组，各省共抽调30余名工作人员组成工作组，分4批实施大气和水源地执法专项行动，为建立统一执法模式探索有效路径。2020年5月，上海市青浦区、嘉兴市嘉善县、苏州市吴江区三地共同组成示范区生态环境联合执法队伍，用统一执法标准开展执法检查工作。

（二）建立生态环境执法协同的组织机制

2019年9月，在长三角大气和水污染防治协作机制框架下，三省一市生态环境厅（局）成立了联合专项工作组，构建国家指导、地方主导、区域协作、部省协同的工作机制，全过程推动长三角区域生态环境处罚裁量基准监管协同。

1. 开展联合执法

在传统联合检查模式的基础上进一步挖掘优化新方式，采取应急演练、党建交流、

图16-1 进博会检查工地

资料来源：上海市生态环境局。

指导帮扶等多种形式开展执法行动。2020年，累计开展跨界专项执法行动10余次，核查企业40户/次，对于发现的问题形成清单，做好督促整改，对查实的违法问题进行立案，确保环境风险闭环管理。

2. 强化执法练兵

根据“我为群众办实事”主题实践活动宗旨，搭建长三角环境执法交流平台，以推进解决毗邻区域突出环境问题为出发点，通过双方共同参与的现场检查、交流讨论、以案释法等方式，开展执法练兵及指导帮扶工作，促进跨界区域生态环境执法人员执法能力共同提升。

（三）实现规范性文件“三同时”效应

2019年9月下旬，三省一市生态环境厅（局）就加强长三角区域生态环境执法统一、共同推进长三角区域生态环境行政处罚裁量基准一体化工作达成合作共识。2020年，四地共同签署《协同推进长三角区域生态环境行政处罚裁量基准一体化工作备忘录》，用于指导三省一市生态环境行政处罚裁量基准工作。2020年7月底，相继出台生态环

图16-2 2020年12月，嘉善县检查固废和生活垃圾焚烧企业

资料来源：上海市生态环境局。

境行政处罚裁量基准规定规范性文件，实现裁量原则、裁量基准模式、裁量幅度、裁量因素、裁量情形、裁量表种类等内容的统一，真正做到长三角区域统一的生态环境行政处罚裁量基准规定的同步制定、同步发布、同步实施，实现了在长三角区域内对同一类型生态环境违法行为用“一把尺”的标准来开展生态环境执法监管。

（四）充分发挥示范区的标杆引领作用

根据《长三角生态绿色一体化发展示范区总体方案》要求，率先探索区域生态绿色一体化发展制度创新，制定统一的生态环境行政执法规范，在长三角生态绿色一体化发展示范区统一执行共同商定的裁量表，先行实现示范区内裁量基准标准一体化，成为示范引领长三角区域生态环境监管执法一体化发展的标杆。

建立长三角区域统一的生态环境行政处罚裁量基准有利于推动形成统一规范的长三角区域生态环境执法监督体系，有利于不断健全生态环境法律法规体系，有利于持续优化区域营商环境，为区域一体化建设和治理提供了经验和样本。

发挥党建引领，提升联防联控

嘉定区生态环境局执法大队党支部与太仓市生态环境综合行政执法局党支部签署了《“嘉太同城·生态先行”党建共建协议书》，共同探索“党建联建”新模式，着力构建“资源共享、优势互补、相互促进、共同提高”的党建工作新格局。

完善联动机制，做好互查互学

为预防跨界污染纠纷的发生，上海市金山区和浙江省嘉兴市共同制定了跨界执法行动方案，构建了两地环境执法组织架构，确定了执法人员清单和检查对象清单，将双随机与联合执法要求相融合。2021年，上海市金山区与浙江省嘉兴平湖多次不定期开展联合执法抽查，6月18日，两地开展“迎建党百年平湖、金山联合执法检查”，共检查企业6家，发现问题3家，平湖分局对问题企业进行查处。

依托科技力量，开展智能执法

2021年5月下旬，青浦—吴江—嘉善三地生态环境执法部门开展跨界联合检查行动。此次检查以吴江开发区VOCs排放企业为重点，引入无人机巡查、实时监测设备、便携监测仪器等新技术对化工园区周边开展巡查。利用高科技手段，现场能够以无人机快速检测精准锚定污染源，通过现场快速检测，用数据直观量化展示企业废气收集处理效果，突破了执法在前、数据在后的传统执法模式，为精准科学治污提供支撑。

开展应急演练，强化应急处置

为进一步筑牢长江入海口重要生态安全屏障，做好应对任何形式生态环境风险挑战，崇明区生态环境局与南通市生态环境局开展突发环境事件应急演练和跨省突发环境事件应急演练。通过参与此次应急演练，崇明区生态环境局跨区域、跨流域突发环境事件应对处置能力得到全面提升。

（供稿：上海市生态环境局）

案例98

破解行政藩篱，建立一体化示范区生态环境“三统一”制度并复制推广

一、工作背景

上海市青浦区、江苏省苏州市吴江区和浙江省嘉兴市嘉善县（简称“两区一县”）相互毗邻，生态环境问题息息相关，亟须加强生态环境保护协作。尤其是长三角一体化上升为国家战略以来，携手推进长三角生态绿色一体化发展示范区建设、合力夯实一体化示范区绿色本底成为两区一县的共同目标。面对综合实力差距、属地管理不同、共识不一致等问题，两区一县首先要统一思想，打破行政壁垒，建立完善区域一体化的生态

图16-3　2020年10月28日，长三角生态绿色一体化发展示范区生态环境管理“三统一”制度行动方案新闻发布会

资料来源：上海市生态环境局。

环境管理工作机制。

标准是生态环境管理工作的基石，只有统一的标准才能使区域内相关工作规范、技术要求、排放指标在同一水平线；监测是生态环境管理工作的骨架，只有统一的监测才能持续扩展区域生态环境监测数据广度、挖掘数据深度；执法是生态环境管理工作的抓手，只有统一的执法才能形成区域震慑力、建立区域公平性，有效推进区域生态环境保护协同。两区一县积极推动以生态环境标准、监测、执法为核心的制度创新，从项目协同逐步扩展到跨区域环境协同监管，探索在不破行政隶属、打破行政边界基础上的跨区域生态环境一体化管理。

在沪苏浙两省一市和一体化示范区执委会的大力支持下，相继出台《长三角生态绿色一体化发展示范区生态环境专项规划》和《长三角生态绿色一体化发展示范区生态环境管理“三统一”制度建设行动方案》，两区一县从统一标准、统一监测、统一监管三个领域优化整合示范区生态环境管理，着力打破行政壁垒，开展跨界水体协同治理，制定太浦河水质安全保障相关协议，建立淀山湖联合湖长制度，建立完善生态环境一体化保护机制。

二、目标原则

统筹推进一体化示范区生态环境管理工作，分阶段落实标准、监测、执法“三统一”制度建设，为保障生态环境持续稳定改善，筑牢一体化示范区发展的生态基底提供制度保障和管理支撑。一是坚持系统谋划、分步突破。以一体化示范区试验田为抓手，助力长三角一体化发展国家战略，突出重点，有力协调、分步推进。二是坚持高标准、严要求。对标国内国际先进水平，落实高标准保护、高水平治理，推动生态优势转化为经济社会发展优势。三是坚持创新先行、集成示范。以共商共建共管共享共赢为原则，充分发挥相关方面的创新优势和成功经验，在一体化示范区集成落地、先行先试。

三、工作举措

（一）突出“一套标准”，推进“三个同步”

建立由沪苏浙及两区一县生态环境、市场监管部门组成的协同工作机制，结合一体化示范区绿色高质量发展和生态环境管理需求，提出中长期重点行业、重点领域生态环境标准制修订清单，推进标准统一“三个同步”。一是同步落实示范区重点行业全面实

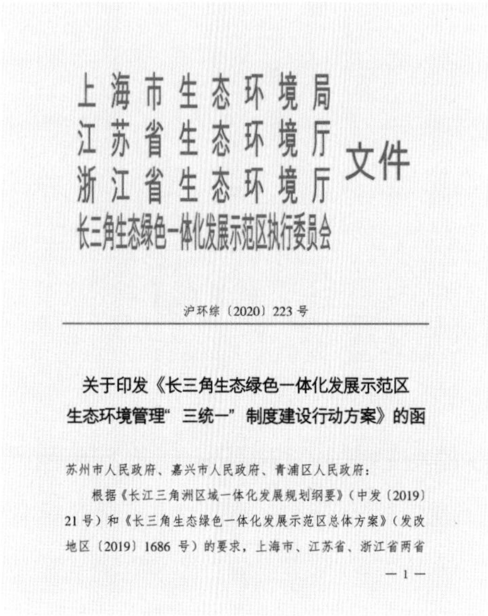

上海市生态环境局
江苏省生态环境厅
浙江省生态环境厅 文件
长三角生态绿色一体化发展示范区执行委员会

沪环综〔2020〕223号

关于印发《长三角生态绿色一体化发展示范区生态环境管理"三统一"制度建设行动方案》的函

苏州市人民政府、嘉兴市人民政府、青浦区人民政府：

根据《长江三角洲区域一体化发展规划纲要》（中发〔2019〕21号）和《长三角生态绿色一体化发展示范区总体方案》（发改地区〔2019〕1686号）的要求，上海市、江苏省、浙江省两省

— 1 —

图16-4 《长三角生态绿色一体化发展示范区生态环境管理"三统一"制度建设行动方案》发文

资料来源：上海市生态环境局。

施大气特别排放限值。先行启动区内新进产业项目污染物排放限值，按照已发布的国家、沪苏浙行业及特定区域最严格的排放标准执行。二是同步推进标准阶段性研究发布。先期以共识度高、可操作性强的大气污染防治为重点，开展重点行业和大气监管领域的排放标准与技术规范发布，印发实施《环境空气质量预报技术规范》《挥发性有机物走航监测技术规范》《固定污染源废气现场监测技术规范》三项示范区标准。后续逐步聚焦农业生产、水生态评估、河湖健康评估等示范区具有特点的、需要共同研究的重点生态环境领域。三是同步研究标准制修订工作流程。在一体化示范区内，探索建立符合示范区特点、便于操作的标准统一修订发布的创新模式。

（二）完善"一张网"，建设"三个体系"

共同提升生态环境监测能力和综合保障能力，建立统一的监测质量管理体系，推进生态环境监测数据共享共用，通过完善"一张网"，统一生态环境科学监测和评估，重点建设"三个体系"。一是完善生态环境质量监测评估体系，构建先行启动区和沿沪渝高速、通苏嘉高速的"一核两轴"大气监测网络，联合开展地表水环境手工监测和应急监测演习，推进先行启动区生态环境监测设施共建共享。二是强化污染源监测监控体系，完善以排污许可证为核心的固定污染源监测体系，构建VOCs等重点污染源在线监测体系，建立移动源监测评估体系。三是建设环境预警应急监测体系，开展区域空气质量联合预报，构建一体化示范区水环境质量预警平台，强化应急监测、综合保障及决策机制，实现主要环境质量数据共享，开发示范区大气预报平台和预报产品。

（三）强化"一把尺"，打造"两个一"

持续推进执法制度、监管体系、队伍建设、纠错容错机制等领域一体化探索，统筹推进一体化示范区生态环境执法统一，强化用"一把尺"实施生态环境有效监管，重点打造"两个一"：

组建一支生态环境联合执法队，制订区域内联合执法工作计划，编制工作规程，形成示范区执法人员异地执法工作机制，稳步推进示范区生态环境执法互认工作，开展多次区域联合执法。

建立一套执法规程，统一示范区执法事项、执法程序和裁量基准，推动执法信息互通共享，实现生态环境信用互通，发布示范区生态环境轻微违法行为不予行政处罚目录。

在一体化示范区执委会的统筹协调下，沪苏浙三级八方树立“一盘棋”思想、“一体化”思维，坚持求同存异、先易后难、重点突破，充分用好一体化示范区试验田，实现生态环境“三统一”制度落地生根。同时，国家发改委将其作为首批重要创新成果向全国推广，上海市、浙江省充分借鉴“三统一”制度，推进环杭州湾地区石化化工行业VOCs协同治理，一体化示范区生态环境“三统一”制度得到复制推广，有效破解不同行政隶属下区域生态环境保护协同问题，推进毗邻地区生态环境共保联治。

（供稿：上海市生态环境局）

案例99

标准互认、信息共享，实施长三角信用联合奖惩合作

一、工作背景

2004年，沪、苏、浙三地政府签署《上海市、江苏省、浙江省信用体系建设合作备忘录》，拉开区域社会信用体系合作与发展的序幕，正式提出“信用长三角”宣传口号。2010年，安徽省信用办正式加入长三角区域信用体系专题组。2016年起，三省一市开始了长三角区域生态环境领域信用联合奖惩有关标准、措施的研究制定工作。2018年6月，三省一市联合签署《长三角地区环境保护领域实施信用联合奖惩合作备忘录》，并在2020年进行修订，明确生态环境领域区域信用合作内容，包括失信行为评判标准互认、数据归集共享、联合奖惩措施及营造良好环保信用环境。在国内率先形成“失信行为标准互认、信用信息共享互动、惩戒措施路径互通”的跨区域信用联合奖惩模式，营造“失信者处处受制，守信者处处收益”的良好信用发展环境。

二、工作举措

（一）分步推进长三角联合奖惩工作

考虑到环境信用评价主体量大面广，涉及征信、评信、用信等多个环节，以及生态环境信用工作系统性、综合性、长期性的特点，长三角地区生态环境领域信用联合奖惩工作采用分步走的方式加以推进。一方面，从建设长三角地区生态环境领域失信企业联合惩戒机制入手，逐步拓展到联合奖励，实现对环保诚信企业的正向激励，充分发挥政府、行业、市场等多方力量，加强信用信息的共享公开和信用评价结果互认，共同对确定的诚信典型和严重失信主体实施跨区域信用联合激励和约束；另一方面，选择严重失信的重点排污企业，逐步扩大到参评的所有排污企业，进而扩大至环评机构、环境监测机构、第三方治理机构等环境服务机构的信用分类监管，逐步实现生态环境领域各类主体全覆盖，推动三省一市形成跨区域信用联动格局。

（二）出台首个严重失信行为认定标准

三省一市从最严重失信行为认定入手，按照“有一条算一条”的原则，制修订《长三角区域生态环境领域严重失信行为认定标准》（简称《认定标准》），列出了6条统一的严重失信行为认定标准，包括：经司法生效判决认定构成环境污染犯罪，以欺骗、贿赂等不正当手段取得生态环境保护行政许可被依法撤销的行为等；明确长三角区域联合奖惩对象，以三省一市区域内的列入环保信用评价的排污企业和严重失信名单管理的单位为主体，逐步扩大到所有排污企业及环评机构、环境监测机构、污染源自动监控运维机构等环境服务机构，最终实现区域生态环境领域信用联合奖惩全覆盖。

（三）推出首批40余条联合惩戒措施

推出《长三角地区环境保护领域企业严重失信行为联合惩戒措施》，考虑到区域实施的差异性，选取一批“应用频率高、显示度大、惩戒效果好、具有一定基础”的惩戒措施，优先选择至少两地可以落地实施的惩戒措施，包括限制市场准入、限制获取专项资金、取消优惠政策、限制金融服务、限制评价评优、开展失信信息披露、加强行业自律等大类，共计40余条。

（四）启动建设全国首个跨域信用平台

建立失信主体名单的“发起—推送—反馈”的闭环管理机制，三省一市信用办和生态环境部门开展全国首个跨区域信用平台建设，实现跨区域联合惩戒名单在各地实施部门的共享、发布和应用，实现信用数据和失信名单的交换共享和应用，实现联合惩戒的闭环管理、大数据信用风险预警及信用风险信息披露。

（供稿：上海市生态环境局）

案例100

试点“毗邻党建”引领跨区域生态环境治理

一、工作背景

2010年，原上海市金山区环保局、原浙江省嘉兴平湖市环保局、金山第二工业区管委会、独山港镇、上海石化安环部建立了环境保护五方联动机制，每年定期召开联席会议、开展联合应急演练等，解决环境信访纠纷。2019年3月11日，上海市金山区生态环境局与浙江省嘉兴市生态环境局平湖分局签订了《上海市金山区、浙江省平湖市“毗邻党建”引领生态环境区域联动发展合作框架协议》。2020年5月28日，上海市金山区、浙江省嘉兴和平湖三地生态环境部门在金山平湖两地毗邻、同名的山塘村揭牌成立了金嘉平“两山”议事堂，着力实现区域共建、共治、共享的大环保格局，进一步打破跨省市污染治理行政壁垒。

图16-5　2019年3月11日，《上海市金山区、浙江省平湖市“毗邻党建”引领生态环境区域联动发展合作框架协议》正式签约

资料来源：上海市金山区生态环境局。

二、工作举措及成效

（一）定期举办“毗邻党建”活动

2020年6月29日，上海市金山区生态环境局与浙江省嘉兴市生态环境局、嘉兴市生态环境局平湖分局在平湖召开了金山—平湖生态环境“毗邻党建”活动暨金嘉平“两山”议事堂第一次议事会议。会议通过了金—嘉—平“两山”议事堂议事规则，金山—平湖两地加强工业固废风险防控监管联动机制，2020年金山—平湖交界区域环境应急演练计划、交界区域重大建设项目环评阶段信息互通机制等，形成了金—嘉—平“两山”议事堂第一次议事会议的备忘录。

（二）设立两地协调联络平台

议事堂将实行金山、嘉兴、平湖三地生态环境部门负责人轮流召集制，每半年一次，如遇到重要情况，可随时召集。共商两地环境应急、环境监测、环评审批、环境执法、环境宣传、环境质量共保等领域事项，议事堂成员可以涵盖交界区域所有镇、街道和相关单位，共同探索区域生态环境治理联动的有效机制。

（三）联动融合带动地区合作

联合执法“强融合”。金山区生态环境局执法大队和平湖、嘉善执法大队开展不定期联合执法抽查，做到日常与错时相结合，每季度至少开展一次。2020年以来，已经开展联合执法检查3次，共检查企业14家，办理了金山—平湖首起两省交界区域环境犯罪案件，对毗邻地区违法企业起到了良好的警示作用。

（四）联动监测“通融合”

对废水、废气排放企业定期开展联合采样、联合监测，每月对大气环境自动监测站运行整体情况、主要监测指标变化趋势分析等信息进行交换。在交界区域金沙村建成大气特征污染因子自动监测站。联合上海石化、平湖生态环境部门，依托车载质谱走航检测系统，在夏秋季（6—9月）O_3高污染期间，对上海化学工业区、上海石化、碳谷绿湾以及浙江平湖独山港地区、嘉兴港地区开展VOCs污染排放的互查互督。

（五）应急联动“护融合”

探索试行交界区域多部门环境应急演练和处置合作机制，每年制订交界区域应急演练计划，借助联动平台开展互动，切实增强应对突发环境污染事故的联合处置能力。近年来，两地共开展联合应急演练、突发环境事件应急预案编制交流会等多项环境应急处置相关行动15次，共同筑牢交界区域生态环境安全屏障。

（六）项目联审“推融合”

针对平湖与金山交界区域存在化工企业集聚，并分布高环境风险项目的特点，两地试行交界区域重大建设项目联审制度，即对于环境保护目标范围涉及对方的重大建设项目，在项目立项、环评报告技术评估阶段邀请对方参与评审会并征求意见，执行统一的污染物排放标准，共同做好项目环评公众参与及维稳工作。截至目前，已完成互评项目5个，如平湖的独山能源项目、生态能源项目、上海石化“国五”升“国六”油标项目以及上海金山区湿垃圾处置项目等。前期审批实现了零举报、零投诉、零上访。

（七）信息联动“助融合”

金山区生态环境局与平湖生态环境部门就金山新联子站及平湖金沙村子站硫化氢数据进行数据共享互通，定期以周报形式进行数据联动，同时不定期开展常规空气质量数据交换，以更好地分析区域空气污染情况。

（供稿：上海市金山区生态环境局）

图书在版编目(CIP)数据

人与自然和谐共生的美丽上海 ：社会主义现代化国际大都市生态环境治理的探索与实践 / 本书编写组编著 .— 上海 ：上海社会科学院出版社，2022
ISBN 978 - 7 - 5520 - 3944 - 3

Ⅰ. ①人… Ⅱ. ①本… Ⅲ. ①区域生态环境—环境综合整治—研究—上海 Ⅳ. ①X321.257

中国版本图书馆CIP数据核字（2022）第160638号

人与自然和谐共生的美丽上海
——社会主义现代化国际大都市生态环境治理的探索与实践

本书编写组

出 品 人：佘 凌
责任编辑：熊 艳
封面设计：谢定莹
出版发行：上海社会科学院出版社
上海顺昌路622号 邮编200025
电话总机021-63315947 销售热线021-53063735
http: //www.sassp.cn E-mail: sassp@sassp. cn
排 版：南京展望文化发展有限公司
印 刷：上海盛通时代印刷有限公司
开 本：787毫米×1092毫米 1/16
印 张：31
字 数：580千
版 次：2022年10月第1版 2022年10月第1次印刷

ISBN 978-7-5520-3944-3 / X · 026 定价：198.00元